Make: Electronics
圖解電子實驗專題製作
第三版

Charles Platt 著

賴義雨 譯

致謝

在撰寫本書的過程中，受到了許多人的幫助。特別感謝 David Cursons、Jolie de Miranda、Assad Ebrahim、Brian Good、Paul Henley、Brian Jepson、Roger Stewart 和 Frederick Wilson 分享他們的知識，並指出我的錯誤。還要感謝 Jeff Palenik 提供他的南北戰爭遊戲作品。最重要的是，感謝 Fredrik Jansson，他有耐心且有遠見，對於一位作家來說，無疑是最理想的合作夥伴。

封面和封底設計由 Juliann Brown 負責，她同時指導了這本書的編排和製作。內部設計、照片、圖表和示意圖由 Charles Platt 完成。

封面照片由 Charles Platt 拍攝，手部模特為 Neon，助理為 C. Dawes，縮略圖由 Family Dollar 提供。

我的編輯 Patrick DiJusto 在過程中，給予我許多鼓勵。Dale Dougherty 和 Gareth Branwyn 則在大家尚未認識「探索式學習」之前，就允許我以想要的方式撰寫 *Make: Electronics* 第一版，給了我極大的自由度。

獻辭

本書第三版謹獻給令人懷念的 Hans Camenzind，他是一位出色的類比積體電路設計師，在矽谷早期發展時期，就從瑞士來到矽谷。他曾在 Signetics 工作一段時間，後來設計了 555 計時器。這款計時器成為歷史上使用最廣泛的積體電路，五十年內製造了數十億顆 555 計時器。即使是現代，幾乎每個學習電子電路的人，都一定會在學習歷程中使用它。

目錄

前言

如何跟著本書愉快學習

本書提出了顛覆性的學習系統，取代傳統上先從枯燥的理論著手，再由實驗來驗證理論的學習模式。我主張：應該先做實驗，再讓讀者自己從實驗中體會出這些理論及其物理意義。這樣的學習模式，我稱之為「探索式學習」，而且，基於下列兩個理由可以說明，為何我比較喜歡「探索式學習」的方法：

- 這樣的學習過程更有趣。

- 這樣的學習過程，更接近現實中科學新發現的流程。

一般科學實驗的目的，是讓前來學習知識的人們，透過對實驗過程的觀察，自然而然的對新的未知自然現象有所認識，這是最自然的知識累積方式，那麼，為什麼學習電子電路不依循同樣流程，讓讀者去享受發現新知的樂趣？對我來說，在你開始學習電子電路之前，引起你的好奇，進而想知道零組件如何發出聲音，會比事先告訴你它會發出聲音來的有趣。

我的方法唯一的缺點是，如果想要充分實現「探索式學習」的好處，讀者必須跟著動手做。幸運的是，目前已經有廠商為本書各個單元開發了一系列相對應的實驗套件，讀者可以用合理的價格一次買足實驗所需的所有東西。

第三版有什麼新玩意兒？

當知道本書的第一和第二版不但售出數十萬冊，而且被翻譯成好幾個不同語言的版本，我很驚訝，也對於讀者的支持感到高興，但是我知道本書要能一直與時俱進的滿足讀者需求，才會一直受到大家的喜愛，考慮到這點，於是我著手進行本書第三版的撰寫。

我將大部分的內容重新編寫，大多數電路圖和圖表都已更新，麵包板上的電路佈局，則使用更清晰的圖像表現方式。另外，參考讀者意見回饋，我將「實驗工具建議」進行更新；許多實例照片，以更清晰的照片取代；部分實驗的內容，也進行了必要的修訂。

某些專題，我重新設計電路降低電路複雜度，以便於讀者更容易發現我想傳達的知識。

在最後面介紹 Arduino 的三個章節，我也進行翻修並且增加對其他單晶片系統的介紹。

我還與本書實驗套件的開發商，一同努力減少書中每個實驗所需要的零件型號，進一步壓低讀者學習的成本。但是，這項改進的後果是，第二版的套件內容與第三版有相容性的問題。

本書中我將會反覆提到應採購「第三版」專用套件，因為我不希望讀者因為買到舊版的實驗套件無法與本書的內容搭配而失望，所以如果你打算購買本書的實驗套件，請務必認明是「第三版」專用套件。

本書目的

每個人都離不開電子設備，但大部分的人可能不知道電子設備內部的運作原理。你可能也認為只是單純使用電子設備而已，為何要去了解電子設備的運作原理呢？畢竟會開車，並不需要了解車子的引擎怎麼運作啊！

但是我覺得，至少有三個理由，值得你花時間去了解電子設備的運作原理：

- 透過了解電子設備的運作原理，你將能夠更好的「控制」你的電子設備，而不是遷就於電子設備的原始功能；就像當你遇到問題時，你可以有能力解決問題，而不是只能望之興嘆。
- 只要以正確的方式學習電子電路知識，其實會變成一種可以負擔的休閒樂趣。
- 學習電子電路知識可以提升你在工作崗位上的價值，甚至還可能發展成你的一個全新職業。

大膽把一切搞得一團糟吧！

「探索式學習」有個重要的面向是，你能夠預料到自己可能會犯錯。

實驗中，你可能由於不小心的組裝錯誤，造成建構的電路不動作，或者燒壞了一些零件，但是，不用擔心，這些對你而言都是十分有價值的經驗；甚至，我會希望你在實驗中發生一些混亂的情況，讓你親身體會哪些步驟或行為可能最終導致電路無法正常運作。

另外，你可能擔心會因此受傷，但是，不用擔心，整本書所有的實驗都是使用低電壓電源，當然可能導致接錯線而燒壞一些電子零件，但絕對是安全的。二極體和 LED 價格低廉且易於更換，也不用擔心會花太多錢。

所以囉，不要害怕犯錯。

電子電路很難嗎？

本書的內容規劃，都是假設你完全沒有相關背景知識開始的，因此，前幾個實驗安排都非常簡單，你甚至不會動用到洞洞板或烙鐵。

除非你自己是定位在「電子學」專業知識的學習者，將來想要進行自己的電路設計，那可能真的非常有難度，否則，我並不認為電子電路的一些基礎理論會很難理解。但在這本書中，我還是把「純理論」的成分降到最低限度，你唯一需要的知識可能只是加、減、乘、除這樣簡單的數學。如果你還知道如何透過乘以 10 或除以 10 移動小數點，可能也會對學習有點幫助（但不是絕對必要）。

本書架構

本書大部分的資訊都融入在實驗中，經由實驗教程呈現，只有幾個獨立部分是作為後續課程內容準備的參考資料。

我已經依序簡單介紹了本書想要提供的概念和主題，你當然可以依據你有興趣的部分，不依照章節順序來閱讀這本書。但是，可能會遇到後面章節的預備知識是前面章節的結論，而發生卡關的情形，所以，我還是建議你盡量依序進行，避免跳躍式的閱讀。

我的電路不 work？

我可以體會當花費了心思所組建完成的電路，最後卻不 work，是多麼令人沮喪，雖然理論上可能有成千上百個原因讓你的電路不動作，如果問題出在接線的部分，在本書各個實驗中，通常只有一種電路連接方式，可以完成有效達成實驗目標的電路，如果你沒有按本書中的圖示來完成電路連接，那有可能就因此出問題了。解決問題的唯一方法，就是地毯式檢查是不是有哪一個步驟缺漏，而不是望著電路生悶氣。

事實上，本書中所有的實驗都經過測試，所以可以確定電路的功能絕對都是正確的。如果你最後組建電路真的不 work，那麼下列三點可能是最容易發生問題的地方，可以優先檢查看看：

- 剛剛講的，可能有接線的錯誤。每個人都可能接錯線，像我自己今天就發生了一次。對此，你可以嘗試離開工作台約莫半個小時，轉換心情後，再回來查線。

- 可能某些電路元件如電晶體或 IC，因超載而故障。若元件故障，那麼之後就可能無法正常動作了，所以，會建議盡量留一些備用元件，以防萬一。

- 某些元件在麵包板上有接觸不良的情況。關於這點，可以嘗試壓緊鬆散的組件並測量是否有電壓，或者移到板上不同的位置試試看。

稍後我將在本書提供有關故障排除更詳細建議。會在這裡提到這個話題是因為我想讓你知道，不用擔心你依據本書組建的電路不 work，因為我與大多數作者不同的是，我會提供電子郵件信箱，讓你可以直接聯繫我詢問問題。但是有一個前提要求是，你必須確實遵循實驗流程指引，重新一個步驟一個步驟都檢視過。

關於提出的問題

有時候我可能可以在同一天回覆許多問題，有時候可能會需要一週的時間才能全部回覆完，我的時間雖然很有限，但我會努力回覆所有來信，所以請多保有一點點的耐心。

關於本書實驗上的種種問題，如果你想與我聯繫，請務必：

- 附上你發生問題的實驗照片，因為我必須能夠知道你實驗上的細節（例如電阻上的彩色條紋），才能協助你排除故障。

- 告訴我目前正在進行的是我的哪一本書的哪一項實驗。請你體諒，我畢竟寫了好幾本關於電子電路的書，所以我必須要知道是哪一本。

- 把問題描述清楚！就像是在看醫生時，詳細描述自己的病徵一樣。

再把你的問題寄到

make.electronics@gmail.com

並在主旨中寫上「HELP」字樣。

提報錯誤

我寫作時出錯的機率，實際上可能遠比你兜電路發生錯誤的機率更高。雖然我已經盡我所能減少寫作上的錯誤，但如果你還是有發現哪裡有錯誤，懇請提報給我。你可以使用我的個人電子郵件地址提報錯誤，也可以透過出版商 O'Reilly 官網的「勘誤」頁面提報。

以電子郵件提報給我的好處是，我可以親自回覆給你，若有必要還可以相互討論一下。以 O'Reilly 勘誤頁面提報的好處，在於你可以看到別人過去的提報內容，看看是否有與你發現的相同且已經修正的錯誤。同樣地，你向 O'Reilly 提報的錯誤，其他人也可以查閱。以下為 O'Reilly 官網的「勘誤」頁面：

www.oreilly.com/catalog/errata.
csp?isbn=9781680456875

更新通知

即使你沒有任何問題或要求，我仍鼓勵你註冊你的電子郵件。我將會把你提供的資訊使用如下：

- 如果發現本書或後續版本內容的任何重大錯誤，我都會通知你，也會提供一些變通的解決方法。

- 「圖解電子實驗專題製作」相應的實驗套件發現任何錯誤或問題,我會通知你。

- 如果這本書有推出全新的版本,或者我完成了其他書籍,我也會通知你。當然,這類的通知可能間隔一兩年才會發生。

我也不會出售或與任何人分享你的電子郵件地址資訊(事實上我不知道如何出售電子郵件地址,或者誰會想買這樣的資訊。)也不會將你的電子郵件地址用於任何其他目的。

如果你註冊你的電子郵件,我還會寄給你一份長達 2 頁 PDF,內容非常容易且有趣,是尚未發表的電子電路專題。你絕對無法從其他管道取得這個專題的內容。

我鼓勵你註冊的另一個原因是,如果我發現我提供的內容有錯誤,但我無法通知你,最後讓你自己發現了這個錯誤,那麼你可能會十分生氣,這對我的聲譽不利,所以我想避免這樣的情況。

註冊的方式,只需發送一封空白電子郵件(如果你願意的話,可以寫一些想要給我的留言)到 make.electronics@gmail.com,並在主旨中寫上「REGISTER」字樣。

即使只是註冊的動作,讀者們常常還是會期待得到作者本人回覆,因此我採取純人工處理電子郵件方式,也因為這樣,請不要有過高期待可以馬上收到註冊完成的回覆。尤其是如果我跑去度假,你可能註冊幾週後,都還收不到剛剛提到的「特別獎勵」。但是絕對不會拿不到的,只是由於信件都由我自己回覆,所以信件延遲可能是難以避免的情況。

公開評論

如果你不滿意本書的內容而想要在讀者群中抱怨一番,例如到 amazon.com 之類的網站上。在你想這樣做之前,請你先與我聯繫,看看我是否可以解決你的問題。

請意識到作為讀者評論的可怕力量,並且請公平使用。一條負面評論可能會造成的影響,遠比你想像中的更可怕。不誇張的說,一條負評可以輕易的毀掉半打正評。

在某些情況,人們對一些小問題感到不高興,例如無法找到組件的來源。如果你們問我,我會很樂意幫助你。

網路銷售是我主要的收入來源,因此四星半評價對我而言很重要。當然,如果你壓根不喜歡我寫書的風格,那麼請自動出門右轉。

百尺竿頭,更進一步

在完成本書的課程內容之後,你應該能掌握本書所提及的一些電子電路的基本原則。如果你還有興趣知道更多,容我毛遂自薦我的另一本著作《圖解電子實驗進階篇》可能你會喜歡它。這本書的內容或許有些許困難,但還是使用相同的「探索式學習」的學習邏輯。我的目的是讓你達到我所認為的,對電子電路大概能有「中等」程度的認識。

我也許還不夠資格寫「進階」等級的電子電路書籍,因此我也沒有期待我能繼續寫出如《圖解電子實驗專題製作 —— 超級探究篇》這樣的書。

你可以考慮購買我的另一本著作《The Encyclopedia of Electronic Components》作為參考書籍。總共有三冊,其中兩冊是與一位非常出色的研究員 —— Fredrik Jansson —— 共同合著的。

在《The Encyclopedia of Electronic Components》中,所有的電子零件被分門別類排列,因此如果你正在查找某個電子零件,但找到的又未能完全符合你的需求,或許正好在這本書中就可以順利找到 —— 雖然是從未聽過的型號,但卻能完全解決你的問題的適合零件。

又為了預防萬一，你知道的，有些年輕人的專注力就是少了那麼一點點，因此我還寫了一本更精簡的書，書名為《Easy Electronics》，我覺得它是在我的電子電路著作中，最簡單介紹概念的書籍。這本書有一組搭配的實驗套件，各個實驗專題也十分簡單，你甚至不需要進行電路的連接。想像一下：一本主打動手實踐的書，竟然不需要額外的工具！

如果你有興趣製作東西，我必須推薦我的另一本著作《Make: Tools》，它是一本工具使用指南，遵循與本書相同的「探索式學習」模式。首先說明手鋸如何使用，最後展示如何建造以塑膠為材料的外殼——這可能正好成為你的電子電路專題的附屬套件。

—Charles Platt

第一章

基礎知識

本章有實驗 1 到 5，總共 5 個實驗。

在實驗 1 中，我想讓你嚐嚐電的滋味——如同字面上的意思！你將體驗到電流是什麼滋味，並且發現阻抗的性質。

在實驗 2 和 3 中，你將使用儀表來測量電流和電壓。在實驗 4 中，你將進行功率的計算。在整個過程中你可以自由的燒掉 LED、燒斷保險絲，並從中推導出電子電路的基本定律。

而實驗 5 是一個餘興節目，讓你可以使用桌面上每天會使用到的物品進行發電。

這些實驗會說明本書後續章節所需的重要觀念，因此，即使你已經有相關預備知識，在進入後續章節前，仍然請先嘗試一下。

第一章的必要項目

本書的每一章節都會以圖片以及對該章節所需工具、設備、零件的說明作為開頭。

如果你從未購買過這些電子電路的相關事物，會建議你從第 327 頁的附錄 A 開始；如果你想要知道如何在網路或實體商店中購買這些零件或取得相關支援，可以參閱第 337 頁的附錄 B 所列的資訊。

如果你不想自己購買實驗所需的設備及零件組件，那麼目前至少有兩家廠商針對本書推出完整套件供你選擇。當然，由於事涉廠商的經濟利益，我無從置喙，但可以確認的是，他們提供的套件內容與本書實驗所需是一致的。廠商相關資訊列於附錄 B 中。

套件供應商可能願意把他們的產品寄送到海外，但可惜的是，由於政府沒有補助，所以從美國寄送物品到其他國家的郵資很貴，因此如果你居住在美國境外，可能從亞洲供應商購買套件會是更好的選擇，因為郵資更低且套件本身也更便宜。

萬用電表

手持式的萬用電表是你學習電子電路最重要的工具。它會告訴你電子電路內部到底發生了什麼事，就像磁振造影的機器能告訴醫生人體內發生的事情一樣。

「萬用電表」中的「萬用」是指可以測量多種電學最重要的物理量，其中最重要的當然就是電壓、電流和阻抗。當電子電路的工程師們隨口提到「表」，他們所指的可能就是萬用電表，萬用電表對於學習電子電路領域的人，其重要性可見一斑。

第一次接觸萬用電表，可能覺得它看起來好像複雜的讓人害怕，但實際上會比你的 iPhone 使用起來更簡單，甚至也不會比相機的操作還難。

課程中，你會用到的儀表被稱為數位萬用電表，物如其名，因為它有個數位液晶螢幕。當然，你也可以找到傳統的指針型類比式萬用電表，不過由於使用上不太方便，我並不推薦。

我所見過的最小、最精簡的萬用電表之一，如同圖 1-1 所示。它的規格是由一家本書的套件製造商所制訂，請參考附錄 B；但是你也可以在網路上找到類似的、小巧的萬用電表。

圖 1-1 陽春型萬用電表。供比對大小的背景圖片方塊，大小為 1 英吋。

其實精簡型萬用電表，對於本書所有的實驗已經非常夠用，如果你想盡量減少花費，你可以直接跳過本節關於萬用電表的討論。相反地，如果你不在意多花一些錢，而且想買個好「表」，那就繼續看下去吧！

自動與手動

便宜與較貴一點的萬用電表，最明顯的功能差異，在於貴一些的萬用電表會提供自動調整量測精度的功能。為了解釋這一點，想像一下下列兩種測量溫度的場景。如果你想知道烤箱溫度的話，看到烤箱的溫度計範圍是從 90 到 260°C、上面刻度是每 5 度一格的話，你應該會很高興；但是如果你想測量的是體溫，你應該會期待的是在狹窄的 35 到 41°C 量測範圍內，有 0.1 度的精確度。

測量電壓或其他電子電路相關的物理量時，情況也很類似。有時你對數量級小且精確的數值感興趣，但有時你只想知道大數量級的物理量的大約數值，那麼可能就會接受不是這麼精確的量測精度。

手動型萬用電表，就需要你在進行量測之前，經由轉動檔位選擇鈕，選擇一個合適的精度範圍（以下稱為檔位）。例如，想要量測 1.5 伏特的 2 號電池，你可以把萬用電表設定最高測量 2 伏特的檔位，那麼電表就會告訴你一個精確的實際電壓。

自動型萬用電表，顧名思義，它會自動選擇適合的檔位。聽起來很棒，而且最近價格也越來越便宜，但就個人喜好而言，我不太喜歡自動型的萬用電表。原因在於，使用自動型的萬用電表進行量測，會需要多耗費一些時間，因為它需要在內部先進行數次的測試，以決定最適合的檔位。我是個沒耐心的人，實在不想花費額外的時間在等待量測結果上。

另外，由於不是你親自選擇量測精度的檔位，所以你不會如同反射動作般的了解螢幕顯示數值的意義。好比說，在螢幕上看到 1.48 這樣的數字，你不會立即意識到單位到底是伏特還是毫伏，雖然自動型萬用電表上還是會顯示 V 或 mV 來告訴你，但如果你漏看了，就可能會出錯。

- 如果你跟我一樣也沒什麼耐心，那我建議你選擇使用手動型萬用電表，這樣可以減少量測錯誤的發生機率，而且成本更低。

下一個問題是，如何判斷網站上賣的萬用電表是手動型還是自動型？一般情形，通常商品說明就會有描述，如果還有疑問，可以檢查電表正面的表盤。自動型萬用電表通常不會有很多數字，看起來會類似於圖 1-2 所示。而手動版本則看起來更像圖 1-3 中的那樣。

接下來關於萬用電表的部分，主要都是針對手動型萬用電表為主。

圖 1-2　自動型的萬用電表。

圖 1-3　手動型的萬用電表。

價格

如果要我給你建議，告訴你應該花多少錢買一個萬用電表，就好像要我給你建議，該花多少錢買車一樣。最便宜的車與最貴的車，可能有上百倍的差價，萬用電表也是如此。此外，價格也可能會隨時間變化，所以並不客觀。

該選什麼樣的萬用電表，我將以圖 1-1 的陽春型電表為基準，告訴你如果買貴一點萬用電表，將會得到什麼額外的好處？

其中一個答案可能是，使用壽命會長一些。雖然，我並沒有使用某個萬用電表非常長的時間卻沒壞，而讓我印象深刻的經驗，但是一般來說，使用久一點的電表，它的檔位選擇鈕的觸點，多少會有些接觸不良的問題。如果你還不清楚預期會在電子電路領域投入

多少心力，那麼電表的壽命其實也不算是什麼重大的問題。

其次，花多一點點錢，還可以讓你獲得更多功能。但你一定會問「有哪些更多的功能？」目前來說，這是一個很難解釋的問題，因為當中涉及一些術語，而我目前還未介紹任何有關伏特、安培的知識，更不用說電晶體的測試了。所以我只先讓你知道在檔位選擇鈕周圍可以看到的符號和縮寫，然後建議你哪些是比較重要的，如果你買的萬用電表上有這些符號和縮寫，那就是好物。隨著本書進程，你繼續深入學習，就會慢慢了解它們確切的涵義了。

在圖 1-4 中，紅色部分是一個好「表」中必不可少的，而那些黑色的符號是很棒的功能，但對本書的實驗來說並不是必需的。

檔位			
V	電壓（量測電的壓力）	**A**	電流（量測電的流動）
Ω	電抗（以歐姆為單位）	**mA**	毫安培（千分之一安培）
⊣⊢ 或 **F**	電容（以法拉為單位）	**Hz**	電氣頻率（以赫茲為單位）
⊏⊏⊏	直流電流（DC）	∿	交流電流（AC）
⊳⊢	二極體測試檔	⊣⊦	電池測試
•))) 或 ♫	連續導通測試（導通時，電表將會發出蜂鳴聲）	**hFE** 以及 **NPN PNP**	電晶體測試

圖 1-4　萬用電表上最常被使用的符號，以及它的縮寫。紅色的部分，是必須要有的項目。

事實上，萬用電表製造商仍不斷將更多令人印象深刻的功能放到他們家的產品內，但其中有很多功能，在本書討論的範圍內用處不大。這裡舉幾個例子：

3

- *NCV* 代表「無接觸電壓」測試。當你將萬用電表靠近電源插座或電線時，電表會告訴你是不是帶電。但這與本書無關。

- 溫度測量。有這個功能的電表也許能幫忙查明電子零件是不是過熱，但對於我們的學習目的而言，用手指感受一下溫度就已經足夠。

- *Max/Min* 和 *Hold* 按鈕。這個功能可以幫助你採樣快速變化的電相關的物理量，但是在本書課程中，你不太可能這樣做。

- 背光的液晶螢幕。通常你在組件電路時都會使用檯燈，因此不太需要液晶螢幕有背光的功能。

圖 1-4 上半部分的六個字母和符號，前面通常有乘數。例如，**m** 是一個值為 1/1,000 的乘數，因此術語 **mV** 即表示 1/1,000 伏特，稱作毫伏。希臘字母 **μ**（發音為「mew」）是一個值為 1/1,000,000 的乘數，因此術語 **μA** 表示 1/1,000,000 安培，稱為微安。常用的「乘數」請見圖 1-5。

- 請注意，小寫字母 **m** 表示「除以 1,000」；而大寫 **M** 則表示「乘以 1,000,000」，請勿混淆！

在圖 1-5 的下半部，我展示了你在電表上可以找到的最大量測範圍標示。有些電表不使用以 2 開頭的值，而是採用 4 開頭的值，例如 40、400、4K 量級電的物理量，甚至有些電表的量測範圍從 6 開始。對於本書的實驗來說，我不認為這兩種方式有什麼特別的優勢。

擁有更寬廣的量測範圍，聽起來是件好事，但是缺點是可能需要花更多的錢。我覺得，標記紅色字的檔位是必不可少的；而黑色的部分則是可有可無。

乘數			
p	"pico" 1/1,000,000,000,000	**m**	"milli" 1/1,000
n	"nano" 1/1,000,000,000	**k**	"kilo" x 1,000
μ	"micro" 1/1,000,000	**M**	"meg" or "mega" x 1,000,000

經度範圍					
V (伏特) DC	200m	2	20	200	
V (伏特) AC	200m	2	20	200	
A (安培) DC	200μ	2m	20m	200m	10 or 20
A (安培) AC	200μ	2m	20m	200m	10 or 20
Ω (歐姆)	200	2K	20K	200K	2M	20M
F (法拉)	2n	20n	200n	2μ	20μ	200μ

圖 1-5 萬用電表常用的乘數及量測範圍檔位。

關於圖 1-5 的 **F**（法拉），你的電表是否可以測量這個物理量，對於本書完全無關緊要；但如果可以量測，那麼測得的值，就是電容器所謂的電容值。

現在我再展示幾個不同的電表盤，說明量測範圍會以什麼樣的形式呈現。圖 1-6 中的電表盤，其檔位選擇鈕周圍被分成了幾個部分，每個都用字母或符號標示，例如 **V** 或 **A**。**V** 表示電壓檔，經由我圈起來的開關進行切換，這個檔位可以用於交流和直流電壓的量測。至於交、直的區別，目前暫時不重要。你可能注意到這裡的電壓量測範圍是從 200mV 到 200V 以上，比我在圖 1-5 建議的最低標準要更好一點。

繼續觀察表盤，你會看到圖 1-4 中重要的符號標示，都被我圈起來了，而且量測範圍也很完整。這個萬用電表看起來是個不錯的選擇。

現在我們看一下圖 1-7。你會發現這個電表並沒有交、直流的切換開關，取而代之的是提供了專門的檔位，分別用於交、直流電壓的量測。檔位選擇鈕左側的字母 **V** 旁，有一個代表直流的符號；檔位選擇鈕右側的字母 **V** 旁，則有一個代表交流的波浪符號。

圖 1-6　能夠符合本書所有需求的表盤。

圖 1-7　檢查這個儀表表盤，會發現缺少一些我們所需要的功能，詳細說明，請參閱本書內容。

在交流電壓檔位旁，有兩個白色標記的檔位，其中的閃電符號代表要「小心」，雖然我無法想像在什麼情況下，你會有量測高達 600 伏特高壓電的需求，但如果你真有這樣的計畫，確實應該小心。

低電壓的量測功能，對我們的課程目的來說其實更重要，而圖 1-7 這台萬用電表顯然沒有可以測量交流低電壓的檔位。這點我很不

滿意，畢竟你有時會需要量測波動電壓——例如，定時器的輸出訊號。

另外，我也沒有在這台圖 1-7 萬用電表上，看到交流電流量測的檔位。可以看到有字母 **A** 後面是直流符號的標示，但沒有字母 **A** 跟著是交流的波浪符號，這又是另一個讓人失望的部分。

這台萬用電表的另一個缺點是，它無法測量以法拉為單位的電容。你應該會問「等等！那你在圖 1-7 圈起來的 **F** 是什麼？」喔，不是喔，它旁邊有一個溫度的符號，代表它指的是「華氏度」。但很奇怪的是，這台萬用電表出廠時並沒有附溫度探針，所以你根本無法使用這個功能，換句話說，這個符號還可能會造成「誤導」。

最後，我在圖中還圈出了 **2M**，它是這台萬用電表測量阻抗的上限，但一般來說，能夠量測到 20M 會更好。整體來說，這台萬用電表並沒有什麼地方讓我感到驚艷，但你還是可以用它來完成本書所有的實驗。不過，我想讓你知道的是，圖 1-7 這台萬用電表，價格比圖 1-1 的陽春型電表貴，但是我們卻看不到，額外的金額，所應帶來的價值。

那麼你應該花多少錢買萬用電表呢？你可以先上網找找如圖 1-1 的陽春型電表多少錢？假設陽春電表是 $B，如果你的預算是二到四倍的 $B，那麼你應該能夠買到所有我推薦的功能才合理。圖 1-3 中的萬用電表，是我在撰寫這本書時為了測試而買的，價格大約是 $B×3，而且功能完善。若提高價格範圍，圖 1-2 的自動型萬用電表價格大概是 $B×6。

圖 1-8 中的電表，是我在撰寫本書時，最喜歡的一台萬用電表，它的液晶螢幕能顯示四位數，有些便宜的電表也開始有四位數顯示的功能，但實際精確度未必真的達到三位數顯示電表的十倍，實際精確度如何，還是要

比較過廠商提供的規格才知道。不過就本書的實驗來說，並不需要四位數的精確度。

圖 1-8　這個電表的價格大約是圖 1-1 電表的 20 倍。

圖 1-8 中的電表，唯一的問題是它的價格高達 $B×20。基於它的精確性，我個人看作是一項長期投資，希望它的壽命能長一些。但是如果你還無法確定你將對電子電路產生多大興趣之前，這些考量可能都不太重要。

如果你了解以上所有的建議，但仍然還是有選擇性障礙的話，請你繼續閱讀本書，然後進行實驗 1、2、3 和 4，了解哪個電表可以讓你順利進行這些實驗，再做出決定。

關於如何選擇適合的萬用電表就介紹到此。接下來你購買其他工具的選擇應該會稍微簡單些。

護目鏡

當你在進行實驗工作時，你的眼睛可能會有一些的風險。例如，剪斷的電線、零件的碎片等，都可能會飛到你的臉上。

幸好，任何便宜的安全眼鏡都能提供足夠的保護，甚至普通的眼鏡也可以當作替代品。簡易型護目鏡如圖 1-9 所示。

圖 1-9　護目鏡。

鱷魚夾連接線

你將使用鱷魚夾連接線來連接前幾個實驗中的元件。我指的是雙端的鱷魚夾連接線。

當然你會問，任何一根電線不是都有兩端（雙端）？是的，但是在這裡是個術語，指的是兩端都裝有鱷魚夾的線，如圖 1-10 所示。

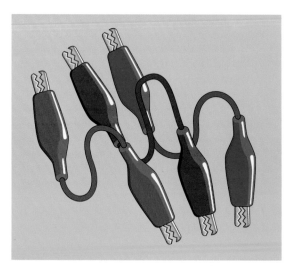

圖 1-10　鱷魚夾連接線。

鱷魚夾可因夾緊而形成穩固的電氣連接（即兩個金屬碰觸在一起，使電流可以通過，又稱為短路），那麼，你的雙手就可以空出來做別的事。

對於本書的實驗而言，如圖中短的鱷魚夾連接線就十分好用，太長的連接線當然也可以進行實驗，但往往容易打結。

附帶一提的是，建構實驗電路時，建議千萬不要使用兩頭是傳遞訊號源常用的針型，俗稱跳線用的連接線。

電源供應

本書中所有的實驗幾乎都使用 9 伏特的電源。

你可以直接使用超市和便利商店賣的普通 9 伏特鹼性電池，不一定要是名牌的。稍後我會建議你升級到交流變壓器，但是目前還不需要。

9 伏特電池有正極和負極之分，不要把它們弄混了！

如果正極沒有清楚的標示出來，就用紅色的麥克筆在上面做個標記吧！

- 進行 1 至 4 的實驗，只要使用一顆 9 伏特鹼性電池。不要嘗試使用更大的電池，或者輸出超過 9 伏特的電池。

特別要注意的是，鋰電池可能有危險性，不要在本書中的任何實驗中使用它。

電池專用連接器（選配）

我們的範例很多都是直接將鱷魚測試線夾在 9 伏特電池的端子上，但如果你想要一個更可靠的連接，可以購買一個如圖 1-11 所示，剛剛好對應 9 伏特電池的端子形狀，僅露出兩條帶有裸端電線的 9 伏特電池專用連接器。

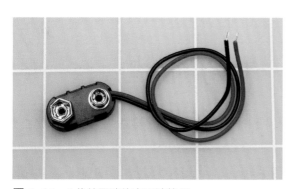

圖 1-11 9 伏特電池的專用連接器。

保險絲

如果過多的電流通過電路，保險絲可以斷開電路。

你需要幾個類似於圖 1-12 所示的玻璃管式保險絲，或者直接使用汽車零件商店出售的汽車保險絲。

無論哪種方式，你會需要一個額定為 1 安培和一個額定為 3 安培的保險絲（玻璃管式保險絲的鋼製端蓋上分別刻有 1A 和 3A）。

下圖是一個直徑約 5 毫米的 2AG 保險絲的特寫圖。

圖 1-12 直徑約 5 毫米的 2AG 保險絲特寫圖。

玻璃管式保險絲通常額定值為 250 伏特，但任何額定值 10 伏特或更高的電路，都可以使用（「額定值」一詞是指製造商認為適合該產品的最大值）。

發光二極體

通常被稱為 *LED*，有各種形狀和形式。

我們使用的是俗稱為 *LED* 指示燈的類型，在電子元件目錄中通常被描述為標準貫孔式 *LED*。

在本書的前兩節中，可以使用直徑為 5 毫米，比較好安裝的 LED，本書的其餘部分，我則會建議使用 3 毫米的 LED，因為當使用的零件較多時，尺寸更小的 LED 更容易放置到擁擠電路中。

圖 1-13 是一個典型的紅色 LED。在整本書中，我經常會提到通用的紅色 *LED*。

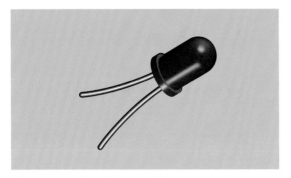

圖 1-13 標準貫孔式 LED 的特寫。

首先，我比較喜歡使用紅色 LED，因為紅色 LED 比其他顏色 LED 所需的電流小，電壓也較低，這個特性在一些實驗中很重要。其次，我所說的「通用」指的是紅色 LED 具有便宜又容易取得的特色。這種 LED 會被我們廣泛使用，請至少保留一打。

一些通用 LED 使用透明的塑料或樹脂封裝，並且在施加電源時，會發出一種顏色。其他 LED 例如圖 1-13 中的擴散型 LED，它們採用與 LED 發出的光同色系的塑料或樹脂封裝。如果所有條件都相同，透明封裝的 LED 會更亮，但我覺得擴散型 LED 的光線看起來比較舒服些。

阻抗

你會需要各種電阻來控制各式各樣電路中的電壓，圖 1-14 中是兩個電阻的特寫圖（實際上，它們每一個都不到 1/2 英吋長）。稍後，我會說明其上獨特的彩色條紋與每一個電阻的值。另外，電阻主體的底色是什麼，對我們來說不重要，不要太在意。

如果你要購買你要用的電阻，會發現它們怎麼這麼小、這麼便宜，然後常常會一口氣買了一堆。結果，在個別實驗中所需不同阻值的電阻，只會用到其中的兩三個而已。因此，建議不如從有折扣或 eBay 之類的網站，購買含有不同電阻的組合包。

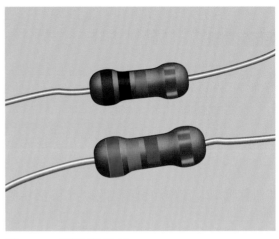

圖 1-14 兩個電阻範例。

如果你想知道本書中，每個實驗所需要的電阻值，請查看附錄 A 中的表格。

硬體

在實驗 5 中，我將向你展示如何製作自己的檸檬汁電池。

你需要一些硬幣來做這個實驗（或者是其他一些表面是銅材質的東西），還需要一些鍍鋅的五金件，比如像圖 1-15 中的 1 英吋的鍍鋅固定用鐵片，四個就足夠了，或者也可用金屬支架代替。你可以在任何五金商店買到這些五金件。

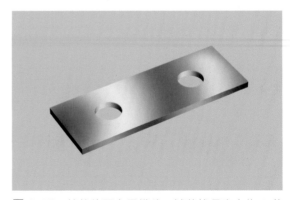

圖 1-15 鍍鋅的固定用鐵片。試著找長度大約 1 英吋長的，也可以用小的金屬支架代替。

至於硬幣的部分，新的比舊的效果更好，因為它們氧化沒那麼嚴重。如果你的所在地，恰好是世界上唯一沒有鍍銅硬幣的地方，我在附錄 A 中的購買指南中有提供替代的選項，希望這對你有幫助。

實驗筆記本

每次進行實驗時，你一定要記錄整個操作過程，以便了解最後發生什麼樣的結果。你可能想使用用電腦上的記事本軟體或用你的手機記錄，但是使用傳統的紙本筆記本記錄，還是有一些好處。

好比說，你不必打開電腦就能進行實驗記錄的更新，還能避免常見的數據誤刪的意外。更可以隨意把它放在你的辦公桌一角，不久你會發現，紙本筆記本比你預期的更好用。

這是我清單上的最後一項必要物品了，那麼，讓我們開始吧！

實驗 1
嚐嚐能量的滋味吧！

你能嚐到電的味道嗎？感覺好像可以。這個專題中，將使用電池碰觸舌頭，感受一下刺痛感，同時告訴你阻抗是什麼樣的概念。

你會需要：

- 9V 鹼性電池〔1〕。
- 萬用電表〔1〕。

就這樣！

注意：使用的電池不要超過 9 伏特

9V 的鹼性電池不會對你有什麼傷害，但不要在這個實驗中，嘗試使用更高電壓的電池，也不要使用可以產生大電流的大容量電池，絕對不要嘗試使用車用電池或警報器用的電池。另外，如果你的牙齒上有金屬牙套，要特別小心不要讓電池碰觸金屬牙套。

測試你的舌頭

把你的舌頭弄濕後，舌頭碰觸一下 9V 電池的金屬端子部分，如圖 1-16 所示（或許你的舌頭沒有圖片中的那麼大，我的也沒有，但這個實驗無論你的舌頭是大是小都應該有效）。

你有感覺到那種刺痛感嗎？！現在先把電池放在一旁，伸出你的舌頭並且用紙巾把你的舌頭澈底擦乾，然後再次用舌頭碰觸電池，這次你應該不太感到刺痛了。

- 如果你沒有任何感覺怎麼辦？極少數人皮膚似乎非常厚實或舌頭比較乾燥，還是兩者都有。這些年來，也只有少數幾個人曾給我發過電子郵件，回饋說他們根本沒有感到任何刺痛感。如果你也有這個問題，嘗試下列這個方法－把少許

的鹽，溶解到幾盎司的水中，用鹽水滋潤一下你的舌頭。

咦？這裡到底發生了什麼事？我們可以藉由儀表找出答案。

圖 1-16　一位勇敢的創客，測試 9V 鹼性電池特性的示意圖。

首先，設置一下你的電表吧

如果你已經準備好了新的電表，先確認一下它是否已經裝好電池？方法很簡單，我們可以隨意扭動檔位選擇鈕，選擇任何檔位，等待片刻，看看電表螢幕上是否有顯示數字。如果螢幕是空白的，那表示你在使用前，可能需要打開電表背後蓋子裝一下電池。

因為電表的種類繁多，所以我沒辦法明確告知你的電表要怎麼安裝電池或要安裝什麼樣的電池。這個部分必須靠你查看一下電表的說明書。

電表通常會附有兩條連接線，一根紅色一根黑色。我會稱它們為探棒用來區分你之後會

使用到的鱷魚夾連接線（事實上「連接線」這個詞，幾乎可以指任何使設備或零件間，所產生電訊號傳遞的電線）。

每一根探棒一端會連著一條的長長電線，電線的終端，都會有一個插頭；探棒的另一頭則是鋼製探針，如圖 1-17 所示。把插頭插入電表，就可以將探針碰觸任何你想要測量的地方。探棒可以用來測量電流或者可以檢測電壓。在本書各個實驗，都使用很低的電壓和電流，所以不用擔心測量時會被電到（除非你用尖銳的探針戳自己）。

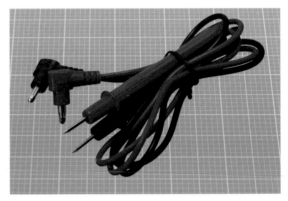

圖 1-17　標準型探棒。供比對大小的背景圖片方塊，大的方塊大小為 1 英吋並分成十等份。

你還可以購買其他類型的探棒作為配件。有些探棒其後連接的電線很短，有些一頭是鱷魚夾，或者是俗稱為迷你測試勾、附有彈簧的勾爪型探棒。我自己比較喜歡電線較短的探棒和迷你測試勾，但是電表包裝內附贈的通常是探針型的探棒。

那麼現在，你應該將探棒插頭插入電表的什麼位置呢？其實並不像聽起來那麼簡單。

首先，我將介紹黑色探棒安裝的方法，其實很簡單。只要將插頭插入電表上標有 **COM** 的插座即可。黑色探棒的安裝方法，對以後所有測量的場合都通用。換句話說，安裝完黑色探棒後，其實可以你永遠不用拔掉它。

另一個插座旁邊應該有一個字母 **V**，還有一個名為 *omega* 的希臘字母符號，看起來像是圖 1-18 的例子，它代表阻抗。

圖 1-18　以希臘字母 *omega*，代表阻抗的單位。

這個該插座旁邊可能還有其他符號，但是 V 和 omega 的符號必然始終會出現，意思是，這個插座主要用來測量阻抗或電壓。我們可以將紅色探棒的插頭，插入完成安裝（參見圖 1-19 和 1-20）。

圖 1-19　安裝探棒插頭的位置。

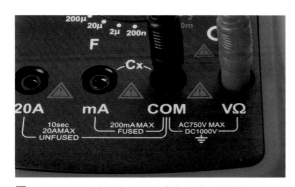

圖 1-20　不同的電表，插座也大概在相同位置。

你可能會看到一個標有 **mA** 的第三個插座，這個符號表示毫安培，稍後我會談到這個部分。再旁邊一點，你應該會看到一個標記為 10A 或 20A 的第四個插座，表示 10 安培或 20 安培（這個部分會留在後面再作說明，目前都不要使用這些插座）。

什麼是阻抗呢？

阻抗可以降低電流的流動，而且幾乎世界上所有的物質，都有一定的阻抗，包括你的舌頭。

我們用英里或公里為單位來測量距離，用華氏或攝氏度為單位來測量溫度，阻抗則是以歐姆為量測的單位。歐姆是以電學先驅 Georg Ohm 命名的一個國際單位，我在圖 1-18 展示歐姆的單位符號——希臘字母 Ω。

對於大於 999 歐姆的阻抗，會使用大寫字母 **K** 表示 *1* 千歐姆。有時 K 後面會印上 ohm 的代表 Ω 符號，其目的只是為了更清晰地表明，K 前面的數值，指的是阻抗的大小。但更常見的情況是不印 Ω 符號，例如，1,500 歐姆的阻抗，通常會簡寫為 1.5K。對於大於 999,999 歐姆的阻抗，則會使用大寫字母 M 表示 *1* 百萬歐姆。

在台灣的電路用語中，1 百萬歐姆的阻抗值，通常被簡單的唸作「1 mega」。另外同樣的，如果有人使用了「2.2 百萬歐姆的電阻」，那麼通常會簡寫為 2.2M。

```
1K = 1,000 歐姆
1M = 1,000K = 1,000,000 歐姆
```

圖 1-21 阻抗值不同單位之間的轉換關係。

歐姆	1 千歐姆	1 百萬歐姆
1 Ω	0.001K	0.000001M
10 Ω	0.01K	0.00001M
100 Ω	0.1K	0.0001M
1,000 Ω	1K	0.001M
10,000 Ω	10K	0.01M
100,000 Ω	100K	0.1M
1,000,000 Ω	1,000K	1M

圖 1-21　阻抗的單位換算表。

在歐洲，當你要找的阻抗值有小數點時，就可能會發現阻抗值的數字內，有字母 R 或 K、M。他們這樣做，是為了減少錯誤判讀

的風險，因為有時候如果印刷印的不好，小數點可能會無故消失。所以，在歐洲的電路圖中，習慣以 5K6 表示 5.6K、6M8 表示 6.8M、3R3 表示 3.3 歐姆（我在這裡不會使用歐洲風格，但你可能會在其他電路圖中，遇到這樣的表示方式）。

對電力阻絕能力非常高的材料稱為絕緣體。大多數（但不是全部）的塑料，包括包裹著電線的材料，都是絕緣體。

對電力阻絕能力非常低的材料稱為導體，像銅、鋁、銀和金這樣的金屬是優秀的導體。

你的舌頭是絕緣體還是導體？讓我們來找出答案。

舌間上的阻抗

看一下電表上的檔位選擇鈕，你將可以找到一個位置或一組數值標示有 Ω 符號。

對於自動型萬用電表，只需如同圖 1-22 中所示，將檔位選擇到 Ω 符號的位置，再將兩根探針分別接觸到你的舌頭上，距離約一英吋，等待電表自動選擇範圍，再觀察數字顯示中的大寫字母 **K**。

圖 1-22　在自動行萬用電表上選擇阻抗檔。

對於手動型的萬用電表，你則必須先在 Ω 符號區間，選擇一個測量範圍的檔位。方法是選擇你預期的最大值檔位，電表即可測量最高達這個值的阻抗值。

對於我們要進行的舌頭阻抗值測量，你如果選 200K 或 400K 檔位（即 200,000 歐姆或 400,000 歐姆）應該十分合適。詳參見圖 1-23 和圖 1-24 中手動電表的檔位近照。

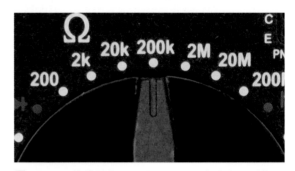

圖 1-23　手動型萬用電表上，則需由你自己選擇適當的測量檔位。

圖 1-24　不同的手動型電表，相同的檔位選擇方式。

如果你的舌頭阻力超過 200K 怎麼辦？手動型電表將會顯示錯誤，會顯示通常看起來像 **OL** 的符號，意思是「開路連接」，就好像電表未連接到任何東西上。

這時該怎麼辦？只需將電表刻度盤，轉到下一個更高的測量範圍的檔位，例如 2M。

但是你的舌頭不太可能有這麼高的阻抗。

- 當你看到電表顯示 **OL** 時，請選擇不同的檔位。

無論測量出來的舌頭阻抗值為多少，請將你的測量結果，記錄在你的實驗筆記本上，我稍後的說明會用到這些內容。

現在放下探針，伸出舌頭，使用紙巾仔細澈底的擦乾。在不讓你的舌頭又沾到口水的情

況下，重複剛剛的測量動作，讀數應該更高。以下是從剛剛舌頭阻抗值量測中得出的兩個結論。

- 當你用電池觸碰舌頭時，舌頭上有較多水分時，似乎允許更多的電流流動，因此你也感受到更大的刺痛感。

- 當你使用電表時進行測量時，更多的水分似乎會降低阻抗值。

我使用「似乎」這個詞語，因為我們還沒有證明任何事情。到目前為止，我們都還只是推測。即使較低的阻抗，確實會使更多的電流流動，你應該想追問，究竟會增加多少？還有，「電流」到底是什麼？

不用急，在接下來的幾個實驗中，你將逐步發現這些問題的答案。到第 4 個實驗結束，所有的謎團都將被解決。

如果你的舌頭真的量不到任何阻抗值，只看到 **OL** 錯誤消息怎麼辦？

首先嘗試用洗碗液等清潔劑清潔探針，然後再用略微有研磨效果的東西（如牙膏）清潔。不要使用高度研磨性質的清潔劑，例如廁所清潔劑，否則可能會損壞探針上的鍍層。清潔後，請沖洗並晾乾探針。

如果這些方法都失敗，可以像前面舌頭的電池實驗時建議的方式，用鹽水滋潤一下你的舌頭再試試看。

影響阻抗值的其他因素

一個成功的實驗，如果沒有其他的隨機干擾因素，理論上應該每次都能得出相同的結果。

在剛剛舌頭測中，其實就充滿許多隨機因素決定實驗的結果，這些因素被稱為未控制的變量。好比說，舌頭上的濕度可能就是一個變量。另外，我懷疑探針之間的距離，可能也是一個變量，我們可以查證看看。

首先緊握探棒，讓探針接觸你濕潤的舌頭，控制兩根探針相距約 1/4 英吋，記錄一下電表讀數。再將探針距離拉開達 1 英吋，重複剛剛的動作。你得到了什麼樣的讀數？

- 當電力通過較短的距離時，如果其他因素都保持不變，它會遇到較小的阻力。

我們可以在你的手臂上進行類似的實驗，如圖 1-25 所示。如果你的電表沒有讀數，可以濕潤一下你的皮膚。你可以用固定的長度（如 1/4 英吋），慢慢的改變兩探針之間的間距，並觀察電表上顯示的阻抗值。

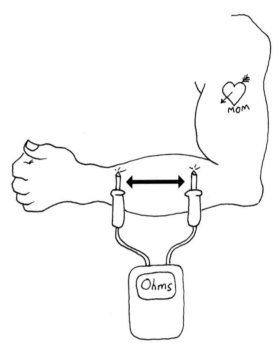

圖 **1-25** 改變探針間的距離，然後觀察電表上的讀數有什麼變化。

你是否能得到，將探針之間的距離加倍會使阻抗加倍的結論嗎？

還有一個變量我還沒討論過，那就是每個探針和皮膚之間的壓力。我猜，如果你施加更大的壓力，阻抗值可能會減少。你能證明這一點嗎？如果我的猜測是正確的，你認為是什麼原因？你如何設計一個實驗來消除這個變量？

如果你厭倦了測量皮膚阻抗，可以嘗試將探針浸入一杯水中，然後在水中加入一些鹽，再次進行實驗。

毫無疑問，你必定聽過人們常說水會導電，但完整的故事並不是那麼簡單。事實上，如果你能在超市買到蒸餾水進行實驗的話，可能會發現純水的阻抗值其實很高，加入鹽或其他雜質卻會逐漸降低它的阻抗值。

到這裡，為了更好地理解這些實驗中正在發生的事情，我覺得你有必要多了解一些關於電的流動三兩事（即俗稱的電流、安培）。在實驗 2，我會向你說明如何測量它。

發現阻抗的人

Georg Simon Ohm（喬治·西蒙·歐姆，圖 1-26）1787 年出生於德國巴伐利亞州。他將心力投注於研究當時沒有普遍被研究的電學上，為了實驗，還自己製作了實驗用的金屬線（在 19 世紀初，你絕對無法去特力屋買 100 英呎的門鈴線）。

儘管資源有限、工具不足，但歐姆仍在 1827 年成功證明，在溫度恆定的條件下，由銅等導體產生的阻抗與其截面積成反比，流過它的電流與所施加的電壓成正比。可是這項發現卻並沒有讓他名聲大噪，反而無端遭來罵名，因此歐姆的人生大半處於鬱鬱寡歡的狀態。一直到十四年後，英國皇家學會才終於肯定他的貢獻，並授予他科普利獎章。現今，他的發現被稱為歐姆定律。

當你開始進行實驗 4 時，你會發現，你也有能力自己發現歐姆定律（儘管實際上，你只是重新發現這個定律）。

圖 1-26　在被認可他的研究具有前瞻性後，Georg Simon Ohm 並沒有因此而名聲大噪。

實驗後的清理及回收使用

完成本實驗後，你的電池應該幾乎和新的一樣，所以你可以重複利用。

電表在收起來前要記得關機。大多數的電表會在一段時間後自動關機，或者會發出嗶嗶聲提醒你，但是如果你能即時的關機，應該可以再延長電池的使用壽命。

實驗 2
跟著電力潮流走！

在這個實驗中，你將構建你的第一個電路，經由這個電路，你將透過把 LED 亮度拉到極限並超越它的極限，來學習有關電流的知識。

你會需要：

- 9V 電池〔1〕。

- 15Ω 電阻，棕綠黑色〔1〕。

- 150Ω 電阻，棕綠棕色〔1〕。

- 470Ω 電阻，黃紫棕色〔1〕。

- 1.5K（1500Ω）電阻，棕綠紅色〔1〕。

- 通用紅色 LED〔2〕。

- 鱷魚夾連接線〔1 紅色，1 黑色，1 其他顏色〕。

- 萬用電表〔1〕。

估算電阻值

通常有必要在電路中加上一些阻抗，很快你就會明白其中的原因。

期望加在電路中的阻抗，現實上，可以使用俗稱（先猜猜是什麼？）電阻的元件來實現，電阻的阻抗值，理所當然也是以歐姆為單位。另外，你為了本書中實驗所購買的電阻，可能有阻抗值標記，也可能沒有標記，無論是哪一種都沒有關係，因為接下來，你將學會如何推算出電阻的阻抗大小。

一開始，我會跟你說明，該如何使用電表測量電阻的阻抗值，再教你怎麼估算電阻的阻抗值。某些電阻在它們表面上，就印有它的阻抗大小，可以用放大鏡讀取，如圖 2-1 所示。可惜的是，大多數的電阻製造商，不會在電阻上印上數字，而是在外面塗上了彩色的環狀條紋（稱為色環），此即電阻獨特的色碼表示方式。

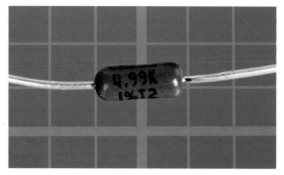

圖 2-1　直接在電阻表面印有阻抗值的情況，很少見。

我把這個實驗的零件清單上，每一電阻的色環都特別列在圖 2-2 中。

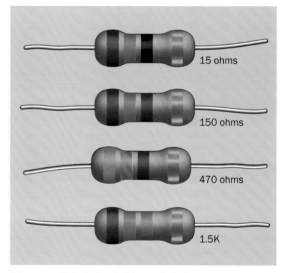

15 ohms

150 ohms

470 ohms

1.5K

圖 2-2　本實驗中，你所需要的各式不同大小的電阻。

雖然從電阻本體凸出來的兩根鐵絲，看起來一點也不像連接線，但電阻上面的鐵絲與電表間長長的連接線、鱷魚夾連接線性質相同，也是用來連接的連接線。同樣地，LED 上突出來的鐵絲也是連接線。各種元件上突出來作為連接線性質的鐵絲，我們通常稱作是這個元件的接腳。

你手上的電阻可能是銀色的色環，而不是我所展示的金色色環，但沒有關係，我待會兒

會說明有什麼差別。首先，我要讓你先確認一下電阻器的阻抗值。確定一下紅色探棒，是不是跟在實驗 1 中的狀態一樣，仍然安裝在電表的歐姆測量插座中。

15Ω 電阻的阻抗值比你的舌頭低得多，因此你需要選擇不同的電阻測量檔位。在一般電表上，200Ω 的檔位通常是最低測量範圍，不妨先用這個檔位試試看。

如同圖 2-3 的測量方式，你可以把電阻放在木頭或塑料這種不導電的物體表面上進行測量，電阻正放或反著放，都沒有任何影響。

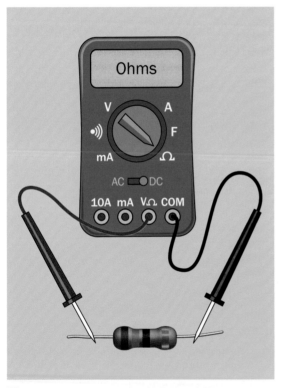

圖 2-3　量測 15Ω 電阻的阻抗值的示意圖。

請你握住探棒塑料的部分，不要碰觸到探針。因為如果你在測量電阻時，不小心觸摸到探針，可能會量到你自己皮膚的電阻，就會得到不正確的結果。

用力壓住探棒，使得探針與電阻連接穩定。如果你覺得有點難，你可以試著添加幾條鱷魚夾連接線，就像圖 2-4 所示。完成連接後，

你就能悠哉的放開手，進行電阻測量，而且測量的結果，應該跟沒有加額外連接線前非常接近。

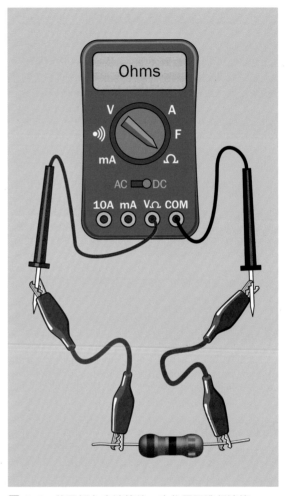

圖 2-4　使用鱷魚夾連接線，夾住電阻進行連接。

接著，在你的筆記本中，記錄測得的阻抗值，然後拆下 15Ω 電阻器，更換成 150Ω 電阻器，重複剛剛的測量動作。測量完畢後，再嘗試測試 470 歐姆電阻器。這時，除非你將檔位自 200Ω 檔，切換到 2KΩ 檔，否則，你電表應該會顯示「OL」錯誤消息。

最後，再測量一下 1.5KΩ 的電阻。我敢打賭，你測量到的值不會完全符合你的預期。

我自己嘗試得到的結果分別為 15.1Ω、148Ω、467Ω 和 1,520Ω。

其實你剛剛已經遇到了電子學的一個基本真理：

- 測量結果永遠不精確。

你的電表計量器不是絕對精確，自然量得的電阻值也不會精準。還有其他因素也會擾亂測量的準確度，好比說室溫。另外，電表的探針以及電阻的連接線接觸點，都存在微小的電阻。

你的目標當然是量得盡可能接近準確的結果，但是，在量測電子零件時，追求 100％ 準確是不可能的，這是必須先接受的事實。

解碼電阻上神祕的環狀條紋

現在，你或多或少已確認了各個電阻實際的阻抗值。接著，我來介紹一下電阻專屬，獨特的色環色碼的編碼方式。

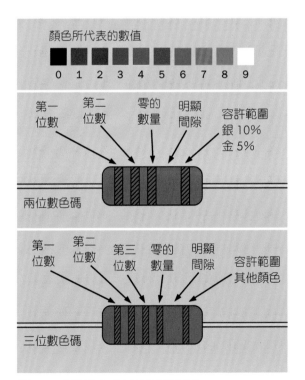

圖 2-5　電阻的色環色碼的編碼系統。

這套編碼邏輯，如圖 2-5 所示，解碼時，可以遵循以下程序：

- 忽略電阻主體的底色。

- 如果有銀色或金色色環，則請將電阻器旋轉，使金色或銀色色環靠右。銀色表示電阻的阻抗值可能有正負 10％ 的誤差，而金色則表示可能有正負 5％ 的誤差。這些百分比稱為電阻的容許誤差，簡稱容差。某一些電阻的容差僅有 1％，甚至更好。

在這種情況下，可能會使用其他顏色的色環表示。然而無論是什麼顏色，你會發現表示容差的色環和其他色環之間有明顯的間距。

- 表示容差的色環在右手邊的話，此時，電阻的左手邊會有三或四個色環。

　如果有三個色環，則前兩個色環的顏色，代表電阻阻抗值的前兩位數字。

　如果有四個色環，則前三個色環的顏色，代表電阻器值的前三位數字。

- 再下一個色環，則表示這個二位數或三位數之後，跟著多少零。

例如，看一下你的 1.5K 電阻。它的色環顏色依序是棕色（1）、綠色（5）和紅色（兩個零）。換句話說，色碼換算出來的數值應該是 1500，亦即 1.5K。通常帶有四個色環的電阻，容差大多比 5％ 要好。只是追求更小更精確的容差，對本書中的各個實驗而言，不太重要。

神祕的數字

如果你查看一些電阻器（或在網路上購買），你會發現，同樣的一些數字組合會不斷出現。

在幾百 Ω 的範圍內，我們會發現，電阻大小常常是 100、150、220、330、470 和 680 這幾個數字。在幾千 Ω 的範圍內，典型的常出

現 的 是 1.0K、1.5K、2.2K、3.3K、4.7K 和 6.8K。在十歐姆的範圍內，我們則會常常遇到 10、15、22、33、47 和 68。

為什麼會這樣呢？

很久以前，製造一個足夠精確的電阻，是一項艱難的挑戰，因此容差是 20%。換句話說，實際值會比原本電阻名義上應該有的阻抗值高或低 20%。例如，對於一個 15K 的電阻，其實際電阻可能低至 12K，因為：

```
15K - 20% = 12K
```

另一方面，一個 10K 的電阻器可能會有 20% 更高的值，就像這樣：

```
10K + 20% = 12K
```

因此，一個 15K 的電阻和一個 10K 的電阻可能都有相同的值，所以並沒有必要生產中間值的電阻。

我們以圖 2-6 來說明這個觀點。白色的數字是製造電阻器的名義上應有的阻抗值，也就是電阻製造商，努力使產製出的電阻達到的目標值。你可以看到它們被巧妙地選擇，以便可能值的範圍中，在 20% 以上和以下幾乎沒有重疊。

少於名義值 20 %	0.8	1.2	1.76	2.64	3.76	5.44
名義值	1.0	1.5	2.2	3.3	4.7	6.8
多於名義值 20 %	1.2	1.8	2.64	3.96	5.64	8.16

圖 2-6 電阻名義值，考量 20% 誤差範圍後的數值。

現今，電阻的製造工藝精度要高得多，但大家用慣了原本的阻抗值範圍，因此，這些大小的電阻，仍然是你最有可能碰到的。有鑑於此，這本書我都使用這些常見的阻抗值。

第一個電路

觀察一下你手邊隨便一個紅色 LED。傳統燈泡會將大部分的輸入電能轉換為熱能，而造成能源的浪費，但 LED 比較聰明：LED 幾乎可以將所有的輸入電能轉換為光，而且如果你不過度虐待它的話，幾乎可以永久使用，但是，如果你過度使用它們會有什麼狀況？現在就來找答案吧。

從你的 1.5K 電阻開始（就是依序有著棕綠紅色環的那一個），使用鱷魚夾連接線，夾住 9V 電池負極以及電阻的其中一支接腳。至於電阻器的方向，對整個電路並無影響。

如圖 2-7 所示，使用另一個鱷魚夾連接線夾住 LED 的一支接腳。由於 LED 的連接，有極性的問題，因此你需要小心的按照圖中的方式，正確連接 LED。

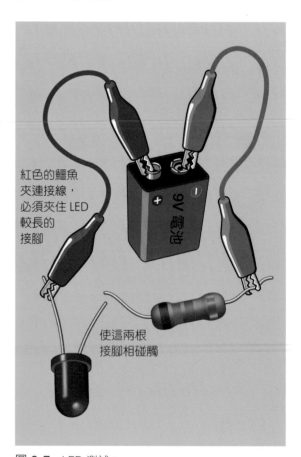

紅色的鱷魚夾連接線，必須夾住 LED 較長的接腳

使這兩根接腳相碰觸

圖 2-7 LED 測試。

• 當你打算使電流流入 LED 時，請記得 LED 上較長的那隻接腳，必須始終比較短的那隻接腳電位更高。記憶的技巧是，想像長接腳的一端，好像比起短的一端，身高高了一截的樣子，所以，所需的能量（電位）也需高一些。

最後，將 LED 剩餘的一支接腳和電阻剩餘的一接腳碰觸在一起。太神奇了，你的 LED 亮起來了！。你完成了你的第一個電路。

極性

當處理諸如電池等能源時，請記住：

• 「加號」符號始終表示「正極」。

• 「減號」符號始終表示「負極」。

• 正極和負極之間的區別被稱為極性。

當你使用某個電子元件，其製造商或相關書籍介紹這個元件具有極性（如 LED）時，對這個元件進行連接時，就要特別注意連接極性是否正確。

如果你將正電壓連接到 LED 的短接腳而不是長接腳，那麼我們會說，你把 LED 接成了反極性，此時，LED 不但無法工作，可能還會縮短它的使用壽命。

如果為了讓 LED 能妥善的安裝到你的電路，而修剪了接腳，然後又忘了哪支是長接腳，哪支是短接腳，該怎麼辦呢？沒問題的！LED 在其圓形底部會有一個明顯的缺角，靠近缺角的接腳就是原本的短接腳（負極）。

電路圖

我們把目光轉移到圖 2-8，你應該可以注意到，這張圖上的元件名稱乃至元件相互間的連接關係，與圖 2-7 都有相似之處。其實兩者元件間的連接關係是完全一致的，只是我使用電路專用的符號重新繪製一次，圖 2-8 的表示方式稱為電路圖。

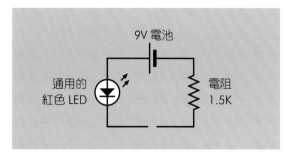

圖 2-8　測試 LED 的完整電路圖。

由於電路圖有容易理解，而不太占空間的特性，我在整本書中都會使用電路圖。當你進行到實驗 6 的階段時，會找到更多電路圖的專用符號例示。接下來，請把焦點集中到圖 2-8 中的兩個強調極性的例子：

• 電池符號中的長線表示電池的正極。

• LED 符號內的大三角形，總是從正極指向負極。

• 大三角形旁的小箭頭只是提醒你，這是發光二極體元件（LED）（因為，還有其他不發光的二極體存在）。

在歐洲，電阻的符號只是一個印有其阻抗值的矩形。我在這裡使用了曲折的美國符號。

過載時狀態的 LED

現在，如果我們拔掉 1.5K 電阻，換成 150Ω 的電阻（棕綠棕），會發生什麼事？答案是，LED 會變得更亮了！

由先前的實驗我們觀察到，潮溼的舌頭經由電表量測，似乎會導致探針間的阻抗下降；以 9V 電池，碰觸潮溼的舌頭，刺痛感會更強烈。同樣地，在這裡我們也觀察到，減少電路中的阻抗，似乎給了 LED 某種刺激。

你覺得你能讓 LED 變得更亮嗎？也許你可能猜到讓它更亮後會發生什麼事，但是基於本書在發現中學習的宗旨，僅僅停留在猜測的階段，我覺得還不夠。

現在拔掉 150Ω，換成 15Ω 電阻。在 15Ω 電阻與 LED 接腳還沒碰觸在一起的時候，懂得電子學的人一定會大叫請你「不要這麼做！」但是，當有人告訴我們不要做某件事時，我們總是想看看，當我做這件事時會發生什麼狀況！

提醒你一下，接下來的動作電線會發燙（如果你有點擔心，可以戴上手套）。當 LED 接腳接觸到 15Ω 電阻器的接腳時，LED 剎那，哇！簡直光芒萬丈！

但是——噢不，耀眼的光芒只是一瞬間，隨後 LED 會逐漸變暗，最終只剩非常微弱的亮光，LED 已經因過載而燒毀或損壞。另外，可以分享的是，不知道為什麼，有些類型的 LED 容易損壞。曾經有讀者告訴我，當他們使 LED 過載時，LED 竟然誇張的裂成兩半。我自己在實驗中，是還沒有發生過裂成兩半的情況，但是經驗上確實發現，3 毫米的 LED 比 5 毫米的 LED 更容易燒毀。

無論如何，你應該已經發現，摧毀一個電子元件有多容易。現在可以把剛剛過載燒毀的 LED 扔掉，因為它再也無法正常工作，為了提供給你學習的經驗，它的生命已經被犧牲了，RIP。

幸運的是，儘管 LED 是電子技術的一項驚人成就，但它們不貴。

接下來的問題是，為什麼 LED 會燒毀？你可能會想是因為通過它的電流太大——但我不喜歡猜測。我認為你需要一種測量電流的方法，而你的電表可以做到這一點。在開始之前，我需要先給你一個定義。

電流的定義

電流是電的流動，通常以每秒的流動過電量來衡量，單位是安培，簡寫為 A。電流由電子組成，每個電子都是一個微小的粒子，攜帶著電荷。

如果你的感官足夠快，能夠數清楚電子在電線中通過的數量，你就可以將 1 安培定義為每秒流過 6.25×10^{18} 個電子。

安培的基礎知識

安培是一個國際單位，簡寫為 A。

一毫安培（通常寫作 mA）是一安培的千分之一。

一微安培（通常寫作 μA）是一毫安培的千分之一。

```
1mA = 1,000μA
1A = 1,000 mA = 1,000,000μA
```

在圖 2-9 中，你會看到一個單位換算的表格。

微安培	毫安培	安培
1μA	0.001mA	0.000001A
10μA	0.01mA	0.00001A
100μA	0.1mA	0.0001A
1,000μA	1mA	0.001A
10,000μA	10mA	0.01A
100,000μA	100mA	0.1A
1,000,000μA	1,000mA	1A

圖 2-9　電流的單位換算表。

電流的量測

我看過的每一個電表上，都會有標記電流符號的插座，可能標記 **10A** 或 **20A**，其意義是告訴你，使用這個插座的話，最大可以量測的電流大小是 10A 或 20A（目前，你還不需要量測這麼大的電流）。

你的電表還會有一個標有 **mA** 的插座，指的是這個插座，可用來量測毫安培等級的小電流。這個插座旁邊，通常還會印上這個插座的可量測的最大值，一般會是 200mA，但也可能是 400mA。

請拿起你的電表仔細觀察並在腦海中記下，你的表上這個插座最高可以承受多少 mA 的電流。

mA 插座一般而言，會與其他插座分開放置，但並不是總是如此！有些電表會把電壓、電阻和 mA 等級電流的測量功能，結合在同一個插座中。

看一下圖 2-10 的例子，這個電表將 **COM** 插座設置在中間，算是比較少見，但其功能是一樣的。再往右看，就是剛剛提到的結合多功能的例子，插座清楚的標有電壓、電阻、微安和毫安的符號。

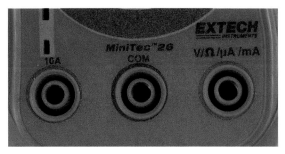

圖 2-10 這個電表允許你使用同一個插座，即可測量電壓、電阻、微安和毫安。

這是一個很好的功能，因為你可以將紅色探棒安裝在這個插座上，就可以量測多種電的物理量，而不用換來換去。但是，你的電表有可能是獨立的 mA 插座的類型，因為比較多電表採這樣設計的。如前一個實驗中的圖 1-19 和圖 1-20 就是這樣的情況。

要測量電流，必須使電流通過你的電表。這個操作需要特別小心，因為太大的電流通過，可能會使電表內的保險絲燒斷。如果發生這樣的情況，你必須打開電表移除燒斷的保險絲，上網尋找規格完全相同的保險絲作替換。

在等待保險絲送達的期間，你可能就無法使用電表測量電流。更麻煩的情況是，如果你用的是平價的電表，保險絲可能直接焊在電表內的電路板上，很難移除。

總而言之，要避免讓太大電流通過你的測量儀器。如果你採取一些簡單的預防措施，基本上不太會發生這種情況。就我個人而言，

最後一次燒斷電表的保險絲，大約是五年前的事情。那時，我買了幾個備用保險絲，以防我再次粗心大意。

在這個實驗中所使用的電路，你可以放心的使用任何一個電表的 **mA** 插座，因為你不會測量超過 25mA 的電流。所以現在可以將電表的檔位，旋轉到電流檔位次低的檔位，通常會是 200mA。那麼，如果我沒有告訴你要測量的是多大的電流，該怎麼辦呢？

其實你可以進行一些計算，估算出大約的數值（這個部分，我將在第 4 章中說明），或者你也可以從標有 **10A**（或 **20A**）的插座開始向下測量。

測量 LED 電路中的電流

現在我需要你拿一顆新的 LED 重建你的電路。這次，如果你不想浪費更多的 LED，請確認使用的是 1.5K 的而不是 150Ω 或是 15Ω 的電阻。

接著，如同圖 2-11 所示，將電表串接到電路中，並確保紅色的探棒正確安裝到標記有 **mA** 的插座，而不是測量電壓—電阻的插座（假設你的電表有獨立的 mA 插座）。

- 請記住，當測量電流時，電表會是串接在電路中的，因此電流會流經電表。

從電池正極出發，電流會通過電表、LED、電阻器，然後回到電池的負極。

你可能會擔心，圖中是電表的黑色探棒與 LED 的長接腳相連，這樣沒問題嗎？

不用擔心，在這個實驗中是沒問題的，理由如下：

- 電表的紅色探棒必須比黑色探棒電位更高，因此與電池的正極相連。

- 電表的黑色探棒通過 LED 以及電阻，而與電池的負極相連。

- 就 LED 的角度觀察，長接腳仍是接往電位高的方向，短接腳則接到整個電路電位最低的方向，因此，不會有反極性的問題。

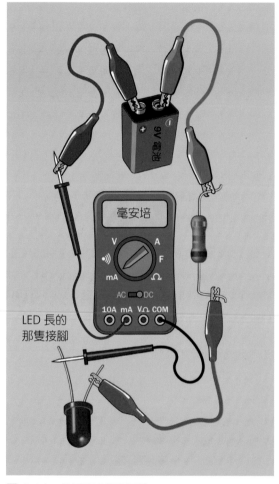

圖 2-11 使用電表測量電流。

那麼，你的電表顯示的數值是多少呢？無論數值多少，別忘了隨手做個記錄吧。

在我的電路中，我量得了 5.1 毫安的值。實際上是 5.08，但由於這種測量並不太準確，所以我把它四捨五入，變成了 5.1，原因我很快就會解釋。

當測量精度無法到達下一位的小數位數時，你向別人描述量測所得的數值，卻包括這個

額外位數，並不是一個好的作法，通常需要四捨五入一下。

- 當你刪除一個小數位時，如果你省略位數上的數字是 5、6、7、8 或 9，那麼需要在前一位的數字加 1。因此，5.08 變為 5.1，這個動作稱為進位。

- 當你刪除的數字是 1、2、3 或 4 時，則直接刪去該數字而不必更改前面一位的數字，這個動作稱為捨去。

現在，我們把電表從電路的左側取出，串接到右側。先後兩個電路的電表位置差異如圖 2-12 所示。新的連接關係中，要特別注意電表的黑色探棒與電池的負極連接關係是不是穩固。

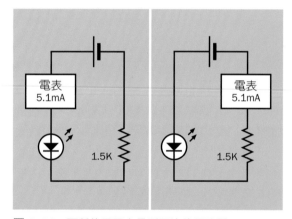

圖 2-12 兩種使用電表量測電流的電路圖。

當我完成這樣的變動時，我的電表讀數與變動前的完全相同。你的電路也是這樣的嗎？希望如此，因為在這樣的簡單電路中，電流沒有其他地方可以流動。因此，不同位置上測量得的電流值應該會是一致的。

- 簡單電路中的電流在所有點上都相同。

5.1mA 大小的電流，對於 LED 來說是可接受的電流嗎？好像沒問題，LED 不會燒毀。但是如果這樣大的電流，讓它們運作一天或兩天，真的沒問題嗎？呃…大概吧。

還是你覺得，其實只要稍微降低電阻值，而讓 LED 變得更亮一些，應該還好吧？其實有一個簡單的方法可以消除猜測。那就是直接向製造商詢問，這樣就可以得到確切的答案。

取得元件資料手冊（datasheet）

幾乎每種元件，都可以找到製造商在網路上發布的資料手冊。只要你知道該元件的型號，查找相關資料手冊就非常容易。當你自己購買元件時，通常看外觀或包裝，很容易就能找到該元件的型號。當你使用實驗套裝組合某個元件時，通常供應商都會有相對應的文件告訴你該元件的型號。

以我使用紅色 LED 為例，型號是 Cree C503B-RAN。因此我只需查 Goolge 一下關鍵字 cree C503B-RAN datasheet，沒多久，螢幕上就會顯示資料手冊中所有相關資訊。

事實上，資料手冊的內容，通常比我需要的還要多，其中一些是太過技術性質的內容，因此我只從手冊中擷取我想要知道的部分，如圖 2-13 所示。

絕對最大額定值 (T_A = 25°C)

項目	代表符號	項目	單位
順向電流	I_F	50 Note1	mA
順向峰值電流	I_{FP}	200	mA
反向電壓	V_R	5	V
Power Dissipation	P_D	130	mW
操作溫度	T		

典型特性 (T_A = 25°C)

條件	條件	最小值	典型值	最大值
順向電流	I_F = 20 mA		2.1	2.6
逆向電流	V_R = 5 V			100
主波長	I_F = 20 mA			

圖 2-13　LED 的部分資料表。

當你查閱資料手冊，如果看到「絕對最大值」這個關鍵字，請一定要特別注意，它對應的數值非常重要，其意義就好比是橋下的最高通行高度警示一樣，即使你的車高只多那麼一點點，就是無法順利通過。同樣地，即使只是那麼一瞬間的超過某個元件的絕對最大值，元件必定會被損壞。因此，各種操作最好維持在絕對最大值以下。

我手上這個 LED，在資料手冊上說明 50mA 是它運行的絕對最大值，因此我讓它運作在 5.1mA，距離門檻還老遠。

其中所謂順向電流，指的是以正確的方向通過元件的電流；而所謂順向峰值電流，通常只會因為你的電源由於某種原因產生波動，而一瞬間發生的異常大的電流。但一般而言，不應發生這種情況。

現在我們確認一下資料手冊中的「典型特性」表格能提供的資訊。所謂「典型」，有時縮寫為「Typ」。這個表格就是你使用同一型號元件，額定操作下，實際會產生的（統計上平均）電物理量數值。

你應該注意到「條件」列中寫著「IF = 20mA」。稍後我介紹更多資料手冊的內容時，就會一起解釋這個奇怪的術語「IF」，目前，你只需要知道的是 20mA，是你實際操作的電流值典型大小。因此，在電路中放置 1.5K 電阻是非常安全的。

你可以嘗試替換較低阻值的電阻器，並測量電流，直到它更接近 20mA。我先給你一個快速的答案：使用 9V 電池點亮一個通用型的紅色 LED，那麼 470Ω 是一個穩當的選擇。你可以嘗試驗證一下這一點。

如果出於某種原因，好比說想要延長電池壽命，因此你希望 LED 變暗一點，當然可以使用更高阻抗值的電阻。

現在，你擁有一個應該可以無限期運作的 LED 電路。

在此所得到的經驗是：使用某個電子元件，別忘了閱讀元件製造商提供的資料手冊！暫時把 470Ω 的電阻留在你的電路中，但別忘了把電池從電路斷開，以免電池電量耗盡。

電磁學之父

André-Marie Ampère（安德烈・瑪麗・安培，圖 2-14）於 1775 年出生於法國，從小就是一個數學神童，儘管在學習階段的大部分時間裡，僅是經由父親的圖書館中自學而獲得知識，仍無法阻礙他成為一位卓越的科學家。

他最著名的工作是在 1820 年，推導出關於電磁學的理論，描述電流如何產生磁場。

他也利用這個原理，進行第一次有效的電流測量，因此電流的大小也被稱為安培。

安培也建造了第一個測量電流流動的儀器（現在稱為電流計）。此外，他竟然還有餘力從事化學方面的研究，並且發現了氟元素。在那個時代，沒有接不完的訊息或貓咪的影片會讓人分心，真令人嚮往。

圖 2-14 André-Marie Ampère。

直流與交流電

從電池產生的電流流動被稱為直流電，或 *DC*。你可以把它想像成一個方向穩定的電子流，就像水龍頭流出的水流一樣。

你在家中插座所獲得的電流流動是交流電，簡稱 *AC*。插座的火線端相對於中性端，會以每秒 60 次的速率（包括歐洲在內的許多國家為每秒 50 次）從正極變為負極。「火線」的英文發音是像「現場音樂」中的「live」，而不是像「我居住的地方」的「live」。插座的火線端有時又被稱為「熱」端。

AC 電源十分有用，因為電力公司可以使用變壓器，將電力輸到電線上的高壓電，降至適合家庭使用的安全水平，且出於某些原因（我稍後會說明），只有 AC 電源能經由變壓器降壓。另外，AC 電源也經常在馬達和家用電器領域中使用。

圖 2-15 是一個典型的插座。這種插座在北美、南美、日本和其他一些國家中都可以找到，歐洲的插座外觀不同，但原理相同。

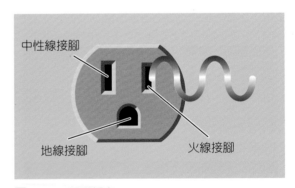

中性線接腳　地線接腳　火線接腳

圖 2-15 電源插座。

如果電器發生故障，例如內部電線鬆動，這種含有地線接腳的插座，可以把原本可能會流向人體造成傷亡的電流，經由地線接腳向下導引流入大地的方式來保護你。在英國和一些國家，這一類有設置地線的插座可能被稱為地插座。

在本書的大部分內容中，我不會處理交流電，原因有兩個：一是大多數簡單的電子電路都是使用直流電源，二是直流電的行為方式會更容易理解。

實驗後的清理及回收使用

在下一個實驗中，你將繼續使用同一個電路，本實驗結束後，你並不需要特別收拾。另外，電池應該仍然是好的，可以重複使用。

實驗 3
給電路多加一點壓力

在這個實驗中，你將學習所有關於電壓的知識。

你會需要：

- 9V 電池〔1〕。

- 電阻，470Ω，黃紫褐色〔1〕。

- 電阻，1K，棕黑紅〔2〕。

- 電阻，1.5K，棕綠紅〔1〕）。

- 電阻，2.2K，紅紅紅〔1〕。

- 電阻，3.3K，橙橙紅〔1〕。

- 通用紅色 LED 〔1〕

- 鱷魚夾連接線〔1 條紅、1 條黑、1 條其他顏色〕。

- 萬用電表〔1〕。

電位差

因為量測方式不同，測量電壓時，你不需要將電表串接在電路上。你的所有零件連接起來後，看起來應該會像圖 3-1；若以電路圖來表示，則如圖 3-2。

由於你要準備開始測量電壓，因此要把紅色探棒自 **mA** 插座拔除，改安裝到 **伏特 - 歐姆** 插座中。

- 如果你的電表上有一個獨立的mA插座，請養成習慣在測量電壓之前，確認紅色探棒是不是正確安裝在伏特歐姆插座中。

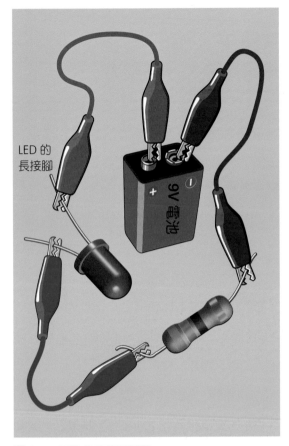

圖 3-1　電路的連接關係圖。

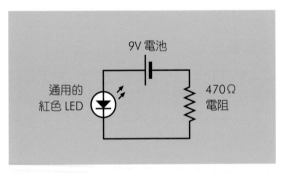

圖 3-2　電路圖。

接著，將電表的檔位選擇鈕，轉到最高可測量 20V 直流電壓的檔位。如果你的電表是自動型電表，那麼，只需選擇到直流電壓檔即可（請參見圖 3-3 和圖 3-4）。現在，你可以使用電表，來檢查電路中任意兩點之間的電壓。

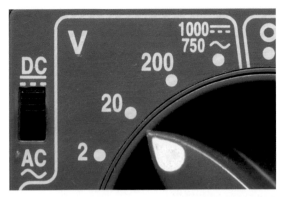

圖 3-3　在手動型電表上，須選擇合適的電壓測量範圍檔位。

圖 3-4　在自動型電表上，只需選擇直流電壓檔位。

當電表設置在電壓測量檔位時，它的內阻抗非常高，因此幾乎沒有電流會通過電表。你甚至可以像圖 3-5 一樣，直接測量電池兩極間的電壓，而不會損壞測量儀。請記得記下你量得的電壓。

- 當測量電壓時，電表不能串接在電路中。它的角色如同看比賽的計分員一樣，只客觀地計分。

如果你像圖 3-6 那樣，將探針接觸電阻的兩端後，電表立刻顯示電壓值，那麼我們會稱電阻在電路中造成了電壓（下）降，下降的幅度就是你量得的電壓。記得要隨手記下你量得的電壓。

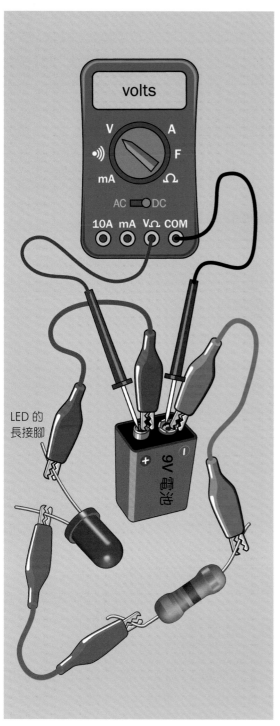

圖 3-5　測量電路中的電池的電壓。

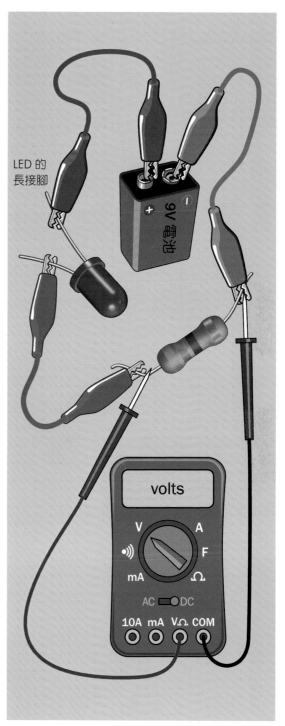

圖 3-6　測量電阻的電壓降。

你也可以用同樣的方法測量 LED 的電壓降。圖 3-7 中的電路圖是我實驗時所獲得的數字，並且四捨五入到小數點後一位。你的數字不會完全和我的一樣，因為我的電表、電阻和電池不會和你的完全相同，但我們倆量得的數字應該會很接近。

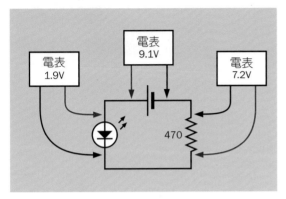

圖 3-7　測量你的電路中，每個元件的電壓。

須特別注意的是，當你把電路上元件的電壓降加起來時，總和竟然幾乎等於電池提供的電壓。原因可以理解為這些零件消耗了電池所提供的大部分的電壓，測量用的電表也會耗費一點點電壓，除此之外，並沒有其他地方會造成電壓損失。

以下是在測量電壓時要記住的事項：

- 電路電源必須開啟。

- 電表檔位選擇適當的電壓檔。

- 電表不串接在電路上。

- 電壓如同水壓，意指電路中任兩點間之電位差；而所謂電位，概念上也類似水位，表示量測點到參考點（通常是以「地、0V」為參考點）的電位能。

- 如果你的電表正負接反，電表仍然可以進行測量，但量得的值，電表會顯示負號，也就是黑色探棒端的電位高於紅色探棒端的電位。

跨在 LED 上電壓稱為順向偏壓，圖 2-13 的資料手冊顯示，其典型數值會在 2.1 伏特至 2.6 伏特之間。換句話說，實驗中 LED 上的電壓，剛好在典型值之下。

對於 LED 而言，資料手冊真正的含義是——如果你能讓 LED 上的電壓，剛好在 2.1 伏特至 2.6 伏特間，那麼 LED 將就會在各方面（尤其是亮度）符合製造商原本預期的規格。

伏特的基礎知識

伏特是一個國際單位，縮寫為大寫字母 **V**。毫伏（通常寫為 **mV**）是 1V 的 1/1,000（在本書中的任何實驗，你不會測量微伏這個量級的電壓）。

```
1V = 1,000mV
```

電壓單位的換算，如圖 3-8 所示。其中，千伏的部分，通常只在高壓電力線等地方才能找到。

毫伏	伏特	千伏
1mV	0.001V	0.000001kV
10mV	0.01V	0.00001kV
100mV	0.1V	0.0001kV
1,000mV	1V	0.001kV
10,000mV	10V	0.01kV
100,000mV	100V	0.1kV
1,000,000mV	1,000V	1kV

圖 3-8　電壓的單位換算表。

電池的發明人

Alessandro Volta（亞歷山卓・伏特，圖 3-9）出生於 1745 年的意大利。當時科學尚未細分為各種專業，他專注於化學研究（伏特在 1776 年發現甲烷），之後卻成為了物理學教授。當時伏特對所謂的鍍鋅反應興趣正濃，他在實驗中發現不同金屬堆疊碰觸青蛙腿，會使青蛙腿產生如遭電擊的抽搐反應，由此發現化學反應也能夠發電。

圖 3-9　Alessandro Volta 發現化學反應可以發電。

伏特使用一杯裝滿鹽水的酒杯，證明兩個電極（一個由銅製成，另一個由鋅製成）之間的化學反應可以產生穩定的電流。

1800 年，他改進他的裝置，將更多的銅和鋅板疊在一起，並用浸泡在鹽水中的紙板隔開。這個「伏特電堆」是世界上第一個電池。想像一下，如果生活在只需要使用幾個金屬板、鹽水和紙板就能對電力做出重大發現的年代，會是什麼感覺。

電壓與電流

經由前面的實驗中，如果你已經知道降低電阻會有更多的電流流動。那麼，如果保持電阻不變，增加電壓會如何呢？這會不會也是產生更大電流的另一種方法嗎？

沒錯，這就是實際會發生的情況。對於這個現象最好的理解方式，我們可以經由類比水流的性質來認識電的這個特性。

事實上，在很早以前，有些科學家確實認為電流是一種流體，因為電子的流動方式，跟水流幾乎一模一樣。

觀察圖 3-10 的系統，圓筒中水面的高度之於出水口將產生水壓，將水自出水口中擠出，產生水流。我們可以將電路的電流類比為水流，電壓類比成水壓，電阻類比成出水口的直徑。

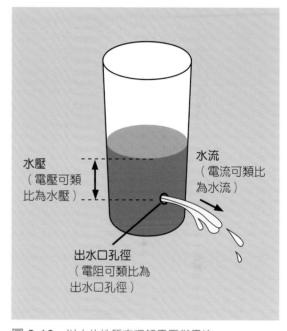

圖 3-10　以水的性質來理解電壓與電流。

當你在圓筒中添加更多的水時，由於水位升高產生了更大的水壓，如圖 3-11 所示。如果圓筒中的出水口孔徑不變大，那麼增加的水壓，勢必擠壓出水口附近的水分子，促使流出的水流量增大。

- 將電壓類比為水壓。電壓之於電路中兩個點的壓降，相當於水壓之於圓筒水面至出水口兩點的高度差。

- 將電流類比為水流。估算水流流動速率，相當於估算電流的流量。

- 將電阻類比為出水口孔徑對於水流量的限制。

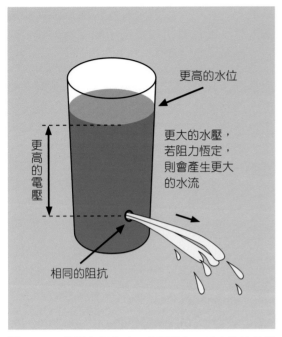

圖 3-11　當阻力恆定時，水壓增加，則水流流量增加。

在圖 3-12 中是另一種類比的角度。

接下來，我想找出電壓、電流和電阻彼此之間的確切轉換關係，幸運的是，尋找這個規則相當容易。

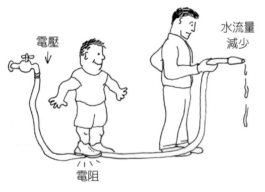

圖 3-12　從另一個角度來類比電壓、電流、電阻間的關係。

星號與括號

這個實驗需要進行一些簡單的算術運算，我將會使用以下符號：

－　減號

＋　加號

／　除號

＊　乘號

列表中的最後一個符號，是唯一看起來有些特別的。我使用星號表示乘法，而不是 × 符號，是因為大多數計算機語言，都是這樣使用星號的。此外，我還會使用括號這個詞。有時候括號會與中括號搞混，但實際上 [和] 才是中括號，而我說的括號是指（以及）。

假設我給你一個這樣的算式：

```
A = 13 * (12 / (7 - 3))
```

如果你想知道該先從那個部分進行運算，括號是很好的指引。注意，在上面的式子裡，有一對括號在另一對括號內，那麼你應該從最內層的括號開始計算。在上面的式子理，最內層的括號是（7-3），其值等於 4。因此，你可以簡化算式如下：

```
A = 13 * (12 / 4)
```

12/4 在括號內，因此下一步處理它，其值為 3，再替換到算式裡。

```
A = 13 * 3
```

所以答案是 A = 39。

如果你使用字母來代表電壓或電流等值，適用的計算規則也相同。你必須由最內層的括號開始，往外逐步推進計算。

定律導出

這個實驗的目的是進行 4 次測量，得出有關電力運作方式的結論。實際上，這就是科學研究的方法：取得一些實驗數據，再由這些數據得出結論。

首先，將元件斷電，並將 LED 置於一旁，現在用不到它。實驗中，你需要使用四個阻值分別為 1K、1.5K、2.2K 和 3.3K 的電阻。

檢查一下電池的電壓，如圖 3-13 所示直接測量電池。當電表在電壓檔時，由於電壓檔下，電表會具有非常高的阻抗，可以避免過多的電流通過電表而燒毀，因此測量電壓時，直接搭接電池進行量測即可；但是絕對不能在電流檔下，特別是毫安培檔位，直接搭接電池進行量測，這樣一定會燒斷電表的保險絲。記下你發現的數值。

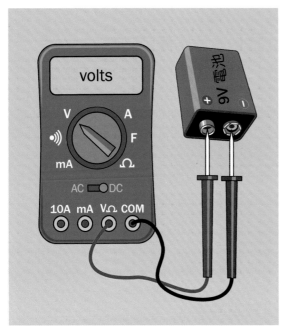

圖 3-13　如果電表在電壓檔，你可以直接搭接電池測量電壓。

如果你的電表有 mA 插座，將紅色探棒安裝到這個插座上，把電表檔位切換到測量最高 20mA 電流的檔位（如果你的電表沒有 20mA 的檔位，則選擇為最高 200mA 的檔位）。

我希望你按照圖 3-14 所示的方式，進行四次測量（圖 3-14 是我測量所得出的數值，並且四捨五入到兩位小數）。需特別注意的是，在圖 3-14 中包括我的全新「9V 電池」實際

電壓（全新出廠的電池電壓通常會比較高，所以它的電壓為 9.6V 反而是正常值）。

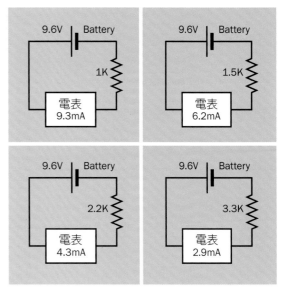

圖 3-14　使用 4 個不同電阻所量得的電流。

接下來，我將這些值整理到圖 3-15 的表格中。在表格的最後一列中，我使用計算機來乘以 mA 和 K 的前面數字。你可以用你的實驗值做同樣的操作。我再次將我的數值四捨五入到小數點後一位。

電流 （mA）	電阻 （kΩ）	電流（mA）* 電阻（kΩ）
9.3	1	9.3
6.2	1.5	9.3
4.3	2.2	9.5
2.9	3.3	9.6

圖 3-15　圖 3-14 的測量結果漏列表。

你有注意到這個表格有什麼奇怪的地方嗎？最後一欄的數值竟然非常近似，而且都接近電池的電壓！無論何時，如果你看到某種巧合，就要想想其中是不是存在某種關連。

如果你進行非常嚴謹的研究，那麼你必定會使用多種不同的電阻，和不同的電源進行多次實驗，以確保結果的可靠性，甚至還會使用非常準確的測量系統。但我可以告訴你，

每次的結果都會相同，你會發現這樣的關係公式：

電壓（V）=電流（mA）* 電阻值（kΩ）。

最後，我可以使用電阻和電流的基本值，重新調整一下這個關係式，而不是使用毫安（mA）和千歐姆（kΩ）。

請記住：

1mA =1A /1,000

1K=1Ω*1,000

因此：

電壓（V）=電流（1A/1,000）* 電阻值（1Ω*1,000）

1/1,000 與 1,000 可以互相抵消，所以可以寫成：

電壓＝電流 * 電阻值

假設我使用字母 V 表示電壓，字母 R 表示電阻值，字母 I 表示電流（為什麼使用字母 I？因為電流曾經是通過它所誘導（*induced*）的效應來測量的，所以就使用字母 I 代表電流）這個部分有點複雜，但無論如何，如果將來在任何電子電路的公式中看到 I 時，指的就是電流）我們獲得最終表示式：

V = I * R

請記住，V 必須是伏特，I 必須是安培，而 R 必須是歐姆。

這個關係式被稱為*歐姆定律*，是電子學中最基本的公式。你剛剛成功的發現它或重新發現它。

目光轉移到圖 3-16 中，阻抗可以由一個電阻或一整串電阻組成。

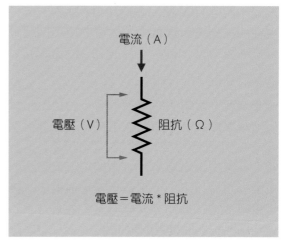

圖 3-16　如何使用歐姆定律。

不同的歐姆定律

如果你還記得高中的代數，就會發現歐姆定律的公式，可以透過等量公理來改寫。你想知道電阻，可以使用這個版本的公式：

R = V / I

你想知道電流，可以使用這個版本的公式：

I = V / R

你想知道電壓，可以使用原來的公式：

V = I * R

小數點轉換

傳奇英國政治家 Winston Churchill（溫斯頓·邱吉爾），曾說過經典名句「那些該死的點」他指的其實是小數點。

當時，邱吉爾是財政大臣，負責監督所有政府支出，由於預算規劃困難，他將氣發在小數點上，令人莞爾一笑，也顯現當時英國經濟困頓的情況。不過，他終究以傳統的英國方式挺過來了，你也可以。

因為歐姆定律使用的值是以伏特、安培和歐姆為單位，所以你需要將毫安轉換為安培，千歐姆轉換為歐姆，反之亦然。假設有一個

1.2mA 的值，你想知道這個值相當於多少安培，該怎麼做？其實很簡單，當你從一個小單位，轉換為一個比它大 1000 倍的單位時，只需將小數點向左移動三個位置即可：

1.2 毫安 = 0.0012 安培

假設你有 230 歐姆，想知道它相當於多少千歐姆時該怎麼做？

同樣地，你打算從一個小單位，轉換為一個比它大 1000 倍的單位時，先想像一下在 230 的後面有一個小數點，因為實際上是 230.0，將小數點向左移動三個位置：

230 歐姆 = 0.23 千歐姆

你也可以使用計算機來乘以或除以 1000。

電表本身阻抗對於測量的影響

到目前為止，我還沒詳細介紹計量儀器在測量電壓時的影響。測量電壓時，提到電表之於電路的影響，我總是說它阻抗非常高然後就一筆帶過，但是，它肯定會有一些微小的影響，對吧？

是的，確實會有一些影響，這也是我在圖 3-15 中 **mA * K** 相乘時，沒有得到相同結果的原因之一。

這個部分也呼應先前提到過的，不可能有 100% 準確的測量，因為我們無法避免測量儀器本身存在的不完美特性（如內阻、公差、電路佈局產生的電磁效應等），在進行量測時，也會成為影響量測準確度的因素。

將數字四捨五入到兩位小數，是因為電表會影響它自己測量的精確度，因此取出一個合理可接受的位數。雖然這聽起來並不是很令人滿意的答案，但作為科學的一般通則，至少能夠了解在進行測量時，測量過程往往會影響你的量測值。

串聯和並聯

到目前為止，你所建構的簡單電路中，電流是從一個元件通過另一個元件，我們稱元件是**串聯**的。

- 當你有兩個電阻串聯在一起時，可以將它們的阻抗值相加而獲得總阻抗，如圖 3-17 所示。

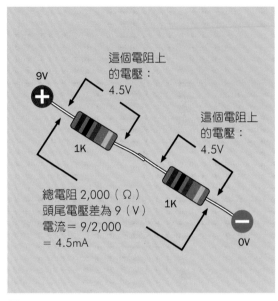

圖 3-17　如果想要知道串聯的兩個相等電阻的總阻抗，只需把它們阻抗值相加即可。

如果你把兩個相等的電阻器並排放置連接，如圖 3-18，我們稱元件是**並聯**的，那麼，總阻抗會有什麼變化？此時，電流有兩個路徑可以走，因此如果兩個電阻值相等，表示總阻抗會是其中一個電阻的阻抗值除以 2。

如果電阻不相等怎麼辦？如果它們是串聯的，就像之前一樣，直接把它們的阻抗值相加。但如果它們是並聯的，就有點麻煩，你可以透過組合各種電阻的並聯連接，並且使用電表進行測量調查。

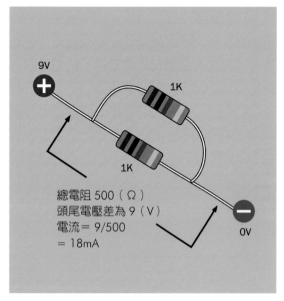

9V

1K

1K

0V

總電阻 500（Ω）
頭尾電壓差為 9（V）
電流＝ 9/500
＝ 18mA

圖 3-18　想要知道並聯的兩個相等電阻的總阻抗，
總阻抗值剛好等於其中之一阻抗值除以 2。

現在讓我為你簡化一下。如果 R1 是一個電
阻的阻抗，R2 是另一個電阻的阻抗，它們之
間形成並聯連接，那麼總電阻值或總阻抗，
可以經由下列公式找到：

$$1 / R = （1 / R1） + （1 / R2）$$

這對你效用不大？！因為你想知道 R，而不
是 1 除以 R 對吧？

高中代數告訴你，還可以像這樣轉換公式：

$$1 / R = （R1 + R2） / （R1 * R2）$$

因此：

$$R = （R1 * R2） / （R1 + R2）$$

你可能會問，真的需要知道這個複雜的算式
嗎？嗯，是的，這個算式在後續實驗中會有
用處，如果我沒有提到它，就不算盡責。

我知道到有些讀者並不喜歡代數，所以我不
會在這裡詳細說明代數的計算。但是，為了
告訴你如何計算重要的電路功率計算，我還
是必須在下一個實驗中包含一些數學。

實驗後的清理及回收使用

在下一個實驗中不會使用 LED，而且唯一的
電阻器，是一個額定為 15Ω 的電阻。你可以
把不使用的電阻放在小袋子或信封中，並且
在每個袋子寫上裡面有哪些電阻以作區分。
如果有那種來裝珠子之類的小容器，當然是
更好的選擇，我將在第 5 章開始時多介紹
一些。

不過，9V 電池應該仍然可以使用。

實驗 4
熱能與電能

電能可以產生熱，這應該是無庸置疑的，因為電熱水器、電熱爐和吹風機已經在我們日常生活中非常普及。另外在先前的實驗中，如果 9V 電池把 LED 燈燒壞了，也許是因為 LED 燈變得太熱的緣故。也許，我必須再次用數字來證實這一點。

你會需要：

- 9V 電池〔1〕。

- 15Ω 電阻，棕綠黑色〔1〕。

- 5mm 額定值 1A 的保險絲〔1〕。

- 5mm 額定值 3A 的保險絲〔1〕。

- 鱷魚夾連接線〔1 紅色，1 黑色〕。

- 萬用電表〔1〕。

來燙個電阻器

參考圖 4-1，請將 15Ω 電阻直接連接到你的電池上。但切記不要長時間嘗試！因為一下子就會發現電阻變得很燙！

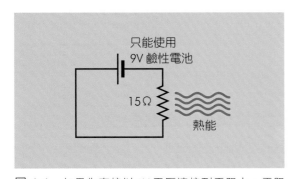

只能使用
9V 鹼性電池

15Ω

熱能

圖 4-1　如果你直接以 9V 電壓連接到電阻上，電阻會很快發熱。

重要提示：不要使用更大的電池進行本實驗，也絕對不要使用專為筆記型電腦、電動工具、手機和其攜帶型式設備，提供電力的鋰電池進行實驗。對鋰電池亂搞可能會出現的問題，如圖 4-2 所示。

圖 4-2　這就是為什麼我說對鋰電池亂搞是個壞點子。

另外，任何曾經在汽車電池兩極端子之間掉過扳手後仍倖存的人，都會告訴你，對車用鉛蓄電池亂搞，同樣也是壞點子。請務必放在心上，汽車電池可是蘊含著足以焊接兩塊金屬的可怕電流輸出能力！這也是為什麼汽車電池的正極上，必定有一個塑膠蓋的原因，如圖 4-3 所示。

在本實驗中使用的 9 伏特鹼性電池並不會提供太多電流，所以使用起來應該很安全。

現在你已經確定，通過電阻和通過電流確實會產生熱量，接下來，我想要計算所產生的熱量到底有多少，就需要引入瓦特這個單位來進行計算。

附註：不要忘記拆下那個 15 歐姆的電阻器，不然就可以煎蛋了。

圖 4-3　對汽車電池亂搞也是一個壞主意。更糟糕的情況是，一不小心在兩極接點之間掉下一個扳手。

溫度、熱能和電能

溫度是物體天生的屬性，就像它的大小或重量一樣。熱能以焦耳（J）為單位，可以透過傳導、對流或輻射，來實現從一個地方向另一個地方傳遞。

如果你坐在營火前並感覺身體變熱了，那麼已有數焦耳的熱能從營火中轉移到你的身上，這是由於營火溫度高於你的身體溫度，因此，營火的熱能經由對流或輻射，將熱能移轉到你身上。

功率被定義為熱量傳遞的速率，並以瓦特（watts）作為測量單位。一瓦特等於每秒一焦耳（joule per second）。在處理電子電路領域，瓦特可以有不同的定義：

瓦特 = 伏特 * 安培

然而，字母 P 通常用於表示功率，因此你可能會看到這樣的公式：

P = V * I

當 15Ω 電阻被加熱時，你可以用手指感受到它的燙。實際上，你感受到的是由電阻傳導到你手指的熱能，傳導得越快，疼痛感就越強。此外，電子零件的作動越快速，在零件內產生熱能的速度就越快，這個元件將熱能發散到周圍環境的機會就越少。總而言之，評估熱量傳遞速率很重要，而瓦特是我們用來表示它的單位。

瓦特單位換算

瓦特（W）可以前綴一個小寫字母「m」表示「毫」，就像伏特一樣：

1 瓦特（1W）= 1,000 毫瓦（mW）

因為發電廠、太陽能和風力發電站，使用的數量級要大得多，甚至還會看到千瓦（使用小寫字母「k」）這樣的單位：

1 千瓦（kW）= 1,000 瓦特（W）= 1,000,000 毫瓦（mW）

毫瓦、瓦特和千瓦間的換算表如圖 4-4。立體聲音響系統、燈泡和 LED 燈都是以瓦特為單位進行校準。

毫瓦特	瓦特	千瓦
1mW	0.001W	0.000001kW
10mW	0.01W	0.00001kW
100mW	0.1W	0.0001kW
1,000mW	1W	0.001kW
10,000mW	10W	0.01kW
100,000mW	100W	0.1kW
1,000,000mW	1,000W	1kW

圖 4-4　功率的單位換算表。

瓦特這個單位的起源

James Watt（詹姆斯·瓦特，圖 4-5），是蒸汽機的發明者。1736 年出生於蘇格蘭，十七歲時，由於家道中落，來到格拉思哥城當學徒學習機械維修。他因認真的工作態度而受到賞識，在一個機緣中獲准在格拉斯哥大學內設立一個工作室。

圖 4-5 James Watt。

在工作室裡，瓦特工作績效優良。某次因維修學校的一台紐科門式蒸氣機實驗機台時，受到啟發而開始致力改善蒸汽機的效率，並使其實用化。不過，由於財務問題和金屬加工技術的落後，使瓦特的高效蒸汽機一直無法推廣。

一直到 1776 年，瓦特的蒸汽動力才開始為人們所認識，並引起工業革命。雖然瓦特在獲取專利方面遇到困難（在那個時代，只能透過議會同意，才能獲得專利），但瓦特和他的商業夥伴，仍從他的創新中獲得不少財富。為了紀念他改善蒸汽機促成工業革命，1889 年（他去世七十年後）英國科學促進協會以瓦特作為功率單位，簡寫為：W。

為什麼你的舌頭沒感受到燙？

現在你知道了「瓦特是什麼」，就可以很容易地計算熱量轉移。但你仍有疑問，為什麼當你把電池放在的舌頭上時，舌頭並沒有燙的感覺？實際上，實驗中你的舌頭確實跟電阻一樣會發熱了，只不過，是微微的熱。

你會追問，「微微的」到底有多小呢？因為**瓦特等於電壓乘以電流**，所以我們必須先計算，流過你的舌頭的電流值。接下來，我們會用歐姆定律來計算。

你可以查查看先前在筆記本中的記錄，並找出你的舌頭實際測量到的阻抗值。在前面的實驗中，你在舌頭上施加了 9V 的電壓時，假設你的筆記本上記錄的舌頭阻抗為 50k。如果想知道電流大小，那麼，你可以使用以下列型態的歐姆定律：

$$I = V / R$$

因此：

$$I = 9 / 50k = 0.00018A$$

現在，你可以透過將電壓差乘以電流，得到瓦特數：

$$W = V * I$$

答案是，W = 9 * 0.00018 = 0.00162 瓦特

那麼，這個值相當於多少毫瓦？你只需把小數點往右移三位，答案就是 1.62mW。這是一個非常小的數值。由於你的舌頭高阻抗，限制每秒通過的電子數量，進而限制了產生的熱量。所以，這也就是為什麼，除了神經被電的刺痛感之外，你什麼感覺都沒有。

為什麼電阻會變燙？

你一直在使用的 15 歐姆電阻的額定功率，最多只有四分之一瓦特。你當然可以購買更高額定功率的電阻，但對於本書中的各個實驗來說，是不必要的。不過，我有點好奇，15 歐姆電阻在上個實驗中，是否有超過它的額定功率？我們再回過頭來使用歐姆定律算算看吧！

你把一個 15 歐姆的電阻器放在 9V 電池上，所以：

$$I = V / R$$

因此，I = 9 / 15 = 0.6A

現在你既然知道了電流，那麼當然可以計算出瓦特數，應該是：

$$W = V * I = 9 * 0.6 = 5.4 瓦特$$

哎呀！四分之一瓦特就是 0.25 瓦特，所以你給電阻施加的功率，比廠商預設它的處理能力多 20 倍以上！難怪它會燙！這就是為什麼我告訴你不要連接太長時間。

使用保險絲

我提供的公式非常簡單易懂，但是也有其限制。假設你在一個 9 伏特電池的兩極放一條金屬線，而且這條線的電阻非常小，也許只有 0.01 歐姆。歐姆定律告訴我們，理論上，將有高達 900A 的電流會通過這條金屬線。誇張的還不只於此，當你將這個數字再乘以 9 伏特時，就表示這個小小的電池將對小小金屬線推送驚人的 8100W 功率，這個數值幾乎足夠為整棟房子供電了！

但是，你能安心的將房子的台電配電線路剪斷，改接這個小小的 9V 電池嗎？嗯，可能不行。因為電池產生電力的電化學反應，無法快速發生，因此，可以提供的電流十分有限，根本不可能產生高達 900A 的電流。結論是，歐姆定律僅在的電流源穩定時才適用。

那麼，9V 電池實際上最高能提供多少功率呢？最簡單的方式就是，直接將電表切換到電流檔，把探棒連接到電池兩極就可以量得電流，但是可能對你的電表內部保險絲的壽命非常不利。因此我有一個不同的計畫：你可以在外部串接一個保險絲來進行本實驗。我在圖 1-12 中，提供包括一顆保險絲的接線圖（如果需要恢復記憶，請往前面的內容找一下）。

這是一個玻璃管保險絲，由一個微小的玻璃圓柱體、兩個金屬帽子和一條從中間穿過的細金屬線組成。這條金屬線是由一種特殊合金製成的，當通過的電流太大時，它會很容易熔化。因此，保險絲的作用就是在其他電路元件被燒毀之前，透過自我熔斷來保護其後的電路元件，這就是所謂的保險絲燒斷。

建議你應該使用 5mm 的保險絲，這樣你就可以使用鱷魚夾連接線夾住它，或者你可以使用不同顏色保護殼，表示不同額定值的車用保險絲。在這個實驗中，需要 2 個保險絲，一個額定為 1A，另一個額定為 3A。

它們看起來完全相同，但是如果你仔細用放大鏡觀察，每個保險絲的金屬帽上，都會刻有 1A 或 3A 的金屬字樣，有時可能還有其他數字或字母。檢查保險絲後，不要把它們混淆了！可以使用麥克筆，在每個保險絲的金屬帽上，加上不同顏色的點做記號。

- 保險絲沒有極性，可以反過來使用。

從 1A 的保險絲開始，按照圖 4-6 的方式將其連接到電池上。只需將張開的鱷魚夾金屬部分，在保險絲上碰觸 2 秒鐘，應該足以使它燒斷。不用擔心保險絲變熱，因為保險絲內部的金屬線熔化的速度非常快，在你感覺到保險絲外部的熱之前就已經完成了。

圖 4-7 是圖 4-6 的電路圖版本，用來表示保險絲的各種符號（為什麼有這麼多符號呢？我也不知道，而且我還只是提供常見的保險絲的電路符號，實際上還有更多的符號我沒有介紹）。將保險絲從電路中取出，仔細檢查（不要靠近仍在通電中的保險絲，然後悠哉的觀察，這是一個不好的習慣，因為如果保險絲過載嚴重，它可能有瞬間炸開的危險）。

你是否觀察到保險絲燒斷的情形？看起來應該會像圖 4-8。如果你沒有看到保險絲燒斷，請把鱷魚夾接觸保險絲的時間增加到 3 秒。

- 保險絲的額定值不太準確。某些 1A 的保險絲，比起其他 1A 的保險絲，可能需要更大的電流才能使其熔斷。

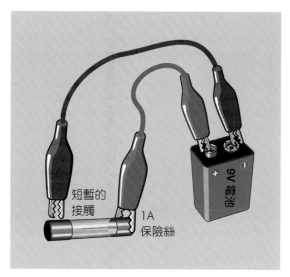

圖 4-6　示範如何燒斷一顆 1A 的保險絲。

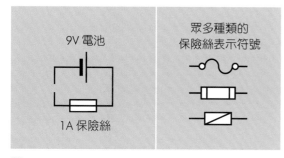

圖 4-7　圖 4-6 的電路圖版本。

圖 4-8　已燒斷的保險絲示意圖。

如果保險絲的額定值準確，在剛剛的實驗中你已經燒斷了一顆 1A 的保險絲，那麼應該可以確定，剛剛流過保險絲的電流必定超過 1A。

但是，超過多少呢？現在試試換上 3A 的保險絲，重複實驗，這次讓鱷魚夾連接器接觸保險絲 4 秒鐘。拆下保險絲，檢查看看。我希望並預期這個保險絲不會熔化，以符合我的課程設計。

它果然沒有熔化，對吧？因此，假定保險絲的額定值準確的話，合理的推論，流過保險絲的電流應該在 1A 及 3A 之間。就算保險絲的額定值不準確，3A 的保險絲肯定比 10A 的保險絲更容易熔化。

因此，我們得到一個小結論，只要你使用電表上標記為 **10A** 或 **20A** 的插座，來測量 9V 電池產生的電流（最高大概 1A ～ 3A），應該就是安全的，但是我還是建議使用 3A 的保險絲，以防萬一。

接下來，按照下一頁的圖 4-9 連接電路。這次你必須確定紅色探針安裝在 **10A** 或 **20A** 的插座中，將電表切換到電流檔，準備測量電流（有些電表可能會有 10A 或 20A 的特定設置），將紅色探棒的探針輕觸保險絲的一端，給足夠長的時間來等顯示器顯示量測結果。你看到了什麼？我自己在實驗中，測量到 1.6A 的結果。

順便提醒一下，電表不是設計用來長時間通過高電流，即使使用 **10A** 或 **20A** 插座也是如此。通常可以允許 15 秒左右，連續通過最大電流應該沒有問題，但是之後可能需要半小時的冷卻時間。

完成此實驗後，可以將紅色探棒裝回伏特歐姆插座，再如同圖 3-13 中那樣，直接將電表連接到電池上，測量其電壓。我的電池測得的電壓只有 8.73V。

到目前為止，在你的筆記本中，應該已經累積了電阻、電流、電壓整個系列的測量數據，因此你可以很清楚的觀察到，我們的實驗對電池電壓產生的不良影響。結論是，超出其額定值工作的電池，通常壽命不會很長。

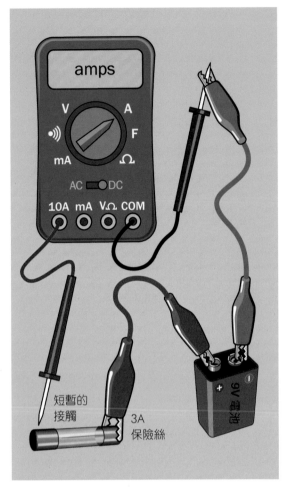

圖 4-9 量測 9V 電池所能提供的最大電流。

目前的結論

你從這個實驗中得出了什麼結論？

- 即使是一個小的 9V 電池，也能輸出超過 1A 的電流。理論上，50 個並聯 LED 燈，一個 9V 那就足夠讓它們發光了。

- 但是，這種電流只需幾秒鐘就會耗盡電池。

電池通過保險絲應該輸出多少電流？根據歐姆定律，我們知道，這取決於電路中的阻抗。一般而言，保險絲會比普通的電線阻抗要高得多，實際是多少，你可以暫時把保險絲從電路中取出，用電表量量看。我手上這顆保險絲的阻抗大約為 0.5Ω。

那麼電表本身呢？你無法用電表量自己的阻抗，但你可以在電表的規格表或說明書中查找。使用電表上 **10A** 插座時，我查到我的電表的內部阻抗大約是 0.5Ω。

另外，實驗中使用了幾條連接線，你可能會認為它們的阻抗幾乎為零，但是我認為在過去十年左右的時間裡，製造商一直在節省連接線中電線的厚度，這會導致連接線阻抗上升。把 10 條測試線串聯在一起，包括鱷魚夾接觸部分，測量的總阻抗為約 2Ω。因此，兩條串連的測試線，其阻抗可能在 0.4Ω 左右。如果你使用的是長的連接線，那阻抗可能更大，這裡，我們還將忽略了探棒連接線內的阻抗。

因為在這個實驗中，測量儀表、保險絲和線材都是串聯在一起的，所以你向電池加載的總阻抗大約接近 1.5Ω。因此，根據歐姆定律：

```
I = V / R = 9 / 1.5 = 6A
```

事實上，還有一個重大的因素，電池本身也有電阻！根據我查到的資料，一個 9V 的鹼性電池，內部阻抗大約為 1.5 歐姆。因此，電池應該輸出 3A 的電流。但是，正如我一開始所說的，當你超出零件的限制時，歐姆定律不再適用。

實驗後的清理及回收使用

你可以把燒掉的保險絲扔掉。電池可能還有用，不過這取決於你在上面的實驗中，連接保險絲的時間有多長。

如果電池所剩的電壓還有 8.7V 或更高的話，我會把電池留下再利用，只是下次用於實驗時，要再檢查一次所剩的電壓值。另外，世界上大多數的地區，電池是可以回收利用的，甚至在某些地區會有法律強制你要回收電池。

實驗 5
做個電池吧！噁…好酸

在網際網路出現以前，孩子們非常缺乏娛樂。他們會嘗試在廚房的餐桌上，搞一些小實驗自我娛樂，例如將一根釘子和一個硬幣插入一個檸檬，製造電池。你會說，從小就製造電池？這是天才吧！真難以相信！但這是真的。

近代，我們有了 LED 燈，只需非常小的電流就能點亮，更使得這個古老的檸檬電池實驗饒富趣味。如果你還沒嘗試過，現在正是時候動手試試。

你會需要：

- 檸檬〔2〕，更好的選擇是擠一瓶純檸檬汁〔1 瓶〕。

- 鍍銅硬幣，例如新臺幣 1 圓硬幣〔4〕。如果你所在地區沒有銅幣，可以參考附錄 A 第 328 頁中提供的其他選擇。

- 從五金行購買鍍鋅的五金零件，如鍍鋅的鐵支架或鍍鋅的固定鐵片，最小的尺寸為 1 英吋〔4〕。

- 鱷魚夾連接線〔1 個紅色，1 個黑色，另外 3 組別的顏色〕。

- 萬用電表〔1〕。

- 通用的紅色 LED 燈〔1〕。

事前預備

電池是一種電化學元件，意思是，電池是經由化學反應，才能創造電力的元件。當然，相對的，你必須有合適的化學材料才會有發電的效果，而我使用的是銅、鋅和檸檬汁。檸檬汁應該不是問題。檸檬很便宜，你也可以買小瓶濃縮汁。

新臺幣 1 圓是用銅製造的，含銅量達 92 %，但它們仍然鍍有一層薄銅，盡量確保你的硬幣是新的。如果銅氧化的話，會蓋上一層深沉、令人鬱悶的棕色，實驗效果就不好了。

鋅有一點困難。你需要一個鍍鋅的金屬部件，鍍鋅的主要目的，是為了防止鐵製部件生鏽。家裡附近的五金行應該有小的鍍鋅鋼支架（每邊 1 英吋）或鍍鋅固定鐵片（長 1 英吋），鍍鋅的外觀是銀灰色。

檸檬電池測試：第一部分

把檸檬切成兩半，將 1 圓硬幣插入其中一半。以盡可能靠近硬幣但不要接觸硬幣的距離，插入鍍鋅的金屬部件。現在把電表轉到 DC 2V 的電壓檔，將紅色探針碰觸硬幣上，黑色探針放碰觸鍍鋅金屬件，你應該發現電表竟然真的測量到 0.8V 到 1V 之間的電壓。

為了點亮 LED，你需要更高的電壓。如何才能產生更高的電壓？很簡單，通過串聯電池就可以了！換句話說，就是需要更多的檸檬！你可以使用鱷魚夾連接線來連接電池，如圖 5-1 所示。

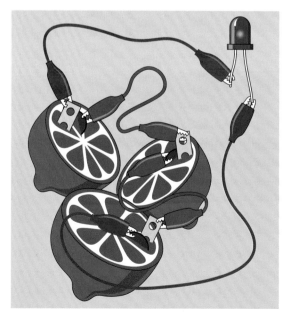

圖 5-1　由 3 份檸檬組成的檸檬電池，應該足夠點亮 LED。

請注意，每條連接線兩頭，分別連接一個鍍鋅金屬件和一個硬幣，不要接成連接硬幣和硬幣，或者金屬件和金屬件。如果你仔細組裝，使硬幣和鍍鋅金屬件靠得很近卻不相接觸，應該能夠使用三個檸檬電池串聯來點亮 LED。

另一種選擇是使用如圖 5-2 所示的零件盒。盒子中的隔板剛好可以排列成數個檸檬電池串聯的狀態，也更容易固定硬幣和鍍鋅金屬件。在零件盒上，讓硬幣、金屬件、連接線、LED 所有零件就定位，擠入一些濃縮檸檬汁，檸檬電池就大功告成了。另外，醋或葡萄柚汁也可能有效。

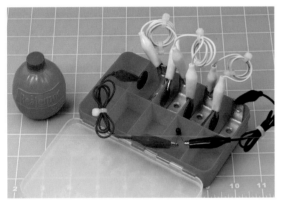

圖 5-2　使用檸檬汁及零件盒的組合，得到可靠的實驗結果。

我決定使用零件盒搭建我的檸檬電池，並且串接高達－四個電池組？！如圖 5-2 所示，主要因為檸檬電池中具有較高的內部阻抗，因此理論上輸出電壓會比預估的再低一些，但是也不用擔心串接多個電池，是否會發生過大的電流造成損害的情況。我在電路搭建完成後倒入檸檬汁，LED 立即亮了起來。

關於電的本質

要理解檸檬電池的工作原理，你必須從原子的基本特性開始。每個原子都由原子核及電子組成，其中原子核包含被稱為質子的帶正電粒子。在原子核周圍，圍繞著具有負電荷的電子。我之前提過，電流是由電子組成，而電子就藏在這裡。

分裂原子核需要大量的能量，同時也會釋放大量能量，就像核爆炸一樣。但如果只是想設法讓幾個電子離開原子（或加入原子），就簡單的多，只需要相對較少的能量。當一個原子失去或獲得一個或多個電子時的狀態，都稱為離子。如果缺少電子，那麼，原子會轉變成正離子；如果有過剩，則會成為負離子。

鋅和檸檬汁之間的化學反應，會導致正的鋅離子從鋅電極中被拉出，留下可以自由移動的電子，但電子會去哪裡呢？我喜歡將電子，看做是一群脾氣暴躁的小人，在金屬件鍍鋅的表皮上，彼此相看兩相厭互相推擠，這樣的描述，跟它們物理層面的實際情況很相似，如圖 5-3 所示。

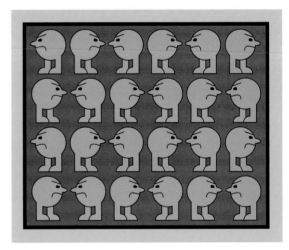

圖 5-3　成對的電子，相互排斥。

但是你的檸檬電池電路，為它們提供了一個解放自己的機會，就像圖 5-4 一樣。你為它們電子開闢了一條對外路線，讓它們可以沿著電線跑走並通過負載，例如 LED。

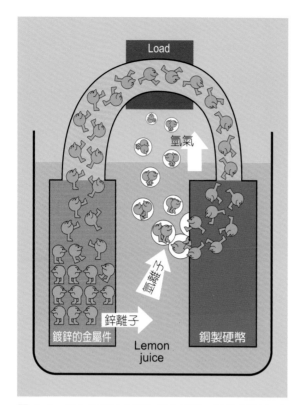

圖 5-4 　鋅在檸檬汁中產生氧化反應，釋放出電子。

電子在負載中失去了一些能量，但仍然繼續跑向銅電極，因而產生電流。包圍硬幣的檸檬汁中，恰好有許多希望擁有負電荷當伴侶的帶正電氫離子。電子陸陸續續從鋅那端出走，跑到硬幣這端出現，並與氫離子的配對，形成微小的氫氣泡。氣泡從檸檬汁中上升，電子便與它們的新朋友一起離開，尋找新的冒險。

現實情況並不像我所描述的那麼簡單，但如果你想了解完整的故事，可以閱讀更多相關資訊。

另外，前面的描述適用於一次電池。一次電池一旦兩極端子間建立連接，就能立即產生電力，讓電子從一個電極轉移到另一個電極，移轉的（電流）量，取決於電池內部化學反應釋放電子的速度。但是當電極中的一極的金屬在化學反應中全部用盡時，電池無法再產生更多的電力，我們稱作「電池已失效」。

由於化學反應不容易被逆轉，而且電極可能已經劣化，一次電池無法經由充電回復到原來的狀態，所以只能使用一次。相對的，可充電電池也被稱為二次電池，經由科學家選擇更聰明的電極和電解質，使放電的化學變化可以逆轉，因此可以重複使用。

正電、負電傻傻分不清？

我告訴過你，電流是電子的流動，而這些電子具有負電荷（帶負電荷，顧名思義自然來自負極）。假使是這樣，為什麼你進行的各種實驗中，我的描述方式，一直是電流從電池的正極流向負極的呢？

答案是，這是在 1747 年，Benjamin Franklin 從觀察雷雨中得到的結論，他認為電子帶正電，而閃電是大量的電子，從帶正電的雷雲中落下，由大地所吸收的過程，因此電流理所當然也應該是正極流到負極。

實際上，Franklin 的結論，只有部分正確：客觀上「被雷擊中」的人，看起來是被從帶正電的雷雲中落下的閃電擊中，但實際上可能是受到大地放電的傷害。也就是說真實的路徑，應該是大地中的電子，從地面穿過被雷擊的人的身體後，再從頭頂往雷雲方向射出，如圖 5-5 所示。

直到 1897 年物理學家 J. J. Thomson 宣布他發現電子，並證明電子是一種帶負電荷的粒子時，Franklin 的錯誤才得到解決。因此正確的認知是，電池中，電子自負極出發流向正極。

你可能會認為，電子帶負電這個事實確立後，每個人都應該忘記 Franklin 的錯誤，從此改口稱電流由負極流向正極。但實際上，由於帶負電的電子，一個接著一個離開原來的位置，往正極移動，它空出來的位置，相對於原本有電子而呈現負電的狀態，就變得好像是正電荷（可稱為電洞）一樣，因此當

電子由負極往正極移動的行為，幾乎就像是帶正電的電洞源源不絕由正極流向負極。

電流的流動，以電洞來理解，那麼，以往科學家累積所有電知識的數學描述仍然有效。再者，經由一個多世紀的實證，這樣的術語使用上並沒有任何差別或造成不便，因此電流由正極到負極的流動的說法就得以保存下來。

- 現在，由正極流到負極的電流被稱為常規電流。

另外，在二極體和電晶體等元件的電路的原理圖符號中，你可以找到提醒你應該如何放置這些元件的箭頭，而所有箭頭都是由正極指向負極，也是常規電流流動的方向。在本書中，我也採用由正極流向負極這種方式描述電流。

實驗後的清理及回收使用

浸泡在檸檬或檸檬汁中的零件可能會變色，但是應該可以重複使用。至於檸檬或檸檬汁部分，我覺得應該避免食用，因為檸檬電池的化學反應，會導致一些金屬沉積在其中。

圖 5-5　這個不幸的人，可能認為自己被從天而降的雷擊中，但是，事實上方向是恰恰相反。

第二章

開關

使用開關來控制電流似乎是一個非常基本的想法，但是在本節，我們不僅會談論用手指按的開關，還會介紹必須經由電流觸發而決定開啟或關閉狀態，間接控制另一股電流的開關（如繼電器或電晶體）。這種類型的開關方式非常重要，所有數位應用都靠它。

此外，在本節中我們還會處理電容，因為在電子電路中，電容的概念和電阻一樣重要。我會先介紹推薦的工具、用品和元件的目錄，方便你能夠輕鬆地辨認它們。你可能已經有其中的一些物品，但如果沒有，可以翻到本書末尾，查看購買的說明：

- 參見附錄 A：實驗所需物品的規格。
- 參見附錄 B：我推薦的實驗物品採購管道資訊。

迷你螺絲起子組合

一些電子元件上的小螺絲，你會需要用到迷你螺絲起子。我建議選用像圖 6-1 中所示的套裝組合。

有些雜牌的低成本的套裝組合，看起來跟圖 6-1 的很像，但是如果能再多花一點點錢，買比較知名品牌的套裝組盒，你會發現，實際使用的材料和製造質量都會更好。

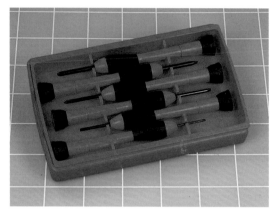

圖 6-1　迷你螺絲起子組合，包含 4 支平頭螺絲起子，2 支十字螺絲起子。

尖嘴鉗

尖嘴鉗長度不要超過五英吋。在實驗中，你必須使用尖嘴鉗精確的來彎曲電線，或是夾取手指很難拿取的小零件。圖 6-2 所示的尖嘴鉗手柄部分帶有彈簧，可以自動復位，但是有些人喜歡沒有這個功能的鉗子（請參見下圖及下一頁的照片）。

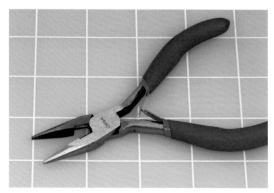

圖 6-2　用來電子實驗的尖嘴鉗，長度不應該超過 5 英吋。

由於本書的各個實驗，不會使用尖嘴鉗來做繁重的工作，因此不必追求多貴多高品質的鉗子，最便宜的即可。

斜口鉗

這種鉗子的夾子有切割功能的設計，用在難以到達的位置來剪斷電線，你會需要像圖 6-3 長度不超過 5 英吋、體型小巧的斜口鉗。因為主要是用斜口鉗來剪切電線，所以不須買太好的鉗子，買最便宜的即可。另外，與尖嘴鉗一樣，斜口鉗也有附彈簧手柄的商品可供選擇。

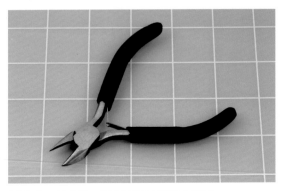

圖 6-3　斜口鉗，長度不應該超過 5 英吋。

剪線鉗（非必要）

如圖 6-4 所示，剪線鉗比斜口鉗更輕巧，但可能不太堅固。使用斜口鉗或剪線鉗切剪電線，取決於個人喜好。就個人而言，我比較喜歡使用斜口鉗。

圖 6-4　剪線鉗，能夠比斜口鉗進到更小的位置剪切電線。

無牙尖嘴鉗（非必要）

這種鉗子與尖嘴鉗相似，但外型上有更小、更纖細的夾頭。我常常用無牙尖嘴鉗，在已經排列緊密的麵包板上，安裝非常小的元件。這種工具，你可以從專門從事手工藝品（例如串珠）的網站或商店購得。購買時請確認，鉗子的內部夾頭表面是平坦的，如圖 6-5，避免夾頭齒縫太大，反而不利於抓取為小的零件。

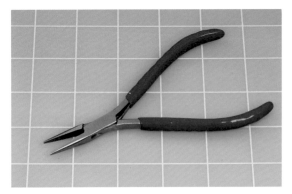

圖 6-5　無牙尖嘴鉗，可用來更精確的元件安裝。

剝線鉗

實驗中使用的電線，都是有一層絕緣層的，當你需要剝除絕緣層進行電性連接時，圖 6-6 中剝線鉗就是最好的工具。市面上剝線鉗的手柄千奇百怪，有斜角手柄、有直柄，還有彎曲手柄，但是，我認為這不是重點。

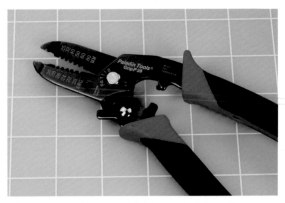

圖 6-6　剝線鉗，可用來剝除電線上的絕緣層。

重點在於，你必須小心選購適合你目前所使用電線規格型號的剝線鉗。檢查一下你的剝線鉗上是否有 22 號的標示，如果有，那表示這隻鉗子就能適用 22 號線。常見的剝線鉗標示的適用範圍，可能是 14 到 24，或是 20 到 30（導線規格型號說明，可參考下一頁的連接線說明）。

如果你在網路上購物，可能會看到自動型的剝線鉗。據說使用這種工具，單手就能完成剝離絕緣材料的工作。我曾試用過這種剝線鉗一段時間，但發現它們的精確度不佳，實際上並不是很好用。

某些雄激素過剩的創客，可能會聲稱" 剝線全靠一口牙，怎麼還需要工具呢？" 但我的前牙內側缺的兩個角，時時提醒我，使用老天給的剝線鉗，進行剝離絕緣材料的工作，絕對是個壞主意（圖 6-7）。

圖 6-7　趕時間嗎？找不到你的剝線鉗？設法克制這種貪圖方便的心態，因為真的可能發生。

麵包板

為了便利電路實驗，我們會使用一種叫做麵包板的工具。麵包板是一個小型的塑膠材質零件，上面鑽有許多個間隔為 0.1 英吋的孔洞。每個孔洞內藏有小彈簧夾，可以在你將電線或元件插入孔洞時，建立穩固的電性連接。另外，使用麵包板建構實驗電路，會比在第一章中使用連接線的方式，省時而方便許多。

你可能曾聽過無銲接麵包板或原型麵包板，其實跟我們這裡所指的麵包板是同一種東西，圖 6-8 是一個迷你麵包板。這種迷你型的麵包板通常「適用於 Arduino」，但對於我們的實驗來說，它的孔洞會不夠，因此你不要購買這種麵包板。

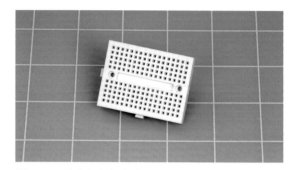

圖 6-8　迷你麵包板對本書大部分的實驗而言，面積都不夠大

單匯流排麵包板，如圖 6-9 所示。匯流排一詞是指與麵包版長邊平行的每個插孔，在板子內部都被事先連接在一起，因此屬於所有元件共用的訊號或電源，就可以直接經由匯流排供應。圖 6-9 以紅色框標示匯流排。

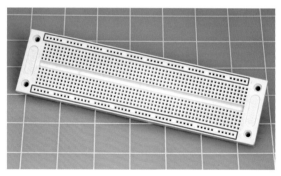

圖 6-9　單匯流排麵包板，每組匯流排都以紅色框標出。此種麵包板不建議在本書中的實驗中使用。

雙匯流排麵包板，如圖 6-10 所示。具雙匯流排的麵包板與單匯流排的版本相比，平行於兩長邊，各都多設了一組的匯流排，換句話說，每一長邊上都擁有二組匯流排。每一組在麵包板內部，同樣以內部連接線連接在一起。

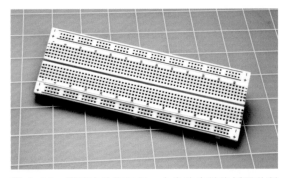

圖 6-10　雙匯流排麵包板，本書的實驗均採用此種麵包板。

廠商通常會標記紅色和藍色條紋在兩個匯流排上，提供指引。

在本書的第一版中，我使用雙匯流排麵包板，因為它們的佈局可使元件的連線最小化。但是，我發現有些讀者容易出現接線錯誤，每側有兩條匯流排，似乎很容易混淆。於是在本書的第二版中，我把所有的電路，都改成單匯流排麵包板，效果很好，但是單匯流排麵包板現在已經很難找到了。因此，在本書的第三版中，我又不得不回到雙匯流排麵包板。

總而言之，想進行本書的實驗，你需要的是圖 6-10 的麵包板。廠牌或製造商並不重要，你在檢視某個麵包板的規格時，重點應該在於是不是有 800 個以上的插孔（通常稱為連接點）。

由於麵包板可以重複使用，因此通常你只需要一個麵包板。但是，由於目前麵包板的價格已經降到你可能會考慮一次購買兩個或三個。你就可以一邊建構新的電路，而不必拆除舊的電路。

連接線

在麵包板上構建電路使用的電線，通常稱為連接線，它可以在一般的散裝電線類別中找到。通常會將 25 英呎和 100 英呎長度電線，捲在塑膠材料的卷筒上一卷一卷的出售，如圖 6-11 所示。

圖 6-11　25 英呎和 100 英呎兩種包裝的連接線各一捲。

當電線的絕緣層被剝離後，就會顯露出實心的導體（電工法規中稱為單心線），如圖 6-12 所示。相比之下，圖 6-13 是內含多股導體的電線（電工法規中稱為花線，俗稱軟線）。

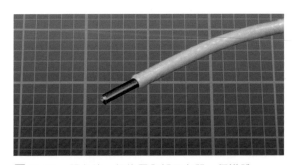

圖 6-12　單心線，絕緣層內部只有單一個導體。

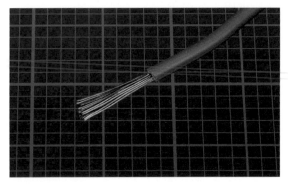

圖 6-13　軟線，使用上比單心線更有彈性而容易彎折。

雖然花線有柔軟易彎折的特性，在使用上比單心線更靈活，但如果想把它用在麵包板上，你會很難把導體完全塞入插孔，覺得安裝困難而感到沮喪。同樣的情形，若改用單心線，很容易就可以完成實驗電路的搭建。

美國線規（通常縮寫為 *AWG*）是描述電線導體直徑的一個數字。數字越大，線直徑反而越小。如果你想把線徑規格轉換為英吋或公制尺寸，可以在網路上輕鬆找到表格或計算器。使用這樣的搜尋詞：

轉換 awg 英吋

轉換 awg 公制

對於本書中的各項實驗，以 AWG 22 號電線作為搭建實驗電路的連接線，是最佳選擇。在本書的前一版中，為了使電線與麵包板有更穩固的連接，我建議使用 20 號（線徑更大）的線。但我發現有些麵包板連接孔內的小彈簧，比其他麵包板更緊，使用 20 號線時會很難拔除。因此，22 號線是最好的折衷方案。

另外有一種特殊的電線，當你剝除絕緣層後會發現，在（銅）導體上還特地鍍上一層錫。這層鍍層的功能，除了可以防止銅氧化，避免降低導電性，也可以幫助焊接，這種電線被稱為鍍錫銅線。

對於本書中的實驗，無論鍍錫銅線或普通銅線都適用。我建議你購買四卷不同顏色的電線（分別是紅色、藍色、綠色和黃色），每卷 25 英呎。不同的顏色有助於避免出錯，也有助於排除錯誤。

本書中所有電路，我都以紅色電線來表示正電源，藍色電線表示負電源，而綠色和黃色則用於電子元件間的連接。在買電線時，你可能會發現，好像黑色比藍色更受歡迎，如果你喜歡，用黑色代替藍色也可以。

軟線（非必要）

當你在盒子中，安裝一個已經實作完成的電路時，軟線有柔軟而容易彎折的特性，使用軟線連接開關和電路板，會很方便。如果你是為了這樣的目的而決定購買軟線，那麼，我會建議可以買 22 號。另外建議顏色也要能與剛剛的紅色、藍色、綠色或黃色不同，以便於辨認。

跳線

從一小段單心線的兩端，剝去約 3/8 英吋長的絕緣層，將裸露出來的導體部分彎曲，並把它們插入麵包板上的連接孔，你就完成了一個跳線了，如圖 6-14。

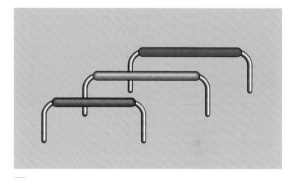

圖 6-14 用於麵包板上建立連接的跳線。

跳線可用來跨越一不同的連接孔，再搭配麵包板內連線特性，創建電氣連接，如果你具有處女座性格，用心的把跳線剪成最剛好的長度，最後就能建構一個非常整潔而不容易出錯的電路。

剝去單心線的絕緣層並彎成直角，應該不太花時間，但有些人還是覺得麻煩。如果你也是，那麼可以買一套類似於圖 6-15 所示的跳線組合包。我以前也用過這樣的跳線組合包，但最後放棄了，因為顏色實在太混亂！

這種組合的每種顏色跳線，代表著不同的長度，但是，我自己對電線各種顏色的定義，都是與功能面息息相關的。例如，我習慣以紅色電線進行與正電源的相關連接，所以，

遇上要與正電源連接的場合，我必然就會使用紅色的電線。以電線長短來定義顏色，我覺得好像沒什麼意義。

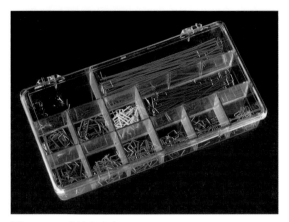

圖 6-15　跳線組合包。

話說回來，如果你喜歡，還是可以使用這種跳線組合包，但它們的顏色很雜亂，而且價格更貴，購買時要稍微思考一下。

那麼，如圖 6-16 這種末端帶有插針的軟跳線怎麼樣？如果你使用跳線關鍵字進行搜尋，這種軟跳線可能是你找到的第一件東西。由於它們使用的線材是彈性的，因此並不需要剪裁到合適的尺寸，就可以連接的從 0.1 英吋到 3 英吋不等的孔距。

圖 6-16　軟跳線，兩端具有插針。

但這種軟跳線，只有在你沒有出現佈線錯誤的情況下才方便，然而在現實生活中，每個人都有可能會犯錯。當你在軟跳線的一團混亂中，尋找到底是哪裡接錯的時候，原本使

用這種跳線所節省的時間，就又因此而浪費掉了。

圖 6-17 使用軟跳線，在迷你麵包板上，構建的一個小電路。圖 6-18 則是以手工剪的跳線，構建一個完全相同的電路。

圖 6-17　使用兩塊迷你麵包板，以及軟跳線建構一個電路的範例。

圖 6-18　與圖 6-17 同一個電路，但是改用兩塊迷你麵包板以及軟跳線建構電路的範例。

如果現在這兩個電路都出了問題，必須由你找出錯誤，你會比較願意處理哪個？順便提一下，在你完成的電路，如果因為不能正常運作，而傳電路的照片尋求我的協助時，在圖 6-18 的情況下，我可能可以幫助你排除錯誤，但如果你使用軟跳線，在一團混亂中，我不認為我可以幫上什麼忙。

講了這麼多理由，如果我還是沒有說服你自己動手做跳線，那麼，也請特別注意軟跳線上的插針，有時會有接觸不良的情形。

在麵包板上，可能表面上看起來完全正常，內部卻是鬆鬆垮垮的連接，這會使故障排除更困難。另外，插針在使用一段時間後，可能由於品質不佳有時還會斷裂，這也是很討厭的問題。如果你真的還是非常想使用軟跳線，我建議你從 adafruit.com 購買「高級」點的廠牌，至少這些廠牌會有比較可靠的插針。

滑動開關

開關有數十種類型，但對於本書中的實驗，你只需要滑動開關。如果你的滑動開關是像圖 6-19 中的類型，而且接腳間距為 0.2 英吋，可以很容易使用鱷魚夾連接線固定，在實驗 6 中會很有幫助。

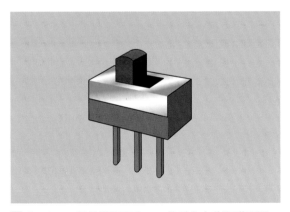

圖 6-19　一個接腳間距為 0.2 英吋左右的滑動開關。

對於本書中其他實驗，你將需要接腳間距為 0.1 英吋的滑動開關（如圖 6-20），因為剛好與麵包板上連接孔間距相同，所以可以將這樣的滑動開關，直接插入麵包板使用。

另外，如果你訂購本書的專用套件，應該會有兩個較大尺寸的滑動開關，方便實驗 6 中以鱷魚夾固定。如果你沒有訂購套件，而且找不到比較大的滑動開關也沒關係，你可以將小型滑動開關的接腳稍微向外彎曲一下（如圖 6-30）。

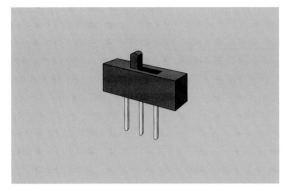

圖 6-20　一個接腳間距為 0.1 英吋左右，全塑膠材質的滑動開關。

最後提醒一下，由於本書中的實驗都只開關低電壓和電流，因此你不需要購買重型或昂貴的開關。

觸控開關

這種元件看起來像是微小的按鈕，而且使用方式也類似按鈕，雖然它正確的名稱是觸控開關。如果你將觸控開關加入到電路中，它可以讓你僅使用手指壓力，就能對電路進行開關。

圖 6-21 為四種常見的觸控開關，我比較喜歡A 型，因為它的接腳相距 0.2 英吋，與麵包板合拍，而且接腳是直、圓、光滑的形式，很容易安裝到進麵包板上。但可惜的是，這種類型最少見。

B 型也可以接受，兩隻接腳通常間距 6.5 毫米，對麵包板構建電路來說，幾乎只能說是勉強堪用，但不完全合適（如果你從公制轉換為英吋，6.5 毫米大約是 0.26 英吋）。如果你用尖嘴鉗，牢牢夾住開關彎曲的接腳，讓彎曲處變得扁平，就會更適合在麵包板上使用。你還可以進一步輕輕彎曲接腳，直到接腳間距差不多是 0.2 英吋，依我的經驗，經過這樣的加工，確實可以讓觸控開關安穩固定在麵包板上。

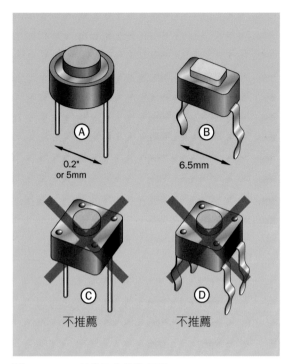

圖 6-21　四種常見的觸控開關。

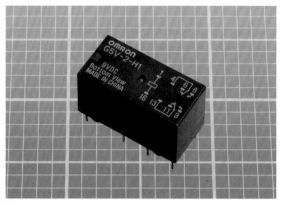

圖 6-22　本書實驗中，推薦使用的繼電器。

C 型的接腳相距 0.2 英吋，是還可以接受，但我的麵包板的電路佈局，已經很難擠出空間來容納這個開關的正方形機身。

D 型是最常見的觸覺式開關，但它的四個彎曲的接腳需要加工，否則不容易插到麵包板的連接孔。此外，跟 C 型一樣，它的正方形機身稍微有點太大（元件的零件號和來源列在附錄 A 和附錄 B 中）。

繼電器

在繼電器內部，已經有安裝一個開關，特別的是，這個開關可以經由電訊號觸發，因此可達成遠端控制的效果。因為繼電器的接腳並沒有標準化，因此不同製造商製造的繼電器，接腳也會有所不同，所以在購買這個元件替換時，須特別注意。

圖 6-22 是我所推薦的 Omron G5V-2-H1-DC9 繼電器，但如果你想使用不同的繼電器，可以參閱附錄 A。

微調電位器

電位器通常有三隻接腳，當你轉動調整旋鈕時，會造成三隻接腳之間的電阻值產生變化，再由歐姆定律可知，電阻變化將造成電阻上的電壓（位）也會隨之變化，因此名曰電位器。由其動作的原理也可以知道，電位器其實就是一個可變（化的）電阻。

而本節所介紹的微調電位器或微調可變電阻，特指適合安裝在麵包板的小型或其他微型版本的電位器，其原理與動作，與一般尺寸的版本，並無二致，只是主要應用的場合，會是用於電子產品出廠時的微調校正，並不是讓使用者可以便利地隨時調整電阻值，因此轉動時，需要如螺絲起子等額外工具。

圖 6-23 中兩個微調電位器的例子，使用時必須用螺絲起子進行調整。實驗中，我將使用兩種不同的值，你可以在附錄 A 的元件表中，找到微調電位器的列表。

本書中的電路，會需要小於 0.3 英吋正方形的微調電位器。更大的電位器，難以塞進我們的實驗電路中。像許多元件一樣，微調電位器沒有標準化的接腳間隔；如果你打算自己購買，請參考附錄 A 的指南。

圖 6-23　兩個不同外型的微調電位器。

電晶體

本書中只使用一型號的電晶體，型號是 2N3904，任何製造商製造的 2N3904 的電晶體都可以。以下是這顆電晶體的示意圖（圖 6-24）。

圖 6-24　型號為 2N3904 的電晶體。

在本書的上一版中，我使用的型號為 2N2222 的電晶體。2N2222 比 2N3904 更普遍，能處理更高的功率，但是摩托羅拉決定製作自己的版本，而且接腳定義沒有遵循以往的習慣，因此造成使用者誤認，衍生許多問題。這就是為什麼我不再使用 2N2222 電晶體的原因。

圖 6-25　左邊是電解電容，右邊是陶瓷電容。

電容

電容的價格比電阻略高，但仍然十分便宜，可能會讓你想一次購買整個系列的電容，而不是單個數值（同樣的，你可以在附錄 A 中找到購買信息）。

小電容值的電容，建議選用陶瓷電容器，這是一種電容主體結構，被包裹在陶瓷材料中的電容；大電容值的電容選用，則建議選用電解電容比較便宜。圖 6-25 為這兩種電容器的示意圖，它們的顏色有所不同，但這不重要。

另外，你可以在第 84 頁找到有關電容器的更多資訊。

揚聲器

本書中的實驗需要一個直徑至少為 1 英吋的揚聲器（其實更常被稱為喇叭），但 2 英吋直徑的喇叭聲音效果更好。3 英吋直徑的喇叭，則可使重低音原音重現，但是會消耗更多功率。

但我們的重點，並不是要產生高傳真的音響效果，所以你不需要在這個元件上花費太多。圖 6-26 中展示了一些樣品。建議你可以在規格直徑為 2 英吋、阻抗為 8Ω 的喇叭中，選則最便宜的即可。

圖 6-26　兩個揚聲器，一個是 1.2 吋，另一個是 2 吋。

電阻

在本書的所有實驗中，幾乎都需要電阻器。如果在第 1 章課程進行中，你沒有購買電阻套阻，請查看附錄 A 中的表格，了解一下還需要什麼。

還有嗎？

你可能會覺得我在本節指定了很多工具和元件。但是，請放心，大部分的零件在整本書的實驗中，都會被反覆提及並重複使用。另外，在每個實驗開始時，我會建議一些可幫助實驗的額外物品。最後，你可能還會需要一些 IC。這些都不會太貴。

- - - - - - - - - - - - - - - - - -

實驗 6
動手連連看

- - - - - - - - - - - - - - - - - -

開關的概念似乎很簡單，畢竟，你家裡到處都有開關。牆上有電燈的開關、電器上有電源開關，當開關有多個位置，或當你把兩個或更多個開關相互地連接在一起時，開關這個概念就開始變得更有趣了。

你會需要：

- 萬用電表〔1〕。

- 9V 電池〔1〕

- 三 接 腳 滑 動 開 關（single pole double throw，SPDT），帶有三個間隔為 0.2 英吋的端子（如果你能小心而精確地操作，也可以使用較小的開關）〔2〕。

- 鱷魚夾連接線〔1 個紅色，1 個黑色，另外 1 個要別的顏色〕。

- 通用的紅色 LED 燈〔1〕。

- 電阻，470Ω〔1〕。

一個超級簡單的開關

圖 6-27 是常被學校用來教授電學課程，最原始開關的類型 —— 閘刀式開關。我完全沒有建議你購買的意思，會在這個小節介紹，主要是因為閘刀式開關，可以幫助我說明幾乎所有開關都具備的特徵。

讓我們觀察一下這個開關。有一支可左右擺動，用來完成開關動作的控制桿（常被稱為閘刀），閘刀的支點與紅色的旋鈕型插座間，內部其實有的電氣連接，這個插座被稱為開關的一個極（pole）。

當你扳動閘刀時，側面看，會發現閘刀的動作，很像古代的投石車，因此這類開關又有個顧名思義的名字－投擲（*throw*）開關。

再觀察一下圖 6-27 的開關，你還可以發現，閘刀擺動到左右兩個極限位置時，會與分別設置在兩邊的金屬夾（稱為觸點，圖 6-27 的教具閘刀開關更貼心的將兩個觸點，分別連接到一個旋鈕型插座，以方便實驗）形成穩固電氣連接。

圖 6-27　一個閘刀開關教具。現代的開關的零部件，仍沿用著閘刀開關各零部件名稱，功能也相同。

由於經由這種開關，可以輕鬆地使一個極點與兩個觸點產生連接，因此這樣的開關又稱為 *ON-ON* 開關，也稱為雙投（double-throw）開關。

如果現在我告訴你圖 6-27 的開關又有個叫做 DPST 的名字（即單極（*single-pole*），雙投（*double-throw*）開關）時，你也應可以理解了吧！（有時候也被縮寫成 1P2T 開關）以上開關的術語，直到現代仍然適用。

如果你喜歡懷舊恐怖片，如圖 6-28 有一個瘋狂科學家，正在幽暗的地下室扳動著古老的閘刀開關，進行著某種恐怖實驗的經典畫面，必定印象深刻。

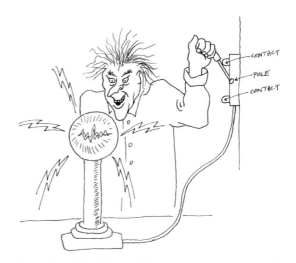

圖 6-28　這個瘋狂的科學家，在他的實驗室裡，裝備了一個單極雙投的閘刀開關。

圖 6-19 和圖 6-20 中的開關更小、更便宜、更實用，它們被稱為滑動開關，你可以推動在開關頂部的一個滑動部件（稱為撥桿）來操作。你用來進行這個實驗的每個滑動開關，都會有三隻接腳。

由滑動開關的剖面圖（圖 6-29）可以知道，其結構及基本動作原理，與古老的閘刀開關幾乎沒有差別。那麼你可能會猜測，滑動開關上三隻接腳的功能，其實就是對應到圖 6-27 中閘刀開關上的三個旋鈕插座？如果你確實這樣想，那麼，我想稱讚一下你的觀察力，你答對了。但是，我仍希望你能經由實驗驗證這一點。

圖 6-29　滑動開關的剖面圖。

在過去的幾十年中，滑動開關的尺寸逐漸縮小。商品化的路程上，常必須把設計好的電路及零件，擠進一個小空間時，各種電子元件包含開關的尺寸越來越迷你，這對於商品化是絕對的好事。但是，如果你主要是為了進行實驗，想到要把鱷魚夾，夾在小小開關的接腳上，尺寸的縮小，就不是那麼令人高興。使用鱷魚夾測試線進行開關的實驗，理想情況下，能使用接腳間距為 0.2 英吋的滑動開關會方便許多。

如果你有訂購這本書的套件，應該可以會找到兩個接腳間距為 0.2 英吋的滑動開關。

相反地，如果你是自己購買零件，可能會發現很難找到尺寸足夠大的開關。但如果你多些耐心而且手不抖的情況下，仍然可以使用類似圖 6-20 中的只有 0.1 英吋間距的開關。

怎麼做呢？其實很簡單，只需將引腳向兩側稍微向外彎曲，以便留出鱷魚夾的空間即可，如圖 6-30 所示。

圖 6-30 只需將引腳兩側稍微向外彎曲，就能使用鱷魚夾連接線進行實驗。

連續導通測試

將電表轉到圖 6-31 和 6-32 中符號的檔位（這個檔位，在往後的內容中，我都稱之為連續導通測試檔）以進行連續導通測試。

圖 6-31 在電表上，連續導通測試檔位上的符號。

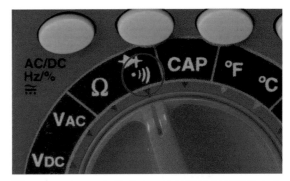

圖 6-32 在另一個電表上，連續導通測試檔位上的符號。

當你將兩個探針碰在一起，會聽到電表持續發出嗶的聲音，這是因為你讓兩隻探針持續接觸，而一直處於導通狀態的緣故。因此，這個檔位可以讓你經由聲音可以知道，在兩根探針間的任何電路是否處於導通的狀態，也因而稱為連續導通測試。

如果你有聽覺障礙，仍然可以透過電表螢幕，在導通狀態下所顯示的訊息，完成這個測試。現在將鱷魚夾連接線的一頭夾住你電表的探針，另外一頭夾在滑動開關上，如圖 6-33 所示。

你將滑動開關的撥桿向一邊滑動，再向另一邊滑動，應該可以聽到電表隨著撥動撥桿的動作，發出嗶聲以及停止嗶聲，換言之，撥桿有一個位置可以使鱷魚夾夾住的兩隻腳導通，另一個位置，則不導通（我們稱為斷開）。

如果你有好奇心，很想知道只測試開關的最外側兩隻接腳，會發生什麼事？有興趣的話，可以調整鱷魚夾的位置檢查一下，最後，應該會發現無論怎麼滑動開關，電表應該是全程安靜無聲。圖 6-34 是開關測試的電路圖版本，開關符號傳達的形象意義與實際開關內部的配置，非常相似。

你可能會覺得，開關的連續導通測試也太容易了，因此我想讓你嘗試更有趣的事情。首先，將兩個開關放在一起，並且如圖 6-35 所示接線（圖 6-36 是圖 6-35 的電路圖版本）。請注意，在這個電路圖中，我已經把兩個開關取了名字，即 A 和 B。

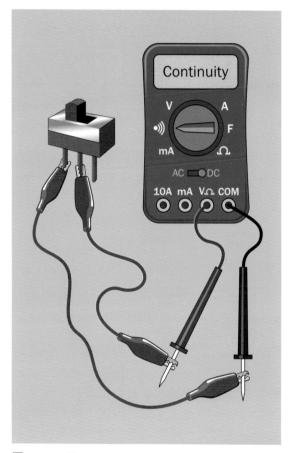

圖 6-33　檢測滑動開關的導通特性。

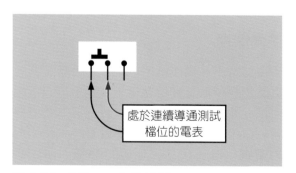

圖 6-34　是圖 6-33 的電路圖表示。

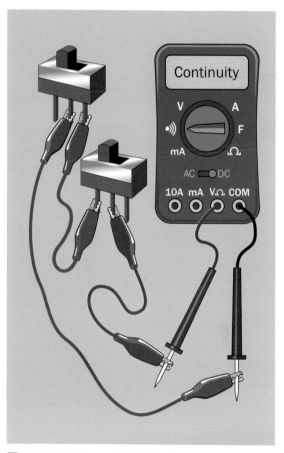

圖 6-35　在圖 6-33 的電路中，串聯另一個開關。

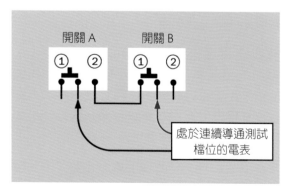

圖 6-36　是圖 6-35 的電路圖表示。

本來我可以選擇更有趣的名字，但是一般電路圖元件的命名習慣，A 和 B 會比「Mik」與「Sheila」這樣的名字更常用。

我在每個開關撥桿的左右兩個位置標識 1 和 2。問題來了，在這個測試中，有多少種開關位置的組合？開關 A 有兩個位置，開關 B 也有兩個位置。我相信你一定同意 2 * 2 = 4，因此總的排列組合數為 4。你可以在筆記本上繪製一個小表格，就像圖 6-37 中的表格一樣，記錄哪些撥桿位置的組合，會讓你的電表發出嗶聲。

開關採串聯連接		
開關 A	開關 B	是不是連續導通？
撥桿位置 1	撥桿位置 1	●
撥桿位置 1	撥桿位置 2	●
撥桿位置 2	撥桿位置 1	●
撥桿位置 2	撥桿位置 2	●

圖 6-37 是圖 6-35 的電路圖連續導通測試結果列表。

目前，你可能會疑惑，這個表格結果顯而易見，會有什麼用途呢？事實上，在後面數位邏輯章節時，你就會遇到更多這類型的表格及應用，所以我想在這邊，先介紹一個使用這樣的圖表所建構的實用電路。

圖 6-36 中的開關是串聯的，代表電流必須通過其中一個開關才能到達另一個，測試結果，你可以發現，只有一種開關位置的組合會發出嗶聲。我在表格中用紅色標出來。

現在請你在圖 6-35 或圖 6-36 的電路上，再加上另一個連接線，使電路看起來像圖 6-38。我想你目前應該已經有足夠功力，在我沒有提供如圖 6-35 的圖解時，可以想出如何去添加這條連接線到電路中。

我會稱圖 6-38 為「串聯並聯」電路，因為現在有兩個串聯連接，但它們是由並聯的電線連接的。如果再像圖 6-39 一樣繪製一個新的

表格，你會發現 A-1 和 B-2 會使電表發出嗶嗶聲或者 A-2 和 B-1 也會使表盤發出嗶嗶聲，而其他組合則一點聲響也沒有。

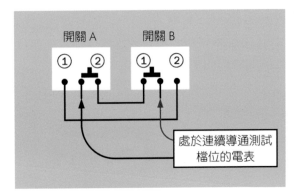

圖 6-38 將開關改接為串一並連接。

開關採串聯連接		
開關 A	開關 B	是不是連續導通？
撥桿位置 1	撥桿位置 1	●
撥桿位置 1	撥桿位置 2	●
撥桿位置 2	撥桿位置 1	●
撥桿位置 2	撥桿位置 2	●

圖 6-39 是圖 6-38 的電路圖連續導通測試結果列表。

有趣的是，如果電表沒有發出聲音，你可以隨意撥動其中一個開關的撥桿，就可以使它發出聲音。電表目前正在發出聲音，你可以隨意撥動其中一個開關的撥桿，就可以停止電表的嗶嗶聲。事實上，這樣的開關組合，應該很早就在你家中樓梯間的電燈開關上有所應用，我會在後面的內容解釋。

三向開關

到目前為止，我僅使用一個表示滑動開關的電路符號。但其實還有另一個幾乎可表示任何類型開關的電路符號，我將其稱為通用符號（你可能會問，目前世界上有多少種類型的開關？嗯～粗估大概數百種吧！你只需 Google 一下關鍵字 **types of switch** 就可以知道我的意思）。

通用開關電路符號，比滑動開關電路符號更常見。我在圖 6-40 用通用開關電路符號，是與圖 6-38 中相同的電路。毫無意外，電路的功能仍然相同，因為連接本質沒有改變。

水平的兩條電線是並聯的，但電流從電表，依序通過串聯狀態下的開關。如果你家中有樓梯，會發現樓梯轉角，通常至少有一盞燈是如同圖 6-40 這樣接線的。因此，你可以使用樓梯下方的開關，將轉角的燈打開（如果它目前關閉）或關閉（如果它目前打開），你也可以使用樓梯上方的開關進行同樣的操作。

圖 6-41 應該很完整的表達了我的意思。

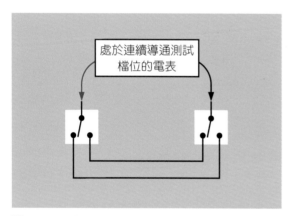

圖 6-40 以通用開關電路符號，重新繪製圖 6-38 的電路圖。

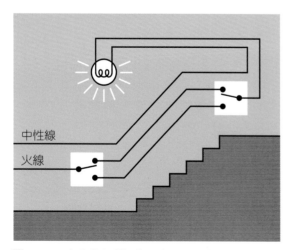

圖 6-41 家中常見所謂的三向開關電路。

如果有個專業電工來到你家，並且看到這個電路，他會說你有三向開關，因為每個開關都有三個端子。事實上，透過圖 6-39 的表格分析，你已經看到串—並開關組合會有四種不同的組合方式，但是當我試著和一個電工討論這個問題時，他似乎並不太感興趣。

如果你想實作一下三向開關電路，可以把電表從圖 6-40 中刪除，串接負載電阻、LED、電池，如圖 6-42 所示。最後，分享一下我自己實際建構的三向電路桌上型版本，如圖 6-43 所示。

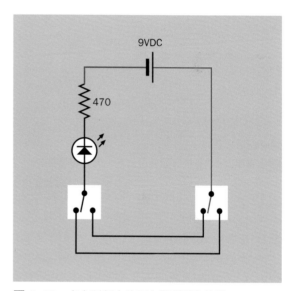

圖 6-42 桌上型版本的三向開關電路範例。

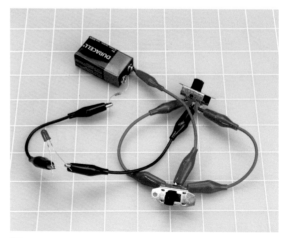

圖 6-43 以滑動開關、LED 等元件，建構圖 6-42 的電路。

想來點更多的開關？

有時你只需要一個**單極、單投**開關（可以縮寫為 SPST 或 1P1T）。閘刀式開關是常見的例子，即控制桿只有在一個位置會產生電性連接。

在圖 6-44 中有多種風格不同的單極單投開關電路符號，但它們都代表相同的意思。在本書中，為了清晰易懂，我會在每個開關底色加上白色矩形。類似的風格變化，也可以用表示雙極單投開關。

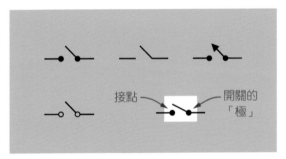

接點
開關的「極」

圖 6-44 單極單投開關多種表示的電路符號。

有些開關是一個控制桿同時連接著兩支閘刀，可以同時進行兩個完全單獨的電性連接，這樣的開關稱為**雙極開關**，縮寫為 DP（有時也寫作 2P）。雙極開關可以是單投或雙投，具體取決於你要用它完成什麼功能。圖 6-45 是 DPDT 開關的兩種電路符號，這兩種符號中的虛線是用來提醒你，當你撥動開關的控制桿，兩個完全沒有電性連接的接觸點，會同時連動觸發。

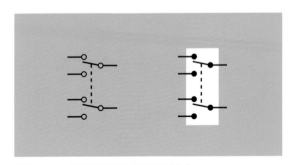

圖 6-45 雙極雙投開關的電路符號。

你可能會問，為什麼會需要兩個單獨的極？假設你有一套立體聲系統，想要把聲音訊號，從客廳的兩個喇叭切換到餐廳的兩個喇叭。如果只能使用一個開關來完成此操作，由於兩個聲音訊號必須保持分離，此時你就會需一個 DPDT 開關，達成將聲音訊號，在客廳及餐廳間的喇叭切換目的。

總之，開關可能有一個、兩個、三個或更多極，每個開關又可以有單一觸點（單投）或雙觸點（雙投）兩個版本，你可以視適用場景，選擇最合適的開關。圖 6-46 的表格，總結目前為止對於開關類型的介紹。

	單極	雙極	三極
單投	SPST 或 1P1T	DPST 或 2P1T	3PST 或 3P1T
雙投	SPDT 或 1P2T	DPDT 或 2P2T	3PDT 或 3P2T

圖 6-46 開關的類別整理。

到目前為止，也許你會覺得開關的知識差不多都學完了吧，但實際上還有很多。好比說，有些開關是內附有彈簧機構的，所以當你按下它時開關導通，放開它時開關會自動回復到原來的斷開的狀態。這樣的開關稱為**瞬時開關**，鍵盤上的按鈕就是一個例子。

另外，也許你會認為當你按下瞬時開關時，開關會導通，通常這個直觀的理解是正確的，因此這種瞬時開關也稱為**常開開關**，縮寫為 NO；但是有些瞬時開關硬是設計成，在按下開關時會斷開，放開時反而會導通，這種瞬時開關也稱為**常閉開關**，縮寫為 NC。

如果是一個具有 NO 接觸的單刀瞬間開關，可以描述為〔ON〕-OFF，括號內的文字，目的在告訴你，當你按下按鈕時，是開關導通，而處於 on 的狀態。依此類推，如果是

具有 NC 接觸的單刀瞬間開關，你應該已經知道可以描述為 ON-〔OFF〕。

其實，你也可以找到雙投的瞬間開關。換句話說，它們在兩個「導通」位置之間切換，但其中一個由彈簧驅動復位的。這樣的開關，可以描述成是一個 ON-〔ON〕SPDT 瞬間開關。還有一種雙投開關，它們的操作桿可以停頓在不與任何觸點接觸的位置，進而造成全部不導通的效果。可以推測這樣的雙頭開關，內部應該也有達成回復功能的彈簧機構，屬於瞬時開關的一種。

在本書的實驗中不會用到任何特別的開關，但以後你可能會遇到，我還是做個簡單的整理供你參考。在圖 6-47 中「交替動作型」一詞，表示這類開關沒有任何彈簧機構，因此可以穩固停留在導通或斷開的狀態。相對的，「瞬時型」則表示你必須按著它，才能保持導通或斷開的狀態。另外，你還需要記住，瞬時開關有個讓人可以非常直觀了解它如何動作的電路符號，那就是──按鈕。

	交替動作型	瞬時型
單投	ON–OFF	常閉 ON–(OFF)
		常開 (ON)–OFF
雙投	沒有中間狀態的 ON–ON	沒有中間狀態的 ON–(ON)
	在中間狀態是Off ON–OFF–ON	在中間狀態是Off (ON)–OFF–(ON)

圖 6-47　開關的組態。

圖 6-48 是瞬時開關電路符號的三種不同風格，在本書中，我選用最右側的風格。在往後的各實驗電路中，都會用這個符號代表觸控開關在內、任何瞬時型或按鈕型的開關。

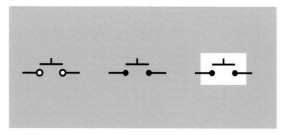

圖 6-48　按鈕開關，也是最簡單的一種瞬時開關。

其實還有更多種類的開關，我還沒有提到，例如旋鈕開關，它們可以具有 5 個甚至 10 個位置和多個極。

由於這種開關通常只用在特定場域（例如電表檔位選擇鈕，就是一個旋鈕開關），本書不會提到那些開關，留待你去認識。

開關噴火花？

當進行電氣連接時，開關控制桿碰觸到觸點前的一瞬間，由於電流跳躍，因此會產生火花現象；當你撥動控制桿與觸點分開時，有時也會產生火花，其實這對於開關是有損害的。火花現象會使接觸部件氧化積碳，因而影響電性連接的可靠性（就是俗稱的接觸不良）。

由於本書的各個實驗只會使用低電壓電池，產生的電流也不算太大，因此這個問題不太嚴重。然而，如果你需要開關一個馬達，一定要使用足夠大的開關，這是由於馬達的電感會儲存能量，造成其啟動時流入馬達的電流大小，至少是馬達處於穩定運行狀態時的兩倍。因此，如果你要啟動一個額定電流 2A 的馬達，那麼你應該使用額定 4A 的開關來啟動和停止這個馬達。

在家庭線路中，額定值也很重要。我的工作室裡有一盞非常強大的頂部照明燈具，它的額定值就高達 8A。但是最初電工師傅到我工作室佈線時，並沒有想到我會使用這麼強大的照明，所以只幫我設置了一組普通燈具使用的開關。

當我看到這組開關時，很好奇「真想知道它能持續多久」，僅僅停留在猜測的階段，對我來說絕對還不夠，當下我並沒有向電工提出質疑，而是以這組開關進行日常使用。大約三年後，由於火花現象，接觸點最終燒毀了，所以我改用一個額定 15A 的開關替換它。

總之，當你想要用一個比你實際需求規格差的開關時，它好像能夠正常運作呢！但是，最後的情況必定是——開關燒毀哩！

早期的開關系統

開關的概念很簡單，已經是我們的生活中，理所當然的基本功能，導致我們很容易忘記它們已經歷了長久的演變歷程。對於早期想要在實驗室中，連接和斷開某些設備的電力研究者來說，原始的閘刀開關已經足夠了，但當電話系統開始擴展時，需要一種更複雜的方法。

想像一下，如果你是坐在「交換板」前的接線生，需要從數百條線路中連接任意一對線路，該怎麼辦呢？

1878 年，Charles E. Scribner（圖 6-49）開發名為「折刀開關」的開關，這是由於接線生拿持的部分，看起來像一把折刀的手柄而得名。它上面突出一個直徑為 1/4 英吋的插頭，當插頭被推入插座時，會在插座內部接觸到開關觸點。實際上，插座本身就包含了開關的觸點。

現在吉他和擴音器上的音源頻連接仍然使用完全相同的系統，並直接稱它們為「插頭」，這個名詞其實可以追溯到 Scribner 的發明。

圖 6-49　Charles E　Scribner 在 19 世紀末，發明了「折刀開關」以滿足當時的電話系統所需的開關需求。

電路圖上常見的替代符號

之前我曾介紹多種用來表示單極單投開關的電路符號。在這個小節，我會再介紹先前使用過電路元件的其他電路符號，讓你在別的電路圖中也能夠知道它表示什麼。

圖 6-50 是電路中電源的各種電路符號。在最上面三種是電池的電路符號。早期的符號習慣使用一對短線加上一條長線，代表一個 1.5 伏特的電池，因此兩對線段就可以表示總電壓為 3V 的電池，以此類推。當電路使用較高電壓時，繪製電路圖的人通常會在電池之間顯示虛線，而不是連續繪製許多電池。

現代的電路圖已經很少繪製多個電池的符號，取而代之的是單一電池符號，再加上其電壓的表示方法，但如果你碰巧遇見帶虛線或多個電池的表示方法，其實它的意義就只是這樣。

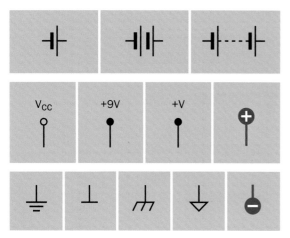

圖 6-50 電路圖上表示不同電源的符號。

有時候，電路中電池符號也不被使用，但是你可能會看到在電路的一些特別位置，會寫上英文的縮寫如 Vcc、V+、+V 或加上數字的 V。這表示有個隱藏的電池，從這個特別的位置連接電池的正極。

最初，詞語 Vc 是指一個電晶體的集極（Collectors）上的正電源，而 Vcc 則是指供應所有集極的正電源。流傳至今，現代的電路圖中，即使電路中沒有電晶體，Vcc 這個符號也常被用來表示整個電路的正電源。許多人會用「vee cee cee」這樣的符號，也是有原因的，如果不知道它來自哪裡，總有些美中不足。

在本書中，我使用一個帶有紅色圓圈的加號，來表示正電源輸入，所以應該不會誤認。

電源供應器（在本實驗中為電池）的負極，可以使用圖 6-50 最下面一行的任一個符號來表示，負極又常常被稱為負接地或簡單的接地。因為電路的許多部分需要接地，因此在電路圖中，你可能已經發現有許多個接地符號。

當你實際建構電路時，由於須要接地的元件太多，因此想要找看看，是否有更簡便的接地方法。這時你可能可以考慮使用麵包板內

部的連接，或者學習自己製作規劃有接地路徑的 PCB 板。

為了容易分辨，我選擇使用帶有藍色圓圈的減號來表示接地。你可以在別人的電路圖中找到其他接地符號。但是，無論是哪一個符號，在使用直流電源的電路中，它們都表示相同的含義：相對於正電源電位的零伏特。

如果是使用牆壁插座供電的交流電裝置或電器，情況會複雜一些。標準的交流插座會有三個插口，分別連接火線、中性線及地線，而老舊建築物的插座通常只有兩個插口，分別連接火線、中性線。

無論使用哪一種交流電的插座，交流（AC）電源在電路圖中，通常會表示成一個裡面有個側躺的 S 符號的圓，如圖 6-51 左邊的符號。美國常見的交流電壓是 110、115 或 220 伏特（在台灣通常是 110 或 220 伏特）。

在交流電器的電路中，你還會發現多了圖 6-51 右邊的新符號，這個符號就是連接到地線的意思。如果你的插座只有兩個插口（即沒有設置地線），這個位置的電線，要連接到交流電器設備的金屬外殼。相對的，如果你的插座是三孔插座，則這個位置，應該連接到電源插座的地線。

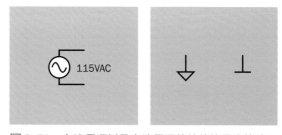

圖 6-51 交流電源以及交流電源接地線的電路符號。

請注意，住家的交流三孔插座，地線真的是接到地底下。有一回我幫郊區的房屋申請電力時，電力公司要求我必須將一根 8 英呎鍍銅的木樁插入土壤裡，才允許我的申請。這是由於地球具有巨大的儲存電子能力，可以

吸收漏電流避免造成人員傷害。在英國，接地的設備有時被稱為 *earthed*。

現在讓我補充一下，還沒提到的標準貫孔式 LED 的電路符號。LED 的電路符號雖然有許多不同的表示方式，但都表示相同的元件，如圖 6-52。

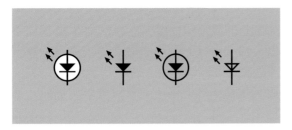

圖 6-52 四種不同樣貌的 LED 電路符號。

符號內部的大三角形，表示電流必須沿著這個方向流動，而小箭頭則代表這個元件會發光。為什麼會有多個版本的符號呢？還真是個謎。就個人習慣而言，我會使用有白色底的那一個。

請注意，LED 符號可以橫擺，可以斜放，取決於畫電路圖的人是否覺得方便，而大三角形無論向左或向右乃至於傾斜，都仍然表示電流方向的意思。即使是最普通的電阻器，其電路符號也有多種風格。在圖 6-53 的左圖是美國比較流行的符號，右圖則為歐洲所愛用。

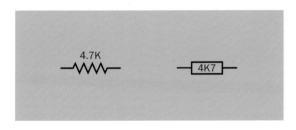

圖 6-53 4.7k 電阻的美規（左）及歐規（右）電路符號。

範例中這兩個電阻器，其中一個已經明白的告訴你阻抗值是 4.7K，但是，右邊那個？什麼，一眼認不出來是什麼意思？請回顧一下

我曾經提過歐洲的表示法，他們習慣將字母 R、K 或 M 放置在小數點的位置，以告訴你電阻值是 Ω、KΩ 還是 MΩ。

電路圖佈局

想要繪製電路圖時，有許多人喜歡使用線上的電路繪圖服務。如果你 Google 一下，你就可以找到這樣的網站，例如：

線上電路模擬器

網站操作似乎很簡單，因為你只需拖曳電子元件，並且在它們之間拉伸線條來完成電路連接，模擬器就會開始計算，當這個電路通電時電路的每個部位分別發生了什麼事。

圖 6-54 由繪圖軟體完成的電路圖，其中有一些你還不認識的符號，但是應該還是可以觀察到，電路裡有我們學過的正電源和底部的地線符號（標記為 GND），也有沒有圓圈的 LED 符號，也有採歐洲表示法電阻器（很奇怪的事，電路符號採用歐洲格式，但它的值卻是以美規格式顯示？）。

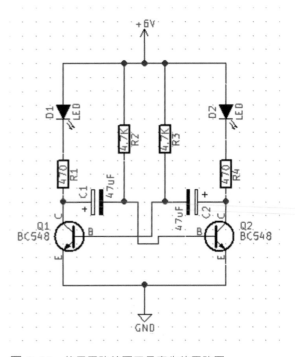

圖 6-54 使用電路繪圖工具產生的電路圖。

另外你可以發現，每個元件都帶有一個編號，例如 D1 或 R1，這是為了電路設計者將來進行電路說明時，可以輕鬆的進行指引用的。LED 表示發光的箭頭，不是向上的箭頭，會讓我感到有些奇怪，但這應該只是特定的電路繪圖軟體，獨有的表示方式而已。總而言之，雖然這個電路圖範例不太漂亮，但在電路圖裡可以找到所有必要的信息。

附帶提一提，在繪製電路圖時，習慣上會將正電源放在電路圖的頂部，並且將負電源放在底部，這樣就可以類比水流的特性——由高而低。但是這種表示方式仍有缺點，如果你想在麵包板上依電路圖建購電路容易發生錯誤，因為麵包板內連線有兩個方向。因此，本書中的大多數電路圖，都盡可能與麵包板走線相同的形式。

電線交叉的表示法

隨著電路變得更加複雜，繪製電路圖時，我們必定會遇到兩條彼此沒有連接，但相互交叉穿越的情形，電路圖上該如何表示呢？圖 6-55 的上半部提供了三種表示方法，其中還包括過時的樣式，以防你不小心遇到。

「恐龍時代」表示法的優點是：意義顯而易見，沒有人會誤解它。但是，現代的電路繪圖工具，都已經不再使用這種表示法。「石器時代」表示法，在 20 世紀六〇年代常被使用，但這在擁擠的電路中會造成混亂，除了閱讀早期電子電路書籍可能遇到它之外，基本上也是屬於過時不會使用。第三種風格現在已經被普遍接受，我在本書中也一直使用它。規則非常簡單：

- 在電路圖中的交叉電線，如果沒有打點，則表示彼此間沒有電性連接。

相反地，如果有一個點，則表示兩線是連接在一起的，如圖 6-55 的下半部分所示。有時你要特別檢查一下電路圖上這樣的點，因為

有些點畫得太小，在影印之後可能就會消失了，就我個人而言我愛用大的點。

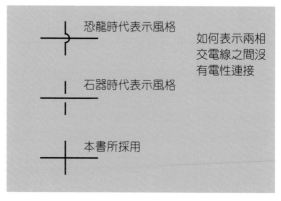

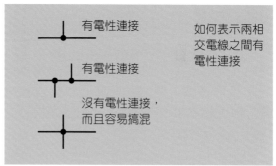

圖 6-55 多種類型的交叉線表示法。

另外，我必須補充一下，圖 6-55 最底部像「十字路口」的交叉線示意圖，交叉點的部分如果稍微遠一點看會變得有畫點又好像沒有畫點，尤其當印刷品質不佳的狀況，很容易被誤解。因此，如果遇到要表達交叉的電線有電性連接，倒數第二張圖可能是比較好的表示方法。

我採用的彩色編碼連接方法

因為我不希望你，混淆電源供應器的正負極，所以在電路圖中，我會把所有的正極導體用紅色，而負極／地線用藍色。你可能已經注意到，在圖 6-42 已經使用這種風格。我知道有些人是色盲，但紅、藍色盲似乎相對較少見。

實驗 7
可遙控的開關 —— 繼電器

接下來我將帶你探索的是一種可以遙控的開關，這種開關在你對它發送電信號時，它就會自動打開。這種開關被稱為繼電器，讓一個獨立的電路 A 的輸出訊號，傳送到繼電器的接收端，而繼電器本身可以開關電路 B。它是一種電機機械，因為它開關電力的動作，是由許多機械零組件構成，包括觸點和槓桿。

近年來，大多數的繼電器應用，已經被電晶體取代，但是有部分的場合，使用繼電器仍然是最佳選擇。例如，汽車仍然包含繼電器。你可能會在洗碗機、冰箱或空調中至少找到一個繼電器。

你會需要：

- 9V 電池〔1〕。
- 雙極雙投 9V 直流繼電器〔1〕。
- 附加選項：額外的繼電器〔1〕。
- 觸控開關〔1〕。
- 鱷魚夾連接線〔1 個紅色，1 個黑色，另外 1 個要別的顏色〕。
- 工具小刀〔1〕。
- 萬用電表〔1〕。

繼電器

這個實驗中你會使用 8 隻腳繼電器。翻過來看，一端會有兩隻接腳（稱之為線圈接腳，用來輸入觸發繼電器動作的訊號），另一端有六支接腳。這六隻接腳分成兩行，每行三個（其中一隻為公共接腳、剩餘兩隻稱為常閉或常開接腳。顧名思義，這兩隻接腳會在

繼電器尚未觸發時，分別與公共接腳成短路及開路狀態的接腳），就像骰子上的六個點一樣，如圖 7-1 所示。有關實驗 7 適用的特定繼電器的詳細資訊，請參閱附錄 A。

有一些老式的重型繼電器，是以透明的塑膠殼封裝的，因此你可以直接看到內部的構造。可惜的是，大多數的繼電器都沒辦法讓你直接看到內部的結構，但是為了研究繼電器的運作，你可以嘗試剪開一個繼電器看看內部結構。

基本上，如果你非常非常小心地剪開繼電器，這個繼電器之後應該仍然可以使用。如果不能用——呃，好吧，請當做花錢買經驗吧。

注意：極性問題

能使繼電器產生開關動作的訊號，稱為操作電流或觸發訊號。你必須讓操作電流，自線圈接腳其中任一隻接腳流入，再從另一隻接腳流出，由於這對接腳與繼電器內部電磁鐵線圈相連，如果電流足夠大，就會使線圈產生磁力，吸附繼電器內部結構，使繼電器動作。

大部分的繼電器，線圈沒有極性的分別，所以可以依據你的喜好，使操作電流從任何一隻線圈接腳輸入。但是在某些繼電器中，極性很重要，極性接反了，繼電器就不會正確動作。

我建議在本書的實驗中，採用與極性無關的繼電器。如果你使用其他類型的繼電器，也沒關係，只是實驗前，要特別確認一下繼電器的規格。

繼電器的典型動作

第一步，先確定手上的繼電器是正常可用的。

首先將你的繼電器按圖 7-1 接線，路徑上串接一個按鈕開關（正確名稱應稱為觸控開

關），再將電池電源連接到繼電器的線圈接腳。接著把電表轉到連續導通測試檔。

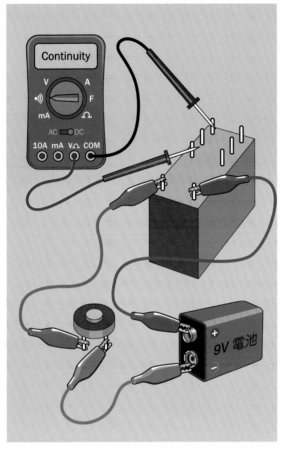

圖 7-1　第一步，讓我們先弄清楚繼電器怎麼動作。

當紅色探針碰觸到繼電器的公共接腳，黑色探針碰觸到其中隻常開／常閉接腳時，是否有聽到電表發出嗶聲？

如果沒有，請按下觸控開關（按下時，順便仔細觀察一下，有沒有聽到繼電器中發出輕微的「咔嗒」聲？，如果你聽力稍差，請以手指扶著繼電器，有沒有感覺到繼電器內好像有什麼東西在動？！）應該可以聽到電表發出嗶聲。這個電路中的觸控開關，具有使探針接觸的兩隻接腳導通或不導通的功能。

現在，嘗試將黑色探針移動到另一隻常開／常閉接腳，是不是發現，觸控開關的功能相反了？！如果是，那麼，以上其實就是典型

的繼電器的動作過程，你也可以由此認定，這顆繼電器正常。

由作動的結果，如果你已經有一丁點懷疑繼電器內部，可能是雙投開關的結構，值得稱讚，你答對了！但你可能同時會有另一個疑問，為什麼繼電器要設計成那麼大費周章的使用方式，直接設計一個開關不就好了嗎？

想想看，如果現在有個用於啟閉高壓、高電流的開關，須要由你徒手去扳動控制桿操作，會是什麼樣的心情？除了擔心一不小心觸電，光操作時冒出的火花，也夠令人心驚膽戰的。相對的，在繼電器上，你只要輸入小小的操作電流，就可以進行對驚人的電能進行控制！

現實中有許多例子，好比說，當你想發動啟動電流動輒 100A 的汽車時，只需使用相對容量較小而便宜的開關（或汽車遙控器），透過一條細細的、沒什麼分量的電線，向汽車的繼電器送一個導通的訊號，繼電器就會導通驚人的啟動電流，使啟動馬達轉動，引擎就能順利運轉起來。

同樣的，在洗衣機內部，某處有一個計時器，時間到時，它會發送一個信號到一個繼電器，繼電器就會因為計時器的訊號，供電給洗衣槽的馬達，使裝著濕答答衣服的洗衣槽馬達轉動起來，開始脫水。

繼電器裡面發生了什麼事？

目前已經知道繼電器典型的動作方式，我認為還需要讓你了解一下，繼電器裡到底是什麼樣的結構。圖 7-2 是按下觸控開關前，繼電器內部的 X 光透視圖，我們稱繼電器處於釋放的狀態。圖 7-3 同樣是繼電器內部的 X 光透視圖，但是按下按鈕，線圈產生的磁力使內部開關動作，我們稱繼電器被觸發了。

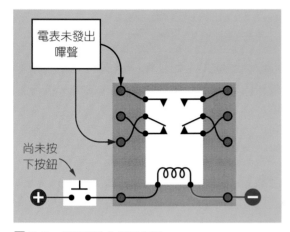

圖 7-2　繼電器的內部示意圖。

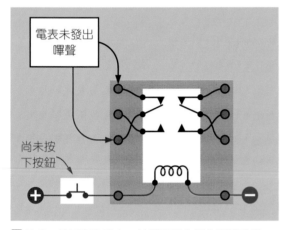

圖 7-3　線圈產生磁力，使繼電器內部的開關移動。

注意，即使我們只使用一側的接腳，由圖 7-2 與 7-3 可以知道繼電器內部是一個 DPDT 開關器。另外，比較圖 7-2 與圖 7-3，你可能會想知道，為什麼對線圈接腳供電後，繼電器好像是往外推動這個雙極雙投開關？

其實原因在於繼電器內部有一個槓桿，可以將拉力轉換為推力。在本實驗後半段，我會打開一顆繼電器外殼，到時候，你就能夠確實了解這一點。

看看其他類型的繼電器

我相信我所描述的腳位功能，應該是這類大小繼電器最常見的，但有些繼電器製造商有不同的腳位定義。當你拿到的繼電器，是從未接觸過的廠牌或規格時，可以查看資料手冊，或如同上一段介紹的，拿出你的電表來測測看，找出它的腳位真正定義，或者是透過逐一排除的過程，來弄清楚這些腳位是如何連接的。

另外，幾乎所有繼電器，總是會有一對腳位與其他腳位位置明顯的不同，這一對腳位通常就是線圈接腳。如果你查看繼電器製造商提供的資料手冊，一般會附上如同圖 7-4 這樣的繼電器示意圖。這個示意圖與我在圖 7-3 使用的風格不同，但兩個圖表呈現的繼電器內部連接是相同的。

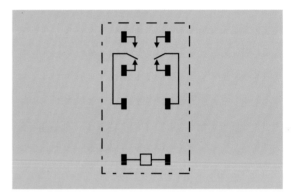

圖 7-4　繼電器資料手冊上的接腳圖。

以下是一些關於繼電器的實用常識：

- 有些繼電器是鎖定型的，意思是如果你想對這種繼電器觸發，加入操作電流的瞬間，就會使公共接腳與常開／常閉接腳連接（或斷開），這時，即使拿掉操作電流，繼電器仍然可以維持當下的狀態。

鎖定型的繼電器還是比較少見，但它有一個顯而易見的優點：你不必不斷施加電源來保持繼電器的「連接（或斷開）」，你只需要再發送一次操作電流，就可以把這類繼電器的開關狀態翻轉回來。

- 有些繼電器有兩個極，有些只有一個；有些是雙投，有些是單投。

- 有些繼電器的操作電流，必須使用交流電而不是直流電。

圖 7-5 為各種類型繼電器的電路圖表示方法。依圖形應該不難判斷，A 型是單極單投。B 型是單極雙投。

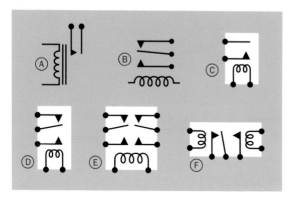

圖 7-5　各式各樣繼電器的電路圖表示法。

C 型是單極單投，將開關、線圈等零件以白色長方形的包住，這是我喜歡使用的電路元件表示風格，其實也暗示著這些開關、線圈，都是包含在單一個電路零阻件（即繼電器內）中。D 型是單極雙投，E 型是雙極雙投，F 型是單極雙投鎖定型。

看完繼電器的電路圖，會讓人有直觀的想像，應該是一對線圈通電，由於磁力的作用把開關往線圈方向拉動，對吧？事實上，大多數的繼電器設計卻恰恰相反。因此，一定要查閱繼電器的資料手冊。

另外要提醒的是，繼電器的電路圖符號，呈現的是其內部開關**釋放**狀態，也就是還沒對繼電器施加操作電源時，內部極點的位置。鎖定型繼電器比較特別，其內部的開關，初始位置是任意的。

在這個實驗中，你一直在測試的是**小信號繼電器**，意思是，它的內部開關不能進行大電流的切換。資料手冊必定會載明繼電器的電流限制及額定值。較大的繼電器通常可以切換較大的電流，選擇繼電器時，以電路中可能產生的最大電流，去考慮繼電器的額定值

是非常重要的，就像先前我們選用不同大小開關一樣。

後續的實驗中，你將會學習到繼電器一些實用的應用電路，例如電子組合鎖。喔，對了，在介紹電子組合鎖之前，我還會向你說明如何將繼電器當做震動按摩器。在那之前，我想是時候看一下繼電器的內部，以印證我先前的描述與你的各種猜想。

打開繼電器

如果你是一個沒什麼耐心的人，可以使用圖 7-6 或圖 7-7 的方法，嘗試打開你的繼電器。但是，一般情況下，最好還是使用一個最普通的工具：切割刀或電工刀。圖 7-8 和圖 7-9 是我比較推薦的方法，你可以使用一把電工刀，將塑料外殼一面的邊緣慢慢切削，直到看到一個非常細小的開口時就停止繼續。這時，內部零件應該已經非常靠近你的刀刃，輕輕地把頂部撬開一些，接著，如法炮製使處理繼電器外殼的其餘邊緣，如果你非常小心，就會看到繼電器的整個內部結構，而且給這個繼電器線圈腳，加上操作電流，應該還能正常工作。

圖 7-6　打開繼電器之方法一（不太推薦）。

圖 7-7　打開繼電器之方法二（非常不推薦）。

在切削繼電器時，能夠用夾子或鉗子來固定繼電器，那麼，整個切削的過程會更安全。切削時，要特別注意，保持手指遠離刀刃的邊緣，並始終由上而向下切割。

圖 7-8　切削繼電器外殼的邊緣是打開它的第一步，一定要往遠離你的方向切削，並且在工作台由上往下切削。

圖 7-9　切削掉邊緣後，你應該可以撬開繼電器外殼的一部分。

廬山真面目

圖 7-10 是一個典型繼電器各部件的簡化示意圖。線圈 A 吸引槓桿 B，塑料擴展件 C，向外推動有彈性的金屬簧片，並移動繼電器的極 D，在接觸點之間切換。你可以把圖 7-10 與我打開的實際繼電器（圖 7-11）進行比較（圖 7-11 的背景是一英吋方格的墊子）。

圖 7-10　繼電器的各部件（詳參文字說明）。

圖 7-11　小訊號用繼電器內部的樣貌。

在圖 7-12 的繼電器都是設計用於 12 伏直流電。最左邊的是汽車用的繼電器，構造最簡單且最容易理解的，因為汽車內部絕對有足夠的空間，容納每邊長一英吋的繼電器，所以設計它的製造商一點也不考慮其體積。越小的繼電器設計越巧妙，結構也越複雜，而更難理解。一般而言，較小的繼電器，主要用於開關較小的電流。

操作電流可以視為觸發繼電器時，本身消耗的能量指標，通常以毫安為單位。有時，廠商對繼電器本身消耗的功率，也會直接以毫瓦表示。

切換容量是繼電器內部的開關，可以切換到最大而不會損壞繼電器的電流。

通常，對於電阻性負載，如傳統白熾燈泡這樣的被動器件，可以直接以燈泡的額定電流，決定選用的繼電器切換容量。但請記住，如馬達這種主動元件，啟動時會需要的電流峰值，通常是運行時所需要的電流的兩倍，因此，選擇繼電器時，就不能僅依馬達的額定電流作為參考。

圖 7-12　多種樣貌的 12V 直流繼電器。

繼電器的術語

線圈電壓是繼電器通電時理想的電壓。

吸合電壓是繼電器開關動作所需的最小電壓。實際上，繼電器可能可以在更低的電壓下工作，但是否能使開關穩定連接或切斷開，就無法保證。

實驗 8
使用繼電器製作震動按摩器

在之前實驗中的所有電路，都以鱷魚夾連接線完成電路連接，你應該感受到它有兩大優點：可以快速地組裝電路、可以輕鬆地看到連接。但現在起，你也必須要熟悉另一個被廣泛使用的原型電路搭建的工具——無焊接麵包板，如圖 6-10 所示。

早在 1940 年代，原型電路是在一個看起來真的可以用來切麵包的木質基底上製作的。在塑膠製品幾乎不存在的時代（有塑膠的世界——你能想像嗎？），將電線和電路上用到的零件，以釘子或螺絲固在木板上，遠比固定在鐵板上容易。

現代，無焊接麵包板是一個尺寸大是 2×7 英吋小平面，厚度則不超過 0.5 英吋，並提供一個遠比將電線及電子零件釘在木板上，更有效率的連接方法，但是這個連接方法，目前對你而言算是個小缺點：麵包板內有無數的內部連接，你必須花時間認識複雜的內部連接邏輯。不過，也不用太擔心，我會先幫助你處理掉這個問題。

最簡單的作法，我認為你應該直球對決，並將之前的繼電器實驗重現在麵包板上，讓這個實驗更進一步。

你會需要：

- 9V 電池〔1〕。
- 9V 電池專用連接器（非必要）〔1〕。
- 麵包板〔1〕。
- 雙極雙投 9V 直流繼電器〔1〕。
- 通用的紅色 LED〔1〕。
- 觸控開關〔2〕。
- 電阻，100Ω〔1〕，470Ω〔1〕，1KΩ〔2〕。
- 電解電容，100μF〔1〕，1,000μF〔1〕。
- 陶瓷電容，1μF〔1〕。
- 尖嘴鉗，剪線鉗，剝線鉗〔各 1 個〕。
- 接線線材，至少兩種顏色，6 英吋長。

製作跳線

在麵包板上建造電路的第一步，是需要自己製作一些像圖 6-14 的跳線。拿起撥線鉗，在適當大小的凹槽間夾住一根接線線材，如圖 8-1 所示。剝線鉗的內緣有點鋒利，有個標示 22 的凹槽，它的意義是指這個凹槽的大小，剛好是 22 號單心線中間銅導體的直徑，因此把 22 號線夾在這個凹槽，就算你力氣再大，也只會割斷絕緣層而不會割斷銅導體。

第二步，壓緊剝線鉗後，一手向上拉動剝線器，另一手向下拉動電線，如圖中箭頭所示，即可輕鬆完成剝線的動作。現在你已經知道如何去除絕緣層了，我再提供你能製作一個特定大小的跳線最簡單的方法。如圖 8-2 所示，先剝去幾英吋的絕緣層並扔掉，在剩餘的絕緣層上測量你想要製作的跳線長度（請記住，你的麵包板孔距離為 0.1 英吋）。

我想你應該需要一些長度為 1/2 英吋的紅色和藍色跳線，其中一對跳線用來從電池向麵包板提供電流，另外兩對跳線會在麵包板上使用，連接元件的接腳。如果是這樣，那麼，圖 8-2 中標記為「X」的距離應為 1/2 英吋，你需要三條紅色和三條藍色的跳線。

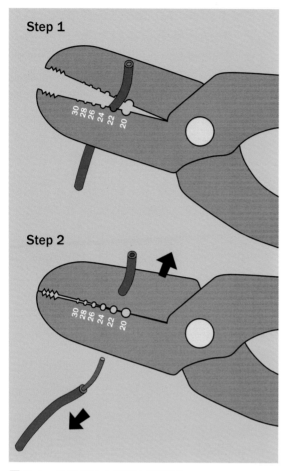

Step 1

Step 2

圖 8-1　從電線的末端剝去絕緣層。

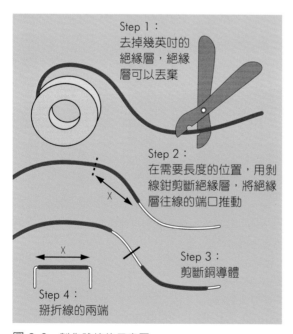

Step 1：
去掉幾英吋的
絕緣層，絕緣
層可以丟棄

Step 2：
在需要長度的位置，用剝
線鉗剪斷絕緣層，將絕緣
層往線的端口推動

X

Step 3：
剪斷銅導體

X

Step 4：
掰折線的兩端

圖 8-2　製作跳線的示意圖。

送電囉！

匯流排專指用於供應電源或者電路中，各個元件都會用到的電訊號的電導體。在匯流排上提供電源，元件就可以從匯流排中提取電源，而不用大老遠連接到電池上。

你的麵包板上，左右兩側都有成排由上而下的插孔，配合隱藏在麵包板內的導體，進行內部連接，專作為電源匯流排使用。所有的匯流排在外觀上都是相同的，但麵包板製造商常常用紅色和藍色條紋標記，來區分正極和負極電源。我所有的麵包板示意圖都會在最左邊標有紅色條紋，所以你可能要習慣我的方向，避免正負相反。

剛開始不會有太復雜的電路連接，我只使用每對匯流排中的一條匯流排線路。你需要對最左邊的紅色匯流排提供正電源，對最右邊的藍色總線提供負電源。我將跳線一端插入匯流排的插孔，將跳線的另一端旋轉 1/4 圈，使鱷魚夾連接線可以輕鬆地夾住跳線與電池（圖 8-3）。

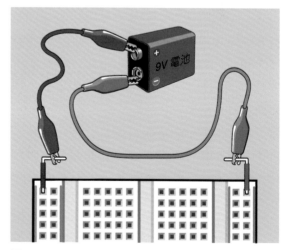

圖 8-3　使用鱷魚夾連接線與跳線，對麵包板供電。

還有一種選擇如圖 8-4，如果你剛好有一端是裸露銅導體的 9V 電池專用連接器，則可以直接將銅導體插入你的麵包板。這種連接器是一種不錯的選擇，但是，有時候電池專用連接器連出來的電線，不一定是單心線，

73

可能很難插入麵包板的插孔中。此外，它的線徑也不一定是 22 號線，因此可能無法被麵包板插孔牢牢的夾住，隨時都有脫落的可能性。就個人而言，我還是喜歡使用圖 8-3 中的跳線加鱷魚夾連接線的方式。

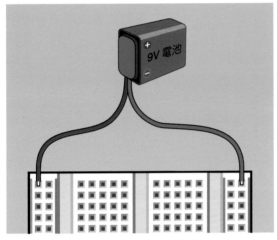

圖 8-4　以 9V 電池專用連接器，供應電源。

在麵包板上的第一個電路

我相信在展示麵包板上佈局時，麵包板佈線圖會比照片更清晰，所以我在整本書中都會使用佈線圖。圖 8-5 中你會看到一些元件，其中大多數你可能還沒見過，等以後遇到了，可以回過頭來查尋。以下是一些有關本書佈線圖的特別表示方式，請謹記在心，檢視麵包板佈線圖時才會了解我要表達什麼：

- 被元件蓋住的接腳。當一個元件底部有接腳，但卻被元件本體遮蓋住，致使我很難表示它們時，我會用粉紅色帶白色輪廓的點來標示這些接腳的位置。你可以在觸控開關（按鈕式開關）、滑動開關、微調電位器和繼電器中看到這樣的表示方法。

- 許多電路元件，我將以透視圖表示並且把它畫的有點偏向某一個角度，如此看起來能更逼真。但實際上當你把這些元件插入到麵包板時，應該與表面齊平且直立。

- 我會在每個 LED 的長正極旁添加一個加號，每個電解電容器鋁外殼的那一側上會有一個減號，以提醒你查找（我稍後會介紹電容器）二極體的負端，製造商通常會以一個環紋標記，但是，為了確保你不會搞錯，我還是會在圖中添加一個減號。你可能對二極體感到好奇，其實這種二極體就是 LED 的祖先。

- 在麵包板佈線圖中，我會用 X 光透視圖表示繼電器，以提醒你它的工作方式。

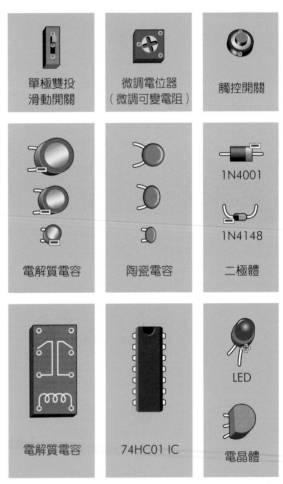

圖 8-5　陸續會出現在麵包板佈線圖上的電子元件列表。

在圖 8-6 的電路中，使用你在實驗 7 使用過的相同繼電器。這顆繼電器兩排接腳間距，恰好為 0.3 英吋，因此你可以直接將繼電器的接腳，插入麵包板中心的通道。在這個電

路中，你應該會認出一個標識為 470 歐姆的電阻器與兩個通用紅色的 LED。觸控開關的接腳間距為 0.2 英吋，因此也可以方便地插入麵包板中。

- 請注意，圖 8-6 中左側的兩條橫置紅色線和右側的兩條橫置藍色線，是插入板子中的跳線。在麵包板佈線圖中，你會發現某些元件旁特別標示，在電路圖或接線示意圖上都不曾看過的淺藍色橢圓形，橢圓形內的數值就是這個元件的值，這樣就可以輕鬆區分它與板子接孔的圖案。

現在，你可以將電池接上，左側的 LED 燈應該會亮起來。按下觸控開關（左下方的推鈕），神奇的事情發生了，左側的 LED 熄滅而右側的 LED 燈亮起來！這就是你的第一個麵包板電路，一個真的能控制電子元件的電路！

接著，你需要理解板子內部的連接方式，以使它持續正常運作。

麵包板內部揭祕

在圖 8-7 中，我展示了先前提過數次的麵包板內部真實的連線狀態。每片銅導體上的小點都對應到麵包板上的插孔，也是元件接腳，插入插孔中時可以接觸到的位置。

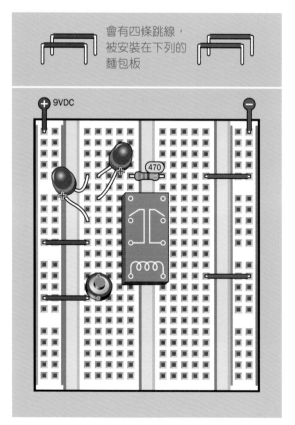

圖 8-6　在麵包板佈線圖上的電子元件列表。

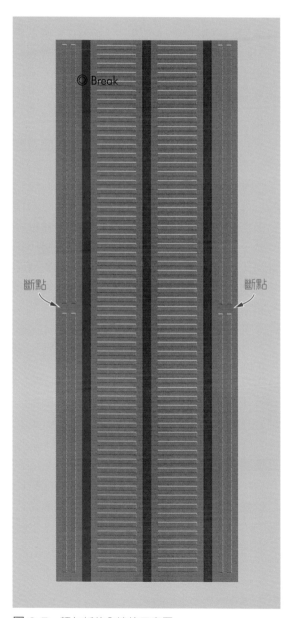

圖 8-7　麵包板的內連接示意圖。

75

- 當你參照我的佈線方式建構實驗電路，發現元件很難安插到電路中時，可以將元件向左或向右移動一個空間（如果有足夠的空間），因為由麵包板內連接示意圖可以知道，橫向每一段 5 個插孔，都會被底部的銅導體（內）連接在一起，因此插在哪個插孔效果都一樣。

你應該會注意到，我使用的這塊麵包板，每條匯流排上的內連接銅導體中間都有斷點。有些麵包板子會有這樣的設計，但有些的麵包板卻沒有，它的目的是允許你使用兩個不同的電源，因此你可以將不同的電源，一個設置於板子的上半部分，另一個設置於下半部分。

實際上，本書的實驗中，你都不太可能這樣做，更常見的情況是，由於匯流排上的斷點，使得接線後的錯誤排除變得更困難一些。好比說，隨著電路日益複雜，電路體積逐漸龐大，而延伸到板子下半部分。在電路建構完成後，由於忘記斷點的存在，卻出現奇怪的電力缺乏現象，有部分元件沒有辦法從匯流排汲取電源，這當然是由於斷點，電源根本沒供應到麵包板的下半部所造成的。你或許能馬上發現到，自己忘記在匯流排斷點處加上跳線，但也可能誤以為是哪裡接錯了，浪費許多時間檢查。

要找出你的板子，每個總線上是否有斷點，請在匯流排的最上端與最尾端插入一條跳線，並且使跳線另一頭導體暴露出來，就可以使用電表，檢查它們之間的連通性。如有必要，在開始構建電路之前，可以添加跳線以橫跨斷點。圖 8-8 是添加了跳線以橫跨斷點的示意圖。

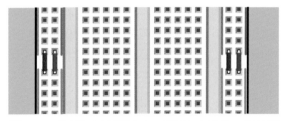

圖 8-8　當麵包板有斷點時，可以加上跳線，延伸匯流排的訊號。

回頭探討一下繼電器的電路圖

圖 8-9 展示麵包板內部導體與電子零件連接的方式，希望能夠讓你更了解繼電器電路實驗的原理。我還特別加深那些沒有連接任何元件，也沒有作用的內連接導體的顏色。你可以想像電源產生電流，從正電的匯流排，沿著一條曲折的路徑，流到繼電器內部的開關接點、再經 LED 和 470 歐姆電阻，最後到達負極匯流排。由於內連接導體的電阻很低，因此導體本身的電阻，基本上可以忽略不計。

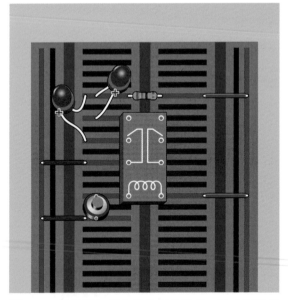

圖 8-9　透過麵包板內連接以及跳線，達成繼電器電路元件之間相同的連接關係。未使用到的內連接導體，以深色表示。

接下來，請看一下圖 8-10 的電路圖，不知道你是不是感覺到在理解電路動作時，電路圖比麵包板佈線圖更清楚易懂？（事實上，即使我把元件安排得盡可能像麵包板上的排列，在說明作動原理時，我還是覺得電路圖比較容易理解，往後，我應該只會在較大的電路中，提供麵包板佈線圖供大家參考）。

你可以看到，即使觸控開關沒有啟動繼電器，從正電匯流排流出的電流也會通過繼電器觸點，並且流經左側 LED 回到負電匯流排。我們可以說，繼電器的接點目前處於鬆弛位置。

在電路圖中，除了將電線用顏色，來顯示哪些電線約為 9 伏特、哪些電線約為 0 伏特外，我還特別將 LED 畫上顏色來表示哪一個 LED 亮、哪一個 LED 暗。LED 和電阻之間的電線，則以黑色來表示，因為電壓會介於 0 伏特和 9 伏特之間，但我不知道準確的值。

現在看圖 8-11，你會發現由於操作電流，流過繼電器線圈，因此繼電器動作而點亮另一個 LED。你可能會覺得疑惑，既然 470Ω 電阻是用來保護 LED，那麼，為什麼電路裡只需一個 470Ω 電阻，即可保護兩個 LED，那是因為這個電路，只會一次點亮一個 LED。

繼電器震動按摩器

下一步，我們來修改你的電路，使它更有趣。請看圖 8-12 的新電路圖，並請與圖 8-10 中的版本進行比較。你能發現兩者的差異嗎？

在新版本中，來自匯流排的電源電流，必須先通過繼電器內開關的接點後，才會來到觸控開關，如果觸控開關被按下，電流將繼續流經線圈接腳，使繼電器產生動作。

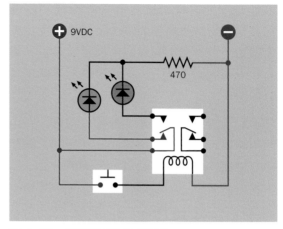

圖 8-10　繼電器電路之電路圖。

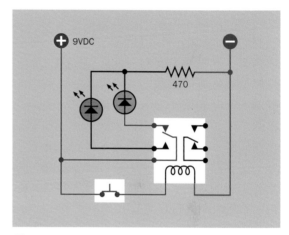

圖 8-11　當按下觸控開關時，繼電器電路動作的示意圖。

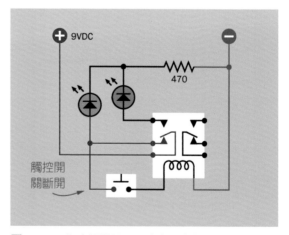

圖 8-12　修改版繼電器電路的電路圖。

那你會問，這樣的修改會有什麼樣的影響呢？試試看按下觸控開關，是不是發現你的繼電器，似乎發出像是震動按摩器的嗡嗡聲（如果你聽力不好，可以碰觸繼電器感受它的振動）。

圖 8-13 展示了修改版的電路板佈線圖，紅色的跳線從正電源為繼電器的公共接腳（即極點）供電。由於繼電器還沒被觸發，目前處於釋放的狀態，因此電源可以從常閉接腳，延著添加的綠色跳線，來到觸控開關的一支接腳。

現在請你按下觸控開關，此時，電源飛快地流經觸控開關，再進入繼電器線圈接腳，馬上觸發了繼電器——但是，等等！當繼電器被觸發，極點被迫與另一個觸點接觸，電源就無法循剛剛的路徑，進到線圈接腳觸發繼電器，因此繼電器進入釋放的狀態，此時，電源再度迅速地流經觸控開關，進入繼電器線圈接腳，又觸發了繼電器，極點又被迫與另一個觸點接觸，電源始終無法循剛剛的路徑進到線圈接腳，因此繼電器進入釋放的狀態——這樣不斷的循環重複。

繼電器的開關在繼電器的兩種狀態之間，不斷跳動，因此產生振動。由於你使用的是小型繼電器，所以震動得非常快，可能達每秒振動 50 次（對於 LED 來說，繼電器切換速度太快，才剛熄滅又被點亮，感覺上 LED 處於恆亮的狀態）。

繼電器版震動按摩器完成！不過，事實上，當你強制使繼電器處於快速切換的狀態時，可能會有內部開關極點或觸點燒毀的疑慮，所以不要長時間按下觸控開關。為了使電路不那麼快自我毀滅，我希望切換的過程發生得更慢些，至少到不傷害繼電器的程度，有辦法達成嗎？接下來，我將利用電容器來實現。

加上電容器後的繼電器電路

參考圖 8-14 的麵包板佈線圖，你會發現我在繼電器的右下方新增一個元件。這是一個電解電容器，容量為 1,000μF（發音為「一千微法拉」）。先讓你看看電容，在這個電路裡有什麼功能後，我再跟你會解釋關於電容的術語。

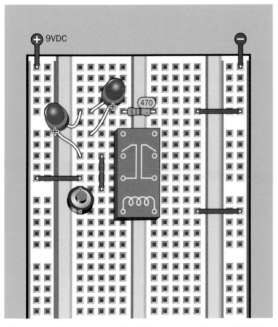

圖 8-13 圖 8-12 修改型繼電器電路的麵包板佈線圖。

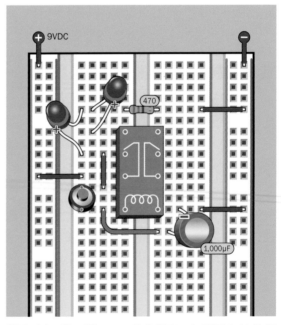

圖 8-14 將一顆 1,000μF 的電容，加到圖 8-13 的電路中。

請務必將電容正確地插入麵包板，負極接腳朝向麵包板的頂端（電源方向）。電容另一隻接腳，則通過一條黃色跳線，連接到繼電器一側的線圈接腳，如此配置，我們稱電容器跨接在繼電器的線圈上。如果你的電容器接腳比較長，可以直接跨到線圈接腳同排的接孔，不需要黃色跳線。

現在，你再次按下觸控開關時，繼電器應該會間歇性地發出喀嚓聲，而不是連續也急促的嗡嗡聲，LED 會交替閃爍。電容器就像一個超迷你，又可反覆充電的電池。

讓我們比對一下，加了電容之後的電路運作有什麼不一樣。在你按下觸控開關時，電源飛快地流經觸控開關，再進入繼電器線圈接腳，馬上觸發了繼電器——但是，當繼電器被觸發，極點被迫與另一個觸點接觸，電源就無法循剛剛的路徑。

此時，電容登場了，當你按下觸控開關時，電容就一直默默積蓄著能量，在繼電器切換，導致電源無法再流經線圈，使繼電器保持觸發狀態時，電容會充當電池的角色，無私地分享其儲存的能量給繼電器線圈，使繼電器可以多出一點時間，保持在觸發的狀態（你會觀察到，左側的 LED 會多亮了一段時間）。電容器最初從電路中提取能量，再將其釋放。在此過程中，我們會說「電容器經歷了充電和放電」。

儲存電荷

為了更清楚地了解電容器內部到底發生什麼事，讓我們建立一個如圖 8-15 的新電路。請你特別注意，這個電路中電容腳位跟上個電路相反，它的負極現在朝向著麵包板的「底」部端。

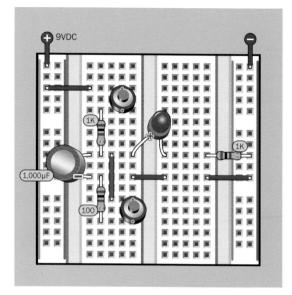

圖 8-15　這個電路示範了電容器充放電的動作。

首先按下下方的觸控開關 1 秒鐘。下方的觸控開關，通過麵包板的內連接和 100Ω 的電阻器，一路連接到電容器的兩隻接腳。當你按下開關時，會產生一條直接連接電容器兩隻接腳的路徑，使電容負接腳上的負電荷都會跑到正接腳，與正接腳的正電荷中和，電容儲存的電荷會因此消耗完畢，可以理解為你將電容歸零。

你可能會好奇，既然都已經要消耗掉電荷了，為什麼在路徑中會需要那個 100Ω 的電阻？其實，加上電阻的目的，是為了保護額定值僅僅為 50mA 的觸控開關的觸點，避免受突然激增的電流燒毀。

現在放開下方的開關，然後按下上方的觸控開關，LED 緩慢亮起；接著放開開關，電源被斷開，LED 再也無法自正電端取得電能，但由於此時電容在你放開觸控開關前，已經儲存一些能量，因此 LED 仍可汲取電容內的電能，並不會立即熄掉。另外，由於 1K 電阻限制了電流，因此你會感覺到 LED 是相對緩慢地熄滅。

- 串聯電阻器使電容器充電更慢。

再次按下下方的歸零開關，LED 會非常迅速地熄滅，這是由於電容器上的電荷，更喜歡通過阻力較小的路徑，而不是 LED 又再串聯 1K 阻力較大的路徑。圖 8-16 是圖 8-15 的電路圖版本，其中包括我用來表示電容的新符號。你還可以在圖 8-17 中，看到圖 8-15 的 X 光透視圖版本，以了解內連線的情況。

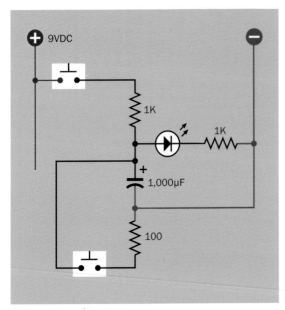

圖 8-16 圖 8-15 的電路圖版本。

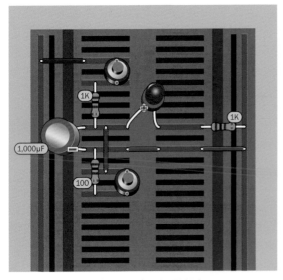

圖 8-17 是圖 8-15 的 X 光透視圖版本。

以下是關於簡單的電容電路一些重要資訊：

- 電容必須要把負極接腳接地，否則電路無法運作。你可以把板子中央的藍色跳線拔掉來驗證這個說法。

- 當電阻和電容串聯時，組合稱為 *RC* 網路（有時候寫為「電阻─電容」網路）。

- 在 RC 網路中，阻抗值更高的電阻會使電容充電得更慢。你可以試著把其中一個 1K 電阻換成阻值更高的電阻。

- 在 RC 網路中，容值更高的電容，會充電得更慢。如果你沒有比 1,000μF 更大的電容，可以換一個更小的電容，看看 LED 是否會更快變亮或變暗。

- 你使用的電容，可能是由兩條非常薄的鋁箔帶捲在一起所構成，每條鋁箔帶都連接到電容的接腳之一，常被稱為「極」。構成電容的鋁箔帶則常被稱為「極板」，這是由於早期的電容確實由兩塊中間留有小間隙的「金屬板」組成。

- 當電容的一塊板上有正電荷時，則會吸引另一塊板上的負電荷，這就是為什麼這個電路中，電容的負極接腳線必須接地的原因，因為藍色的負極電源或是「地」，提供了電子的來源。圖 8-18 為電容器內部，正負電荷相互吸引的示意圖。

- 電容器在斷開連接後，會保存從電路汲取的電荷，但是由於電容內部的絕緣並不完美，即使正負接腳沒有碰觸，正負電荷仍會逐漸在內部中和而消失。

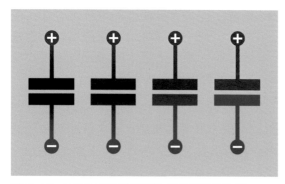

圖 8-18 四張展示電容器獲取電荷過程的快照。

法拉的基礎知識

電容器的儲存容量以法拉（farads）為單位，代表符號為大寫字母 F。這個術語是以另一位電學的先驅 Michael Faraday 的名字命名。

製作大容量的電容器（例如，達法拉（F）單位等級的電容）製作困難且昂貴，但幸好在現代電子技術中，我們幾乎用不到 F 等級的電容器。一般在電路中常見的，通常是 μF、nF 和 pF 量級的電容器。它們之間的換算關係從最小單位到最大單位，整理如下（詳參圖 8-19）：

1,000 皮法（pF）= 1 納法（nF）

1,000 納法（nF）= 1 微法（μF）

1,000,000 微法（μF）= 1 法拉（F）

咦？那麼，毫法拉（mF）呢？這個單位存在嗎？理論上應該存在，對嗎？畢竟，我們已經有 mA 和 mV。一毫法拉（mF）中會有 1,000 微法（μF），因此一法拉（F）中，也是 1,000 毫法拉（mF）嗎？

以上問題的答案都是「對的」，毫法拉縮寫確實為 mF，但使用不太頻繁。原因之一是「mF」太令人困惑了，因為人們可能會直接錯讀為「micro F」。

在小型電子電路中，通常使用的電容器量級，是 0.1nF（即 0.0001μF）到 1,000μF 的大小，但通常 1,000μF 是比較常見的表示法，因此你還是不會看到「mF」。常見的小容量電容值，使用與電阻值表示法相同的二位數字表示法，通常會是：1.0、1.5、2.2、3.3、4.7 和 6.8。

你需要熟悉 pF、nF 和 μF 的數量級意義。要把 pF 的值轉換為 nF，只需將小數點向左移三位。nF 轉換為 μF，則再向左移三個位數。要把 μF 的值轉換為 nF，只需在尾數加上三個零。nF 轉換為 pF，則再加上三個零。你可以在圖 8-19 中發現其中的轉換關係。

微微法拉	奈法拉	微法拉	法拉
1pF	0.001nF	0.000001μF	
10pF	0.01nF	0.00001μF	
100pF	0.1nF	0.0001μF	
1,000pF	1nF	0.001μF	
10,000pF	10nF	0.01μF	
100,000pF	100nF	0.1μF	
1,000,000pF	1,000nF	1μF	0.000001F
		10μF	0.00001F
		100μF	0.0001F
		1,000μF	0.001F
		10,000μF	0.01F
		100,000μF	0.1F
		1,000,000μF	1F

圖 8-19 電容的單位換算表。

其他關於電容的參考資訊

以下提供一些電容的細部資訊，供你將來可以回過頭來參考。話說，電容器的類型也是五花八門，但最常見的兩種是陶瓷電容器和電解電容器，兩種都會在本書中的實驗中使用到。

陶瓷電容器通常看起來像小圓盤或小球，如圖 6-25 中右側的電容器。陶瓷電容器最常看到的是米色或藍色的，但並不限於這兩種顏色。陶瓷電容大多是 1μF 以下的大小，而且沒有極性，所以可以反向連接。

電解電容器如圖 6-25 中左側的電容器，外面包裝，會包裹著印有電容規格的塑膠薄

膜，整個看起來像極了迷你板的鋁罐沙士。電解電容大多有 1μF 以上的電容值，而且通常比陶瓷電容器便宜。

另外要特別注意的是，電解電容有極性，因此必須正確連接。不過貼心的是，這個迷你沙士罐上，一般都會在其中一支接腳附近標有負極符號，而且負極接腳出廠時，就會故意做的比正極引線短。

如圖 8-20 所示，電容器的電路圖符號，有兩個重要的變形。直接以兩條直線表示的，是電容器的通用符號，你不妨可以將這兩條線，想像成電容內部的電極板。右側的變形具有曲線，主用是用來表現具有極性的電容，而彎曲線條的一側是負極。

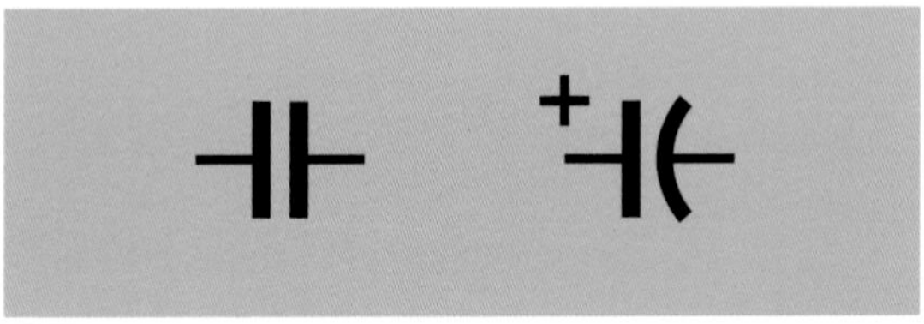

圖 8-20 電容的電路圖符號。詳細內容，請參考書中的說明。

本書中，我會跟廠商一樣，貼心的幫你在含曲線的電容電路符號上標記加號，避免你搞錯，不過，你會逐漸發現，電路中電解電容的極性問題，似乎對人們並不造成困擾，甚至會發現，大多數的電路，無論使用哪種電容，都是一律使用兩條直線的表示法，只是，你可能要花一些時間，找出到底哪一側會「更正極」而已。

以下是關於電容器替換的一般規則：

- 因為陶瓷電容器沒有極性問題，所以你可以使用相同容量的陶瓷電容，來代替電解電容器。

- 如果電路的設計，是使電流在電容器中可以往兩方向流動的設計，那麼應該避免使用電解電容器。

- 市面上已經有無極性的電解電容器可供選用，但一般還是很少使用。無極性電解電容，實際上是由兩個正負極性相反的普通電解電容器串聯而成。

如果回顧圖 8-16 中的電路圖，你會很容易觀察到，電容其中一隻腳，必定會比另一隻電壓更高（這就是我所謂的「更正極」一些），因為其中一邊，已經直接連接到電源的負端（整個電路的電壓最低點）。本書的所有實驗電路中，我都會特別提醒極性問題，並且在可能會造成你的困擾的地方解釋一下。

隔離直流成分

目前為止，你應該已經知道電容器可以用來儲存和釋放電荷，從電容接腳端，你會觀察到電流的流入與流出。但是，電容上的電流進出與一般電子元件的電流流過的行為，在本質上截然不同。

先說結論，由於內部極板實質上不相接觸，對直流電流來說，相當於線路斷開而無法通過，因此電容器很常被用來阻止直流電流到電路中，換句話說，電容可用來隔離直流電流。

你可以進行非常簡單的實驗來測試這一點。首先，將電表切換到 mA 檔，並與一個 10K 電阻和一個 1uF 陶瓷電容器串聯。在這長長的「串燒」兩端加上 9V 電壓，你應該會發現電表是不動的，表示電表沒有通過任何電流。接著，拔掉電容器，並將其反轉再放回「串燒」中，電表仍然量測不到任何電流，這是因為陶瓷電容器沒有極性之分，電容器是否翻轉，根本沒差。

你可以用 100uF 的電解電容器，嘗試做相同的實現。將電解電容與 10K 電阻和電表串聯後，再加上 9V 電壓後，你會發現，當電容器的極性正確時，電表仍然測量不到電流，這是因為電解電容，目前是扮演稱職電容的角色，阻止了直流電流。

但是，如果將電容器腳位翻轉，你會發現電表上顯示有電流流動著。

- 當電解電容器正確使用時，可以隔離直流電流，但是如果你把它反過來用，此時的電解電容量測起來，卻會相當於一個小阻抗值的電阻。

此時，如果你把電表、10K 電阻自串聯列移除，故意將電流從電解電容的負接腳灌入，則會發生什麼情況呢？我認為這不是一個好主意。這個電容器可能會發生永久性的損壞，實際上電解電容會快速發熱，甚至也許會炸開。

電解電容不是唯一需要注意極性的電容類型，另一種鉭質電容器，也是非常講究正確的極性方向。這類有極性要求的電容，通常會有小到讓人忽視的標記（我就曾經是這樣的人），但請你務必謹記在心，使用前，再三確認一下電容的極性。

圖 8-21 是某次我把一個鉭質電容器，反向連接到可以輸出大電流的電源時的慘烈狀況。僅約十秒，電容器就像一個小煙花一樣炸裂開來，並且碎片四散，有些還帶著火焰，有的甚至直接燒穿了麵包板。因此，這個經驗帶給我慘痛的教訓：一定要注意極性！

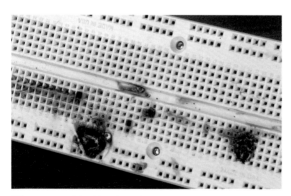

圖 8-21 被鉭質電容器炸得傷痕累累的麵包板。

麥可・法拉第與電容器

法拉這個單位，是以 Michael Faraday（麥可・法拉第）的名字命名的。他發現，如果在兩塊距離非常相近的平行金屬板的其中一塊放上一個電荷時，在另一塊板上會感應出極性相反的電荷。

法拉第是英國的化學家和物理學家，生於 1791 年，逝世於 1867 年（圖 8-22 是法拉第的畫像）。由於家中經濟狀況不佳，法拉第並沒有受過正式的教育，且對數學知識了解不多，但在當書籍裝訂學徒的七年期間，仍有機會透過閱讀各種書籍，了解科學。

法拉第生活在電科學的萌芽期，自身又極為努力，因此獲得許多重大發現，包括開啟電動機領域的電磁感應現象，還發現磁力可以影響光線行進，暗示光很可能是一種電磁波，對電磁學領域的發展有很大的貢獻。

他的成就，讓他成為歷史上最具有影響力的科學家之一。為了紀念他的貢獻，法拉第的肖像曾被英國印在 1991 至 2001 年所發行的 20 英鎊鈔票上。

圖 8-22 Michael Faraday，單位「法拉」即以之為名。

解讀電解電容器

電解電容器上，通常印有這顆的容值與它的工作電壓。電容器內部的絕緣層非常薄，如果電容受到過高電壓的影響就會破裂。而工作電壓這個規格的意義，就是電容器可承受的最大電壓，因此了解電容的工作電壓，非常重要。

電容器可以用在任何低於其工作電壓的場合，沒有下限的限制。你可能會懷疑，真的嗎？這個說法要不要加上什麼條件？假設你有一個工作電壓為 250V 的電容器，當真可以在一個僅 5V 的電源供應電路中使用嗎？

答案是肯定的。更高的工作電壓等級，只是代表電容器的容量或體積可能會更大，因而更昂貴。它仍然可以在低於工作電壓的電路中正常工作。

解讀陶瓷電容器

現代陶瓷電容器的內部，有許多個微小的交錯板。典型的陶瓷電容器，如圖 8-23 所示，從左到右，分別是 56pF，22pF 和 100,000pF（0.1μF）。圖 8-23 頂部的刻度，以 0.1 英吋為間隔，可以讓你了解陶瓷電容的大小。

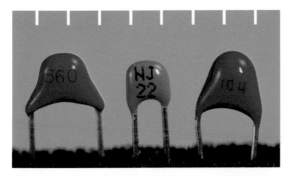

圖 8-23　現代陶瓷電容器體積非常小，通常呈圓形。頂部的刻度，以 0.1 英吋為間隔。

回到 20 世紀，圓盤的陶瓷電容器更常見，主要有兩個平面圓盤作為它們的電極板。圖 8-24 是兩個老式的圓盤陶瓷電容器。左邊是 1,500pF（1.5nF），右邊是工作電壓為 1kV、

47pF，且具有 20% 公差的電容，另外，頂部的刻度間隔則為 0.2 英吋。

圖 8-24　兩個老式的圓盤型的陶瓷電容器。頂部的刻度，以 0.2 英吋為間隔。

如你所見，陶瓷電容器通常有一個編碼印在上面。以下是陶瓷電容上數值的讀取方法：

前兩個數字：電容器值的開頭。

第三個數字：後續零的數量。

此外，末尾可能會有一個字母，表示這個電容器的公差。下面是我幫你整理好的公差列表。

J 代表 5% 的電容值誤差

K 代表 10% 的電容值誤差

L 代表 15% 的電容值誤差

M 代表 20% 的電容值誤差

前兩個數字的單位始終是 pF，因此，如果你有一個印有 473M 的陶瓷電容器，那麼這個陶瓷電容器實際的值是 47,000pF（47 加上三個零），再加上 20% 的公差。

還記得如何將小單位的小數點，向左移動三個位數，轉換為大單位嗎？47,000 pF 等於 47nF，也會等於 0.047μF。

再舉個例子，假設你有一個標記為 685K 的陶瓷電容器，那麼這顆電容器實際的值是 6,800,000pF（68 加上五個零），亦即，6,800,000pF 等於 6,800nF，也會等於 6.8μF，

這對於陶瓷電容來說，是一個不尋常的大電容。至於字母 K，並不是指 kilo，而是指這顆電容有 10% 的誤差。但如果 K 後面跟隨著字母 V，則表示「千伏」不是指公差。

如果電容上的標記的數字僅僅只有兩位數，例如 22，那麼這顆電容值就是 22pF、不帶額外的零，如圖 8-23。

那麼要如何知道電容的工作電壓呢？通常電容上不會標示工作電壓，因此，原則上你只能從電容的供應商獲得這個資訊。另外，要購買像電容這樣的小型零件時，通常賣家會用標有這個零件規格的夾鏈袋裝著零件。你可以學著這樣保存零件，但如果想使用如圖 24-3 的零件盒，最好製作小標籤區分不同規格的零件，方便拿取，我自己就是使用這樣的方式（如圖 24-7）。

最後一個問題是，如果你把一個陶瓷電容器，從零件盒拿出來，卻忘了它的工作電壓是多少，那該怎麼辦呢？這個問題很麻煩，但幸運的是，答案可能很簡單，因為大多數陶瓷電容器的工作電壓都在 25VDC 或更高（不像電解電容可能低至 5VDC）。我查看一些零件供應商的產品列表後發現，僅有少於 1% 的瓷電容器工作電壓低於 25VDC。

由於在本書的實驗中，不會使用超過 12VDC 的電路，如果你自己購買元件，你可以選擇額定電壓為 25VDC 或更高的陶瓷電容器，這樣就不必擔心它們的工作電壓問題了。

小心觸電的危險！

如果一個容量非常大的電容器，經高電壓充電，由於電容可儲存能量的特性，因此可以將高壓電的巨大能量，保存幾分鐘甚至幾個小時。由於本書中的電路，一律使用低電壓，所以你不必擔心這個問題，但如果你魯莽地打開一個剛剛使用高電壓運作（如舊型的陰極射線管電視機）的老舊電器，可能會因內部的電容仍保有著驚人的電力，而受到有致命風險的震撼教育。

特別注意：舊型的陰極射線管電視機前一秒還插著電的話，千萬不要在拔掉插頭後，立即將手伸進電視機的外殼裡，因為其中的電容，可能仍殘留有致命等級的電壓。

實驗 9
電容的充放電時間

此實驗中，我將介紹電容器和時間之間迷人的關係，也會提到電容器如何用於平滑電流，另外，你還會看到電容耦合的神祕現象。

你會需要：

- 9V 電池，必須是新電池〔實際電壓至少為 9.1 伏特〕。

- 跟上個實驗一樣的需求－麵包板、連接線、剪線鉗、剝線鉗、鱷魚夾連接線和萬用電表。

- 觸控開關〔2〕。

- 通用紅色 LED〔1〕。

- 電阻器：100Ω〔2〕、470Ω〔1〕、1K〔2〕、10K〔2〕。

- 電容器：100μF，1,000μF〔各 1 個〕。

探索電容充放電特性

首先，先將你的電表切換到電壓檔，檢查 9V 電池的電壓並記錄下來，因為這是待會我們會用到的一個參考值。在這個實驗中，你的電池電壓必須至少是 9.1V，如果不是，那麼必須換顆新的。

圖 8-15 中的電路介紹了 RC 網路的行為，現在我想讓你確切地了解電容器如何充電和放電。這裡會先用上電表而不是 LED，所以第一步是拆下圖 8-15 電路中的 LED，以及與 LED 串接的電阻。你的新電路應該看起來應該會像圖 9-1。請注意一些不同點：

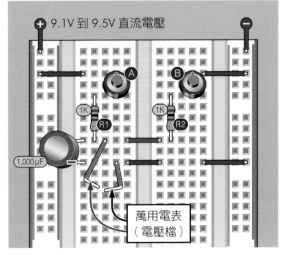

圖 9-1　用來說明電容如何充放電行為的電路。

- 正電壓必須為 9.1V 或更高。

- 新增了第二個觸控開關。

- 兩條黃色的跳線，一端插入麵包板上的插孔，一端導體彎曲並暴露出來，以便與電表探針碰觸連接，量測出電容上的電壓。

我特別將觸控開關 A 和 B，以及電阻器 R1 和 R2 標記出來，方便說明。以下列出了本書的麵包板佈線圖的一般標記規則：

- 當你看到深色橢圓形中帶白色字體時，請記住，這是用來解釋當下我指的是哪一個元件的標籤。標籤與元件值（例如電阻器中有多少歐姆）無關。

- 元件值會使用淺藍色橢圓形表示，你會發現與標籤有明顯不同。如果麵包板上有許多元件時，我會在佈線圖底部，整理出所有元件的列表。

- 看起來簡單明瞭的電路圖中，我使用普通字體標記元件值。

準備好開始對電容充放電的測試了嗎？首先，讓兩條黃色跳線露出來的導體相互碰觸一下，以確保電容器完全放電，再將電表探針分別與跳線連接，如果有鱷魚夾連接線的

話，可以使用它們，實驗上會更方便，此時電表應顯示 0V。

要對電容充電過程計時，一般可以使用手機 APP 或帶有秒數顯示的鐘錶。請你在按住 A 按鈕時開始計時，直到電表顯示電容器已經充電達 9V 時，將經歷的時間記錄下來。

我進行這個實驗時，電表在大約 3 秒鐘內顯示 9V。

請你再以 10K 電阻替換 R1，重複上述實驗。請記得，實驗前要讓黃色跳線導體相觸碰，確認電容以放電清空。

- 使用 10K 電阻代替 1K 電阻時，電容達到 9V 所需的時間是不是增加了十倍？

- 電容器上的電壓，是不是以恆定的速率上升？還是在開始時上升得很快，越接近末尾上升得很慢？

- 如果等待足夠長的時間，電容是不是可以達到你測量的實際電池電壓？

- 當你持續以電表觀察電容的電壓時，放開 A 按鈕，電壓是不是會非常緩慢地下降？

- 改以 10K 電阻替換 R2。當按住 B 按鈕時，電容器是不是與充電時相同的速率放電？

接下來，我將向你展示如何找到這些問題的答案。

電壓、電阻和電容間的物理意義

想像一下，R1 就像是一個水龍頭，可以限制水流的流量，而電容就像是一個氣球，你正在試著把氣球（電容）充滿，如圖 9-2 所示。如果你關緊水龍頭，只允許水流一滴一滴流過，這就相當於增加電路中的電阻，因此氣球需要更長的時間才可以充滿。

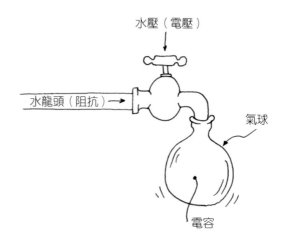

圖 9-2　水流將水灌入氣球的系統，可以用來類比電流對電容充電的行為。

另一個觀察是，一開始時，管道中的壓力大於氣球內部的壓力。水流流進氣球的速率相對快速，但隨著水不斷流入氣球，氣球的橡膠會伸展，因此內部壓力增加。氣球內部壓力，會使水流不再這麼容易流入氣球，只要氣球不爆裂，基本上，當氣球內部壓力與外來的水壓不相上下時，水流就會停止流動。

電容器的情況類似。一開始，電子會快速進入電容，但隨著電容的電壓增加，新來的電荷，會需要更長的時間進入電容。充電過程會變得越來越慢。實際上，電容器上的電壓，永遠無法完全達到所施加的電壓。

時間常數

電容器充電的速度，可以用時間常數的數字來衡量。時間常數的定義非常簡單，假設你有一個容量為 1F 的電容器，通過一個阻值為 RΩ 的電阻進行充電。那麼時間常數 TC 可以按照以下方式計算：

TC=R ＊ F（在其他電子電路書籍中，常見表示成 τ =R ＊ C）

圖 9-1 中的電路通過一個 1K 電阻，對一個 1,000μF 的電容器充電。因此，我只要把這些值，代入上述時間常數公式中，即可算出

時間常數，但是我必須把單位轉換為歐姆和法拉。1K 等於 1,000 歐姆，1,000μF 等於 0.001 法拉，所以：

```
TC = 1,000 * 0.001 = 1
```

是的，就是這麼簡單：對於你使用的電阻和電容，時間常數為 1。

圖 9-3 對電容充電，如同一個貪吃鬼用食物裝滿他的胃。

但是，時間常數在電子電路上究竟有什麼意義呢？它是不是指電容器，可以在 1 秒內完全充電？不不不，那太不高級了，而且經由你的實驗已經證明充電的速度沒有那麼快。以下，是時間常數 TC 的定義：

- TC 是電容器，由 0V 充電達 63% 需要的秒數。

為什麼是 63%？為什麼不是 62%、64% 或 50%？這個問題的詳細答案有些技術性。

我會告訴你時間常數的應用，但如果你想知道時間常數的由來，可以在網路上搜尋「電容器時間常數」。

圖 9-3 和 9-4 展示了兩種希望能讓你理解時間常數物理意義的圖片。

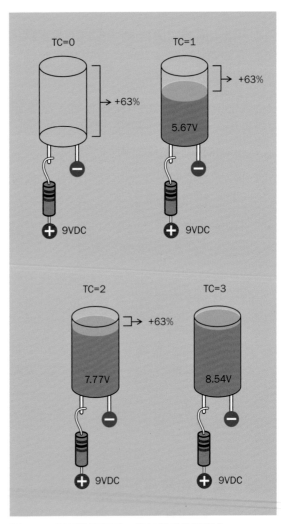

圖 9-4 以圓柱體圖示，將時間常數可視化。

在圖 9-3 中，計畫用蛋糕填飽肚子的貪吃鬼，就像一個希望透過電子填充自身的電容器。

一開始，他非常餓，所以在 1 秒內將 63% 的蛋糕吃（移轉）到胃中，這是他吃蛋糕的時

間常數。第二口，他慢了一些，因為現在不那麼餓了。他吃掉剩下蛋糕的 63％，需要再花費 1 秒鐘。第三口，他又在 1 秒鐘內，再吃掉了剩下的 63％。在過程中，貪吃鬼一直用美味的蛋糕填飽自己，但是卻從未完全吃掉整個蛋糕，因為每次，他都只吃了剩下的 63％。

在圖 9-4 中，我以另一種方式說明時間常數的概念。想像電容是一個填滿粉紅色液體的圓柱體，液體的高度代表電容目前的電壓。

現在對電容充電，那麼時間常數的意義是指——每次經過常數的時間後（如果我們有一個 1,000μF 電容器和一個 1K 電阻器，你應該還記得時間常數剛好為 1 秒），電容器就可以充電會獲得與電源電壓差距的另外 63％。

儘管從理論上，電容器的充電過程可以持續不斷，但在現實世界中，有一個通則：

- 通常在 5 個時間常數之後，電容電壓已經十分接近 100％，我們可以直接將充電過程視為完成。

如果你更喜歡用圖形來表示電壓與時間常數的關係，可以參考圖 9-5。我使用了時間常數公式計算圖上的電壓。

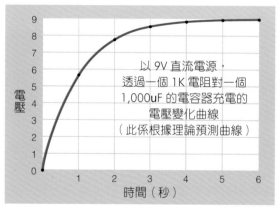

圖 9-5 表示時間常數與充電電壓關係的曲線圖。

另外，我不期待有人可以記得電容器在充電時可能有多少電壓，但以下兩個結論，請你謹記在心：

- 如果你減小電阻器的阻值，或減小電容器的容質，充電過程就會變快。

- 如果你增大電阻器的阻值，或增大電容器的容質，充電過程就會變慢。

驗證時間常數

你可以檢查看看我的數據是否正確。我覺得這是一個很好的主意，事實上，也很容易進行。

回到圖 9-1，你可以先把 R1 和 R2 換成兩個 10K 電阻器，這樣就有足夠的時間，讓你在充電和放電過程中作筆記。

同樣的，你可以透過將黃色跳線連接在一起，讓電容放電清零，然後在按下 A 鈕的同時，開始計時充電過程。計時 1 分鐘，每隔 10 秒記錄一次電壓。這時如果有一位朋友能幫你計時並告訴你每個值應該記錄的時間的話，實驗進行會更容易。

請記住，時間常數等於電容器值乘以電阻值，並且以法拉和歐姆為單位。現在你使用的是 10K 電阻器而不是 1K 電阻器，因此時間常數比原來的電阻電容組態大了 10 倍。

但是，由於你只記錄每 10 秒的電壓，因此你的讀數序列，看起來應該會像我一樣，以 1 秒為間隔繪製的電壓序列。電容蓄飽電後，你還可以按下 B 鈕，並同時測量電容通過 R2 放電所需的時間。理論上，應該與電容通過 A 鈕充電所需的時間相差不多。

當然，在電子電路中，沒有什麼是完全精確的，以下是一些可能會導致你的量測結果，與我有差異的因素：

- 你的電池、電阻器和電容器可能與我的不同。

- 你的電表不是完全準確的,另外,電表量測值還沒穩定,沒時間讓你讀取確切的值。

- 電容器本身會有漏電現象,因此即使你的電容一直在充電,電容還是會失去一些電荷。

- 你的電表本身,雖然有一個非常高的內部電阻,但仍會從你的電容器中偷取一點電荷。這就是為什麼你將電表連接到黃色跳線露出的導體、不觸摸任何一個按鈕,電表的讀數仍會非常緩慢地下降。

由以上的觀察,我想你會同意下列的通則:

- 測量一個值的「過程」,總是會對你的量測結果造成影響。

能用 RC 網路做個計時器嗎?

進行到這裡,你心裡應該會有個想法:能不能用電容器的時間常數特性,來取代你用來計時的時鐘?或更進一步的,當電容器達到特定電壓時,讓電路可以某種方式開啟一個 LED,使電路成為完整的碼表,聽起來如何?

以上的想法,你能想到如何去實現嗎?你需要一個額外的元件,但是是一個我在實驗 10 中,才會介紹的重要元件。在實驗 10 的尾聲,我還會向你展示一個非常簡單的計時器。

現在還有一些版面,我想先處理關於電容器的重要應用。其實,電容真的非常多才多藝,電路中的電容,通常會有兩個常見的應用──使訊號平滑(濾波),以及訊號耦合。

使訊號平滑

電容器具有使輸入的訊號變得平滑的超能力,圖 9-6 中的電路提供一個簡單快速的演示。圖 9-6 的電路和圖 8-15 中的電路類似,只是左側的 1K 電阻被綠色跳線替換,電容

器現在是 100μF 而不是 1,000μF,還移除兩條黃色跳線。

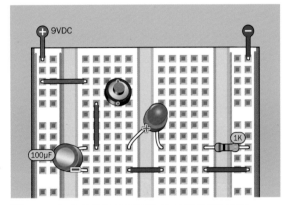

圖 9-6　電容能使訊號平順化的特性的測試電路。

現在,請你盡快地按下觸控開關,觀察 LED 的變化。接著,移除電容器,並重複剛剛的動作。你是不是已經觀察到,當有電容器存在時,LED 的明滅切換,似乎相對滑順!

圖 9-7 中的電路圖可以用來理解,為何電容可用於處理訊號平滑的任務。假設你的電源不是穩定的 9V,亦即,你的電源會不規則地波動,這些波動可能會對電路圖中的「其他元件」造成負面的影響。

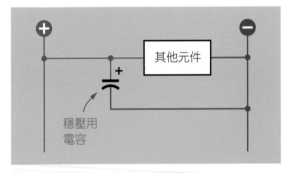

圖 9-7　電路中,可以用電容來穩壓。

假如你在電路中加上了電容,那麼電容可以吸收多出來的電能,我們稱為突波,並且在電源提供能量略微不足時,補充不足的地方,因此電源整體不安定的狀態,就會緩和下來。

電壓突波也可以稱作暫態響應或暫態現象，這是因為突波通常不會持續太久。

如果你替換了一個較小的電容器，使訊號平滑的效果會下降，但電容充電會更快速。到目前為止，可以獲得有一個小結論：

- 較小的電容器，仍然可以使短暫而快速變化的電源波動平滑化。

當你想要消除訊號的雜訊時，電容的平滑訊號的能力也十分很有用。例如，你正在使用的充電器，可以直接插入家中的 AC 插座使用（有時被戲稱為「牆上的瘤」），經過內部電路轉換後，可以提供 LED 燈等電器所需要的 DC 電壓。

充電器產生的 DC 的電流，可能會有突波，對於像燈這樣比較大型的電器，可能不致影響運作，但對於精密的 IC 晶片，少許的突波可能就會造成重大的傷害，因此在電路中，可以加上電容器使電源平滑化。

電容器還有另一個應用：可透過不同的大小電容器，選擇出特定頻率得到的訊號，稱之為濾波。這個特性在處理聲音的電路中非常有用。圖 9-8，是一個想像中的聲音波形，在經過一個想像中的電容器濾波清理後的效果。

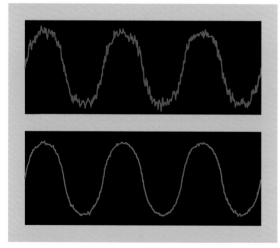

圖 9-8　上方：尚未經電容器，濾波處理前的想像中的聲波。下方：經過濾波處理之後的聲波。

電容耦合現象

現在，我要再向你展示電容器的另一個超能力，也是一個常常被誤解的物理現象。

我曾在實驗 8 中提到，電容器可以隔離直流電流（假設你注意到極性的問題，並正確安裝電容）。但是這種隔離直流能力，只在電壓是穩定時有效，如果電壓本身是不穩定的，那麼電壓所導致的電流，仍然可以直接穿過電容。

你會說，這怎麼可能？畢竟，電容器內部的極板，都是相互獨立而不互相連接的。這個現象，稱為電容耦合。

我稍後會處理「怎麼一回事」的問題，但首先，像往常一樣，第一步是先看看到底發生了什麼狀況。

請把目光集中到圖 9-9 中麵包板上的電路。請注意，我已經把電容換回 1000μF。佈線圖中偏下方的按鈕，仍然用來將電容放電，而上方的按鈕則會對電容充電。100Ω 的電阻器，主要是用來保護觸控開關，不會承受太大的電流。

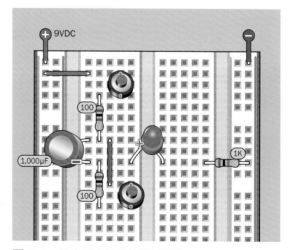

圖 9-9　電容耦合特性的測試電路。

這個電路的特點在於 LED 和串聯的 1K 電阻，一同移動到連接電容的負極接腳，亦

即，電容器的負極，不再直接接地。圖 9-10 是這個新電路的電路圖。

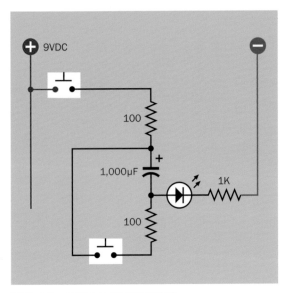

圖 **9-10**　是圖 9-9 佈線的電路圖。

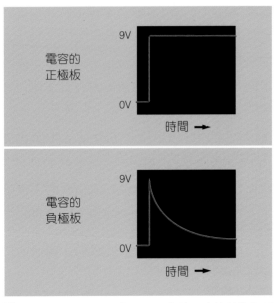

圖 **9-11**　瞬間電壓變化通過電容後，會被轉換為脈衝訊號，然後流經通過負載，再流入電源負極。

首先，先按下下方的放電用開關，確保電容器的兩個板子，處於相同的電位。現在鬆開放電的按鈕，轉而按下上方的充電開關，並且按著不放。你會看到 LED 亮起來，然後慢慢熄滅。這時，如果鬆開充電開關，並再次按下。你會發現 LED 完全沒動作。顯然，電容器必須歸零，實驗才能進行。

因此，你需要再一次按下放電開關，接著再按下充電的開關，LED 會再次閃一下又慢慢熄滅。問題來了，既然電流會被電容隔離，那麼使 LED 產生瞬間閃耀的電流，從哪裡來的呢？顯然只有一個可能，電流勢必通過充電開關，流過了電容到達 LED，只是目前還不曉得具體是如何實現的。

由於示波器可以觀察到電壓非常快速的變化，因此我嘗試使用示波器，在這個實驗中，監控電容器兩極的電壓。示波器呈現的內容，看起來會像圖 9-11 所示──在電容負極板產生俗稱脈衝訊號的曲線。

當我按住充電的開關幾秒鐘內。由於只有一個 100Ω 的電阻，限制電流大小，因此電容正極板，就能快速地被充電。同時，完全沒有接觸的負極板，也會出現電壓，然後逐漸透過 LED 消失了。

在大多數電子電路參考書中，你會發現以下的結論：

- 電容器可以阻擋直流電，但可以通過交流電（交流電流）。

每個專精於電子電路的人都同意這個結論，而且，我的簡單實驗證明了脈衝訊號也可以通過。即使你向電容連續提供一連串快速的脈衝訊號，就像在 AC 源中一樣，它們都可以通過。事實上，這個現象早已應用在數十億，甚至數萬億的電子設備中。

問題在於，知道某個現象會發生，並不能幫助我理解它是如何發生的。

一位著名的早期實驗者詹 James Maxwell，認為這種現象不應該發生，但他也觀察到電容耦合確實發生了，最後他提出位移電流

來解釋這樣的現象。顧名思義，電流從電容器的一個極板位移到另一極板。

如果你深入了解位移電流，可能會發現以下說法：

「現代物理學中，很少有像位移電流這樣的話題，引起這麼多的困惑和誤解。部分原因是因為 Maxwell，在他的推論中使用所謂分子渦旋海的概念，而現代教科書則基於位移電流，可以存在於自由空間的基礎推論。」

分子渦旋海？

事實上，這個部分已經超出了一般電子學的討論範圍，由於必然涉及到一些艱深的方程式，因此討論很快就會變得更具挑戰性。也許這就是大多數作家，避免提及這個概念的原因，要把它說清楚一點也不簡單。

不過，你必須知道的非常簡單，位移電流是存在的！在電容器的一個極板上，突然變化的電壓，會在另一個極板上引起相等的電壓變化，就好像同時做出反應一般。接下來，我將分享一些電容耦合現象的應用。

實用的電容耦合現象

電容耦合可以將較寬的脈衝訊號轉換為較窄的脈衝訊號。如圖 9-12 中所示，假設有一個電子設備，需要窄脈衝訊號當輸入訊號。右側的 10K 電阻稱為下拉電阻，可以將電子設備的輸入訊號，保持在大約 0V 左右。

此時，如果有人按下觸控開關，電容的一端會瞬間由 0V 拉升到電源電位，相當於對電容輸入一個脈衝訊號，由先前的實驗我們知道，脈衝訊號可以順利通過電容器。

通過電容器的脈衝訊號壓倒了 10K 電阻傳遞 0V 的效果，直到電容器上的電荷消失，電路才會恢復到原始狀態。

請注意，如果這個按下開關的人，不曉得這個電子設備只需要極窄的脈衝訊號當做輸入訊號，還持續按著觸控開關的話，由於後續的電訊號對電容來說，已經是不會變動的 DC 訊號，則無法通過電容。

因此，無論按下觸控開關的時間長短，在電子設備端，都只會接收到 1 次，由使用者按下開關（使電容正端電壓由 0V 跳到電源電壓剎那，在負極板會產生的）脈衝訊號。

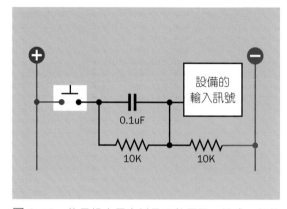

圖 9-12 使用耦合電容以及下拉電阻，組成一個乾淨的輸入訊號。

傳達到電容另一側的脈衝，回歸平靜的時間長度，取決於使用的電容器的大小。在這個應用中，0.1μF 電容即可以勝任愉快。電路圖左側的 10K 電阻，用以確保電容器的兩個極，具有相等的電荷。電容在這樣的應用被稱為耦合電容，因為它可以將完全獨立的一部分電路與另一部分耦合在一起。

那麼，如果電子設備，需要的訊號是負的脈衝訊號而不是正脈衝，該怎麼做呢？你可以反轉電源正負極，此時下拉電阻，就角色反而變成上拉電阻。

此時，如果有人按下觸控開關，電容的左側，會瞬間由電源電位邊降到 0V，在電容的左側會產生負脈衝訊號，負脈衝訊號疊加在原來由上拉電阻提供的高電位上後，兩者即互相抵消，左側的電位也會降到將近 0V，我喜歡理解為負脈衝訊號克服了上拉電阻的效

用。在本書的幾個實驗中,你會看到我使用這種應用。

電容耦合現象的另一個應用:它可以將音頻訊號連接到放大器。在圖 9-13 中左側的音頻訊號,真正的音頻訊號,其實是 8V 和 9V 之間波動的部分(稱為交流成分),而 8V 和 0V 之間的空間,被稱為高於 0V 的偏移量(或稱為直流成分)。

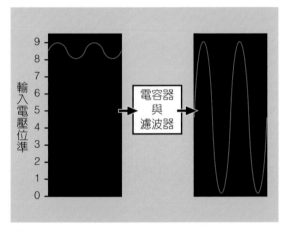

圖 9-13　調整輸入訊號位準。

如果你想放大這個音頻訊號並且連接到放大器,那麼,你將會同時放大偏移量以及音頻訊號。假設你的放大器,可以把輸入訊號放大 10 倍,那麼,最後會得到 80 到 90V 已經無法使用的輸出訊號。

原則上,如果讓圖 9-13 中左側原始的音頻訊號,能先通過適當大小的電容再傳送到放大器,那麼,由於電容可以阻擋偏移量(直流成分),僅允許有變化的部分(真正的音頻訊號部分)通過。只要再添加一些額外的零件,你就可以得到 0 到 9V 純粹的音頻訊號。

接下來是什麼?:
讓我們聊聊主動元件

基於電容器的重要性及各式各樣的應用,我對電容器做了許多詳細的介紹。我不期望你記住所有內容,但後續有開始應用這些概念時,你隨時可以回到本節參考。

電阻器和電容器被稱為被動元件,因它們不會開關任何訊號,也不放大任何訊號,重要的是,工作時,並不需要額外提供獨立的電源。它們只是一味地被動調整通過它們的電壓和電流。

接下來,我要介紹與之相對的主動元件,主動元件中,第一個也是最重要的就是電晶體。

實驗 10
電晶體開關

在現代，電晶體是我們生活中不可或缺的一部分，也由於電晶體的發展和應用，為人類的未來開啟了無限的可能性。

你會需要：

- 跟上個實驗一樣的需求：麵包板、連接線、剪線鉗、剝線鉗和萬用電表。

- 9V 電池以及選配的 9V 專用連接器〔1〕。

- 2N3904 電晶體〔1〕。

- 電阻：100Ω〔1〕、470Ω〔2〕、1K〔2〕、33K〔1〕、100K〔1〕、330K〔1〕。

- 電容器：1μF〔1〕。

- 通用紅色 LED〔1〕。

- 觸控開關〔2〕。

- SPDT 滑動開關〔1〕。

- 9VDC 繼電器〔與之前相同〕。

- 微調電位器：10K〔1〕。

一種固態、沒有可動部件的開關

圖 10-1 這兩個電晶體的外型大小，大致與實際大小相同。左上方的是用於 PCB 板表面黏著用的電晶體，大小約為 1.5mm×3mm，大約與一粒米的大小相同，藍色圈圈中是這顆電晶體放大圖，讓你可以詳細觀察它的外觀。這種電晶體售價僅幾美分，主要被設計用於 3.3V 電源供應。下方的電晶體，長度方面大約是表面黏著用電晶體的 25 倍，額定操作條件，最高竟然可以來到 600V 以及 100A。

圖 10-1 左上方為一表面黏著的電晶體（圓圈內的是放大 10 倍的照片），下方是一個電力電子領域使用的電晶體，兩者在圖示中的大小與實際的大小近似。

當電晶體於 1948 年首次被發明時，其實我很懷疑，當時有誰能想像，它竟然會有如此多樣的應用。直至今日，不誇張地說，世界如果沒有電晶體，可能就會無法正常運作。

在整本書中，我將使用圖 10-2 中型號為 2N3904 的電晶體。這是一種被廣泛用來小型低電壓電路的電晶體，額定電壓最高為 40V 且能夠通過最高 200mA 的電流。它的尺寸約為 0.25 英吋（6 毫米），電晶體主體被封裝在黑色的塑料中，塑料為一半圓柱的樣式。

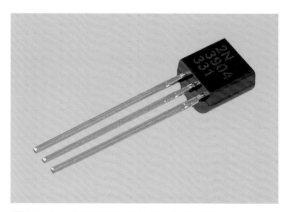

圖 10-2 這是型號為 2N3904 的電晶體。

你需要認識的電晶體三隻接腳名稱，如圖 10-3 所示。近年來，小型鋁罐的版本已經不常見，但你日後可能會從供應二手零件商處取得它，因此我還是一併介紹一下。

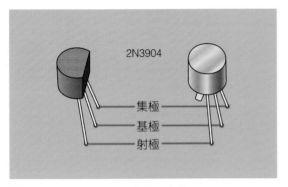

圖 10-3 2N3904 電晶體接腳定義。

如果你將小型鋁罐版電晶體翻轉，使鋁罐上的突起朝向你，那麼以黑色塑料封裝的版本的平面面向右側時，這兩種不同包裝的電晶體接腳的定義會是相同的。

- 電晶體對極性很敏感，如果極性錯誤，可能會使電晶體發生永久損壞。

在某些方面，電晶體的工作方式，有點類似繼電器，當然，想要理解這點的最好方法，仍是實驗。首先，先組裝圖 10-4 中的電路，特別注意的是，電路中兩個電阻器阻值不同，一個是 100K（棕色—黑色—黃色），另一個是 100Ω（棕色—黑色—棕色）。

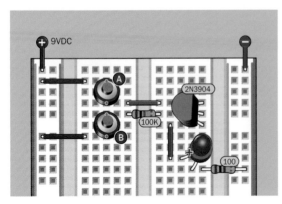

圖 10-4 電晶體測試電路，第一部分。

什麼，你會擔心 100Ω 的電阻值不足以保護 LED？不用擔心，電晶體本身的阻抗，也會有限流的效果，因此不會導致 LED 燒毀。

按鈕 A 經由黃色跳線和麵包板的內連接，直接接到電晶體的集極。按鈕 B 經由 100K 電阻器連接到電晶體的基極。綠色跳線則通過 LED 和 100Ω 電阻，將電晶體的射極接地。

此時，如果你按下 B 開關，應該會看到 LED 發出微弱的光。放開 B 開關，改按下 A 開關，那麼，整個電路應該沒有什麼動靜。

但是，如果你繼續按住 A 開關，同時按下或放開 B 開關的話，神奇的事情發生了，你會發現 B 開關，似乎可以控制由集極進入電晶體並自射極流出的電流。可在圖 10-5 看到這個基本概念。

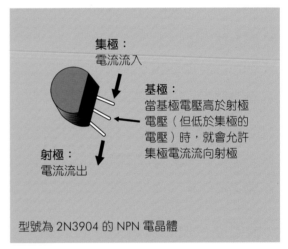

圖 10-5 NPN 電晶體控制電流的示意圖。

這個測試帶來了一個重要的結論：

- 因為 100K 電阻的高阻抗，你可以確信自基極流入，射極流出的電流應該非常小；

- 因此，我們可以說，基極的微小的電流，可以開關集極 - 射極間的大電流。

在圖 10-6 中可以看到電晶體的電路符號及常見的變體，這種電晶體稱為 NPN 電晶體，為什麼叫做 NPN 電晶體，容我稍後解釋。如果你把 2N3904 電晶體塑料封裝的平坦面朝向右邊，然後從上面看，此時它的腳位，就會與我展示的電路圖符號相匹配。

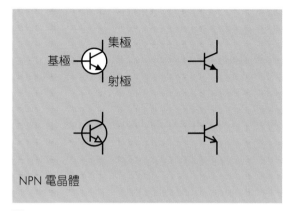

圖 10-6 NPN 電晶體的電路表示符號。

日後，你可能在不同電路圖中，遇上圖 10-6 中電晶體的各種表示符號，請記得，無論有圈或是沒有圈，或為了設計者的便利性，隨意朝某個方向擺放都無妨其電晶體特性。須特別注意的是 NPN 電晶體符號箭頭的指向，可以避免混淆集極和射極。

● 箭頭指向射極腳位，也是電流流經電晶體的方向，

圖 10-7 是我繪製的圖 10-4 電路圖版本。

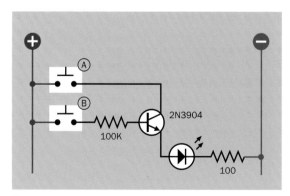

圖 10-7 圖 10-4 的電路圖版本。

電晶體的工作原理

2N3904 內部是由兩種極性相反的矽半導體，堆疊成三明治的夾心結構組成。其一為 P 層（P 型半導體），P 型半導體由於缺少電子，因此相對而言，代表它有著過剩的正電荷載體，因此可以為新的電子提供容身之處。

P 型半導體，被夾在兩個電子（負電荷載體），過剩的 N 型半導體（N 層）之間。圖 10-8 為 NPN 電晶體結構的示意圖。施加於基極 - 射極之間的電壓，通常稱為偏壓。

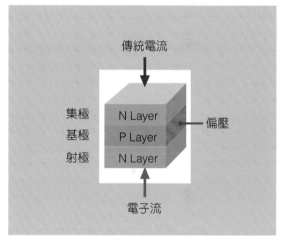

圖 10-8 NPN 電晶體內部結構。

在還沒加上正偏壓時，P 層與 N 層之間的「接合面」會產生一障礙層，使得電子無法自最底層的 N 層流入，並進入到可容納電子的 P 層。

如果你在 P 層加上正偏壓，情況就改觀了，除了障礙層寬度會被壓縮，還將吸引許多電子到最下層的 N 層，此時，如果外部加的正電壓，造成吸引的力道持續加大，電子就可以突破障礙層到 P 層，但是由於 P 層通常很薄，因此大部分電子都會衝過頭，一舉穿過 P 層到上層 N 層形成電子流，此時，我們稱電晶體開啟了。

請記住，傳統電流的流向與電子相反，這就是為什麼上層被稱為集電極（集極），下層是發射極（射極），也是 NPN 電晶體符號，具有指向外部箭頭的原因。

• 在所有電路圖符號中，箭頭表示傳統電流的流向（例外在 LED 符號上的兩個小箭頭，表示元件會發光，而不是電流流向）。

PNP 型電晶體的行為與 NPN 電晶體相反，這類電晶體具有兩個 P 層，中間則夾著一層 N 層。PNP 電晶體的電路符號及其常見的變形體，如圖 10-9 所示。

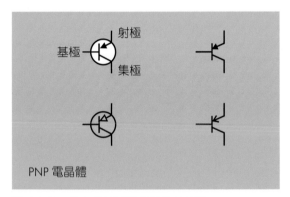

圖 10-9　PNP 電晶體的電路表示符號。

PNP 電晶體看起來像是 NPN 的反向版本，卻又不全然是這樣，因此多少有點令人困惑（至少我個人有這樣的感覺）。射極的位置，現在有一個指向電晶體內部箭頭的接腳上。箭頭仍然顯示傳統電流的方向，但與 NPN 不同的是，PNP 型電晶體在基極上的電壓低於射極時，電晶體才會開啟，而非高於射極。

• NPN 電晶體：增加基極電壓，促使了從集極到射極的電流流動。

• PNP 電晶體：降低基極電壓，促使了從射極到集極的電流流動。

如果你覺得 NPN 和 PNP 符號很容易混淆，以下提供一個簡單的方法，幫助你記住它們的區別：

• NPN 電路符號中的箭頭意指「Never Pointing iN」（永遠不指向內部）。

由於 PNP 電晶體的每個方面都與 NPN 電晶體相反，所以電流以圖 10-10 的方式流經 PNP 電晶體時，你應該不會感到驚訝。所有的 NPN 和 PNP 電晶體都是雙載子接面電晶體（有時簡稱為 BJT），因為它們都是以電子與電洞為載體，以及三個層之間的兩個接面為主結構的電晶體。當然，事實上還有許多其他類型的電晶體，只是本書中沒有足夠的空間能夠介紹。

• 我在圖 10-5、圖 10-10 已經提供顯示 2N3904 和 2N3906 電晶體的接腳名稱，其他電晶體的接腳定義可能有所不同（詳細信息，請查資料手冊）。

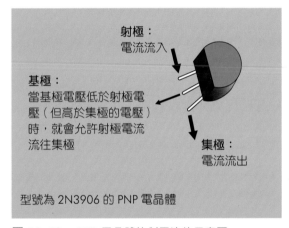

圖 10-10　PNP 電晶體控制電流的示意圖。

你可能會想，為什麼需要兩種相反類型的電晶體？因為在某些電路中，PNP 電晶體很方便。但是確實，NPN 電晶體更常用一些，而且本書中的所有的實驗，都不會用上 PNP 電晶體。

透過剛剛的實驗，你發現加在 NPN 電晶體基極上的正電壓，竟然可以控制電流流動。但是，你可能會想，如果基極電壓稍有變化會發生什麼事？現在是進行另一個測試的時候了，在這個測試中，你將觀察到電晶體可以放大通過基極進入的電流的特性。

放大訊號的絕活

首先，將電表切換到 mA 檔，如果你的電表
電流檔須搭配探棒安裝到獨立的插座，那
麼，請將紅色探棒安裝到適當插座。如果你
的是手動型的電表，選擇最低的 mA 檔。

為了找出通過 2N3904 電晶體集極，到底流
入多少電流，請按圖 10-11 佈線圖建構實驗
電路，將紅色跳線以及黃色跳線的一端導體
拉出板子，並且把電表連接在兩條線上。
現在，分別嘗試以三個不同阻值的電阻，
依次更換作為 R1 電阻，順序分別是 33K、
100K，最後一個是 330K。每個不同的電阻
安裝後，按下 B 開關，並記下你測量到的電
流值（不需要按下 A 開關，因為 A 開關已經
被旁路而沒有作用）

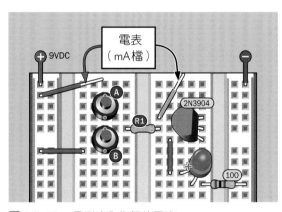

圖 10-11　量測流入集極的電流。

我希望你能找出在不同電阻的情況下，流入
電晶體基極的電流大小。為了達成這個目
標，你必須先復歸「圖 10-11」的紅色和黃
色跳線，然後如圖 10-12 將紅色跳線及 R1
電阻的一端導體拉出板子，並且把電表連接
在兩條線上。

現在，再次分別嘗試以三個不同阻值的電
阻，依次更換作為 R1 電阻，順序分別是
33K、100K，最後一個是 330K。每個不同
的電阻安裝後，按下 A 開關，並記下你測量
到的電流值（不需要按下 B 開關，因為 B 開

關已經被旁路而沒有作用）最後剛剛兩次的
量測結果，製作成如圖 10-13 的圖表。

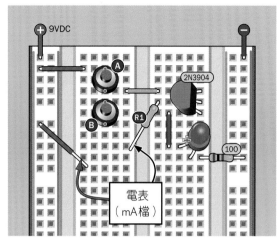

圖 10-12　量測流入基極的電流。

基極電阻	基極電流	集極電阻	β 值
33K	0.12	22.0	183
100K	0.056	10.6	189
330K	0.020	3.8	190

圖 10-13　實驗結果列表。

你從這些量測值中，是否能看出什麼結論？
還是你正對於我的表格中標記為「 β 值」這
一列的意義感到不解？其實第三列是我在不
同的 R1 下，經由計算機將集極電流，除以
基極電流的結果，除出來的商就叫做 β，請
你也對你的量測結果，進行相同的計算吧！

- β 值 ＝集極電流／基極電流。

- β 值又稱為電晶體的電流放大因子。

你會發現，對於每個不同值的 R1 電阻器，
β 值竟然都在 190 左右！這裡的第一個結論
是，無論 R1 如何變化，如何的影響流入基
極的電流，這個放大因子大致相同。我們可
以說電晶體具有線性響應特性，這對於像
放音樂訊號這樣的應用非常重要。

當你的 R1 使用 33K 的電阻時，此時，最大集極電流大約為 20mA。如果你降低了 R1 電阻的值，使電晶體通過更多電流，你會發現 β 值幾乎保持恆定，直到電晶體的最大額定值為止，這個極大的電流值大約是足以燒掉你的 LED 的 200mA，但對外供應 200mA 電流，對小小的 9V 電池也是一個挑戰。

現在進入這個實驗有趣的部分。先把電路簡化如圖 10-14 所示，然後將手指同時壓在，暴露的紅色跳線和黃色跳線的一端導體上（兩者不接觸，只是同時被你的手指壓著），並同時觀察 LED 的動作。

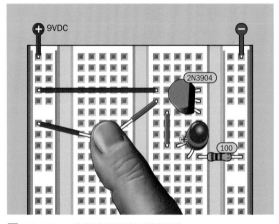

圖 10-14 手指的電阻性測試電路。

如果沒有反應，可以沾濕手指再試一次。你會發現，按得越用力，LED 就會越亮。這時，電晶體正在放大穿過你的手指，流入基極的微小電流（務必注意的是，不要讓紅色和黃色跳線直接接觸彼此，因為你的電晶體看到毫不受限的電流直接灌入基極，應該不會高興）。

如果電流僅通過你的手指，這種以人體當做電阻的實驗是安全的。也由於實驗的電源只是一顆小小的 9V 電池，有可能電流流過你的手指時，根本無感。但請不要在這個實驗中使用更高的電壓，也不要在兩隻手之間施加電流，因為這會讓電（流經心臟）通過你的身體。即使在這個電路中，由於電流非常小，幾乎不可能受傷，但仍然不應該讓電流從一隻手通過身體到另一隻手。此外，當接觸電線時，要小心不要被電線尖銳的金屬刺到。

所謂「放大」的一些基本事實：雙載子電晶體對流經的電流有一個等效電阻的概念。「等效」一詞意指它不像一般單純的電阻，其阻抗值總是保持不變，相反地，電晶體的等效電阻會隨著偏壓條件而改變。

當偏壓低時，等效電阻很大，幾乎阻擋了所有從集極到射極之間的電流流動。隨著電晶體開始放大基極電流，等效電阻也隨之下降，最終，等效電阻降至最低點，此時電晶體被稱為進入飽和狀態。等效電阻既然已降至最低點，那麼此時應已達到，電晶體可容許流過電流的上限。

- 當通過電晶體的電流達到最大值時，也可反向推知，電晶體是處於飽和的狀態。

- 射極的電壓始終低於集極的電壓，換句話說由集極流入 - 射極流出這個電晶體開關，會產生一些壓降（繼電器開關不會有這樣的壓降），不妨把這個電壓差，看作是你必須向電晶體支付的放大服務費。

- 因為（射極）輸出電壓小於（基極）輸入電壓，所以顯然雙極電晶體不會放大電壓，而是放大電流。

- 基極的電壓必須比射極高 0.7V，才能開啟電晶體使電流通過。

電晶體的一些重要資訊

使用沒有用過的型號的電晶體時，應該先到網路上找一下資料手冊。請記住，有許多電晶體射極、集極和基極的接腳順序與 2N3904 不同。另外，還要查閱資料手冊，以確定電晶體所能承受的最大電流。

- 如果你把電晶體接反了，它仍會工作，但效率不好，也很可能會逐漸停止工作，並且發生永久性的損壞（你猜猜我是怎麼知道的）。

- 永遠不要直接在電晶體的任意兩個接腳之間接上電源，因為這樣做，可能會燒毀你的電晶體。另外單獨對電晶體的一隻接腳灌入電流時，也務必使用另一個電子元件（例如電阻）限制流入的電流，就像保護 LED 一樣。

如果要確定電晶體是否仍正常，先將電晶體從麵包板上取下來，把它的接腳插入你電表上標有 C、E 和 B 分別代表集極、射極和基極的小孔中。接著，把電表轉到電晶體的測試檔位，這個檔位上，通常會標記 hFE 的符號。這個符號，其實是電晶體的 H 參數，也是共射靜態電流放大係數的縮寫，但你不必記住這個繞口的名字，只要記得 hFE 其實就是 β 值即可。

正常的電晶體，在這個檔位下，電表會顯示一個數字，即是這顆電晶體的 β 值。如果你反向測試電晶體或者電晶體已損壞，電表的 hEF 讀數會不穩定，或者呈現空白、零，或者是比資料手冊上所載應有的數值低得多（典型故障值，幾乎總是低於 50，通常數值低於 5）。

還有很多種類的電晶體，尤其是 *MOSFETs*（金屬氧化物半導體場效電晶體），比雙載子電晶體更有效率，但雙載子電晶體家族是最早出現的電晶體類型，結構相對簡單，因此，它也是較不容易遭受像過電壓或靜電放電等意外損壞的，話雖如此，仍然有可能在你粗心大意的使用下輕易毀損。

魚與熊掌的選擇

我將透過電晶體和繼電器的比較，結束這個小節。繼電器不能像電晶體一樣放大一定範圍的電流，但它仍然可以開關電流。當你有一個開關的需求時，該使用哪個呢？其實應該取決你的需求的實際情況，我整理在圖 10-15。

	電晶體	繼電器
長期可靠性	非常好	普通
可在 DP 或 DT 模式下切換	無法	可以
可切換大電流	普通	可以
可以切換交流電	少有此應用	可以
可由交流電觸發	少有此應用	選配
適合小型化	非常好	差勁
能夠以非常高的速度切換	可以	無法
高電壓／電流的價格優勢	無法	可以
低電壓／電流的價格優勢	可以	無法
不導通時漏電流	可以	無法

圖 10-15 比較之下，電晶體和繼電器的優劣表現。

NPN 和 PNP 電晶體另的一個限制是，無論何時，它們本身就會消耗一些功率。相對地，當繼電器處於「釋放」的狀態時，根本不消耗能量，另外，當它處於「觸發」狀態時，流入繼電器與流出繼電器的電流基本相同。甚至，如果你使用的是一個鎖定型繼電器，它在兩種狀態都不太消耗能量，而只需要一個脈衝，就可以讓這個繼電器，由目前釋放（觸發）狀態變換到觸發（釋放）的狀態。

另外，繼電器提供了更多的開關類型的選擇。可以是常開、常關或鎖定型，還可以包含一個雙投開關，一次給你兩個「觸發」位置的選擇，並且可以是雙極的，亦即允許一次開關兩個獨立的電路。相對起來，除非使用多個電晶體，模擬各種繼電器類型的動作，不然單一個電晶體並無法達到這樣的靈活性。

電晶體的故事

儘管一些歷史學家將電晶體的起源，一直追溯到二極體的發明（二極體允許電流在一個方向上流動，同時能阻止電流的反向流動），但第一個實用而且功能完全的電晶體，是由 John Bardeen、William Shockley 和 Walter Brattain，於 1948 年在貝爾實驗室開發的（圖 10-16）。

其中 Shockley 是這個團隊的領導者，十分有遠見，很早就看到固態開關對於世界的重要性；Bardeen 提出電晶體必要的理論；而 Brattain 讓它實際上發揮作用。三人合作無間，電晶體的發明毫無懸念地震撼全世界，直到 Shockley 試圖以自己為發明者為電晶體申請專利後，才通知兩位夥伴，讓他們感覺心裡不舒服時為止，這個三人是一組非常成功的團隊。

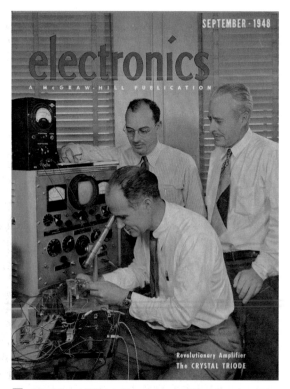

圖 10-16 William Shockley（前方）、John Bardeen（左後方）、Walter Brattain（右後方）在 1948 年合作開發世界上第一個電晶體，並於 1956 年共同獲得諾貝爾物理獎。

圖 10-16 這張出現在 *Electronics* 雜誌的封面上，並且廣泛流傳的宣傳照，並沒有解決團隊逐漸分裂的問題。照片中 Shockley 坐在顯微鏡前中央，而其他兩人則站在他身後，好像是 Shockley 本人親自進行操作似的，實際上，他很少出現在真正進行工作的實驗室中。

這個成功的合作很快就瓦解了，Brattain 要求轉移到 AT&T 的另一個實驗室，Bardeen 則轉到伊利諾伊大學從事理論物理研究。Shockley 最終也離開貝爾實驗室，在後來的矽谷創立了 Shockley 半導體公司，但他的野心終究超越了當時技術的能力，事實上，他的公司從未生產出具有市場價值的產品。

但值得一提的是，Shockley 的公司裡有 8 個員工自立門戶，建立了知名的 Fairchild Semiconductor（快捷半導體）公司，成為電晶體和（後來）IC 生產商，並且非常成功。2016 年，Fairchild Semiconductor 被 On Semiconductor（安森美半導體）以 24 億美元收購。

超簡單計時器

我曾承諾，要介紹一個只使用到目前為止學過的元件製作的計時器電路，現在是時候了。如圖 10-17 所示，是麵包板佈線圖的版本，由於其中幾個元件非常靠近，因此，安裝時，請特別小心。

首先，將兩個位置的滑動開關切到下面的位置，再切到上面的位置。約 1 秒後，LED 燈就會亮起來。

只有 1 秒？這不就是很好的計時器！

沒錯，但接下來，我將展示如何讓這個電路的時長可以調整。首先讓我們研究一下，這個電路是如何工作，圖 10-18 中的電路圖是最容易理解的方法。

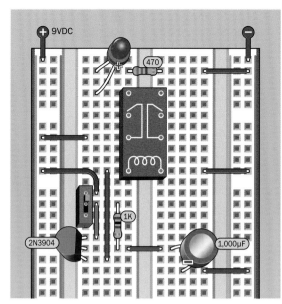

圖 10-17 一個簡單的計時器電路。

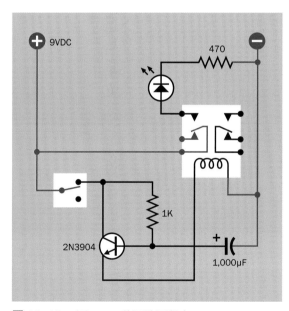

圖 10-18 圖 10-17 的電路圖版本。

這個電路中使用與實驗 7 相同的繼電器，當線圈接收到電源觸發，就能使繼電器切換到使 LED 亮起來的路徑。因此，為了使這個電路工作，我需要有個電容器，它會從 0VDC 逐漸充電，當電容器達到足夠高的電壓時，它就觸發繼電器。很簡單，對吧？

嗯，方向對，但不完全是。因為如果我直接將電容器與繼電器連接，電容器在透過電阻充電的同時，也會經由繼電器繞組自行放電，所以電容永遠無法儲存到足以觸發繼電器的電壓壓。請記住，繼電器的繞組接腳即使在觸發前，也是相互連通的。

電容充電時，並無法從電容器中取出太多電流。因此，我們需要一個電流放大器。非常直覺的聯想就是電晶體，對吧？

當圖 10-18 中左邊的開關，切換到上方位置時，電源通過 1K 電阻開始向電容器充電。由於電容器與電晶體的基極相連，因此，基極的電壓恆與電容器相同。此外，滑動開關，也將電源送到電晶體的集極，如果電晶體開啟，電流就可以通過射極流入繼電器線圈，觸發繼電器。

不用擔心電晶體會過載，因為繼電器的線圈繞組，本身即有相當的阻抗值（因此線圈又稱為「繞阻」）。此時，電容器持續充電，電晶體開啟，射極開始有電流流向線圈，但是造成的磁場都不足以觸發繼電器。直到當電晶體射極電壓達到約 6V 的程度時，射極電流足以觸發繼電器，因而開啟 LED。使用我選用的電阻及電容值，使電壓達足以觸發繼電器的程度，延遲時間剛好約為 1 秒。

現在，該怎麼做才能使這個電路更實用呢？調整 R-C 時間常數？答對了！但通常可調整電容值的元件，不容易找，不過沒關係，我只需要找一個可輕易變換電阻的阻抗值的元件，就可以調整這個電路的時間常數，間接調整電容充電的時間。

沒錯，先前稍微介紹的微調電位器就派上用場，我需一個可適用在麵包板上的微調電位器，如先前的介紹，微調電位器，本質上就是微調用的可變電阻。

可調整時間間隔的超簡單計時器

回顧一下圖 6-23，你會看到一些不同樣式的微調電位器。在圖 10-19 中，則由上方讓你觀察一下，微調電位器的外型。從上面看，粉色圓圈代表被微調電位器本體所遮蔽的接腳位置。

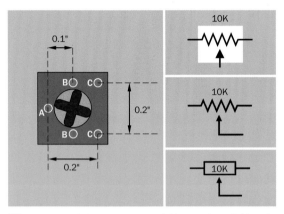

圖 10-19　微調電位器下方的接腳，必須位於紅色圓圈所示，標記為 B 或 C 接腳的位置。右側的圖形是三種常見的微調電位器電路圖表示符號，其上的電阻值可以是 10K 以外的其他數值。

一般而言，微調電位器會有三隻接腳，但接腳的位置，可能因為使用不同廠家的產品而有所不同。你可以自由選用標記為 A 和 B 的兩隻接腳，或使標記為 A 和 C 的兩隻接腳。另外，微調電位器的接腳的間距很重要，使用前要確定是否適合用於麵包板上。微調電位器還有許多不同型式，但如果你打算自己購買，請查看附錄 A 中的確切規格。

在圖 10-19 中，我提供了常見的電位器的三種電路符號。請記住，電位器其實是一個微型的可變電阻。在本書中，由於全尺寸的電位器已經不太常用，因此我不會介紹。如果你感興趣，還是可以在網路上查找它們。

在任何電位器內部，都有一圓形電阻性質的**軌道**和一個接觸在軌道上的**接觸臂**，如圖 10-20 所示。接觸臂可以繞軌道旋轉，並且隨著接觸臂的旋轉，接觸臂連接的接腳到軌道兩端的接腳之間的電阻，將會有所變化。

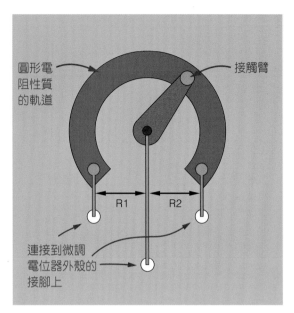

圖 10-20　任何電位器的內部，結構大致如圖所示。最大可調整的阻抗值可以來到 R1+R2 的大小。

如果 R1 是接觸臂接腳到軌道左端接腳之間的電阻，R2 是接觸臂接腳和軌道右端接腳之間的電阻，那麼，這個微調電位器會被標記為具有 R1 + R2 的大小。對於這個計時器實驗，我建議使用 10K 的微調電位器，以便可以測量長達大約 11 秒的任何間隔。

你可能會問，如果想測量更長的時間，因此想要使用 25K 微調電位器是不是 ok？答案是「當然可以」，但是，由於電容器會需要更長的時間充電時，因此它也有更多的時間，經由內部的漏電現象損失電荷，使其變得不那麼精確。

圖 10-21 是將微調電位器添加到麵包板上的情況。我建議使用在圖 10-19 中 C 位置，有接腳的微調電位器，但是，如果你的微調電位器是在 B 位置上有接腳，其實也可以正常工作，因為只要 A 接腳的位置沒問題，你使用 A-B 或 A-C 接腳都無妨。

圖 10-22 是圖 10-21 的電路圖版本。你會看到我將電位器串接到 1K 電阻器上，因此，由電晶體集極到基極的電阻值，現在可以從 1K 一路變化到 11K。

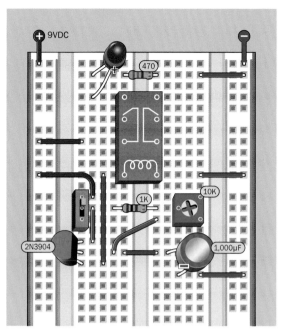

圖 10-21 超簡單計時器，由於加入一個可調整的電阻，因此變得可調整了。

如果你想製作一個永久性的計時器，我建議你可以購買一個全尺寸的電位器，將電位器和電路安裝到一個盒子中。使用輸出為 9VDC 的電源供應器為電源，並轉動電位器旋鈕到各個位置進行測試。接著製作一個半圓形的紙質刻度盤，使用精確的時鐘或 APP 來計時。最終，你可以製作出一個刻度為 1 至 10 秒，或 1 至 20 秒的刻度盤，或者——呃，我不知道你還可以想出多少應用？

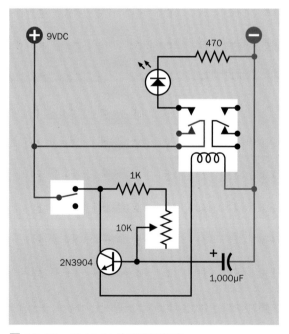

圖 10-22 圖 10-21 的電路圖版本。

實驗 11
燈光與聲音的饗宴

幾乎每一本關於電子學的入門書；都會包含讓 LED 閃爍的電路（以下簡稱閃光電路）。

其實讓 LED 產生閃爍，並不是特別讓人激動的事情，但為什麼每一本入門書都必定會介紹這類電路呢？其實，有一個非常重要的理由：使 LED 產生閃爍的效果，是立即可見的，並且由簡單的閃光電路，可以延伸出更多的應用。

那麼，具體來說，有什麼事情呢？

在這個實驗中，你將可以從控制 LED 閃爍，進展到使喇叭發出聽起來像是汽車警報器的聲音。之後，你甚至可以調整這個實驗中的電路，來模擬鳥鳴聲？！

在撰寫本書的第三版時，我唯一的問題是，該包含哪種類型的閃光電路。

理所當然，我會想找一個最簡單易懂的電路，但當我深入挖掘時，卻發現有些電路「不穩定」，而且不一定是一開始就閃爍，有些使用了電感器（電感器的部分，會在第五章之後解釋）；有些還使用了可程式化單接合面電晶體，這種電晶體幾乎已經過時，且未來前景不確定；更多的電路使用了單晶片（這個部分，我也不打算在第四章之前介紹）。

最終，基於可靠性及多功能的特性，我採用與第二版中的相同電路。當時，有些讀者回饋，覺得這個電路很難理解，因此我這次有更多的補充說明。

你會需要：

- 跟實驗 10 一樣的需求－麵包板、連接線、剪線鉗、剝線鉗和萬用電表。

- 2N3904 電晶體〔6〕。

- 9V 電池以及選配的 9V 專用連接器〔1〕。

- 電阻器：100Ω〔1〕、470Ω〔1〕、1K〔1〕、4.7K〔4〕、10K〔1〕、47K〔2〕、470K〔2〕。

- 電容器：10nF〔3〕、1µF〔2，請優先選用陶瓷電容〕。

- 通用紅色 LED〔2〕。

- 觸控開關〔2〕。

- 8Ω 的小喇叭〔1〕。

被誤解的多諧震盪器

閃光電路有時被稱為振盪器，但並不完全正確，因為振盪器的輸出，理論上應該是平滑的正弦曲線。

一個可以快速開關 LED 的閃光器，正確的名稱是無穩態多諧振盪器。這名詞聽起來有點困難，但你可以看出它隱含的意義：輸出不穩定，並且振動。

嘗試 Google 關鍵字「電晶體無穩態多振盪器」，接著翻閱一下搜尋所得到的內容，你應該會看到超過 100 個類似圖 11-1 的電路。

除了電路圖之外，在網路上還可以找到關於這個電路的工作原理描述，但很怪的是，一連數篇工作原理看下來，卻很少有人提到位移電流，其實位移電流在這個電路中的角色，非常重要（幸運的是，在實驗 9 中，你就已經觀察到它了），接下來你很快就會觀察到，這個現象在這個電路的作用。

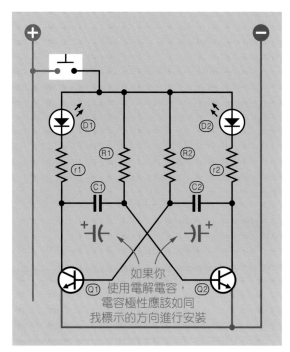

圖 11-1 一個流行的無穩態多諧振盪器電路，電路看起來簡單但經常被誤解。

首先，你需要確保多諧振盪器電路能夠工作。我已經對所有元件進行標記（圖 11-1），這樣就可以輕鬆地引用元件，向你解釋電路的動作。在圖 11-2 中，我提供了這個電路的麵包板佈線圖；在圖 11-3 中，則提供了 X 光透視圖並加註各個元件的值。

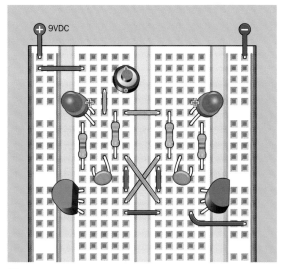

圖 11-2 無穩態多諧振盪器，電路的麵包板佈線圖版本。其中電路的輸出部分，用上了 LED 方便觀察。

我特別將每個元件精確地定位，並且詳細計算麵包板上的插孔數，使一切都與電路圖的排列幾乎相同，方便你在兩個圖之間對照查閱。

另外，電路中，我使用了陶瓷電容器，當然，你也可以使用電解電容器，只是要如同圖 11-1 所示，確認它們的極性即可（稍後我會更詳細地解釋這個電路中，使用電解電容器的注意事項）。

接下來，我們觀察一下圖 11-3，是否發現左側元件與右側元件的值相同，不但如此，整個佈線圖如同鏡子影像圖案一般排列。

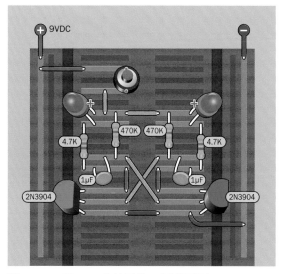

圖 11-3 圖 11-2 佈線圖的 x 光透視版本。

在圖 11-1 中，我使用小寫字母 r 來表示 r1 和 r2，以提醒你這些電阻器的值相對較低，其值為 4.7K，而 R1 和 R2 則各為 470K。不要把它們搞混了！

順帶一提，當使用元件標籤時，常會用字母 D 來標識 LED，因為 LED 本質上是一種二極體。而電晶體則用字母 Q 來標識，可能是因為早期的電晶體，包裝看起來像帶著突起的小鋁罐，因此看起來像一個 Q 字。

當你完成電路的建構，請按下觸控開關，此時，LED 應該會輪流閃爍，而且重複的頻率高於每秒一次！

由於這個電路比之前所建構的任何電路還要複雜，我將暫時在這裡打住，並且提供意見給電路無法正常動作的讀者。這種情況每個人都會遇到，絕對需要一些良好的應對策略。

電路不動作時，該怎麼辦？

1. 嘗試保持耐心。你越是感到煩惱和沮喪，就越難識別問題。不要把電路看作是一個試圖破壞你生活的敵人。把它看作是你的朋友，只需要一點指導。

2. 不要只是坐在那裡盯著電路看，應該要從所有角度檢查元件。拿起麵包板靠近眼睛，沿著每行插孔看，檢查所有接腳是不是確實的插入插孔。

3. 使用放大鏡。我自己有一副特別用來極端近距離工作的眼鏡，還有一個類似於圖 12-11 的頭戴放大鏡。你也可以將手機的相機設置為微距模式，並把手機當作顯微鏡，仔細檢查。

4. 至少使用一盞桌燈。實際上，最好使用兩盞燈，因為從相反的方向照射，就不用擔心陰影會影響你排除錯誤。

5. 掃描或拍攝本書中的麵包板佈線圖，用印表機，輸出變成一份大尺寸的複本，如此則可以使用鉛筆標記每個安裝的元件，逐一進行檢查。

6. 驗證所有元件的值。如果你眯著眼睛看電阻器條紋時，誤把黃色認為是棕色，那麼，就可能導致你使用的電阻值比實驗所需的高／低於 1000 倍。理想情況下，在將元件安裝到麵包板前，你應立即使用電表確認一下每個元件的值，再安裝到電路板上。預防勝於治療，這樣

的前置作業，遠比出錯後，逐一拔出元件進行檢查要快。

確認電晶體上的型號，並使用電表檢查它們。因為你的電晶體有可能在先前的實驗已經受損，而你卻沒有注意到。

7. 檢查電流消耗量。將電表切換到 mA 檔，在電池的正極和麵包板上的正匯流排之間插入它。如果因佈線錯誤產生短路，你將看到很大的電流讀數。此電路電流應該小於 50mA。

8. 檢查板子周圍的電壓。使用鱷魚夾連接線，將電表的黑色探棒端與電源的負極連接。

將電表切換到直流電壓檔，開啟電路電源後，用紅色探針觸碰板子的各個位置。任何接近零電壓的位置，都可能表示連接不良。當使用電池為電源時，也要記得檢查電池是否仍然良好。

9. 不要完全信任你的麵包板。便宜的麵包板，插孔內部的導體夾子，可能不牢靠，特別是你曾將大直徑的單心線，強行塞入插孔中。

10. 如果你仍然找不到錯誤，就先起身離開。很多時候，當你喘口氣休息一下再繼續，反而會立刻發現錯誤。

也許這些建議有點顯而易見，但每個人都有可能忘記去檢查這些小細節。

解析閃光電路

要開始研究這個電路到底怎麼動作，可以參考圖 11-1 的電路圖，並且從問自己以下這幾個問題開始：

在什麼情況下會讓 D1 亮起來？理論上電流必須流經 D1，循著電源負端的路徑行進。因此，看起來電流會通過 D1，然後是電阻 r1，最後必須通過電晶體 Q1。

在什麼情況下會使 Q1 開啟？當它的基極電壓，高於與負地相連接的射極 0.7V 時，Q1 會開啟。

Q1 的基極是從哪裡得到它的電壓？Q1 的積極電壓是通過 R2 供應的，但有一個問題：R2 供應 Q1 基極電壓的接點，同時也連接著 C2，當你首次開啟電源時，C2 上沒有電荷。所以，電流會先流入 C2，直到電壓升高到 Q1 所需的 0.7V。Q1 開啟，D1 就會亮起來。

由於這是一個左右對稱的電路，所以另外一側的電路，也會發生同樣的事情。接下來，你必定會追問，既然電路對稱，兩側的原件都一模一樣，那麼，為什麼 LED 不會一起亮起來呢？又是什麼機制關掉 LED 而達成閃爍的效果？

別急，這些問題都需要進行更詳細的測試，以下，我將以五個簡化步驟來說明。從圖 11-4 的第 0 步開始。我之所以把它稱為第 0 步，因為這個階段是你按下觸控開關的，但 LED 還沒開始閃爍的狀況。

另外，我使用了非常規的顏色來表示電壓，希望可以讓你了解電壓的流動狀態。同時，我在每個電晶體開啟時，把電晶體塗成綠色，「關閉」時則保持透明（即背景色）。

為了說明的需要，我還額外標記電容器內部的電極板。C1L 表示電容器 C1 內左側的電極板，C1R 表示 C1 內右側電極板，依此類推。

在第 0 步中，C1R 和 C2L 已經有一段時間，通過 R1 和 R2 充電，所以它們用的電壓幾乎相等，大約為 0.7V。但由於製造過程中，無法避免的輕微的變異，導致兩個相同型號的元件，不是完全相同的。

因此我們假設 R2 比 R1 值略微低些，也就是說，時間常數較小，使得 C2 充電速度略快於 C1，所以 C2L 應該在 C1R 之前，先行到達 0.7V（這就是為什麼，我在與 C2L 的連

接點上標記為「到達」，而 C1R 標記為「上升中」的原因）。此時，由 D1 亮起的狀態可以清楚觀察到 Q1 導通，並開始傳遞電流；D2 仍然是暗的，因此 Q2 仍在關閉的狀態。

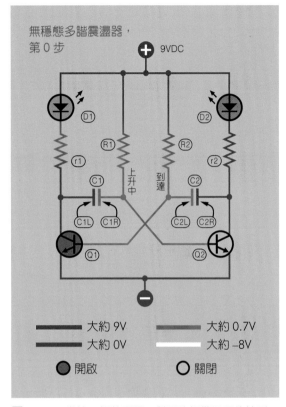

圖 11-4 當按下觸控開關，對電路提供電源的情形。

須進一步說明的是，當 Q1 導通之初，其集極（與 C1L 相連）上的電壓，會被急遽下拉到接近射極電壓，射極又與電源負端相連，所以 C1L（或集極）的電壓，來到大約 0V 附近。此時，微小電流點亮 D1 並流過 r1、Q1 後，流到電源負端，暫時呈現一種穩定的狀態。

這就是電路初始的情況。接著參考圖 11-5 的第 1 步，我們來研究一下，電路後續的行為。

Q2 的基極電壓終於達到 0.7V，所以 Q2 導通，D2 開始發光。又因為 Q2 導通之初，其集極（與 C2R 相連）上的電壓，會被急遽下拉到接近射極電壓，來到大約 0V 附近。

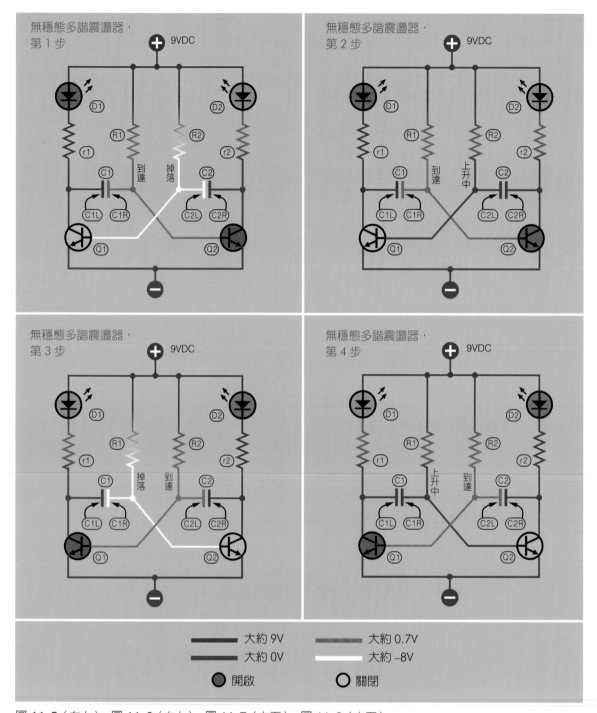

圖 11-5（左上）、圖 11-6（右上）、圖 11-7（左下）、圖 11-8（右下）。

而且，在實驗 9 中我們已經知道，當電容器一側的電壓，非常快地改變時，基於位移電流的效應，會使另一側產生等量的變化。

所以 C2R 從約 9V 快速下降到接近 0V，迫使 C2L 下降了同樣的量，亦即，從原本 0.7V，下降到負 8V（≒ 0.7V − 9V）。

你可能會問，電壓怎麼可能有負呢？

很簡單！電池標記的 9V 的意義是，受到電化學反應限制，兩極間產生 9V 的電壓差。如果將高電位一極標記為 0V，那麼，另一極邏輯上就應該自 0V 起算再少 9 伏特，也就是 -9V。換句話說，0V 的標記點，並不意味著是整個電路的「最負的點」，而只是整個電路的基準點，它可以與另一極，或整個電路的任一點，都存在或正或負的電壓差。

因為 C2L 與 Q1 的基極連接，C2L 上的猛然下降的電壓，強制關閉了 Q1，導致 C1 上的電荷迅速累積，因為電荷已經無路可走。另外，也由於 Q1 的關閉，阻斷了流經 D1 的電流，所以 D1 就熄滅了。

就這樣，電路完成了第 1 步。

在第 2 步驟中，大約四分之一秒電路左側仍然保持不變，但是在右側，C2 正從負電壓中恢復過來。通過 R2，電流流入 C2，所以 C2L 從 -8V 上升到約 0V，電壓仍在攀升，但還不足以開啟 Q1。

在第 3 步驟中，C2L 終於到達 0.7V，Q1 開始導通，D1 開始發光。

因為 Q1 導通之初，其集極（與 C1L 相連）上的電壓，會被急遽下拉到接近射極電壓，來到大約 0V 附近。

基於位移電流的效應，C1L 的快速變化也迫使 C1R 下降了同樣的量，亦即，從原本 0.7V 下降到負 8V（≒ 0.7V − 9V）。

因為 C1R 與 Q2 的基極連接，C1R 上猛然下降的電壓強制關閉了 Q2，導致 C2 上的電荷迅速累積，因為電荷已經無路可走。另外，也由於 Q2 的關閉，阻斷了流經 D2 的電流，所以 D2 就熄滅了。

就這樣，電路來到了第 3 步。

你可以觀察到，第 3 步中的情況，事實上就是第 1 步的鏡射動作。

在第 4 步驟中，C1R 通過 R1，電流流入 C1，大約從 -8V 上升到約 0V，電壓仍在攀升，但還不足以開啟 Q1，且很快它將達到 0.7V，整個電路就會循環回到第 1 步驟。

你可以發現位移電流的概念在這個電路確實很重要。但大多數的說明文獻都沒有提到它，我覺得這就是這個電路容易被誤解的主要原因。

另外，我應該補充說明一下。其實在描述電路開始閃爍時，簡化了一些前置狀態的實際情況。在第一次可見的閃光之前，示波器上曾顯示一些非常微小的波動，但這些波動太快了，導致你根本無法在 LED 的明滅中看到。電容器會輪流充電，直到其中一個達到 9V 為止，但是，電路的基本原理，大致如同我所描述的方式。

慢動作，再來一次

如果電線是透明的，電子是正在巡遊的小藍點的話，理解電子學將會更加容易些。可惜事實並非如此，但示波器可以幫助顯示正在發生的事情。你的萬用電表可能需要 1 秒鐘左右來採樣和顯示電壓，但示波器卻可以以每秒（或更少的時間）對電路進行數千次採樣，來顯示正在發生的情況。

我使用的示波器只有兩個探頭，我將一個錨定在 C1L，再把另一個移動到 C1R，接著是 C2L，最後是 C2R，並保存一系列屏幕截

圖。隨後，我在 Photoshop 中將這些圖像剪輯在同一張圖片中，產生圖 11-9。圖 11-9 增加了含編號的箭頭，和虛線匹配的示波器截圖，每條曲線都顯示電容器板上的電壓，你可以比對圖 11-5 ～ 11-8，以及編號 1 到 4 的步驟示意圖。

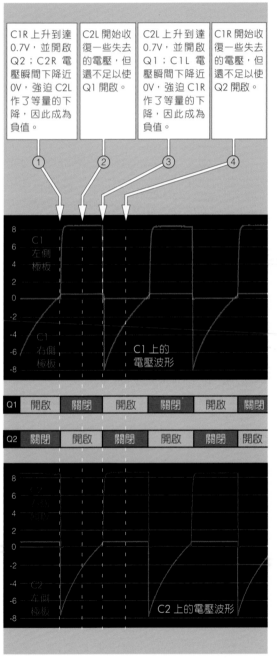

圖 11-9 當 LED 開始閃爍時，由示波器觀察到的各連接點電壓。

在步驟 3 中，注意藍色曲線顯示，從接近 9V 突然降到接近 0V，確實如同我描述的那樣，迫使了 C1R 上的電壓下降到負 8V。在 C2R 和 C2L 之間也會發生同樣的事情。

這些負電壓引起了一些有趣的影響。

你可能會問電解電容器如何使用，請記住一個原則，有極性分別的電容，只需要一個極板上的電壓相對較高，就可以使用。事實上，電解電容對於短時間，且極小的反向電壓，也有一點點的承受能力。

回過頭看一下在示波器軌跡圖，你可以看到藍色曲線，相對於黃色曲線，除了非常短暫的僅約 0.7V 重疊部分外，幾乎是呈現相對較高的電壓。所以，我認為電解電容在這個電路應該還是適用的，但一般來說，我會盡量避免使用任何有極性的電容。

還有一個實用論的論點：這個電路非常流行，並且已經存在很長時間了，如果很容易造成電容器損壞，應該會常聽到人們的抱怨。更何況，現代人們通常習慣會在網路上抱怨討拍，如果有相關的怨言，應該會很輕易的搜尋到，但事實上，並沒有相關的文字！

現在你有了閃光電路，接下來該如何將輸出從燈光轉換為聽得到的聲音呢？

頻率

生成聲音的第一步，是建立一個額外的、可以運行得更快的閃光器電路。

你可以沿用現有的閃光電路，改變電阻或電容的值來達到這個目的，但是我不建議這麼做，因為我會在後續的實驗中，重複使用這個電路。因此，我希望你在舊版本下面建立新版本，如圖 11-10 所示。新版本是彩色印刷的，而舊版本部分，我將之反白。

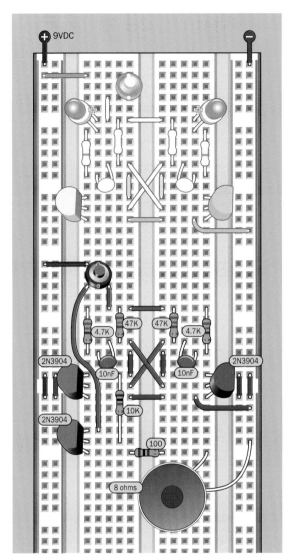

圖 11-10 建構在閃光電路下方的，非穩態多諧震發聲器電路。

請注意，務必在麵包板上的兩個電路之間留有間隙，如同圖 11-10 所示的一樣，因為在完成這個項目的下一階段，我想在那個位置安裝一些額外的元件。此外，由於電路現在已經延伸到你的麵包板的下半部分，因此，如果每個匯流排中途有間隙，請記得添加跳線。

新的音頻電路的佈局，基本上與舊版本相同，只是省略了 LED。靠近麵包板中心的較高電阻，現在是 47K，而不是 470K，電容也縮小到 10nF 而不是 1μF。

下方的圓形物體是一個喇叭，一如先前在圖 6-26 中展示的其中一個。你的喇叭可能比圖 11-10 所展示的更大，但只要阻值規格為 8 歐姆都可以使用，喇叭的物理直徑，對於這個電路來說並不重要。

另外，大多數喇叭沒有極性，因此你可以隨意連接。如果你的喇叭只有焊接端子，那麼，你可以使用鱷魚夾連接線，加上跳線將其連接到你的麵包板上。

按下觸控開關，你應該能聽到喇叭發出一聲尖銳的聲音。呃，好吧，聽起來不是很有趣，但我保證會盡快讓它變得更有趣！

因為喇叭的有效電阻非常低，因此我將它串聯在一個 100Ω 的電阻上。即使阻抗低，喇叭仍然需要比 LED 需要更多的功率，所以我在電路底部加上另一個電晶體來驅動它。

這個電晶體的集極，通過一條長長的黃色跳線，從按鈕供電，而電晶體的基極通過一個 10K 電阻，綠色跳線連接到 10nF 電容器的左側接腳線。所以，增加的電晶體，事實上只偷了一點點電容器的電流，放大了脈衝，將它們傳遞給喇叭。

真正的音頻放大器，為求聲音不失真，非常的複雜，但在這個實驗中，新增的電晶體，只需要放大來自電容的脈衝電流提供給喇叭，使它發出「聲音」，而不用管發出的聲音是什麼樣子。電路中設計階段，我也以示波器檢查電晶體是否需要額外的電阻，來限制電流或調整電壓水平，如果，你依據我提供的麵包板佈線圖安裝，應該不會有問題。

喇叭有一個磁鐵和一個線圈，它們的相互作用，會使振膜振動，振膜振動又會發出空氣壓力波，壓力波傳到你的耳朵，就是我們聽到的聲音。這個電路能產生的振動有多快呢？在舊版本閃光電路中，C1 和 C2 的值都是 1μF，而 R1 和 R2 是 470K，產生的結果，使交替閃爍的頻率不到一秒。

在新版音頻電路中，我使用 47K 電阻代替 470K 電阻，使用 10nF 電容器代替 1μF 電容器。亦即，電阻是先前值的 1/10，而電容器是 1/100，所以，新電路現在震盪的速度大約是原來的 10×100 = 1,000 倍（我的測量儀測量出來，達每秒 1,700 個脈衝），這些脈衝都會透過你的喇叭發出尖銳的噪音。

因為喇叭所需的功率比 LED 要高得多，如果你長時間使用這個電路，9V 電池的電量應該一下就消耗完畢。

在本書的下一節中，我會推薦可以使用市電的 9V 交直流轉換器（後續內容，會稱之為 9VDC 電源供應器），以提供源源不絕的 9V 直流電源；但現階段而言，電池對於我們的實驗是足夠的。

赫茲

每秒脈衝的次數，正式名稱為頻率，赫茲（*hertz*）為單位測量。這個國際電子單位，以 Heinrich Hertz 命名，他是另一位電子領域的先驅。

如果你每秒有一個脈衝則稱為 1 赫茲，同理，如果每秒有 1,000 個脈衝則是 1 千赫茲（寫成 1kHz），每秒 1,000,000 個脈衝則是 1 百萬赫茲（寫成 1MHz）。其中赫茲的單位代表字母 **H** 是大寫的，因為這個單位是從一個人名衍生出來的，另外 MHz 的字母 **M** 也是大寫的，因為如果寫成小寫的 **m**，表示「毫」赫茲而不是「百萬」。

基本上，LED 無法以明滅狀態，呈現通過它，而且頻率高達 1.7kHz 的電訊號，即使能，也會因為視覺暫留效應，使得我們的眼睛分辨不出，速度超過 30Hz 的閃爍（只會觀察到 LED 持續亮著）。但耳朵就不同了，脈衝頻率在約 40Hz 到 15kHz 之間時，耳朵都可以感受（聽）到聲音（雖然對於那些在年輕時，參加許多高音量搖滾音樂會的年長者來說，10kHz 可能是上限）。

安裝喇叭

喇叭的振膜有時也稱為錐盆。錐盆前表面設計用來放射聲音，背面也會產生壓力波，由於兩組波的大小相同，但方向相反，因此可能會互相抵消。

如果在喇叭的正面和背面之間加上管子，以隔離前表面和背面的聲波，聽起來的效果可以大幅提升。對於迷你喇叭，可以用紙張包圍住整個喇叭如圖 11-11。更好的方法是將它安裝在音箱裡，這樣音箱可以吸收喇叭背面的聲音。

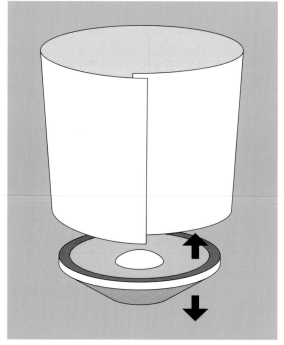

圖 11-11 加上一個紙製的導音管，能讓喇叭的聲音更大一些，箭頭是指喇叭振膜的震動方向。

基於喇叭實驗的目的，喇叭本身並不是我的重點，因此，我不會深入討論什麼是反相式音箱和密閉式音箱等細節，但你可以在網路上搜尋這些術語。甚至，你可以購買已經安裝在音箱中的小喇叭，你會發現這種喇叭的美聲與工作台上的裸露喇叭，所產生的噪音有很大不同。

給喇叭調整一下腔調

我曾答應會給你像汽車警報器一樣的聲音，現在是時候了。在圖 11-12 中，你會看到我加了兩條綠色跳線、一條黃色跳線和另一個電晶體等元件，將板子頂部的電路，與底部的電路連接起來。

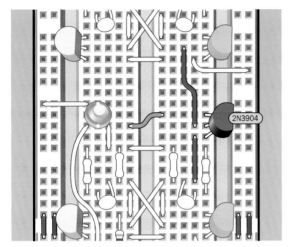

圖 11-12　連接新（圖 11-10）舊（圖 11-2）兩版本的電路。

當你按下下方的觸控開關——沒有什麼事情發生。按下上方的觸控開關——也沒有什麼事情發生。但是，如果你同時按住兩個觸控開關——驚喜！

增加黃色跳線，是為新的電晶體提供電源，基極所需的訊號，則經由部分新的綠色跳線提供，你會發現隨著綠色跳線，路徑可一路回溯到麵包板上半部舊版電路中的 1μF 電容器。這條線上的信號逐漸上升到約 0.7V，因位移電流效應突然下降到 − 8V。

因此，新的電晶體，不斷受到這種奇怪的電壓波動觸發，其射極連接到麵包板上，下半部新電路的 10nF 電容器，由先前的分析，你可以知道，這顆電容自己也進行著與 1μF 電容類似的循環，只是速度快了 1,000 倍。幸好，我以示波器上觀察檢測，這樣的接線，對新添加的電晶體，似乎都在其額定規格之內。

這整個電路的目的是調制 1.7kHz 的音頻電路。圖 11-12 的電路，將兩者的輸出連接起來，代表在下半部的高速（高頻）訊號上，疊加一個慢速（低頻）的訊號。

你可能會想，為什麼我不用一條簡單的電線，直接將電路的上半部與下半部輸出相連。嗯，我試過了，但沒有用！我認為直接連接，不會有頻率疊加的效果，事實上也確實如此，因為電路的下半部試圖減慢上半部，而上半部試圖加速下半部，最終只會得到一個介於兩者之間的單一頻率。

因此，邏輯上，我會需要一個電晶體來採樣上方閃光電路的波動，並將其添加到下方音頻電路的波動中。對於這個電路，我覺得你可以增加一個「選配」的功能：在上半部的閃光電路中，加上平滑訊號用的電容，使其產生聲音的淡入淡出效果。圖 11-13 展示如何加入這個平滑訊號用的電容，在左側，一個 47μF 的電容器被加到輸出電晶體上。另一個 47μF 的電容器在右側發揮同樣的作用，只是我沒有足夠的空間，把它放在靠近電晶體的地方，所以我必須使用藍色、綠色接線器，將其連接到與左側電容相對應的位置。

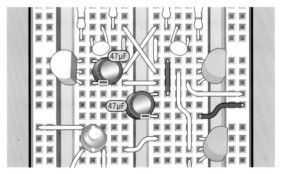

圖 11-13　電路上，加入兩個 47μF 平滑訊號用的電容器。右側的那一個由於空間不足，因此透過一綠一藍跳線作連接。

現在，測試一下改裝後的成果吧！當你按下觸控開關，啟動閃光器電路（暫時關閉音頻部分），會發現 LED 燈不是突然閃爍，而是緩和地變暗和變亮。

當你啟動音頻電路部分，也會發現聲音有了改變。

圖 11-14 是這個電路的最後一個調整，你可以再加一個 10nF 的電容器，讓電路發出像鳥一樣啾啾的叫聲音。

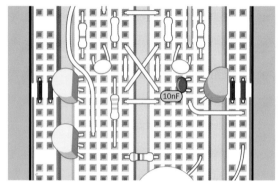

圖 11-14 電路中再增加一個額外的 10nF 電容。

完整的麵包板佈線圖如圖 11-15 中所示，電路圖如圖 11-16。圖 11-17 則是使用淡色背景並省略所有的線路，僅顯示各種零件的圖，因此你可以更清晰地看到，各部零件及其值。圖 11-17 的下半部，我另外幫你整理一份零件清單，你就可以自行更改各種電阻和電容的值，進行更多實驗。

基本上，只需確保對應到圖 11-16，標有 R 和 r 標籤的電阻之間的比值，在 10：1 和 100：1 之間即可。因為，如果這個比值高於 2N3904 電晶體的 β 值（大約為 200：1），電路可能無法正確運作。

輸出級

在結束電晶體這個主題之前，我必須先說明從中所獲取「輸出」的兩種基本方法。一種被稱為共集極組態，另一種是共射極組態。

到目前為止，我已使用過共集極組態，其特色是：電源直接供應到集極，基極和射極均經由集極取得電源，因此稱共集極（至少，我是這樣理解的）。

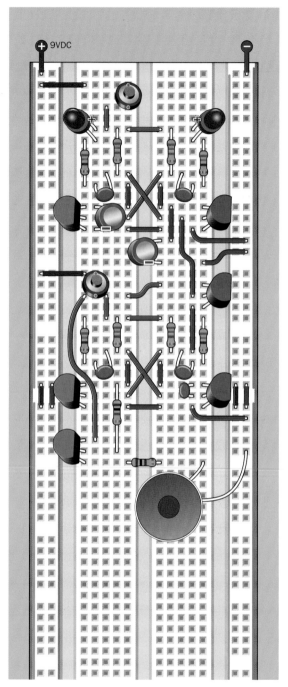

圖 11-15 完整的非穩態多諧振盪器的麵包板佈線圖，其中已經包括所有「選配」的組件。

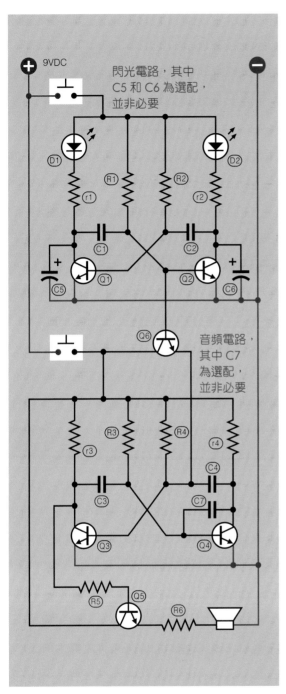

圖 11-16 圖 11-15 的電路圖版本。

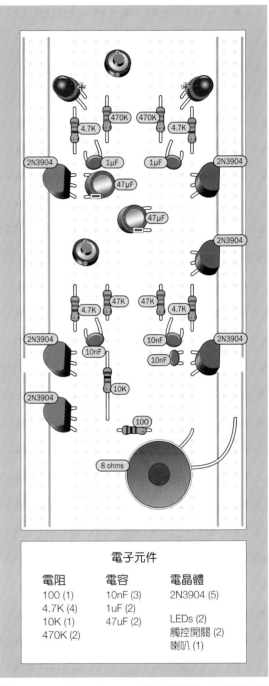

圖 11-17 這個只有電子零件的佈線圖，應該可以幫助你選擇元件擺放的位置。

你在圖 11-19 可以先看到這兩種組態的外觀示意圖。現在要開始說明了嗎？不還沒，我覺得在開始詳細研究之前，你更應該先「聽聽」看這兩種組態，在電路上產生的不同效果。

仿照圖 11-18，對喇叭部分的電路進行調整。現在，電流通過 100Ω 的電阻，然後透過喇叭到達電晶體的集極，而射極則改為直接連接到電源負端。此時，基極和集極共用射極，成為一個共射極組態。

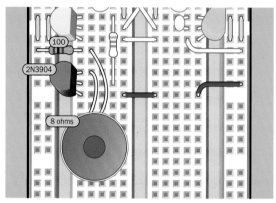

圖 11-18 重新以共射極組態，繪製喇叭的輸出電路佈線圖。

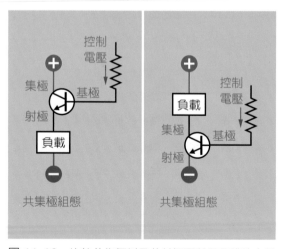

圖 11-19 比較共集極以及共射極兩種電晶體放大器電路。

哇，發生了什麼？當啟動這個電路時，聲音竟然幾乎是原來的兩倍大！

圖 11-19 為共集以及共射兩種組態的簡化電路示意圖。在兩種組態下，電晶體和負載都是串聯的，但在共射極組態的配置中，控制電壓直接通過電晶體到電源負端。而在共集極組態的配置中控制電壓經過電晶體，以及負載後才到電源負端。這點些微不同，卻造成結果顯著的差異？

為了探究原因，在圖 11-20 中你可以看到我分別在兩種組態下，量測出喇叭與左鄰右舍連接點上的實際電壓值。在共集組態版本中，穩態時通過揚聲器（及 100Ω 的串聯電阻）的波動電壓差在 0V 至 5.6V 之間。但是，在共射組態版本中，如果你從輸入中減去喇叭輸出，波動電壓範圍為 0V 至 7.7V。難怪它聲音更大！

測量這些電壓很困難，因為我們的電路每秒震盪超過 1,000 次。但是，你可以很容易地建立一個如圖 11-21 中，電壓恆定的電路來探究兩者的差異。

在圖 11-21 的電路中，一個穩定的 9V 直流電源，對電晶體直接供電，又由於直接讓直流電流通過喇叭，可能會導致喇叭燒毀，因此兩個組態的電路，我們一律只使用 100Ω 電阻作為負載。

在負載電阻相同的情況下，共集電路中負載的電位差為 5.9V，但在共射電路中卻為 7.8V，使用的功率也增加了大約 50%。

在這兩種組態中，電流均通過相同的元件，只是順序不同。但為什麼會造成如此大的差異呢？

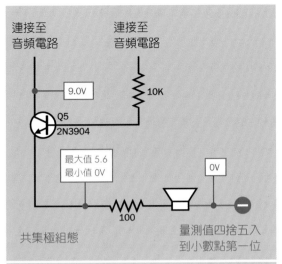

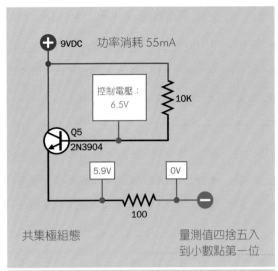

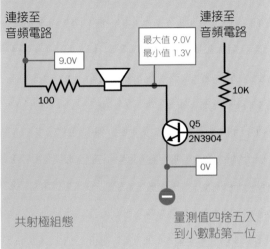

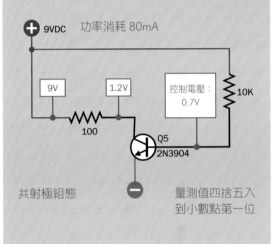

圖 **11-20** 多諧振盪器電路中，喇叭和電阻兩端電壓差的測量。

圖 **11-21** 量測共射、共集兩種組態直流電壓的測試電路。

我可以進一步討論這個問題，但重點是半導體的行為或特性，會根據施加在它們身上的電壓而產生很大的變化。好比說，NPN 雙載子電晶體的有效電阻，就會根據基極與射極之間的電壓差異，而有明顯的不同。

我現在所說明的內容，其實已經超乎你目前所需的知識，還要更專業的領域，但最重要的是你應該獲得下列結論：

- 如果你以共射極組態接線，通常可以從電晶體中提取更多的功率。

那麼，為什麼一開始在多穩態震盪器電路中，我卻使用共集極模式呢？我的理由如下：

- 我認為共集極組態的運作，更加直觀明顯。將負載掛在電晶體的輸出上，不是很理所當然嗎！

- 聲音不是很大，但相對的耗電量比較低，我認為這個特性在以電池為電源的電路中很重要。

- 對麵包板佈局會更加方便。

關於接下來的課程

到目前為止，我完成了對於開關、電阻、電容和電晶體大略的介紹。我想，現在你已經擁有足以理解各種電路，如入侵警報（這是下一個實驗項目）的基本知識。

在進入該實驗前，我會向你說明如何透過焊接的方式將元件固定到洞洞板上，使電路更加耐用。我還會使用定時器晶片創造各種意想不到的應用，甚至會使用可計數和決策的邏輯晶片。

第三章

焊接

在麵包板上組裝完電路後，你是否希望可以製作成固定免拆的電路版本？這個想法代表你需要重新安排元件排列，並使用稱為焊錫的熱金屬合金，將它們的接腳「黏」接在一起，這個過程稱為焊接。實際的焊接過程，會比聽起來容易得多，雖然焊錫會變得很燙，但因為焊接時用量不多，所以操作起來其實很安全。

我將慢慢地帶領你完成焊接過程，並向你說明如何製作實驗 11 閃光電路的固定免拆版本。此外，我還會推薦一種直流電源供應器，你可以在本書的其他實驗中使用它來取代電池。對於一些比你目前為止所建立的電路更耗電的電路來說，使用直流電源供應器供電，會非常有幫助。

- 相關元件、工具和供應品的購買信息，請參見附錄 A。

- 線上或實體商店採購零件時，請參見附錄 B 推薦的來源。

烙鐵（焊槍）

烙鐵的形狀像鉛筆，長約 8 英吋到 10 英吋，並且有一個金屬製的尖端，通電後可以加熱到足以熔化焊錫。烙鐵不用買太高級的，最便宜的也能滿足你最初的需求。問題是，你所需要的場合，適合使用多強大的烙鐵？

低功率烙鐵，功率通常為 15W，非常適合小而精巧的元件，例如電晶體和 LED，這些元件可能會因過度加熱而損壞。中等功率烙鐵，功率通常為 30W，使用起來很容易，因為當烙鐵能發出更多的熱量時，焊錫就更容易流動和黏附，但相對的，一不小心也容易使電子元件損壞。

如果不用考量金錢的情況下，你可以購買一支 30W 的烙鐵做練習，並購買一支 15W 的烙鐵用來實際建構電路。但是，如果你只能二擇一的話，會建議你選擇 15W。

我偶爾會看到雙功率的烙鐵，但這種烙鐵對於較細緻的焊接工作來說，體積太大了。

我喜歡的烙鐵類型如圖 12-1，有時被稱為「微型」烙鐵。當你在間隔僅 0.1 英吋的間隔處進行焊接時，可能會發現這種微型的烙鐵，比中等尺寸的烙鐵更容易使用。如果你決定購買一支 30W 的烙鐵，我比較推薦的是 Weller Therma-Boost（如圖 12-2）。這種烙鐵可以在你扣下扳機時會暫時地「增強」熱量，對焊接容易傳導熱量的粗銅線之類的標的很有幫助。有些人喜歡手槍型的風格 Weller Therma-Boost 烙鐵，但也有人認為手槍型的烙鐵使用起來似乎有點笨拙，我個人對此並沒有什麼特別的意見。

還有一種選擇是溫控型的烙鐵，它是一支配有兩個可調整溫度的按鈕的烙鐵，或者是一支烙鐵搭配具有電源且可調節烙鐵溫度的「控制台」，整套放在你的工作台上使用。我個人認為，一開始學焊接時，還不需要可溫控的烙鐵。

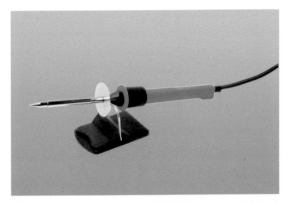

圖 12-1　小巧型的烙鐵，非常適合處理對熱敏感的元件，進行精確的工作。

圖 12-2　Weller Therma-Boost 非常適合焊接易吸熱的粗銅線。

另外，你還可以決定烙鐵上的烙鐵頭類型。錐形尖端的烙鐵頭，焊接最精確，但無法快速地分散熱量。扁平的鏟形尖端，看起來像一個平口螺絲起子，是目前頗流行的樣式。有些烙鐵包裝裡，就會附帶多種烙鐵頭，讓你可以自己找出喜歡的類型。

焊錫

焊錫看起來像裸露的金屬導線，可熔化在你想要連接導線的周圍，圖 12-3 展示一些樣品。0.02 英吋到 0.04 英吋（0.5 毫米到 1 毫米）直徑的細焊錫，是小型元件最容易使用到的。對於本書中的實驗而言，只需少量的焊錫（半盎司，或者是三英呎）就足夠了。

圖 12-3　不同粗細的焊錫。

特別要提醒的是，不要買到專為水管工或製作珠寶等工藝，或特殊用途而設計的焊錫。因為這些特殊用途的焊錫，可能含有對電子元件有害的酸性物質。所以，你購買焊錫時，焊錫包裝上的描述中，應該要出現「電子」這個詞，並且必須含有松香芯成分。

有關使用含鉛焊錫的爭議一直存在。有些人認為，這種舊型的焊錫，在稍低的溫度下就可以製做出更好、更漂亮的焊點，不認為有任何健康風險。甚至，我還認識一位曾在美國海軍工作的電子工程師，他告訴我，他使用的所有焊錫都含有鉛。到底該不該用含鉛的焊錫，其實我自認缺乏專門知識來做出判斷，但我知道，如果你住在歐盟區域，那麼為配合歐盟對環保的政策，你應該避免使用含鉛的焊錫。

焊接相關的術語與配件

有的烙鐵的產品說明中可能有焊接一詞，但實際上烙鐵，並不像傳統意義上的焊接工具一樣進行焊接。我也不知道為什麼會出現這個術語。很多烙鐵被描述為筆型，但這個術語並不能提供有用的訊息，因為，實務上，無論是 15 W 還是 30 W，只要焊錫筆的體積從小型到中等，就可以被稱為筆型烙鐵。

另外，烙鐵通常會與各種配件一起出售，例如不同類型的烙鐵頭、一捲焊錫、一個烙鐵座或者一個方便你焊接時固定的小零件，俗稱「焊接第三手」的工具。我建議你可以先閱讀本節的其餘部分，再思考是否需要這些配件，然後上網搜尋看看，是否有包含你所需項目的套裝組合，這樣還能省下一些錢。

焊接第三手

這種裝置有兩個鱷魚夾，可以精確地固定電子元件或電線，讓你在焊接時，使它們保持在正確的位置。有些「第三手」的版本，還附有放大鏡和烙鐵架（如圖 12-4），讓你有位置可以放置溫度正高的烙鐵。

圖 12-5 具有四隻固定夾具版本的「焊接第三手」。

圖 12-4 這個版本的「焊接第三手」，還包括一個用螺旋線構成的烙鐵架、一個用來清潔烙鐵頭的海綿和一支放大鏡。

事實上，還有各種千奇百怪的焊接第三手工具，讓你在焊接時，輕易固定電線和電子元件，當然，它們的結構比使用蝴蝶螺母固定的舊式「第三手」更加複雜。我個人喜歡如圖 12-5 的第三手工具，只是，這個產品相對較昂貴（你只要 Google 一下「焊接第三手」，就可以在線上看到一系列選擇）。

總而言之，無論是哪一種工具，你一定需要找到一種固定工作物的方式。

烙鐵架

如果你只需要一個傳統便宜的螺旋線烙鐵架，它外型大概像圖 12-6。當然，烙鐵架不是絕對必要的工具，你可以自己想辦法做一個替代品，或者直接將焊接鐵放在工作台的邊緣上，提醒自己要非常非常小心，以免它掉落。

圖 12-6 傳統的烙鐵架，黃色海綿用來清潔烙鐵頭。

當烙鐵掉落到地板上時，它的高溫，可能會熔化合成地毯或塑料地磚。所以，你看到烙鐵掉落時，通常會本能的想抓住它。可是，如果不小心抓住發燙的部位，你又會很快放開它，所以熔化地毯或地磚免不了，還可能多了燙傷。

這樣看來，似乎準備一個烙鐵架，避免上述的麻煩，真的是個好主意。

銅製的鱷魚夾

當你在焊接敏感零件的接腳線時，熱量往往會從零件的接腳傳導到零件本身，因而導致損壞。在實驗 13 中，我會向說明如何透過「烘烤」一個 LED 來驗證這一點。

如果你是一個謹慎的人，為了避免這樣的情況發生，可能會想在焊接點附近的位置上，夾上一個銅鱷魚夾來吸收部分熱量。

銅鱷魚夾比先前我們使用的，鱷魚夾連接線上鍍鉻的鱷魚夾，更能有效地導熱，但你可能會問，真的有必要嗎？就我個人而言，由於我是那種謹慎的人（呵～），所以，我喜歡使用它們。如果你決定買銅鱷魚夾，請確認它們是實心銅製的，而不是只是鍍銅的。

圖 12-7　銅製的鱷魚夾。

拆焊設備

當你焊接時出包，基本上沒有「撤銷」的選項，但你可以嘗試使用吸錫球（圖 12-8）補救，這是一種專為吸取焊錫而設計的工具。當你用一隻手持有烙鐵時，另一隻手就可以拿著吸錫球，趁焊錫在熔化狀態時，把多餘的焊錫吸走。

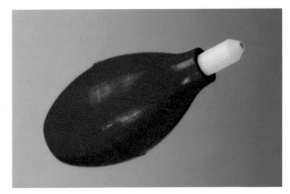

圖 12-8　吸錫球。

不過說實在的，我對這種吸錫技術的實行有困難，但我知道有些人確實能非常流暢地使用這個工具修補焊接的錯誤。另一種修補的選擇是吸錫線，它能從線頭吸收多餘的焊錫（圖 12-9）。我提到這些設備，是因為如果缺少吸錫的工具，那麼，任何一個關於焊接的描述都算不完整。就我個人而言，吸錫工具的效果並不是很好。

圖 12-9 吸錫線。

另外，我認識有個擅長使用吸錫線的朋友，他分享說，要使吸錫線發揮作用，必須使用比 15W 的功率更高的烙鐵，一併供你參考。

放大鏡

不論你的視力有多好，當你檢查焊接點時，一個小巧、手持、強大的放大鏡是必要的。圖 12-10 是三個鏡頭組的放大鏡，專門用來貼近眼睛使用，比剛剛分享的焊接第三手附帶的放大鏡更強大。如果你使用時小心謹慎，塑料鏡片放大鏡也是可以接受的，你還可以將手機相機設置為微距模式，作為手持顯微鏡。

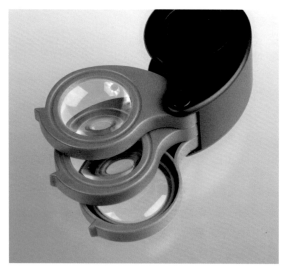

圖 12-10 這三個鏡片是相同的，但如果將其中的兩個或三個放在一起，就會使放大倍數增加。

我也喜歡使用圖 12-11 的頭戴式放大鏡，可以讓你的雙手保持自由，並且跟著你的頭部動作移動，而且因為雙眼各有一個鏡片，因此可以保持雙眼視覺對深度的感覺。當然，你也可以花很多錢，買牙科使用的頭戴式放大鏡，但對於我們的實驗目的來說，便宜的頭戴式放大鏡就能勝任。

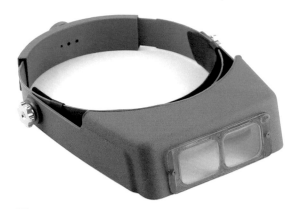

圖 12-11 平價的頭戴式放大鏡示意圖。

熱縮套管

當你透過焊接來連接兩條電線時，通常會希望在連接點周圍，再加一些絕緣層的保護，最好的方法是使用一些**熱縮套管**。你把熱縮套管，滑動到焊接的連接點處，再施加熱風，使熱縮套管收縮，直到套管緊緊包覆連接點。大多數熱縮套管可以收縮到其原始直徑的一半。

一袋或一盒包裝，並且有三到四個不同直徑熱縮套管的分量，就足夠完成本書的實驗和練習，顏色只是美化而已（圖 12-12）。熱縮套管是電線互相連接點時，很好的保護方案，唯一的缺點是需要搭配熱風槍，才能完成絕緣包覆的工作。

圖 12-12 不同直徑、不同顏色的熱縮套管。

熱風槍

這個工具的主要用途是用來使特縮套管收縮，如圖 12-13 是一把全尺寸的熱風槍，但實際上，對於保護電線接點的熱縮套管來說，實在是過於龐大的。我覺得像圖 12-14 小型的就足夠使用，而且其較窄的熱風流，其實更容易對熱縮套管加熱。

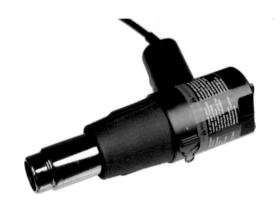

圖 12-13　一支全尺寸的熱風槍示意圖。

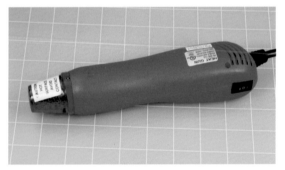

圖 12-14　小型的熱風槍，適用加熱保護電子零件的熱縮套管。

低成本的電線連接方案

如果你遇到的情況是需要將電線連接在一起（特別是稍後的內容中，我會介紹的，直流電源供應器改裝時）並進行絕緣，但出於某種原因，你非常不想進行焊接，或者不想花錢購買熱縮套管和熱風槍，那麼，你可以考慮一般五金行都會賣的旋轉接線帽。

這種接線方案，在美國房屋配線中非常普遍。對於我們實驗的低壓線路，你只需要最小的尺寸（灰色編碼，圖 12-15），設計用來連接 22 至 16 號的電線，大概只需買一小包就用不完。

圖 12-15　接線帽以顏色區分大小，本書的實驗中只需要用到最小的（灰色）。

其他國家的電工規範或習慣，可能有自己獨特的接頭類型，但類型並不重要，只要能夠連接 22 號線即可。另一個選擇是使用如圖 12-16 的螺絲接線端子。我的圖中所示的類型，實質上是由數個連接器連成一排，你可以根據實際需要剪斷。

雖然介紹了這麼多，但其實你只會進行低電壓連接，所以大可直接將電線扭轉在一起，再用電氣膠帶進行絕緣就行了，只是時間一久，膠帶可能會有脫落的風險。

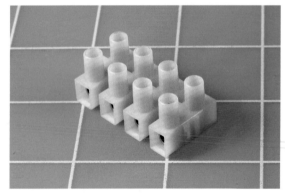

圖 12-16　螺絲接線端子。

洞洞板

當你打算製作一個固定免拆的永久電路時，會需要一個平台來安置電子元件，經由焊接固定這些元件，通常是一塊俗稱洞洞板的平台。這種板子，通常也被稱為**穿孔板**、**萬用板**或**原形板**。

最容易使用的是鍍有銅焊點的洞洞板，它的銅接點的排列方式與間距，跟麵包板內連線導體完全相同，可以讓你一對一，將麵包板上的電路佈局移植到洞洞板的優點，可以最大限度地減少錯誤。Adafruit 銷售的一種相當豪華的洞洞板，如圖 12-17，他們稱之為**永久原形板**。

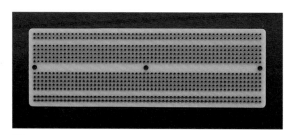

圖 12-17 這種洞洞板上銅焊點的排列與間距，都跟麵包板相同。

使用這種類型板子的缺點是空間效率不高，不適合放入你的安置電路專題專用盒子中。如果想要將電路壓縮到最小尺寸，可以嘗試用類似圖 12-18 的無焊點洞洞板進行**點對點**連接。你可以購買一塊大約 6 英吋 x 8 英吋的板子，並用鋸子切割需要的尺寸（洞洞板中的玻璃纖維，可能會使鋸子變鈍）。我將在實驗 14 中說明如何使用這種沒有焊點的洞洞板。

另外，銅焊點的洞洞板上面的銅導體圖案，也是五花八門，可以滿足各種使用者的電路佈局偏好。例如，還有一類銅導體圖案，故意設計成平行的圖案，使用方法也很特別，必須使用刀子，把想要斷開連接的地方割斷。

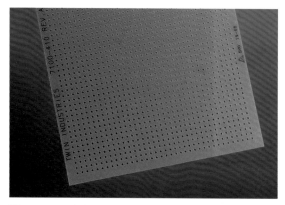

圖 12-18 無焊點的洞洞板，用來點對點佈線。

每個常常做焊接的人，似乎都有自己喜歡的「板面」配置，但我認為你在開始研究這些選擇之前，可能要先熟悉焊接的過程。

專題盒

專題盒子（圖 12-19）其實就是一個小盒子（通常是塑膠的，但有時是鋁製的），具有可拆卸的蓋子，用來收納你的電子電路專題。你可以在蓋子上鑽孔安裝開關、調節器和 LED，將電路板固定在放入盒子內的洞洞板上，也可以使用專題盒來容納小喇叭。

圖 12-19 可以用螺絲鎖住蓋子的小型專題盒。

可以 Google 一下「電子電路專題盒」，就能找到數十種專題盒子的示例。在實驗 15 中的入侵報警器實驗，你可以選用大約長 6 英吋，寬 3 英吋，高 2 英吋的專題盒收納。

勾爪型探針

在之前的實驗中，我建議你可以使用鱷魚夾連接線，來夾住你的電表探針，另一端同樣再以鱷魚夾來抓住線或元件。

如果你想要讓你的雙手自由，又能有效進行量測，有個更優雅的選擇是購買一對附有彈簧勾爪型探針的探棒（圖 12-20）。

圖 12-20　電表的探棒，但探針為勾爪形式。

如果圖 12-21 中探針部分是鱷魚夾的探棒，使用上也是挺方便的。或者，你可以繼續按照我之前建議的方式，使用鱷魚夾連接線。請記住，對於麵包板上的作業而言，電表探棒後面的電線短一些，在操作上會更方便。

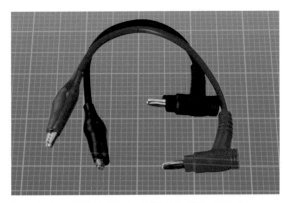

圖 12-21　電表的探棒，但探針為鱷魚夾形式。

直流電源供應器

我把最重要的品項留到最後介紹，一個家用交流電插座的直流電源供應器，可以轉換

市電為直流電源，因此你可以把直流電源供應器的輸出，直接供給你的麵包板上的電路。圖 12-22 是一個常見的 9V 直流電源供應器。

圖 12-22　典型的直流電源供應器。

如果你因本書而對電子電路產生興趣，想繼續嘗試建構各種電路的話，那麼，購買一個直流電源供應器，可省下買電池的成本。此外，任何 9V 電源供應器，都能夠提供比 9V 電池更多的電流。

你可以購買提供固定且單一直流電壓輸出的電源供應器，或是所謂**萬用型**的電源供應器，這種萬用型電源供應器，通常會有一個輸出電壓的選擇開關，讓你可以從一系列的電壓值中，選擇你想要的輸出電壓。聽起來很不錯，但是通常會提高實驗的成本，更大的麻煩是，萬用型電源供應器通常無法提供良好調節的輸出。

所謂「良好調節」是指符合一個好的直流電源，應該有的特性，客觀而言就是無論電路如何變化，輸出多少電流，仍能提供非常平穩的直流電壓。這點非常重要，因為在第 4 章中，實驗電路將涉及對電壓峰值敏感的邏輯晶片。因此，我建議選擇一個單純，僅提供 9V 直流輸出的電源供應器。在美國可以從線上供應商取得，如 All Electronics、Electronics Goldmine、Jameco Electronics 或

protechtrader.com（在台灣可以從電子材料行輕鬆購得）。

圖 12-23 是在一顆調節能力良好的直流電源供應器上，所測量到的輸出電壓波形。你可以發現，輸出的曲線雖然有一些起伏，但落差最高只在 0.02V 左右的範圍內，算是可以接受。

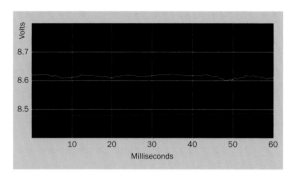

圖 12-23 一個令人滿意的電源供應器該有的電壓輸出波形。

唯一的問題在於，平均電壓接近 8.6V 還不到 9.0V，但考量到，這顆電源供應器通過 25Ω 可提供達 300mA 的電流情況下測得，好像還算不錯。再者，8.6V 這個電壓值對本書中的實驗也已足夠。

圖 12-24 上半部是一個輸出品質非常糟糕的電源供應器，下半部則是在加了一個 47μF 的電容後，輸出電壓的平滑度有稍稍改善，但仍然無法接受。

我建議，當你採購實驗器材時，電源供應器是一個需要再三思考，不要以價格為導向的品項，因為購買劣質的電源供應器，可能會造成各種問題。

最後，購買電源供應器時，還有一些需要注意的事項：

- 如果你不小心將電源供應器輸出短路，便宜的電源供應器可能無法處理短路過載的情況。

- 務必確認電源供應器是輸出直流電源，而不是交流電源。雖然幾乎所有的電源供應器都給你 DC 輸出，但還是有一些例外。

- 電流輸出額定至少是 300mA（也可能寫成 0.3A）的電源供應器。

- 電源供應器的輸出接頭部分是什麼形式，其實都無所謂，因為當你要把直流電輸出到麵包板上時，可能會把輸出的接頭剪掉（我會告訴你如何做這件事。）

- 一個不重要的術語是**家用交流電插座**，有時你會在電源供應器的描述中看到。

想要製作一個永久而免拆的固定電路，所需的相關物品，大概就是以上這些。現在是時候研究一下如何進行焊接了。

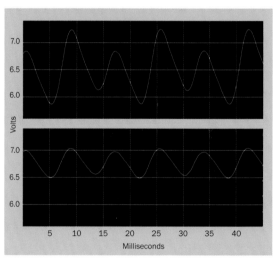

圖 12-24 上半部展示令人無法接受的輸出電壓波形。下半部則是輸出經過 47μF 整流後的結果，波形稍微平順一點。

實驗 12
讓兩條線黏在一起

你的焊接冒險，會先從簡單的一根電線連接到另一根電線開始，但很快就會進入到，如何在洞洞板上製造完整的電子電路。

你會需要：

* 電線、剪線鉗、剝線鉗。

* 烙鐵。如果你只有一支，最好是功率為 15W。但是如果，你額外有一支 30W 的烙鐵，會讓剛開始的焊接體驗更輕鬆。

* 焊錫，直徑大約 0.05 英吋（1.5 mm）。

* 焊接第三手工具或類似的裝置，可以用來固定你要焊接的物件。

* 選配：直徑介於 1/8 英吋和 1/4 英吋之間的熱縮套管。

* 選配：熱風槍。

* 選配：厚紙板或膠合墊板，以防止焊錫滴落損壞你的工作台表面。

注意：烙鐵通電後，會變得非常燙！

日常生活中用來燙衣服的蒸氣熨斗，因為它的熱容量更大，實際上可能比烙鐵更危險，話雖如此，焊接時，你仍應小心謹慎。請注意以下基本防護措施：

* 使用合適的架子來放置烙鐵，不要直接把烙鐵放在工作台上。

* 如果你家有小嬰兒或寵物，請記住他們可能會玩弄、抓住或纏結你的烙鐵上的電線，有可能因為拉扯動烙鐵，而傷害自己（或你）。

* 千萬不要將熱的烙鐵頭，觸碰正在供電的電線，因為烙鐵會在幾秒鐘內熔化電線的外層絕緣體，造成嚴重短路。

* 如果烙鐵掉落，千萬不要英勇地去接住它。

大多數烙鐵沒有任何燈號提示你「它們已插上電源」。再者，即使斷電後，烙鐵在幾分鐘之內，可能還有足夠燙傷你的餘熱，所以，即使已拔掉插頭，也應始終假設烙鐵還是熱的。另外，要避免吸入熱焊錫產生的煙霧。因此，在通風良好的區域工作，絕對是個好主意。

完成第一個焊接作品

插上烙鐵電源，把烙鐵安穩地放在烙鐵架上，並且隨意找點其他事情做，等個 5 分鐘。如果沒有給烙鐵足夠的時間完全加熱，則由於溫度不足，將導致焊錫無法完全熔化，就無法焊出品質良好的連接點。不要相信製造商聲稱它們家的烙鐵「只要加熱 1 分鐘或更短時間內就可以使用」的說法。

首先，你需要兩條 22 號單心接線電線，每條至少 2 英吋長，並且將端點絕緣體剝掉，再將它們夾在「焊接第三手」上，並且使它們互相交叉並相互觸碰，如圖 12-25 所示。

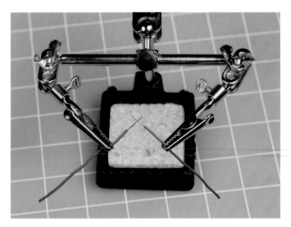

圖 12-25 準備好你的第一次焊接大冒險了嗎？

為了確認烙鐵已經準備好了，可以將銲錫碰觸一下焊頭。如果銲錫立刻熔化，表示烙鐵溫度 OK，已經可以使用了。如果熔化得很慢，那麼表示烙鐵溫度還不夠，或者是烙鐵頭很髒需要清潔。

許多人會使用配置在焊接架上的海綿，來清潔烙鐵頭。使用這個方法，應該先將海綿浸濕，然後以烙鐵就海綿擦拭。但是我個人比較不喜歡這樣的清潔方式，因為讓高溫的烙鐵頭沾到潮濕的海棉，產生快速的冷熱膨脹和收縮，可能會使烙鐵頭的尖端形成小裂紋。

我偏好使用一種較原始的方法：把一張普通紙揉成一個球，用這個紙球快速地擦拭烙鐵頭，但是要避免紙球產生燃燒，同時注意不要燙傷手指。在烙鐵頭沾（餵）上一點點銲錫，直到熔化的錫，讓烙鐵頭均勻發亮。圖 12-26 示範了清潔焊接的動作。千萬不要用任何比紙張更有摩擦力的東西，去擦拭烙鐵頭。

圖 12-26 清潔烙鐵頭的方法。使用弄皺的紙球來清潔烙鐵頭，並且要避免燒焦。

現在，參考圖 12-27 到 12-30 的四個步驟來製作第一個焊接作業。

步驟 1：將烙鐵頭的尖端，穩定地觸碰在單心線金屬導體的交叉點上，把導體加熱至少 5 秒鐘。到目前為止，還不需要餵入銲錫！

步驟 2：在保持單心線的金屬導體與烙鐵接觸的同時，將一點點銲錫餵到金屬導體的交叉點上。此時兩條線、銲錫和烙鐵頭的尖端應該全部在一個點上。

步驟 3：一開始焊錫可能會慢慢融化。需要有點耐心。

步驟 4：在圖 12-30 中，你可以看到焊錫已形成一個漂亮的球形塊。如果對這個球形塊吹氣冷卻，應該能夠在 10 秒內降溫到可碰觸的狀態。此時，焊接處的錫球應該是圓形的，並且有均勻的銀亮色的光澤。

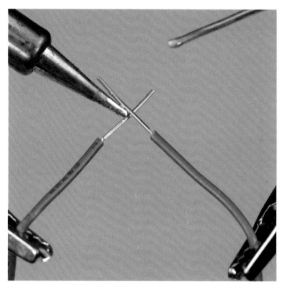

圖 12-27 第一步驟：加熱電線內的金屬導體。

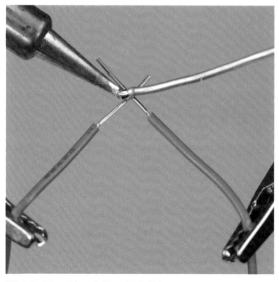

圖 12-28 第二步驟：餵入焊錫。

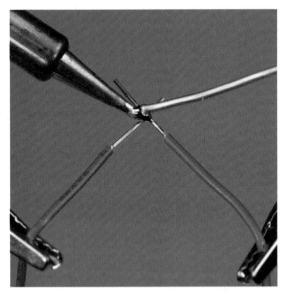

圖 12-29　第三步驟：因熱熔化的焊錫，開始流動並包覆整個接點。

圖 12-30　第四步驟：焊錫冷卻凝固後，在焊接處形成一個亮晶晶的金屬球。

當焊接處完全冷卻後，可以嘗試從焊接第三手取下這個焊接的成品，嘗試拉開被焊住的兩條電線。用力拉！如果使盡吃奶的力氣都拉不開，那麼，這個焊接是很成功的，代表這兩條電線之間，已經產生很穩固的電氣連接。相對的，如果焊接的品質不良，你將可以輕鬆地分開這兩條電線。一般會導致焊接

失敗的原因，可能是烙鐵不夠熱或是焊錫不夠多，圖 12-31 是焊接成功與否的示意圖。

圖 12-31　區分好（右側）與不好（左側）的焊接成果，其實並不困難。

三個關於焊接的謠言

謠言 #1：聽說焊接非常困難？事實是，已經有數百萬人學會如何焊接，但我深信他們並不比你更能幹！

謠言 #2：聽說焊接過程會產生有毒化學物質，而危害你的健康。事實是，你確實應該避免吸入焊接過程產生的煙霧，但在日常許生活中，許多場合不也是這樣，例如漂白劑和油漆。如果你擔心觸摸焊錫，可以戴上丁腈材質的手套。

謠言 #3：聽說焊接烙鐵是非常危險的。事實上，如果你觸摸到通電中烙鐵，肯定足以讓你燙傷，但是在我的經驗中，工作室中的其他動力工具更加危險。

八個常見的焊接作業上的錯誤

焊接時，未充分加熱。連接處看起來還好，但是由於加熱不足，焊錫並沒有完全熔化到足以重整其內部分子結構的狀態，因此事實上內部仍然呈現顆粒狀態，而不是成為一個整體的均勻固體。

我們稱這樣的狀態為**乾燥的焊接點**，也就是俗稱的冷焊。當你稍微拉一下，兩條電線應該會輕易分開。對於冷焊的補救，你應該重新加熱焊接處並且重新餵上焊錫。

沒有先將焊接處預熱。有些讀者喜歡直接讓焊錫先融化在烙鐵頭上，再把呈液態的焊錫，以烙鐵頭「端」到想要焊接的位置。這樣的程序會造成一個問題，由於電線本身溫度低且散熱快，因此想要讓焊錫附著在要焊接的部位時，焊錫的溫度會被電線迅速帶走一部分，所以可能造成冷焊的結果。

程序上，應該先以焊接對焊接處加熱，再餵入焊錫。這樣的話，由於電線金屬導體是熱的，所以不會發生冷焊的情形。

- 因為這是一個很常見的問題，所以我會反覆提醒。你也應該不希望花時間將熱騰騰的焊錫，放在冷的電線上造成冷焊。

加熱過度。持續對焊接處加熱，固然可能使焊錫熔化完全，幫助你製做出良好的焊點，但卻會導致因持續的加熱而損壞焊接處，周圍的東西，好比說，鄰近電線上的基絕緣材料因此熔化、半導體因高溫而損壞等。理所當然，損壞的元件必須被除焊拆下更換，這需要時間而且非常的麻煩。所以，如果由於某些原因，你的焊接無法一次成功，請稍稍暫停一下，讓焊接處冷卻一下，再重新嘗試。基本上，如果你使用的是 15W 烙鐵，不太可能有所謂加熱過度的情況。

焊錫不足。兩個導體之間，由於焊錫給的不足，只有薄薄的一層焊錫包覆，連接可能不夠穩固。因此，當連接兩條電線時，一定要檢查焊接處是否完全被焊錫所包覆（我想這就是放大鏡的用途所在）。

在焊錫凝固前，不小心移動要焊接的兩個標的。這樣的動作，可能導致焊點內部，產生難以觀察到的微小裂縫，而且，此時還不太影響電力的傳導，但時間一久，很容易由這個小裂縫變成大裂縫，進而發生接觸不良，或直接變成斷路的情況。如果在焊接時，固定要焊接的標的物，就可以避免這個問題。

焊接處的金屬表面有髒污或油脂。雖然焊錫內含的松香，可以幫助清潔焊接部位金屬的表面，但是，髒污或油脂仍然會妨礙焊錫的黏附。如果任何元件看起來明顯有髒污，請在焊接前使用細砂紙清潔。

烙鐵頭上的碳。烙鐵在長時間的使用中，烙鐵頭會逐漸累積阻礙熱量傳輸的黑色碳粒。請按照先前的描述清潔烙鐵頭。

不適當的焊接標的。電子焊錫是針對電子元件設計的，它無法用於鋁、不鏽鋼或其他各種金屬的焊接場合。你可能可以讓焊錫黏附到鍍鉻物品上，但還是非常困難。

焊接完成後，未測試焊點。對任何焊接的成品，不要假設它絕對沒問題，務必施加一點力量，來測試焊點的穩固程度。如果你很難對焊接的地方施力，可以在焊點處，以螺絲刀或小鉗子稍微扳動它。不要擔心這個動作會破壞你的成果，因為如果你的焊接成果，連這小小的衝擊都無法通過，那麼，就可能不是一個很好的焊接點成品。

這八個錯誤中，冷焊是最糟糕的錯誤，而且冷焊焊接點，外表看起來又與正常焊點一樣，因此應該要小心避免。

第二個焊接作業

現在是製作更具挑戰性焊點形式的時候了。再一次提醒，開始前，你的烙鐵應該已經通電至少 5 分鐘，足以確保烙鐵夠熱，可以用以形成良好的焊點。

這次我希望你將電線導體部分，彼此平行對齊。這種形式的焊接，比起電線交叉時的焊接略為困難，但是，卻是一種必要的技能。

否則，你將無法將熱縮套管，滑到已焊接完成的焊接點上進行絕緣。

圖 12-32 到 12-36 呈現製作這種形式焊點的五個步驟。一開始，不用要求兩根電線的金屬導體完美貼合，因為之後的焊錫，會填補其間任何小間隙。但是，和前一個焊接作業的要點相同，電線必須足夠熱，才能讓焊錫容易流動，如果使用低功率的烙鐵，可能要再對焊接部位的金屬導體多加熱一會兒。

請按照圖片所示的方式餵入焊錫。請記住：不要嘗試以烙鐵頭將熔化的錫「端」到想要焊接的位置。程序上應該先加熱電線的金屬導體，然後將焊錫餵到金屬導體以及烙鐵頭的接觸點上。等到焊錫熔化液化，你就會看到它迫不及待地流入兩線的接縫中。如果你的焊接流程中不是這樣，請再加熱一段時間。

圖 12-32　第一步驟：使金屬導體水平對齊。

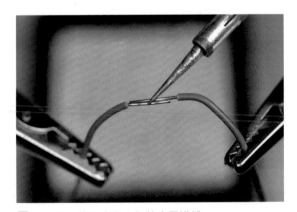

圖 12-33　第二步驟：加熱金屬導體。

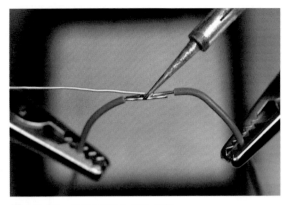

圖 12-34　第三步驟：餵入焊錫。

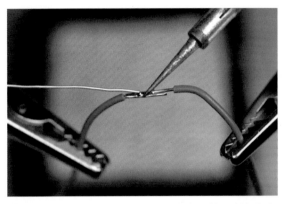

圖 12-35　第四步驟：焊錫開始熔化，並逐漸包覆在金屬導體上。

圖 12-36　第五步驟：完成的焊點整個是亮晶晶的，焊錫已經均勻包覆在電線的銅導體上。

理論上，完成的焊點會有足夠的強度，但不會有太多額外的焊錫，影響熱縮套管的滑動。接下來，我馬上要談到這個部分。

熱傳導效應

焊接時的目標，是將烙鐵的熱量傳遞到你想要焊接的部位上。因此，請嘗試調整烙鐵頭的角度，以使其與焊接處的接觸面積為最大，如圖 12-37 和 12-38，尤其是如果你使用的是粗線。

圖 12-37 烙鐵頭和工作物，表面之間的接觸面積過小，導致傳熱不足。

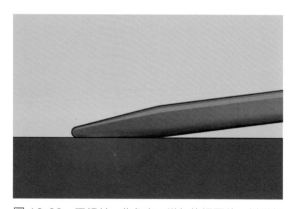

圖 12-38 更傾斜一些角度，增加接觸面積，以增加熱傳遞。

熱傳導對於焊接作業是兩面刃，好的是，一旦焊錫開始熔化，由於焊錫可以自由的流動，因此會擴大接觸面積，有助於烙鐵傳遞更多的熱量到焊接處，所以，焊接過程會自然而然地加速。

壞的是，在焊接一開始時，同樣由於熱傳導效應，可能會抽走焊接處所需的熱量，並把熱量傳遞到其他不需要焊接的地方。例如，

你想要焊接一根大直徑的電線，由於電線金屬導體不斷的把熱量從焊接處傳導走，因此即使用上了 40W 的烙鐵，焊接處可能永遠不會到達足以熔化焊錫的溫度。同時，當銅線未熱到足以熔化焊料時，它卻可能已經足以熔化電線的絕緣層。

結論是，一般而言，如果不能在 15 秒內完成焊接工作，那麼，就有可能是熱傳導效應，導致施加的熱量不足，此時，可能就要另外想辦法。

熱縮套管

如果你有熱縮套管和熱風槍，就可以很容易地給兩條剛剛焊接完成的平行金屬導體，進行絕緣保護。

剪下一段約 1 英吋長，剛好足夠滑過電線，及焊點大小的熱縮套管，沿著電線滑動，直到熱縮套管完全包覆焊點，如圖 12-39，將熱縮套管放在熱風槍前，並啟動熱風槍（手指務必遠離非常熱的風口）。將電線旋轉，使兩側受熱，在 15 秒內，熱縮套管就會在接點周圍縮緊，完美包覆（圖 12-40）。

圖 12-39 把你的焊接點進行絕緣保護。

圖 12-40　熱縮套管收縮了，絕緣的工作就完成。

但是，如果你的熱縮套管加熱過度，那麼可能會縮小到裂開的地步，這時候，你只能用電工刀，把熱縮套管劃開剝除後，重新再試一次。所以，加熱時，一旦發現熱縮套管已經開始緊縮，就可以停止加熱，因為此時再加熱也沒有意義。需要特別注意的是，儘管熱縮套管主要是往垂直電線的方向收縮，但事實上長度也會稍微收縮。

我特別選用了白色的熱縮套管，可以在照片中看得很清楚，其長度確實略為縮水（其他顏色的熱縮套管，也會有相同的特性）。

注意：熱風槍依舊有可能燙傷人

如果你使用的熱風槍出風口是金屬材質，使用後幾分鐘內，它的溫度很可能仍然足以灼傷你。

而且，就像使用烙鐵一樣，其他人（或家中的寵物）不一定知道熱風槍有一定的危險性，所以也可能會受傷。

最重要的是，在你開始使用之前，請告知家人，不要錯誤地將熱風槍當吹風機使用（圖12-41）。

圖 12-41　一定要讓你的家人明白，熱風槍不能代替吹風機。

小改一下你的電源供應器

假設你已經擁有一個直流電源供應器，那麼，如何將其電源輸入麵包板中呢？有兩種方法可供你選擇。其中一種改裝方法較簡單而且不需要焊接，但是，我會推薦你，使用我認為是更好的方法，但這個方法，就需要用前面討論的焊接技巧。

但無論你選擇使用哪一種，第一步都是剪掉電源供應器電線末端的插頭（圖 12-42）。但是，千萬不要在直流電源供應器還插在插座上時，做這種事。

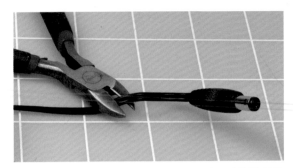

圖 12-42　必須在電源供應器未插電時，才能進行剪去插頭的動作。

下一個問題是，剪掉插頭，從電源供應器延伸出來的兩條電線，哪個是正極，哪個是負極？一般而言，廠商通常會在其中一條電線上標記，如圖 12-43 所示，這條可能是正極，但「可能」不是我喜歡的詞。讓我們來確認一下。

圖 12-43 電源供應器的其中一根導線，通常有特別的標記，有標記的通常是正極，但是你仍然需要確認一下。

如圖 12-44 一樣，使用電工刀把兩條電線分開，接著如圖 12-45，分別剝去半英吋長的絕緣層。

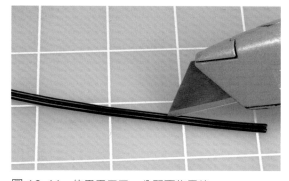

圖 12-44 使用電工刀，分開兩條電線。

圖 12-45 去掉絕緣層，讓導體裸露出來。

要小心保持兩條電線間隔一段距離，在將電源供應器插入插座開始送電時，務必不要讓它們碰觸到彼此，因為即使電源供應器輸出的是 9V 的低電壓，如果讓它們互相碰觸，還是會產生令人心驚膽戰的大火花。最好的預防措施是像圖 12-46 一樣，使用鱷魚夾，來夾住並固定電線。

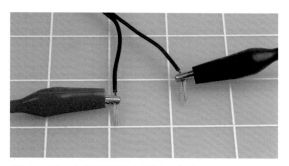

圖 12-46 在將電源供應器插電之前，確認兩條電線導體分離而不相碰觸而短路。

現在將電源供應器插入牆上插座，並且將電表切換到電壓檔，測量電源供應器的電壓輸出。我們只需要知道哪一條電線是正極，哪一條是負極。如果電表顯示負號，那麼，請交換探棒重試。

當你的電表顯示正值，就可以知道，紅色探棒接觸的那條電線，就是你的電源供應器輸出的正極。極性的確認非常重要，因為你不會希望，將極性錯誤的電源，供給電路中的元件，造成毀損。

判斷出正負極以後，可以把電源供應器從插座拔下來，以你可以了解的方式，把正極的那條電線標記出來（可以使用膠帶或是鱷魚夾做個記號）。請記住，與紅色探棒探針碰觸的那條電線，才是要標記的正極。

剛剛提到，你應該把電源供應器自插座拔除，在繼續之前，請再次檢查一下。

其次，為了最大限度避免兩條電線碰觸短路，你可以使用斜口鉗，修剪一下兩條電線的長度，可以如圖 12-47 一樣，使負極的電

線比正極的電線更短一些。現在,取 3 英吋的紅色 22 號單心線,與電源供應器的正極連接;另一條 3 英吋的藍色或黑色的 22 號單心線,與負極連接。

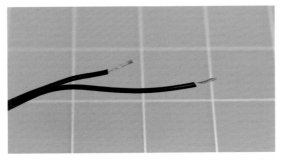

圖 12-47　為了以防萬一,可以將兩條電線修剪成不等長,保證兩者不會短路。

現在,你可以選擇你的連接方式了,可以選擇透過焊接,也可以選擇使用接線帽將它們分別連接在一起(確認已經拔掉電源供應器了?對嗎?)

如果你沒有烙鐵:

將電線擰在一起(圖 12-48),然後如圖 12-49 將已經擰在一起的電線,凹折成雙倍厚度,以便能夠緊密地由接線帽保護,最後旋上接線帽確保緊密接合(圖 12-50)。最好再加上電工膠帶或任何其他類型的膠帶,補強接線帽的安全。我恰好有一捲藍色的電工膠帶,可用來負極連接的加強保護。

圖 12-48　使用 22 號單心線,分別與電源供應器的兩條電線,纏繞在一起。

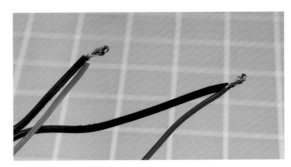

圖 12-49　纏繞完,再凹折一次。

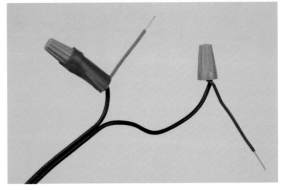

圖 12-50　使用接線帽,對纏繞連接的地方進行保護。

如果你有烙鐵:

使用先前描述的平行導體焊接技術,將代表正負的單心線,正確地焊接到電源供應器的正端及負端的電線上。如果對焊接的成品強度感到懷疑時,請重新加熱焊點,將電線分開,再試一次。我猜你不會希望,任何一個焊點,在操作時突然無預警的分道揚鑣。

完成後,你要對焊點進行絕緣保護。如果可能,熱縮套管是最好的選擇。但是,如果你沒有熱縮套管,你可以彎折焊接處金屬再用接線帽保護。再次之,也可以使用電氣膠帶包覆。如果連電氣膠帶都沒有,使用兩到三層的一般膠帶也行,但無論如何,你都要設法使用一些東西進行絕緣保護!

現在,將單心線的另一端,插入麵包板的匯流排,你就不再需要 9V 電池了!

實驗 13
烤個 LED 試試

在實驗 2 中，我向你展示了如何燒毀 LED。那次的小冒險，其實是由於較大的電流流過 LED，因而產生過多的熱量造成的。

你可能會聯想到，既然電流產生的熱能可以燒了 LED，那麼來自烙鐵的熱能也可能產生相同的影響呢？似乎很有可能，但只有一種方法可以確認，那就是動手實驗看看吧。

你會需要：

- 9V 電池和專用連接器，或 9V 直流電源供應器。

- 尖嘴鉗或無牙尖嘴鉗。

- 15W 烙鐵。

- 選配：30W 烙鐵。

- 3mm，LED 燈〔1〕。

- 電阻，470Ω〔1〕。

- 焊接第三手。

- 純銅的鱷魚夾〔1〕。

我建議在這個實驗中使用 3mm 的 LED，因為它比 5mm 的 LED 更容易受到熱損壞。另外，我刻意選擇黃色的 LED，是因為比起紅色的 LED，它更容易拍攝，而你可以使用任何你現有顏色的 LED。這個實驗的目的是研究熱的影響，讓你知道熱去了哪裡。

有了這個想法後，你應該不會想要使用麵包板進行測試，因為麵包板內部，有太多內連接導體，會偷偷的幫忙吸收熱量，影響我們的觀察。我也不建議你使用鱷魚夾連接線靠近 LED，因為它們也會吸收熱量。為了避免這些變因，我的作法如圖 13-1 所示。

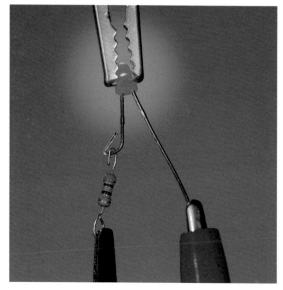

圖 13-1 準備好來測試一下 3mm LED 的耐熱程度了嗎？

首先，使用尖嘴鉗，把 LED 的接腳線凹成一個小勾，並將一個 470Ω 電阻的兩隻腳，做同樣的加工。以焊接第三手上的鱷魚夾，夾住 LED 的塑膠外殼，為了降低導熱損失，我把電阻器鉤在剛剛凹折的 LED 那隻接腳上，而電源則從 LED 的另一隻接腳，以及電阻的另一隻腳提供，兩者在重力的作用下，完美平衡。

由於塑膠材料不是一個好的導熱體，因此 LED 不至於經由鱷魚夾失去太多熱量。

好了，通電吧！施加 9V，此時你的 LED 應該會亮得刺眼。接著，把完全加熱後的 15W 烙鐵頭，穩定的扣在 LED 其中一支接腳上。

大約 15 秒後，你應該會看到 LED 已經開始出現狀況。再經過 15 秒後，它會像圖 13-2 一樣，只剩慢慢消逝的微弱火苗。

為了滿足你的知識追求，LED 已經犧牲了，RIP…。把它丟入垃圾桶，然後換上一個新的 LED，我們試著對它友善一點。元件之間的連接照舊，但這次在你的烙鐵頭尖端和 LED 之間夾上一個銅製的鱷魚夾，如圖 13-3 所示。這次，你應該能夠將烙鐵，狠狠的扣

在 LED 的接腳上整整 2 分鐘，卻不會燒壞 LED。

圖 13-2　以 15w 的烙鐵，對 LED 的一隻腳加熱 15 秒後⋯

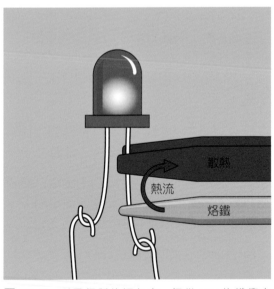

圖 13-3　利用銅製的鱷魚夾，把從 15w 烙鐵衝向 LED 的熱流分散掉。

熱量的去向

想像一下熱量從你的烙鐵頭流出，進入 LED 的接腳中，但熱流在途中卻遇到了如圖 13-3 的鱷魚夾。意外的是，熱似乎更喜歡銅製的鱷魚夾，轉而流向鱷魚夾方向，避免了 LED 直接受到熱流的衝擊，其實，這是由於銅比 LED 的塑料外殼，更好地傳導熱量所致。

我們可以說，在這個實驗裡，銅製鱷魚夾充當了散熱器的作用。

一個銅製鱷魚夾會比普通鍍鎳的鱷魚夾，更有散熱的功效，這是因為銅本身，就是一種極佳熱傳導材料所致。在進行電子實驗中，發生燒壞零件的情形總是令人非常煩惱（尤其是你沒有備用品的時候）所以我總是以安全第一為原則。

例如，如果必須將通電狀態下的 15W 烙鐵，貼近半導體元件超過 20 秒，我就會考慮使用散熱器。如果你使用一個 30W 的烙鐵處理脆弱的元件，那麼，我覺得使用散熱器是絕對必須的。

實驗 14
可穿戴的諧振器電路

在洞洞板上安裝元件的優點之一，是電路體積可以顯著地縮小。如果你能找到放置電池的地方，甚至能夠製作可穿戴設備。例如，如果你將電路安裝在帽子的前面，你可以把電池藏在頭頂和帽子中心之間的空間裡。

這個實驗中，實驗 10 的無穩態諧振電路被縮小到只有 0.6 英吋 x 1 英吋的洞洞板上。

你會需要：

- 9V 電池（或 9V 直流電源供應器）以進行測試。

- 電線、剪線鉗、剝線鉗、萬用電表。

- 15W 烙鐵。

- 焊錫，0.05 英吋（1.5mm）或更薄。

- 沒有焊點，且間距為 0.1 英吋的洞洞板。

- 焊接第三手或類似物。

- 電阻，4.7KΩ〔2〕、470 KΩ〔2〕。

- 1µF 陶瓷電容〔2〕。

- 2N3904 電晶體〔2〕。

- 3mm，紅色 LED〔2〕。

將電路移轉到洞洞版上

在洞洞板上，安裝元件的最簡單方法，是進行點對點佈線。具體的流程說明如下：

1. 繪製元件的佈局草圖，想像如何將它們的接腳連接在一起。

2. 確定好位置後，將元件接腳穿過板子上的孔洞。

3. 彎曲元件接腳，使各個元件的接腳在洞洞版的另一面，依據電路圖的連接關係，相互連接。

4. 進行焊接。

5. 剪掉過長的接腳。

聽起來相當簡單，但事實上還有一些問題需要處理。

1. 洞洞板下的元件接腳不會被絕緣，因此必須避免交叉。如果實在無法避免交叉，兩個點之間的連接，可以加上絕緣線。

2. 如果你想要製作一個精巧又美觀的電路，通常意思就是零件會需要緊密安置在非常小的空間裡，要達成這個目的，你會需要非常穩定的手和熟練的焊接技巧。另外，如果你的烙鐵頭相對較大，也會對製造這種小巧的電路產生困難。

圖 11-2 中的無穩態多諧振盪器電路，其實非常適合在洞洞板上建構，因為元件間的排列關係，幾乎不需要重新設計。圖 14-1 是我最後的佈局，請注意，洞洞板的孔距是 0.1 英吋，表示孔洞之間僅有 0.1 英吋的間距。

所有的元件接腳都穿過孔洞，並在洞洞板的另一面進行電氣連接（圖 14-2）。由於諧振電路佈局具有對稱性的特色，因此我的佈線最後會長成這樣，其實不難想像。

但大多數電路是不對稱的，一翻轉洞洞板，你可能很難想像元件間的連接關係，因此，這就是我把繪製草圖排在製作洞洞板電路流程的第一步的原因。更進一步的，如果能拍攝繪製出的草圖，並使用影像編輯軟體翻轉它，你將可以直接看到完成品，也就是在洞洞板背面佈線的樣子。

比較圖 14-1 和圖 14-2，你應該能夠按照連接方式進行比對，以確認它們與圖 11-2 中的電路圖相同。

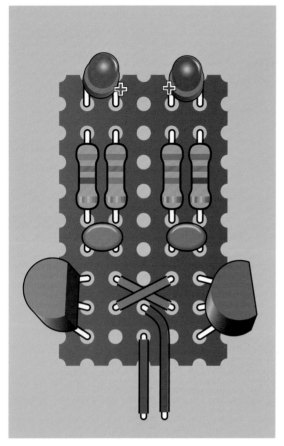

圖 14-1　將無穩態諧振電路，以點對點方式在洞洞板上佈線。

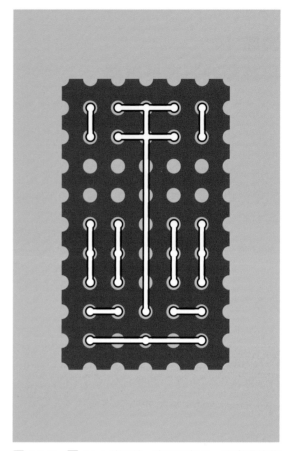

圖 14-2　圖 14-1 的電路，在洞洞板另一面實際的佈線情形。

現在較困難的是：製造這個電路。

製造過程

圖 14-3 是我正在進行中的電路製造。請注意，我故意將電路在洞洞板的角落，進行組裝搭建，這樣我的焊接第三手上的鱷魚夾，就可以輕鬆地夾住板子，又不致影響我的視線。我會一直等到整個電路完成，並通電測試無誤後，我才會修剪板子。

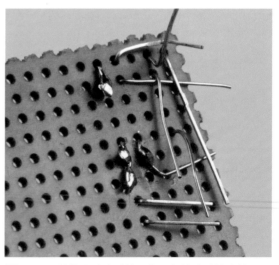

圖 14-3　依據電路的連接關係，焊接應連接的接腳。

我的步驟是將四或五個元件的接腳線，穿過板子上的孔洞，然後彎曲接腳，以防止元件在翻轉板子時掉落。參考我的連接草圖（如圖 14-2），焊接幾對元件接腳，並修剪它們，依此類推，逐漸把元件連接起來。

另外，我會經常停下來，用放大鏡仔細檢查焊接點是否完美，因為，如前面章節所說的，焊接時容易發生的錯誤不少。

從圖 14-4 可以看到所有的零件，安裝在板子上。圖 14-5 是我修剪洞洞板到合適的大小後，洞洞板板子底部的樣貌。我知道你在想什麼，沒辦法，從小美勞課就沒得過高分。只是希望透過展示我的作品告訴你，我都能夠做出這樣的作品了，相信你一定可以做得更好。

圖 14-4　全部的元件都已經安裝到洞洞板上。

圖 14-5　該焊接的連線已完成焊接，並且把電路區塊從一大片洞洞板上剪下來。

圖 14-6 是我的最終完成品。由於我剛好擁有一套帶鋸床，所以修剪麵包板非常輕鬆，但如果你只有手鋸，應該也不會有太大的問題。先測試電路的功能無誤後，壓住洞洞板未使用的部分，把有零件的部分小心鋸下來，就完成了。

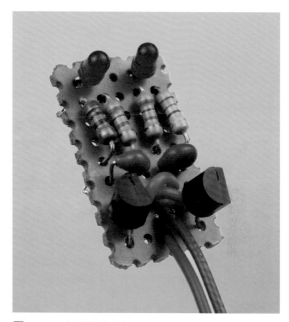

圖 14-6　無穩態多諧振盪器，洞洞板的版本完成品。

有更簡便的製造方法嗎？

你可能會覺得，這種電線連接的方式太麻煩了，是否有更好的方法？

當然有，你可以購買已經配置銅焊點，並且仿麵包板內連線佈局的洞洞板（圖 12-17）。你可以將每個零件的接腳，焊接到接孔的焊點上，適當排列的話，這種洞洞板的仿麵包板內連線的導體，就可以幫你連接到下一個元件的接腳線。

總之，這比起上一個方法簡便多了，一隻接腳，只需要一次焊接連接，而不是像上個方法一樣，有可能需要把多隻接腳焊在一起。這樣的結果，會讓佈線看起來更整潔，但是，正如我之前所說的，整個電路完成品，就無法像上一個方法這麼的精巧。

其實還有一個最完美的方法，那就是你可以自己製作印刷電路板，但這個部分超出本書的範圍，暫不討論。

修正接線錯誤

我很幸運，我的洞洞板版本的諧振器電路，一次就成功了，並能正常運作！顯然我的接線除了外觀，呃～藝術了一點之外，沒有出現任何錯誤。如果你的電路，不小心出錯了，那麼應該如何撤銷焊點呢？

清潔烙鐵頭的尖端，並使用烙鐵盡可能地撥除焊料。你也可以嘗試使用圖 12-8 的吸錫球或圖 12-9 的吸錫線（但我對這些工具的效用保持懷疑態度），或者，使用尖嘴鉗子，夾住要拔除的電線，同時加熱固定這條電線的焊錫，就可以將電線拉出。

錯誤的接線，並非導致電路無法正常動作的唯一因素，先前我已經提到了焊接加熱不充分或焊錫不足所引起的問題，但事實上，太多的焊料也會引發問題。例如，過多的焊錫，導致原本不應該連接的點之間，產生了電氣連接（俗稱錫橋短路），可能就導致電路的不正常。如果有這樣的情況，可以使用電工刀，刮掉它們之間的連線。

如果你有良好的照明的話，修正接線錯誤，會變得事半功倍。

小心暗器！

當你用鉗子剪切電線時，基於槓桿原理，對電線施加了強大的力量，因此當剪斷電線當下，施力會達到頂峰，然後突然釋放，力量會轉化為被剪斷電線的動能。有些電線相對較軟，可能還沒什麼危險，但是電晶體和 LED 等元件的接腳，往往是十分堅硬的金屬材質。

剪切的當下，就好像暗器一樣，以高速，向不可預測的方向飛去，當你靠近這些零件時，亂飛的金屬線段，就可能對眼睛造成嚴重的傷害。如果你剛好有戴眼鏡，眼鏡應該可以在你修剪電線時保護你。如果你視力 2.0 不用眼鏡，那麼，護目鏡是一種明智的預防措施。

令人困惑的量測

說到這裡，請容我稍稍偏離一下主題，談談我一直刻意避免觸碰「測量單位」的問題。

因為我生活在美國，所以我大部分以英吋（inches）作為常用的長度單位，在本書中，我卻會使用 LED 的直徑，是 5 mm 或 3 mm 這樣的說法。這不是我人格分裂還是怎麼的，這樣混用的描述，間接反映出電子產業，沒有統一單位標準的事實，你可以在同一份電子產業資料文件中找到混用英吋和 mm 的情況。

例如，表面黏著的 IC，其接腳間距通常以 mm 為單位測量，但採用雙列直插封裝（DIP）的 IC 接腳間距卻是 0.1 英吋，而且總是這樣，沒有例外。此外，使用相同單位的地方，也會有不同的量測系統並存，造成量測結果的表示方式混亂，例如使用英吋的美國。

在美國，對金屬的厚度，可能會使用十進制的英吋系統，進行測量，因此，對一張鋼板，合理的描述可能是有著 0.016 英吋厚度。然而，鑽頭卻是以所謂的分數英吋系統來測量，每 1/64 英吋為一個增量。這個系統的一個特點是，當你擁有兩個 1/64 時，它就等於 1/32 英吋，當你擁有兩個 1/32 時，它就等於 1/16 英吋，以此類推。所以，6/64 英吋會被寫成 3/32 英吋，而 8/64 英吋則是 1/8 英吋。

大部分的國家都已經改為公制系統了，但美國似乎還不太願意改變，因此，在接下來的兩頁中，我提供四張圖表，來幫助你轉換不同的測量系統。

圖 14-7 是分數英吋相當於百分之一英吋的對應值。圖 14-8 是小數英吋相當於分數英吋系統的對應值，因為你很可能會遇到如 0.375 英吋這樣的測量，如果你知道這等於 3/8 英吋，就會很有用。

許多資料表提供 mm 和英吋的測量值，但現在有些資料只使用 mm。圖 14-9 則可以讓你在 mm、百分之一英吋和分數英吋之間進行轉換。從這個圖中你可以發現，如果你需要為 5 mm 的 LED 鑽一個孔，使用一個 3/16

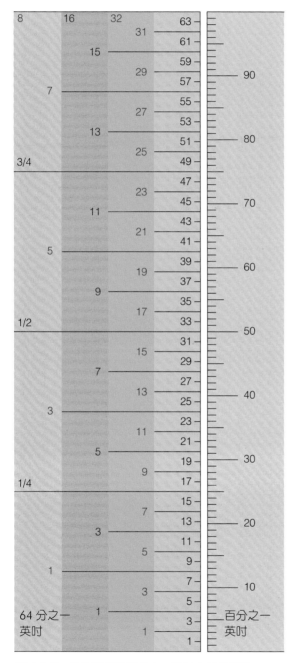

圖 14-7 分數英吋和百分之一英吋之間的轉換。

圖 14-8（小數英吋和分數英吋之間的轉換）

64 分之一英吋	小數英吋	32	16	8（十進位的相等值）
	.9844	63		
	.9688	31		
	.9531	61		
.9375			15	
	.9219	59		
	.9063	29		
	.8906	57		
.875				7
	.8594	55		
	.8438	27		
	.8281	53		
.8125			13	
	.7969	51		
	.7813	25		
	.7656	49		
.75				3/4
	.7344	47		
	.7188	23		
	.7031	45		
.6875			11	
	.6719	43		
	.6563	21		
	.6406	41		
.625				5
	.6094	39		
	.5938	19		
	.5781	37		
.5625			9	
	.5469	35		
	.5313	17		
	.5156	33		
.5				1/2
	.4844	31		
	.4688	15		
	.4531	29		
.4375			7	
	.4219	27		
	.4063	13		
	.3906	25		
.375				3
	.3594	23		
	.3438	11		
	.3281	21		
.3125			5	
	.2969	19		
	.2813	9		
	.2656	17		
.25				1/4
	.2344	15		
	.2188	7		
	.2031	13		
.1875			3	
	.1719	11		
	.1563	5		
	.1406	9		
.125				1
	.1094	7		
	.0938	3		
	.0781	5		
.0625			1	
	.0469	3		
	.0313			
	.0156	1		

圖 14-8 小數英吋和分數英吋之間的轉換。

英吋的鑽頭就足夠了（事實上，想安裝 5mm 的 LED，3/16 英吋的鑽頭產生的鑽孔，比鑽一個實際的 5 mm 的孔更加密合）。

圖 14-10 是放大版本，使用 mm 的十分位和英吋的千分位。這說明，如果你想要找一個尺寸合適麵包板的滑動開關，那麼 2.5 mm 的接腳間距，僅比 0.1 英吋的小了一點點。

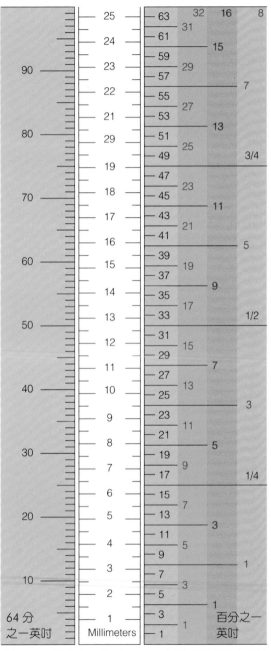

圖 14-9 百分之一英吋、mm，以及分數英吋之間的轉換。

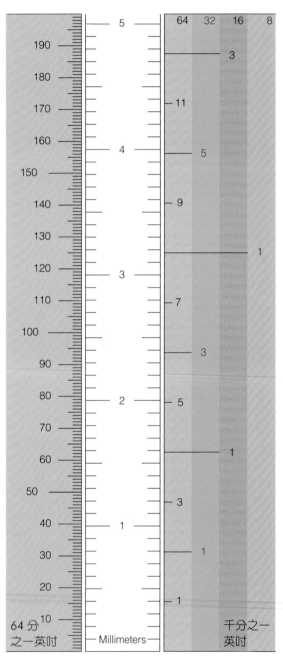

圖 14-8 千分之一英吋、十分之一 mm 和分數英吋之間的轉換。

第四章

哎呦！厲害了我的 IC！

在介紹積體電路（通常簡稱為 *IC* 或晶片）這個迷人的話題之前，我必須聲明，在先前的各個實驗中，如果你用了晶片，確實可使一些功能會更快速地實現。

那麼，我們先前辛苦地學習知識，是否都是做白工？不，並不會。面對晶片這個新玩意兒，你可能不會像圖 15-1 中的人物那樣興奮地，生吃活吞起 IC 來，但晶片大幅簡化電路的能耐，確實會使一些電路設計工程師上癮，因而誤以為 IC 萬能。

事實上，即使用上晶片，你仍然需要知道電阻、電容和電晶體這些被稱為離散元件的基本元件之間，是如何相互作用，因為，功能再強大的晶片，沒有這些元件輔助創造出適合晶片運行的環境，晶片半點功用也沒有。因此，你會發現，基本元件仍會在本書中持續出現，並擔任要角。

另外，接下來介紹的額外工具、設備、零件和用品，如果能取得的話，會對第 15 ～ 24 個實驗幫助很大。

選擇 IC

圖 15-2 是兩個外型大小不相同的晶片，上方的晶片，接腳間距為 0.1 英吋的間隔，因此它們非常適用於麵包板或洞洞板，通常被稱為直插封裝；下方較小的 IC 是所謂表面黏著用的封裝版，現在許多表面黏著 IC 的體積，甚至比圖 15-2 所展示的還小。

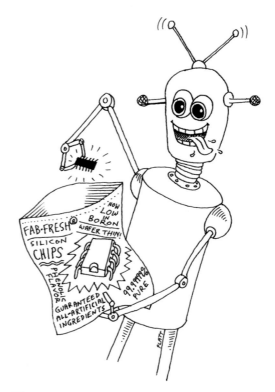

圖 15-1　愛吃 IC 的人。

圖 15-2　上方是雙列直插封裝的 74 系列晶片；下方是表面黏著插封裝的 74 系列晶片。

由於表面黏著的晶片接腳間距太小，不適合用於麵包板及洞洞板，因此，在本書的實驗中，我只使用適合以麵包板或洞洞板，建構實驗電路的直插封裝的晶片。

晶片的主體被稱為封裝，是由塑料或樹脂製成。直插封裝通常會以雙列直插的封裝出售，它的兩側都會有一排接腳。雙列直插封裝的英文縮寫是 *DIP* 或（當它是由塑料製成時）*PDIP*。

表面黏著封裝，通常會以字母 S 開頭的縮寫來識別，例如 *SOIC*，其意思是「小外型積體電路」（另外，還有著許多表面黏著封裝的變體，但它們都不在本書的討論範圍內）。如果你是購買實驗零件，要特別確認，不是買到表面黏著封裝的晶片。以下是選購指南：

- 避免購買以字母 S 開頭的所有晶片，例如 SMT 或 SMD。同樣避免購買 SO、SOIC 或 SSOP 開頭或有近似的縮寫（例如 TSSOP 或 TVSOP）編號的電子零件。這些都是需要特殊處理的，表面黏著技術專用元件。

IC 塑料封裝本體內，隱藏著一個刻在非常小的矽晶片上的電路，這就是「晶片」一詞的來源。但是現代電子從業人員，多將已經封裝好的「整體」（包含晶片到接腳打線的部分，以及接腳，還有封裝的塑料）稱為晶片，本書涉及關於晶片的討論，我都會遵循這個慣例。

圖 15-2 中的 PDIP 晶片，左右側各有七隻接腳，因此總共有 14 隻接腳。其他晶片可能有 4、8、16 甚至更多接腳。

幾乎每個晶片表面，上都印有其零件編號。請注意，在照片中這兩個晶片，儘管外表看起來非常的不同，它們的零件編號中卻都有「74」。這表示它們兩者同屬，數位邏輯晶片 *74xx* 家族的成員（數位邏輯晶片在數十年前推出時，被分配了從 7400 開始的編號，一直到近代，仍然是非常實用的晶片）。

我在圖 15-3 中提供零件編號的編碼原則，可了解晶片編號的意義。最初的字母用以標識製造商，這對於我們的實驗目的來說，不太重要，因此可以忽略不看。接著你會看到 74，這是這顆晶片所屬的「家族」，隨後，你看到另外兩個字母（有時是三個字母），這是該系列的「代（採用的半導體技術世代意思）」。

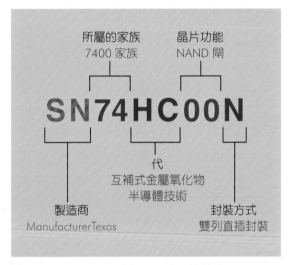

圖 15-3　了解 7400 家族晶片的零件編號。

7400 系列已經發展了很多「代」，包括 74L、74LS、74C、74HC 和 74AHC。 事實上還有更多，但是我將使用 HC 代的晶片，因為幾乎所有的 7400 晶片，都可以找的到以 HC 的版本，而且這類晶片價格便宜，功耗也很低。後代產品，可能提供了更高的速度，但對於我們的實驗目的來說非必要。

在標識「代」的字母之後，你會發現由兩個、三個、四個或（有時）五個數字組成的數字列。這些數字的功能，主要標示該特定晶片的具體用途和功能。如果你想瀏覽完整列表，可以 Google 一下「7400 系列 IC 列表」可以從維基百科左側條目，點擊瀏覽。

零件編號最後會以一個或更多字母結尾。字母 N 表示該晶片，採 DIP 的封裝方式。如果選購晶片時，你無法看到晶片的圖片或實體，這就是非常重要的資訊。我花了很長的篇幅解釋晶片的編號，就是為了當你在購買晶片時，能看懂令人眼花撩亂的型錄資料。

如果你在零件供應商的線上賣場中搜尋「74HC00」（即使你的搜尋詞前後還有其他字母），供應商的搜尋引擎很聰明，通常都可以幫你把不同製造商製造的相關晶片，全部都列出來。本書本節實驗所需的晶片，都列在附錄 A 的元件表中。

IC 腳座

如果你計畫以焊接技術把你的電路保存下來，我會建議你不要直接就晶片的接腳焊接，因為如果焊接完，才發現接線錯誤，你很難同時拆下多隻接腳，因此 IC 恐怕會連同接線錯誤的電路板整個丟棄。但是，如果你有一些 *DIP* 插座的話（圖 15-4），就可以避免這個風險。

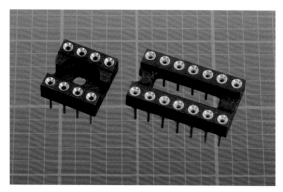

圖 15-4　晶片腳座，可以預防焊接後，才發現的接線錯誤。

有了這個零件，你將可以先焊接 IC 腳座到電路板上，直到確認接線無誤後，再將晶片插入插座中，而無須進行其他焊接。對於本書中的實驗，你可以使用最便宜的插座，完全不需要買什麼含鍍金接點的高級腳座。

7 段顯示器

我有個晶片實驗會用到一個 7 段顯示器來顯示訊息。七段顯示器，對所有人都應該不陌生，在一些數位鐘錶或微波爐需要顯示數字，基本上都是採用七段顯示器。

圖 15-5 是一個 7 段顯示器的示意圖。

有關 7 段顯示器的購買信息，同樣請參見附錄 A。

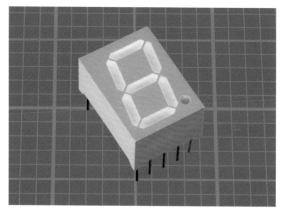

圖 15-5　7 段顯示器。

穩壓器

由於許多邏輯晶片需要 5VDC 的電源，因此你可以在直流電源供應器或電池上，加上一個穩壓器。這種穩壓器可以接受 7.5VDC 到 12VDC 的輸入電壓，供應穩定的 5VDC 輸出。

LM7805 不是最先進的穩壓器，但它十分耐用且價格實惠。這個零件編號前，常有製造商的商標和封裝形式的縮寫，這些都可以忽略，只要封裝看起來，像是圖 15-6 中的封裝即可。

圖 15-6 LM7805 線性穩壓器。輸入 7.5VDC 至 12VDC 間的任何電壓，這個穩壓器都可提供穩定的 5VDC 輸出。

二極體

到目前為止，我們的實驗中，還沒使用過的一個基本元件是低調的二極體。就像 LED 一樣（你可以將 LED 視為會發光的二極體），二極體只允許電流在一個方向通過，在反方向時則阻止電流通過；但與 LED 不同的是，它堅固耐用：一個較大的二極體，可以通過相當大的順向電流，並且在其額定範圍內還可以承受非常大的逆向偏壓。

二極體順向導通時，電壓低的一端被稱為二極體的陰極，通常在包裝上，廠商會特別在外殼上靠近這隻接腳的附近，印上一個環形條紋，作為陰極標記，如圖 15-7 中所示。而電流會從沒有環狀標記的一端進入，該端被稱為陽極。

圖 15-7 多樣的二極體選擇。

低功率 LED

根據資料手冊顯示，HC 系列邏輯晶片，沒有辦法提供超過 4mA 的電流。但事實上，根據在半導體行業的朋友的說法，HC 系列邏輯晶片，是可以提供大約兩倍的電流（即 8mA），但關於這點，晶片的資料手冊上卻從未更新。

根據經驗，我幾乎可以肯定，如果你想從 74HCxx 系列晶片的輸出腳，直接驅動 LED，而且你的串聯電阻，允許 10mA 的電流流過，那麼，這個系列的晶片是辦得到的。但我不知道輸出超過正常電流時，輸出接腳的電壓會被拉低多少。

這很重要，因為如果你使用一個 74HCxx 晶片的輸出，作為第二個 74HCxx 晶片的輸入時，那麼，在數位邏輯的世界裡，作為輸入訊號的電位，必須要高得足以讓第二個晶片能分辨出是「邏輯低」還是「邏輯高」，第二個晶片才能進行正確的運算。因此，如果一些其他元件（如 LED），分享晶片的輸出訊號並拉低電壓，那麼，晶片與晶片之間的訊號可能會發生錯誤。

由於這個緣故，為了擔保本書的各個實驗電路運作正確，我做出以下獨斷的假定：74HCxx 晶片的邏輯接腳輸出，都不會超過「5mA」。因此，如果你想稍微從 74HCxx 的接腳多汲取一些電流使 LED 更亮一點，雖然有很高的機率實驗電路仍然可順利運行，但我就無法拍胸脯保證了。

如果你遵循我武斷地假設（74HCxx 最大輸出只能有 5mA 的規則），你的各項對電路改裝，就需要建立在我的這個假設上，那麼，我就能擔保，在書裡提供的電路都能運作無誤。

你可能會想「好吧，如果電流低也沒關係，我曾讀過文件，有種低電流的 LED 你不知道嗎？」

沒錯，去試試看吧！但我覺得你也許會失望。我測試了各種各樣的 LED，那些所謂「低電流」的 LED，確實能在低電流下運行，但它們的亮度卻非常的黯淡。但是，我發現高強度紅色 LED，實際上在 2mA 左右的電流下，亮度就能表現得很好。光的亮度以毫燭光（縮寫為 mcd）衡量，評為 400mcd 或更高的 LED，應該就能提供良好的亮度輸出。

無論哪種場合，使用紅色的 LED 所需的電流，總是比藍色或白色的 LED 低，所要求的電壓也低。

總而言之，如果你真的想用邏輯晶片直接驅動 LED，建議只使用紅色 LED。

最後一個考慮因素是：本書其餘的關於晶片的實驗電路，會有越來越多的元件，你會發現剩下的空間，應該只足夠放置 5 毫米的 LED。因此，本書一開始就建議在實驗中使用 3mm 的紅色 LED。

晶片的歷史小故事

在開始帶你進行一些關於晶片的實驗之前，我想告訴你們晶片的起源。

將固態元件，整合到一個小型封裝中的概念，始於英國雷達科學家 Geoffrey W. A. Dummer。他在 1956 年提出這個概念，但當時未能成功的建造出實體。一直到 1958 年，第一個實質意義上的積體電路，才由德州儀器公司工程師 Jack Kilby 製造出來。

Kilby 版本的積體電路使用了鍺，因為這個元素，當時已經被用作半導體的材料。但是 Robert Noyce（圖 15-8）有更好的想法，使用更容易處理的矽。

圖 15-8　Robert Noyce 為積體電路申請了專利並創立了 Intel 公司。

Noyce 於 1927 年出生於愛荷華州，在 1950 年代移居加利福尼亞。不久後，Noyce 加入了 William Shockley（電晶體的發明者之一，與貝爾實驗室夥伴合作發明電晶體後，便單飛創立一家電晶體的公司）的公司。

然而，由於受不了 Shockley 專制的管理風格，Noyce 和另外八位員工離開 Shockley 的公司，共同創立了 Fairchild Semiconductor 公司。當他擔任 Fairchild Semiconductor 公司的總經理時，Noyce 發明了一種矽的積體電路，並且避免了與鍺相關的製造問題。

比起 Kilby 的發明，Noyce 在積體電路中，電晶體內連線的卓越創意以及選用矽為基礎材料，終於真正使積體電路實用化，因此一般都認為 Noyce 是真正實現積體電路的人。

積體電路，早期主要應用於軍事用途，因為義勇兵洲際彈道飛彈，需要在其導引系統中，使用小型、輕量級的元件。在 1960 年到 1963 年期間，這些軍事上的需求，幾乎耗用當時所有生產的晶片，但也因為需求強勁，使得當時每個晶片的單價，從 1963 年的 1,000 美元，迅速下降至每個 25 美元。

到了 1960 年代末期，中型（規模）的積體電路晶片出現了，每個晶片中，可以包含數百個電晶體。到了 1970 年代中期，大型（規模）積體電路技術，使得一個晶片已經可以容納數萬個電晶體，近代的晶片上，甚至包含了 500 億個以上的電晶體（當你閱讀到本文時，可能已經更多了）。

Robert Noyce1968 年與 Gordon Moore 等人，共同創立 Intel 公司，於 1990 年因心臟病去世。你可以在矽谷歷史學會（Silicon Valley Historical Society），了解到更多有關積體電路設計的夢幻般的先驅人物的資訊：

www.siliconvalleyhistorical.org

實驗 15
發射脈衝訊號

我現在要從目前為止，最成功的晶片開始介紹：555 計時器。你可以在網路上，找到許多關於 555 計時器的學習資料，但我仍然還要介紹它，因為：

它是最基礎的晶片。想踏入電子電路領域，你必須大致了解這個晶片如何使用。直到近代，一些統計資料估計，製造商每年仍生產超過 10 億個 555 計時器晶片。在本書的其餘電路中，我將以某種有趣的方式使用它。

它非常的實用。555 計時器可能是現存，功能最多的晶片。另外，它的輸出非常強大（可輸出高達 200mA 的電流），因此可以直接驅動如繼電器和小型馬達等負載，而晶片本身卻不易受損。

它被誤解了。我已經閱讀過數十本指南，從早期的 Signetics 公司的操作資料手冊開始，透過各種電子發燒友提供的文件，我發現很少有人詳細解釋，555 計時器晶片的內部運作原理。我希望你能清楚地了解 555 計時器內部動作的原理，因為這有助於你，更有創意地使用 555 晶片。

你會需要：

- 電路板、電線、剪線鉗、剝線鉗、萬用電表。

- 9V 電池（或 9V 直流電源供應器）。

- 電阻，470Ω〔1〕、10 KΩ〔3〕。

- 電容，0.01μF〔1〕、10μF〔1〕。

- 可變電阻（電位器）：500KΩ〔1〕。

- 555 計時器晶片〔1〕。

- 單極雙投（SPDT）滑動開關〔1〕。

- 觸控開關〔2〕。

認識你的 555 計時器晶片

你使用的 555 計時器，通常是最常見的雙列直插封裝：8 腳 DIP（圖 15-9）。它略小於每邊長半英吋的正方形。

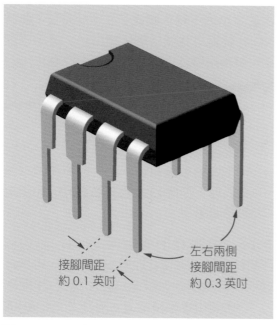

圖 **15-9**　555 定時器晶片，採用雙列直插封裝 8 腳的 DIP 封裝。

通常你的 555 晶片表面上，印刷的零件編號如 NE555P 或 KA555，前面的兩個字母是製造商的縮寫或商標（例如上面的例子中，分別是德州儀器或安森美半導體生產的），若末尾還有字母，則告訴你這顆 555 跟一般 555 不一樣，還另外具有其他的特色，好比說操作溫度範圍更高之類。

圖 15-10 為從晶片表面上方觀察，555 晶片各接腳的功能定義。像這樣以標籤標示各個接腳功能的圖形，通常稱為晶片的**接腳圖**。

實驗中，我們陸續會使用的所有晶片，接腳都是從左上角（從晶片表面的上方）逆時針開始編號。但是，你會問，要怎麼知道哪一個方向才是晶片的上方？仔細觀察一下，你會發現晶片塑料封裝上，刻意設計一個凹槽的標識，這就是晶片的上方，習慣上，我們把所有的晶片安裝到麵包板上時，也會讓這個凹槽朝向麵包板頂部。

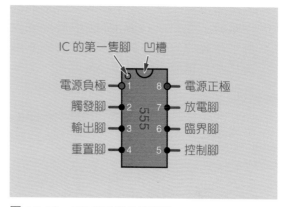

圖 **15-10**　555 定時器的接腳圖。

另外，你還會發現，在接腳 1 的附近，有一個圓形的小酒渦，其實就是貼心的提醒你，這隻是這顆晶片的第一隻接腳。但是，近代，有些製造商會省下加上這個標示的功夫。

- 每個雙列直插封裝的晶片，凹口必須指向你的麵包板頂部。。

通常（但不一定）DIP 晶片中，兩個垂直排列接腳之間的水平間距為 0.3 英吋，這表示它可以剛好完美地跨越麵包板中央的通道，而麵包板內部的內連線導體，也可以把晶片的每隻接腳，再延伸出來。是的，其實這就是為什麼麵包板被設計成這個模樣的原因。

單穩態測試

圖 15-11 是我想要你嘗試建構的第一個電路，可以用來測試 555 晶片在單穩態模式下運作的特性。在這個模式下，當計時器特定的接腳，接收到電壓變化而被觸發時，它會從另一個（特定）腳針，產生單個脈衝。

計時器也可以接線接成無穩態模式，然後可以像實驗 10 中，建構的多穩態振盪器一樣，產生一系列脈衝，但這個部分，我留到到實驗 16 之後，再來探討。

- 在這個實驗中，為了讓接線變得簡單，我會利用到麵包板的左右兩組匯流排，來提供電源。為了使兩組匯流排都能提供電源，你可以在圖 15-11 中發現我安排了兩條非常長的跳線，以便讓兩側匯流排都有電源。特別要提醒的是，在給任何晶片供電時，都要特別注意極性，因為如果沒有正確地提供極性，都可能造成晶片永久性損壞。

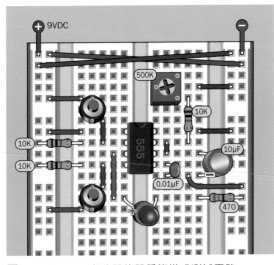

圖 15-11　555 定時器的單穩態模式測試電路。

在建構這個電路時，請仔細計算插入元件的孔洞，並確認包含那個連接 555 第 6、第 7 腳，僅僅 0.1 英吋長的綠色小跳線，都連接妥適。接上電源後，如果沒有任何反應，這個計時器就已經在等待你提供觸發訊號了。

將 500K 的微型可變電阻調整到變化範圍的中間值位置，現在你可以輕按一下上半部的按鈕，LED 應該會亮起，而且會持續亮一段時間後自動熄滅。

暫時把目光移回圖 15-10 的接腳圖，你會看到計時器的第 2 腳被標記為觸發腳，可以看

到觸發腳，通過一個 10K 的電阻，與左側的正電源匯流排相連。

也許你還記得，在第二章中我提過上拉電阻的概念，這裡又是一個應用的例子。這顆電阻的任務，是將計時器的觸發腳保持在正電源的電位，直到按下頂部觸控開關，由於開關會把電阻與 555 觸發腳的接點接地，電壓才會瞬間下降到 0V（電源負端電位）。

由於電壓的下降，觸發了 555 計時器，此時 555 計時器會從第 3 腳（輸出腳）發出正脈衝，脈衝訊號經由黃色跳線通過 LED。

- 觸發腳由上拉電阻，提供的正電壓，可以防止計時器，被不小心錯誤觸發。

- 把觸發腳接地，會觸發計時器。

- 按下並釋放按鈕後，由於脈衝訊號有一定長度，因此 LED 將持續發光一段固定的時間。

圖 15-12 為圖 15-11 的電路圖版本，並已標好元件編號，方便我在解說電路時，可以輕鬆地參照指引。你可能已經注意到 C1 通過 P1 + R1 電阻串累積電荷，兩者之間形成 RC 網路時間常數關係。

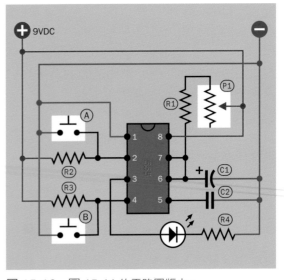

圖 15-12　圖 15-11 的電路圖版本。

換句話說，只要通過調整可變電阻 P1（導致總電阻值 R1+P1 改變），你就可以經由改變時間常數，簡便地（間接）調控脈衝的寬度；當然也可以簡單粗暴地直接將 C1 換上不同電容值，改變時間常數，達到相同的目的。

- 本書把這組決定 555 晶片脈衝寬度的電阻、電容，分別稱作「計時電阻」與「計時電容」。

這裡還有一個值得嘗試的事情。將 P1 設置為給出一個長脈衝（電阻值調到最大，使時間常數最大），輕點 A 開關一下，然後按下 B 開關，輸出的脈衝將被中斷。接著你會發現，只要繼續按著 B 開關，無論怎麼按 A 開關，555 都不會有任何反應。

原因在於第 4 腳是重置腳。只有當第 4 腳由 10K 上拉電阻，上拉至接近正電源電位，計時器才會對觸發做出反應；相對地，當第 4 腳接地時，則表示刷新，並強制中斷計時器當前正在進行的任何運算。

簡而言之，想要 555 開始進行運算，應該使第 4 腳處於高電位（接近正電源的電位）。如果讓第 4 腳放空，不連接到任何東西會怎麼樣？答案是，空接接腳的電位，通常是浮動而不可預測的，將會導致 555 的運算結果，也可能是不可預測的。

- 當計時器在單穩態模式下運行時，第 4 腳應該要保持在高電位（接近正電源的電位）。

圖 15-13 以波形圖方式，呈現剛剛你對 555 計時器一系列對於觸發及重置腳的操作，輸出腳的反應。555 將其周圍不完美的世界轉換為精確可靠的輸出，而且它的開關動作非常快，輸出輸入的反應，看起來幾乎是即時的。

我在對這個電路的功能說明中，使用了「接近電源電位」的術語，但「接近」到底指多近呢？

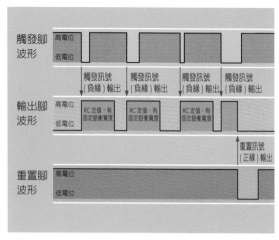

圖 15-13 觸發腳與重置腳，對於輸出的波形圖。

- 555 計時器會認定，在觸發腳上，任何高於正電源電位 2/3 的觸發訊號，都是屬於「高電位（高電位）」輸入，任何低於正電源電位 1/3 的觸發訊號，則都會被認定為是「低電位（低電位）」輸入。

- 在重置腳上，你可能需要施加低於正電源電位 1/3 的輸入訊號，才能有重置的效果。另外，不同製造商的 555 計時器，在這個方面，也可能會有不一致的情況。

最後一個測試。放開 B 開關，但持續按住 A 開關。你會發現，輸出腳會一直保持高電位，這個操作可以延展計時器的脈衝寬度，直到你放開 A 開關。在 555 晶片的資料手冊將這樣的操作，稱為計時器自觸發。

- 在計時器的觸發腳上，保持低電壓，則輸出腳，將產生無限寬度的脈衝訊號。

現在，讓我們再進一步調查一下，其餘接腳的特色。只需要使用電表即可進行觀察。

首先，你可以調整圖 15-12 的 P1，讓實驗電路產生一個較寬的脈衝，並量測相對於負電源，10μF 電容器（C1）的正極上的電壓，有什麼特別的行為。有沒有發現，由於電荷慢慢累積，因此 C1 正極電壓逐步上升，但是，當它達到約 6 伏特時，電壓卻會突然下降，顯然累積的電荷突然流失。

你會問，C1 上的電荷到哪裡去了？

其實，555 上的第 7 腳被稱為放電腳，跟第 6 腳（臨界腳）是連動的。這隻腳可以提供一條路徑，讓電容儲存的電荷接地放電，C1 上的電荷，就是經由放電腳流失的。我很快就會更詳細地解釋 555 的內部運作方式，屆時你就能知道具體的原因。

另外一個重要的觀察，你可以使用電表測量，當晶片被觸發時，第 3 腳（輸出腳）輸出的信號。是不是發現到，電壓最高可以上升到 8V 左右。這是由於 555 計時器晶片內，都是以我們先前使用的 NPN 電晶體構成，再加上電晶體的運作特性，是會偷走一定百分比的電壓，因此，無論如何都無法到達與正電源（9V）相同的電位高度。

最後，你可能會想知道，連接到第 5 腳的 0.01μF 電容 C2 的功能。第 5 腳這是控制腳，可以調整 555 晶片讀取 RC 網路上電壓的門檻，也就是說，控制腳其實也跟調整脈衝寬度有關。因為我們暫時不會使用這個功能，所以可以取一顆 0.01μF 電容器，接在第 5 腳上，以保護它免受電壓波動的可能干擾。你在別人的 555 應用電路中，可能會經常看到缺少 C2 這個元件，但是，我覺得還是應該加上去，以防萬一。

接腳順序重新洗牌

在本書的所有電路圖中，都以晶片的實際接腳順序呈現。但是某些網站或書籍上的電路圖則不然。

可能會基於「如果電源放在電路的頂部，電路圖要如何畫比較容易」之類的考量，而將接腳順序重新排列組合。例如，圖 15-14 中的電路圖，看起來與圖 15-12 中的電路圖全然不同，實際上，在功能上、與電子元件連接關係上，兩者完全相同的。

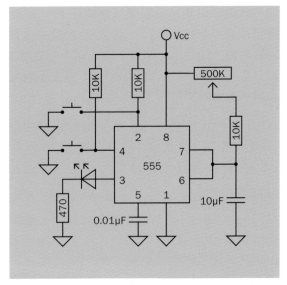

圖 15-14 這個電路和圖 15-12，無論在功能上、與電子元件連接關係上，是完全相同的，所示顯的測試電路也完全相同。請注意，Vcc 表示正電源，指向下方的三角形，表示負電源。

從某些方面來看，這樣的重新排列，雖然會讓你更快地了解電路的內容，但如果想要把這樣的電路圖，在麵包板上建構起來，你可能還需要，把這類的電路圖，再轉換成適合麵包板佈線的佈線圖草圖的工作。因為**本書**是一本實作的書籍，所以我的電路圖，**還是**選擇採麵包板導向。

脈衝持續時間（即脈衝寬度）

在你自己製作的 RC 電路中，必須進行一些煩人的計算，才可以找出電容器需要多長時間，才能充電達到特定的電壓。但是，如果使用 555 計時器晶片，一切都變得容易得多：只需要「查表」（圖 15-15）就可以知道你的 RC 電路組合，可以使 555 晶片的脈衝持續多久時間。

電路中，串聯在可變電阻 P1 和電阻 R1 上的總電阻值，控制電容器的充電時間，因此在表格的頂部，顯示了總電阻值。C1 的值則顯示在左側，表格中兩者交點的數字，即是告訴你脈衝的大致寬度，（秒）。

	10K	22K	47K	100K	220K	470K	1M
1000μF	11	24	52	110	240	520	1100
470μF	5.2	11	24	52	110	240	520
220μF	2.4	5.2	11	24	52	110	240
100μF	1.1	2.4	5.2	11	24	52	110
47μF	0.52	1.1	2.4	5.2	11	24	52
22μF	0.24	0.52	1.1	2.4	5.2	11	24
10μF	0.11	0.24	0.52	1.1	2.4	5.2	11
4.7μF	0.052	0.11	0.24	0.52	1.1	2.4	5.2
2.2μF	0.024	0.052	0.11	0.24	0.52	1.1	2.4
1.0μF	0.011	0.024	0.052	0.11	0.24	0.52	1.1
0.47μF		0.011	0.024	0.052	0.11	0.24	0.52
0.22μF			0.011	0.024	0.052	0.11	0.24
0.1μF				0.011	0.024	0.052	0.11
47nF					0.011	0.024	0.052
22nF						0.011	0.024
10nF							0.011

圖 15-15　在單穩態模式下，根據計時電阻和計時電容器的值，555 計時器產生的脈衝寬度（以秒為單位），時間會四捨五入到小數第二位。

我個人覺得 555 計時器，真是一顆迷人的晶片。你可以在極寬的範圍內，變化定時用電阻、定時用電容和電源，只需遵循下列一些規則，晶片仍然能夠給出準確、一致的結果。

- 不要在正電源和負電源之間，使用太小的電阻值，否則會讓這個電路過度耗電。

絕對最小值為至少要 1K，但我建議使用 10K 的電阻。

- 如果使用的計時電容大於 1,000μF，由於大電容內部漏電，幾乎與其充電速率相當，而導致不準確的結果。

- 555 計時器需要 5VDC 至 16VDC 之間的電源供應，若超出這個範圍，555 計時器的運算結果就不可靠。

如果你想要讓這顆晶片產生的脈衝長度，不在我提供的表格中，有一個簡單的公式可供估算。公式中 T 是脈衝寬度（秒），R 是計時阻抗（$K\Omega$），C 是計時電容（μF）：

```
T = R * C * 0.0011
```

假設你已知道所需的時間，並且手邊已經有一個電容器，那麼你可以由等量公理重新排列公式，而推得：

```
R = T / ( C * 0.0011 )
```

舉個例，你手邊有一個 47μF 的電容器，C = 47。你想要一個 3 秒的脈衝寬度，T = 3。所以，把這些數字代入公式中，就變成：

```
R = 3 / ( 47 * 0.0011 )
```

首先把 47 * 0.0011 相乘，你會得到 0.0517。再用 3 除以這個數字，你會得到大約 58，換句話說，你需要一個 58K 的電阻器。這不是一個非常精確的值，但 56K 的電阻器卻很常見。或者，你可以使用一個 100K 的可變電阻器，把它設定為約只有一半電阻值，透過試誤法，慢慢調整它，直到可以得到準確的 3 秒寬度的脈衝即可。

但是要小心，不要把總計時電阻值，減少到零（相當於沒有計時電阻）。因為，如果沒有計時電阻，電容器就會直接連接到電源的正極，因此它會立即被充電，而且永遠不會放電。更糟糕的是，缺少了計時電阻，會讓放電腳直接連接到正電源，如此可能會導致晶片損壞。

這就是為什麼我會在圖 15-11 和 15-12 中的可變電阻器 P1 之前，還加了一個標記為 R1 的 10K 電阻器的原因。因此，即使不小心將可變電阻器調整到 0Ω，由於後面還有一個 10K 的電阻器存在，就可以有效地避免晶片受到損害。

- 在 555 計時器電路中，應該要在第 7 腳（放電腳），和正電源之間加入一些電阻，建議最少要用 10K 以上的電阻。

透視 555 計時器晶片

我認為，如果在分析 555 計時器電路時，你能夠在腦海中，想像 555 計時器的內部運作

方式，可能會更容易掌握這類電路。晶片塑料內，實質上包含的電晶體太多，我無法全部展示，但我可以總結它們的工作方式，如圖 15-16 所示。

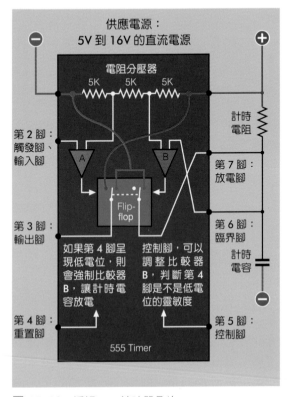

圖 15-16 透視 555 計時器晶片。

計時器的核心部分，是一個正反器的電晶體電路，正反器的功能在此，相當於一個單極雙投開關的角色。實際上，我在圖 15-16 表中，就是這樣說明的，以便你更容易想像。

正反器由兩個比較器控制，分別為 A 和 B。每個比較器，比較了兩個電壓，並根據哪個電壓更高，來改變它的輸出。

比較器 A，會比較第 2 腳（觸發腳）的電壓，是否低於電源電壓的 1/3，當第 2 腳的電壓低於這個水平時，就會觸發晶片內的正反器（相當於單極雙投開關），正反器內部開關會被拉向左邊，使輸出腳（第 3 腳）與正電源（紅色線）建立電氣連接。

另外，比較器 B，則會比較第 6 腳（臨界腳）的電壓，是否高於電源電壓的 2/3，當第 6 腳的電壓高於這個水平時，也會觸發晶片內的正反器（相當於單極雙投開關），正反器內部開關會被拉向右邊，使第 7 腳（放電腳）與負電源（藍色線）建立電氣連接。

由於第 7 腳（放電腳）與計時電容相連，所以電容會將自身電荷，經由晶片中的正反器，流向負電源（藍色線）。這就是計時器脈衝結束時，發生的情況。

兩者會怎麼協力動作呢？起初，假設計時器剛剛被第 2 腳（觸發腳）低電位觸發。

比較器 A，會感應到觸發腳電壓，已經低於電源電壓的 1/3，這時，觸發正反器，將正反器內開關拉向左邊，正脈衝並斷開外部，計時電容的接地。此時，計時電容開始充電，直到超過電源電壓的 2/3。比較器 B，感應到這一點，並將正反器拉向右邊。如此，導致了脈衝結束，也使計時電容接地。

然而，在脈衝期間，若第 4 腳（重置腳）低電位輸入，則可迫使比較器 B 向右拉動開關、對計時電容放電，並同時關閉晶片的輸出，也就是說，第 4 腳有著可以覆蓋計時器狀態的功能。

第 5 腳（控制腳）的電壓變化，會改變比較器 B 的參考電壓，並且間接地增加或減少了計時電容的截止電壓。但當計時器以單穩態模式運作，我們對這個功能幾乎沒有興趣，但如果是多穩態模式下，這個功能就變得具有可玩性。

電路無緣無故自己產生脈衝的問題？

當 555 計時器以單穩態模式運作時，在電路通電啟動當下，有時會發生即使沒有觸發訊號，卻突然無故發出一次單一脈衝訊號的詭異情況。這個問題，因為無法預測，所以

可能會造成其他電路錯誤動作，是非常煩人的事。

幸好有一個簡單的解決方法：在重置腳和負電源之間，添加一個 1μF 電容器。電路通電啟動的當下，這個新增電容可以從重置腳吸收電荷，並讓重置腳保持低電位一小段時間，以強制抑制掉 555 計時器，突然產生的脈衝。

1μF 電容器充電後，就不會再有任何作用，再經由 10K 上拉電阻，穩定地將重置腳保持在高電位。圖 15-17 是 1μF 電容器可以加在單穩態測試電路的位置。

在接下來的實驗中，我會使用這包含脈衝抑制概念的實驗電路。

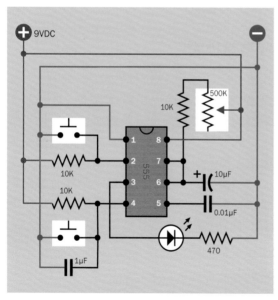

圖 15-17 在左下角添加一個 1μF 電容，以抑制啟動時突發的脈衝。

為什麼我們說 555 非常好用？

動動腦一下，你能夠用可控制脈衝長度的電路，來做些什麼？

如果把 555 的輸出訊號，用來控制其他零件或設備，如何？例如室外燈加個 555 晶片，讓燈光在動態感應器觸發開燈後，燈光還能保持一段時間的開啟？用來控制烤麵包機，或閃爍的聖誕樹燈？你知道嗎？古老的蘋果電腦 II 的發明人竟然使用 555，來控制游標的閃爍呢！

不可否認地，以往許多 555 計時器的使用場合，近年來已經逐漸的被單晶片取代，例如調整汽車雨刷的動作速度，或控制微波爐的烹煮時間等。但是，單晶片需要編寫程式，而且在電路開發階段時，以 555 計時器實現所需的功能可能會更快、更簡單，更不用說 555 還提供了單晶片大約 10 倍左右的功率輸出。如同先前所分享的，時至今日 555 計時器晶片，仍是非常好用的產品！

你或許會覺得，剛剛進行的單穩態電路實驗，似乎微不足道，但其實這只是開端。在接下來的幾個項目中，你也會看到我以許多有趣的方式，來應用這顆晶片。

好比說，實驗 17 的入侵警報器電路，當你出門時，我就會使用 555 晶片，讓警報啟動之前，有 30 秒的離開並關閉門的延遲；當你回來時，能再延遲 30 秒，讓你有時間關閉警報。

雙穩態模式

還有另一種使用 555 計時器的方式，稱之為雙穩態模式（圖 15-18）。這個電路看起來非常像圖 15-11 的電路，但你會發現計時用的 RC 網路被移除了，但是第 6 腳（臨界腳）直接與負電源相連。你可能會問，這樣做有什麼好處呢？

輕輕按一下上方的觸控開關，LED 燈亮了起來。觀察一下，LED 會亮多久？是不是發現，只要電路有電源供應，輸出的定時器就會持續不斷。

現在輕輕按一下下方的觸控開關，LED 燈就會熄滅。

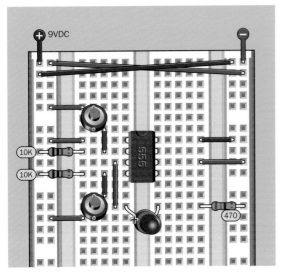

圖 15-18 接線成雙穩態模式的 555 計時器電路。

再觀察一下，熄滅的狀態持續多久？是不是發現，除非再次按下上方的觸控開關，否則 LED 都還是處於熄滅的狀態。

在單穩態模式的電路中，當你觸發定時器時，當第 6 腳（臨界腳）偵測到計時電容，累積達電源正電壓的 2/3 時，第 3 腳（輸出腳）接地，因此脈衝結束。

但是，由於在雙穩態電路中，計時電容已經被取消，第 6 腳（臨界腳）直接接地，因此永遠不可能達到電源正電壓的 2/3，導致當你一觸發計時器，輸出脈衝永遠不停止（即脈衝寬度無限大）。

但你可以輕按下方的觸控開關，觸控開關就會向重置腳提供低電位訊號，以停止 555 計時器的輸出，而且一旦輸出停止，除非你再次按下上方的觸控開關，否則計時器就會持續保持在停止輸出的狀態。

總之，雙穩態模式下工作的 555 計時晶片，無論輸出處於高電位或低電位的狀態下，除非被觸發或重置，否則都會恆久停留在當下的狀態。雙穩態模式下，整個 555 計時器呈現像正反器或閂鎖器之類電路的動作為。

為什麼需要 555 計時器，以這種方式工作？因為你可能會遇到這樣的應用情形，某個電器輕按一下一個按鈕開始運轉，然後輕按一下另一個按鈕停止。好比說我的桌燈就是這樣工作的，我的工作室中的帶鋸也是如此。當進行到實驗 18 中的反射測試電路時，你會發現，它也是在雙穩態模式下運作的。

還有一個值得注意的點，在圖 15-18 的電路中，即使你將第 5 腳（控制腳）以及第 7 腳（放電腳）都斷開而空接，對於雙穩態電路的動作，也不會有任何影響，因為雙穩態電路下，555 的輸出只會進入低電位或高電位兩個極端，這兩隻接腳因為空接，而於電路啟動之初，無論有任何隨機的初始訊號，都完全都可以忽略。

這是允許接腳，可以空接的狀態之一。

反相器模式

我再介紹一種用 555 計時器接線的方式 ── 反相器模式。在反相器模式下，計時器的輸出的相位是相反的。具體來說，當輸入腳（即觸發腳）為高電位時，輸出腳會變為低電位；反之，當輸入腳（即觸發腳）為低電位時，輸出腳則變為高電位。動作有點類似雙穩態電路，但它不會一直鎖定在一種狀態下，而是跟著輸入訊號變化。

事實上，你可以購買 74xx 系列，所謂反相器的晶片，以達成同樣的功能，但反相器是一種輸出電流十分有限的邏輯晶片。

因此，當你遇到的是需要更多電流的應用（例如觸發繼電器，或非常小的電動機時），那麼 555 計時器，高達 200mA 的輸出，會是你的最愛。（還有一種被稱為逆變器的電源供應器，它可以將直流電源，轉換為交流電源，但逆變器與反相器邏輯晶片，是兩個完全不相關的東西，不要搞混了。）

為什麼要把輸入訊號反轉？當你自己設計電路，有負輸入必須要有正輸出，而正輸入必須產生負輸出的情形，就需要讓 555 計時器，在反相器模式下運作。圖 15-19 是 555 計時器反相模式的接線圖。

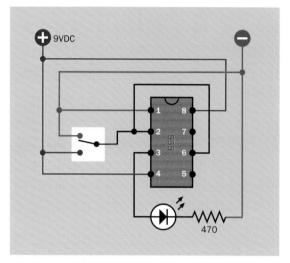

圖 15-19 接線成反相器模式的 555 計時器電路。

請注意第 2 腳（觸發腳、輸入腳）和第 6 腳（臨界腳）被連接在一起，這樣第 2 腳的輸入，也會傳達到第 6 腳。請記住，第 2 腳由低電位訊號觸發，對高電位訊號無感，而第 6 腳能由高電位訊號引起動作，但卻對低電位訊號無感（因為第 6 腳設計，本就用於連接計時電容）。

因此，當輸入為高電位訊號時，第 6 腳會以關閉輸出來做出回應。當輸入為低電位訊號時，第 2 腳會被觸發，促使計時器輸出腳，產生一個無限寬度的脈衝訊號，直到輸入轉為高電位為止。在圖 15-19 中，我用單極雙投開關來表達它們的連接關係，也提醒你第 2 腳必須連接負電壓或正電壓，不能空接。

我還看過一顆稱為 556 的晶片，由於這個顆晶片有 2 個 555 計時器，因此可以提供一種非常方便可以實現的方式——如果你正常使用第 1 個計時器，但想要反轉第 1 個計時器的輸出時，只需透過我所描述的方式，將第 1

個計時器的計算結果，傳送給接成反相器模式的第 2 個計時器即可。如果你感興趣，我把 556 晶片的資料搜尋工作，留給你當作業。

此外，反相器模式的 555 計時器，還有一個非常有用的服務，就是可以故意用來產生一些遲滯現象，好將平穩變化的訊號，轉換為明確的高或明確的低的輸出。

由於本書之後不會再討論到這個主題，因此，在這此先介紹說明。

遲滯現象

假設你有一個保溫箱，你將這個保溫箱設定在溫度降到至華氏 65 度時，會開啟加熱系統。當溫度升至 65.01 度時，你是否希望將保溫箱加熱系統關閉？可能不會，因為如果系加熱統，在開啟後立即關閉，系統運作效率可能不高。保溫箱通常會等到溫度，達到 67 或 68 度才關閉加熱。

假設當前保溫箱溫度是 68 度，加熱系統已關閉。當溫度降至 67.99 時，你是否希望加熱系統再一次開啟？不，不，你應該希望它等到溫度回落至 65 度時，加熱器才會再度啟動。

結論上，你可以把保溫箱的加熱系統，想像成一個「黏性開關」。當溫度上升時，它會慢一點啟動，當溫度下降時，會慢一點關閉。這個現象被稱為「遲滯」，每當你收到平穩變化的（類比）輸入，需要轉換為明確的「開或關」訊號時，「遲滯」都非常「有用」。

反相器模式的 555 計時器（簡稱 555 反相器），在上述場合，就可以產生「遲滯」的功能。依照上面的例子，如果你用一個隨著溫度平穩變化的電壓，作為 555 反相器的輸入訊號，那麼要一直等到電壓（溫度）降至正電源的 1/3 時，555 反相器輸出才會轉為高電位，使加熱系統啟動。

保溫箱溫度逐漸升高時，555 反相器仍保持高電位，直到表面溫度的電壓達到正電源的 2/3，555 反相器輸出，才會轉為低電位，關閉加熱系統。此時，由於加熱系統，仍處於關閉的狀態，保溫箱的溫度又會緩緩下降，直到第 2 腳（觸發腳，輸入訊號角）上的電壓（溫度）再次降至 1/3，加熱系統才會再度開啟。

有些晶片還設計了專門的內置遲滯功能，這類晶片會使用一種密特觸發器的電路，處理接收到的訊號。說到這裡，有點離題了，如果你對這部分有興趣，可以搜尋一下相關資訊。

555 計時器的故事

555 計時器的發展是一個驚人的故事。

早在 1970 年，當矽谷只有幾家公司萌芽的時期，有一家名為 Signetics 的公司，從名叫 Hans Camenzind（圖 15-20）的工程師手上，買下了一個電路構想。但並不是一個多大的突破性電路，只內含 23 個電晶體和一堆電阻器，並且可以發射一個或一連串的脈衝。電路功能多樣且穩定、簡單，但這些優點都不是 Hans 的創意的主要賣點。

圖 15-20 Hans Camenzind 靠自己開發了 555 定時器，並將電路賣給了 Signetics 公司。

由於積體電路技術的興起，Signetics 公司將整個電路重現在矽晶片上。這是多麼了不起的作法啊！

Hans 作為獨立顧問，獨自進行工作，最初使用現成的電晶體，電阻器和二極體，在一個非常大的麵包板上，建造整個系統。系統運作良好，然後他開始調整各種元件的值，以確認電路是否能夠承受製造過程的變化。Hans 總共製作至少 10 種不同版本的 555 計時器電路。

接下來是製作過程。Hans 坐在一張繪圖桌前，使用一把特殊安裝的 X-Acto 雕刻刀，在一張大塊塑料片上刻出他的電路（他無法使用桌上型電腦進行設計，因為 1970 年時，還沒有桌上型電腦）。

Signetics 公司將圖像以約 300:1 的比例，進行照相縮小。最後，他們將圖像蝕刻到微小的晶片上，並將每個完成的晶片，嵌入一個印有零件號碼的黑色塑料殼中。銷售部的負責人稱這個產品為 555，因為他有一種感覺，認為這顆晶片應該會大獲成功，他希望這顆晶片的零件號碼，易於記憶。

果不其然，於 1971 年發布迄今，555 計時器晶片成為人類歷史上最成功的晶片，不論是銷售數量（數十億甚至更多）或是設計的長久性（在五十年內幾乎沒有顯著變化）。

如今，晶片是由大型團隊設計，並透過電腦工具，反覆模擬測試。因此，以電腦內前一代的晶片，來設計新一代晶片，使它成為可能性。過去 Hans 自己單獨完成整個系統設計的時代，已經過去了，但是他的才華仍然存在於每一個 555 計時器內。

2010 年時，當我第一次編寫本書第一版時，上 Google 查尋 Hans 的資料，發現他竟有自己的網站，並且在網站上留有電話號碼。我一時興起，撥打電話給他，沒想到他竟馬上接了電話。

不得不說，這真是一個神奇的時刻，我正在與創造了我已使用數十年的晶片的發明人交談！Hans 很友善（雖然話不多），並慷慨地同意審閱我書中的文字。更加感謝的是，他在閱讀完本書後，表達了強烈的支持。

隨後，我拜讀了 Hans 寫的一篇短篇電子學歷史文章〈*Much Ado About Almost Nothing*〉。那篇文章仍然可以在網路上找到，十分推薦大家閱讀（深感榮幸有機會和一位積體電路設計的前輩交談過，當聽到他在 2012 年去世的消息時，真是令人感到哀傷。謹以本書獻給他）。

並非所有的 555 都一樣

到目前為止，我所說的內容都是指舊版 *TTL* 555 計時器。TTL 是電晶體－電晶體邏輯的縮寫，也是現代更省電的 CMOS 晶片的前身（「CMOS」是互補金屬氧化物半導體的縮寫）。舊版 TTL 555 計時器也被稱為雙載子電晶體版本，因為它的電路主體由雙載子電晶體組成。

TTL 555 有三個優點：便宜、堅固、可提供高達 200mA 的電流。然而，它效率不夠高，而且在輸出開啟時，有著已知的產生電壓突波的問題。突波極為短暫，但比供應電壓高 50% 以上，如圖 15-21 所示。

使用 CMOS 技術的新版本 555 計時器，耗電更少，而且不會產生電壓突波。可惜的是，它的成本略高而且容易受到靜電的損害，同時可提供的電流也小很多。至於實際輸出電流有多少？這取決於製造商的電路規劃設計。這裡又引導出 CMOS 版本的另一個問題——CMOS 555 之間的晶片規格，缺乏標準化，有些製造商聲稱可提供 100mA，有些廠家的產品，輸出電流僅有 10mA。

CMOS 版本的零件號也沒有標準化。例如，有一個版本叫 7555，以致於常被誤以為，是有另外功能的晶片。當然，也有許多版本保留了 555 編號，只是在前後，加上該公司特有定義的字母，其含義就不得而知。例如，LMC555CN 實際上是一個 CMOS 計時器。

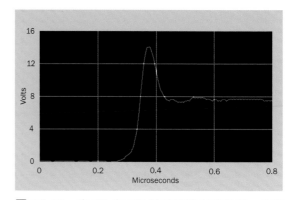

圖 15-21 當 TTL 版 555 計時器輸出開啟時，會產生如圖所示的突波。

一般而言，供應商網站上的任何 CMOS 版本，通常要比 TTL 版本貴兩倍，而且僅可以接受低於 5VDC 的最小供應電壓。然而，實務上，依靠網站上提供的指標，並不足夠。

當你要購買一個「555 計時器」時，應該查閱它的資料手冊，看它是否是一個 CMOS 晶片、規格是什麼？如果在原本應該使用 TTL 版本的場合，卻使用了 CMOS 的版本，可能會由於 CMOS 的版本，僅能提供你預期的 1/10 的輸出電流，而產生一些問題。

在本書中，為了避免混淆和保持材料簡單，我只使用舊版的 TTL，也就是所謂雙載子電晶體版的 555 計時器。在敏感數位邏輯晶片的電路中，我會添加一個平滑電容器，以壓制計時器產生的電壓突波。

實驗 16
找到你的調調

現在你已經認識了 555 計時器，在單穩態模式和雙穩態模式的特性，我希望你能夠更進一步認識 555 在無穩態模式下的工作原理。在這個模式下，555 可以產生，如同實驗 11 中的多穩態振盪器一樣的效果，但電路更簡單、更靈活，當然也能更緊湊。

你會需要：

- 電路板、電線、剪線鉗、剝線鉗、萬用電表。

- 9V 電池（或 9V 直流電源供應器）。

- 555 計時器晶片〔1〕。

- 小喇叭〔1〕。

- 電阻，100Ω〔1〕、1 KΩ〔3〕、10 KΩ〔3〕、470KΩ〔1〕。

- 電容，0.01μF〔2〕、0.47μF〔1〕、10μF〔1〕、100μF〔1〕。

- 可變電阻（電位器）：10KΩ〔2〕、500KΩ〔1〕。

- 1N4148 二極體〔1〕。

無穩態模式測試

在圖 16-1 中，計時器的接線型態，被稱為無穩態模式的接線，最明顯的特徵就是一通電，即會產生一連串脈衝訊號。請將圖 16-1 與圖 15-12 中的電路圖（圖 15-12 中的電路，在觸發時會產生單一的脈衝）進行比較。你注意到差異了嗎？

首先，新的電路沒有開關連接到觸發腳，這是因為新的電路不需要輸入，可以自己反覆觸發運行。

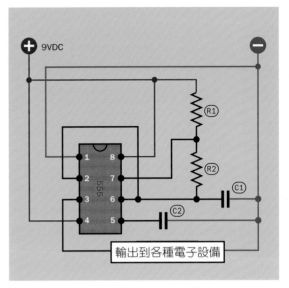

圖 16-1　接線成無穩態模式的 555 計時器電路。

其次，它使用兩個計時電阻（分別標記為 R1 和 R2）。而且不只是我的偏好，幾乎所有 555 計時器的使用指南（包括製造商的資料手冊），都將兩個電阻稱為 R1 和 R2，並且在計算計時器頻率的公式中，使用相同的名稱。

請注意，在單穩態電路中連接第 6 腳（臨界腳）和第 7 腳（放電腳）的電線已經不存在了。但是，卻添加了一根電線，將第 6 腳與第 2 腳（觸發腳、輸入腳）相連接。當你建構電路時，可以按你接線的便利性，漂亮的在 555 計時器周圍走線，或直接率性的用一條長跳線，自第 6 腳躍過 555 計時器，連接到第 2 腳上。

問題是，這條將「臨界腳」與「觸發腳」連在一起的新連接，到底有什麼用途？如果你直覺猜測應該與計時器能夠自行觸發有關，那麼恭喜你，答對了！

另外，C2 仍然存在，以隔離第 5 腳免受不必要的干擾。

我在第 3 腳（輸出腳）上顯示的「輸出設備」，可以是 LED（當 555 計時器輸出頻率較為緩慢時）或揚聲器（當 555 計時器輸出頻率非常高，達人類聽覺感知範圍內時）。

由於 555 計時器輸出電流強勁，因此即使推動喇叭，依然不需要任何額外電晶體協力。

現在，我建議你，不要只依據圖 16-1 構建基本的電路，而應嘗試將 R2 改用一個微調電阻取代，這樣就可以如同 DJ 一樣，使喇叭發出各種聲音。

圖 16-2 是一個以 555 計時器為核心，振盪頻率可以變化的通用電路示意圖，電路中各元件值，詳參圖 16-3 所示的麵包板佈線圖。為了給微調電位器騰出一些空間，我在麵包板上將它的位置往上調整了一點。但是，只要你延著連線，並將佈線圖與電路圖進行比較，應該可以發現它們兩者是相同的。

- 在這個頻率可變化的電路中，和之前的單穩態電路一樣，第 7 腳與正電源間的電阻值，應該會是 10K 或更高。如先前的討論，這個電阻值無論如何絕對不能是零，否則會燒毀晶片。

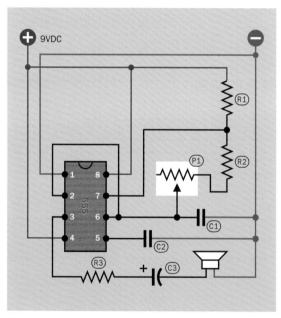

圖 16-2　無穩態多諧模式下的 555 計時器測試電路。

我在電路中加入一個 100μF 的電解電容 C3，並串聯在喇叭上。這是一個耦合電容器（你可能還記得在實驗 9 中我提到過）。

從計時器發出的脈衝及 200mA 的驅動力道，經過電容後，直流成分會被阻擋在電容，僅訊號的部分會以位移電流的形式通過 C3。雖說 C3 電容不是必要的，但加了這個電容，確實可以將電路的功耗降低約 50%。

電路中還包括一個 100Ω 的電阻器，以防止 8Ω 的喇叭，使晶片超載。

將這些元件組裝在一起，可變電阻可以調整音頻輸出的頻率，從低音到非常高音，幾乎在人類聽覺可感知頻率的極限。那麼它是如何運作的呢？

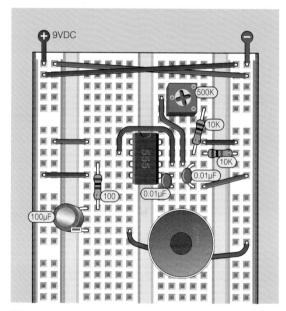

圖 16-3　圖 16-2 的麵包板佈線圖版本

充電─放電循環

圖 16-4 為計時器上相關接腳的局部放大圖，如果需要複習一下 555 計時器的內部工作方式，請回顧圖 15-16。

當你第一次通電時，計時器內部的比較器 A，會將正反器內部開關向左拉，此時，會從輸出腳第 3 腳（輸出腳）中，產生一個正脈衝訊號，同時也會一併斷開了第 7 腳（放電腳）與負電源的連接。

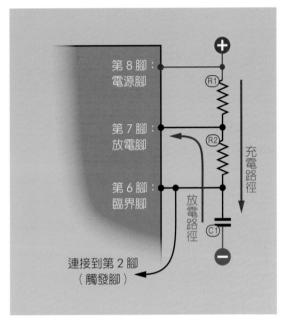

圖 16-4 計時器上，第 6 到 8 腳的局部放大圖

作動方式與計時器在單穩態模式下運行時，基本相同。由於沒有放電的路徑，因此電容開始由 R1+R2 中的電流累積電荷。我們知道電容（C1）與電阻（R1+R2）的綜合值，決定了計時器脈衝的寬度，稱之為充電循環。

計時器內部的比較器 B，通過臨界腳監測電容 C1 上的電壓，當電壓達到正電源電壓的 2/3 時，比較器 B 就會將正反器內部開關向右拉，此時，會從中斷輸出腳的輸出中，同時也會建立第 7 腳（放電腳）與負電源的電氣連接，因此電容 C1 開始透過 R2 向該引腳放電。

作動方式，與計時器在單穩態模式下運行時，基本相同。正反器將第 7 腳接地，我們知道電容（C1）與電阻（R2）的綜合值，決定放電循環的長度。

那麼，這個晶片是如何告訴自己，開始產生一個新的脈衝呢？由於第 2 腳（觸發腳）透過外部線路與第 6 腳（臨界腳）相連接，當 C1 上的電壓降到正電源的 1/3 時，第 2 腳就會做一件事情：觸發比較器 A，以將計時器內部的正反器開關往左拉。第 3 腳（輸出腳）

重新輸出正脈衝訊號。同時，又再次斷開了第 7 腳（放電腳）與負電源連接。因此，C1 又開始充電。整個過程將會反覆進行。

計時器已經變成自動觸發的狀態了。

人們常常對圖 16-2 上，所安排的兩個電阻感到困惑。為什麼我讓電容必須透過 R1 + R2 充電，卻只透過 R2 放電呢？

嗯～首先，R2 必須存在，否則當電容放電時，由於第 7 腳（放電腳）接地，電容 C1 會立即將所有電荷，傾倒到第 7 腳中，放電週期會以很快的速度結束，導致脈衝之間的間隔，幾乎會縮小到零（等同完全沒有間隙）。

那麼為什麼需要 R1 ？因為當第 7 腳（放電腳）接地時，R1 可以防止第 7 腳與正電源直接短路相連接。

其他搭配不同零件配置的計時器，雖然不斷的被開發出來，但是以上就是 555 計時器的最基本運作原理，目前無法更改。不過也不用太擔心，當你開始實際使用這顆晶片時，這些概念應該會變得更加清晰。

頻率的估算

如果你想透過選擇計時電阻電容，使用 555 計時器輸出特定頻率，請參考圖 16-1 中的 R1、R2 和 C1 的位置，並參考圖 16-5 中的表格進行電阻電容的更動。

- 請記住，圖 16-5 的表格中，假定 R1 恆定為 10K。

表格內的數字是以 Hz 和千赫為單位的頻率（僅以 K 表示，以節省空間），最高頻率遠高於人類聽覺感知的範圍。

如果你想知道每個週期的長度而不是頻率，首先要知道完整週期長度，是脈衝長度與下一個脈衝之間間隔的加總。要發現此值，只需將表格中的任何數字除 1（這稱為數字的倒數）。

	10K	22K	47K	100K	220K	470K	1M
47μF	1	0.57	0.3	0.15	0.068	0.032	0.015
22μF	2.2	1.2	0.63	0.31	0.15	0.069	0.033
10μF	4.8	2.7	1.4	0.69	0.32	0.15	0.072
4.7μF	10	5.7	3.0	1.5	0.68	0.32	0.15
2.2μF	22	12	6.3	3.1	1.5	0.69	0.33
1.0μF	48	27	14	6.9	3.2	1.5	0.72
0.47μF	100	57	30	15	6.8	3.2	1.5
0.22μF	220	120	63	31	15	6.9	3.3
0.1μF	480	270	140	69	32	15	7.2
47nF	1K	570	300	150	68	32	15
22nF	2.2K	1.2K	630	310	150	69	33
10nF	4.8K	2.7K	1.4K	690	320	150	72
4.7nF	10K	5.7K	3K	1.5K	680	320	150
2.2nF	22K	12K	6.3K	3.1K	1.5K	690	330
1nF	48K	27K	14K	6.9K	3.2K	1.5K	720
470pF	100K	57K	30K	15K	6.8K	3.2K	1.5K
220pF	220K	120K	63K	31K	15K	6.9K	3.3K
100pF	480K	270K	140K	69K	32K	15K	7.2K

圖 16-5 假設 R1 維持不變為 10K，C1 和 R2 值對應的 555 計時器輸出頻率的對應表。

例如，在表格右上角的數字為 0.015（Hz）：1 / 0.015 = 約 66.7 秒。

如果使用比 47μF 更高的電容值，你就可以計算更長的脈衝，但如我之前說過的，大容值的電容本身漏電的問題，將會開始干擾計時的準確性。

如果需要的頻率沒有在圖 16-5 中列出，你還是可以使用公式估算出 R1 和 R2 的值。有各種不同版本的公式，以下是以 Hz 為頻率，以 $K\Omega$ 為單位的 R1 和 R2，以 μF 為單位的 C1 的公式：

```
頻率 = 1,440 / ((R1 + (2 * R2)) * C1)
```

括號已經將計算的順序告訴你。首先，應該將 R2 加倍，然後加上 R1，再乘以 C1，最後將結果除 1,440。

如果你不想進行這個計算怎麼辦？沒問題！在 Google 一下關鍵字「555 頻率計算器」你會發現有幾個網站可以幫你進行計算。只需輸入你想要的頻率，和 10K 作為 R1 的值，該網站就會顯示可能的 C1 和 R2 值。

請注意，在每個週期中，「on」脈衝的長度，始終超過其後的間隔長度（即無輸出的「off」狀態）。這是因為當電容透過 R1 + R2 充電時，時間常數一定比電容，僅透過 R2 放電時還要大。圖 16-6 的波形圖，也說明了這一點。

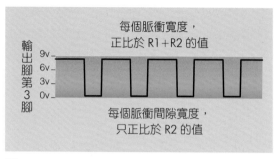

圖 16-6 在無穩態模式的標準連接方式下，555 定時器會產生脈衝以及脈衝之間的間隔。

如果你非常想要短的脈衝和寬的間隔怎麼辦？我可以想像這樣的需求，例如你想每分鐘觸發一次繼電器。好吧，其實有一種方法可以實現這一點，只需要添加一個二極體。

添加二極體

二極體是一種非常簡單的元件，它只允許電流往特定方向流動，並且會阻擋反方向的電流流動。

而且，即使是小訊號二極體，都可承載高達 200mA 的順向電流，如果是整流二極體則可處理更高的電流。

對於本書中的實驗而言，只需用零件編號為 1N4148 的一種非常基本的小訊號二極體，就十分足夠。

* 二極體的兩端被稱為陽極和陰極。正向（傳統）電流從陽極流入，從有銀色或黑色條紋標記的陰極流出（圖 15-7）。

圖 16-7 是二極體的兩個外型略有不同的電路圖符號。三角形尖端的指向，即為傳統電流的方向，但由於小訊號二極體不發光，因此，與 LED 電路符號相比之下，會發現二極體少了一些小箭頭。此外，LED 在電路圖中，外圍通常包圍著一個圓圈，但二極體符號卻沒有。我不知道為什麼有這樣的差異，但由於每個人都省略了那個圓圈，所以我也打算省略了。

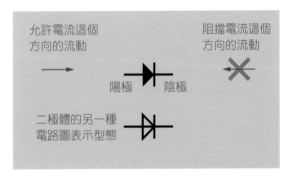

圖 16-7 這些符號中的任何一個，都可以在電路圖中表示二極體。

那麼，究竟要如何使用二極體，使無穩態 555 電路輸出的間隔變長、脈衝寬度變短的目標呢？

圖 16-8 呈現出整個動作的原理。當電容充電時，由於大部分電流通過二極體旁路繞過了 R2，因此大致上由 R1 取得控制充電速率的地位，而不是 R1+R2。當電容放電時，由於二極體會禁止電流反向，旁路路徑相當於斷路，因此電流只能通過 R2 流到第 7 腳（放電腳），仍然由 R2 控制放電速率。

在圖 16-9 中，我重新繪製了加入二極體的電路圖（最初版本即是在圖 16-1 中所看到的）。你可以發現二極體靠近中間，並與 R2 平行。圖 16-9 中的麵包板佈線圖如圖 16-10，你會發現這個佈線圖，大致上仍類似於圖 16-3，只是我必須配置綠色跳線，並移除微調電阻器以騰出空間。

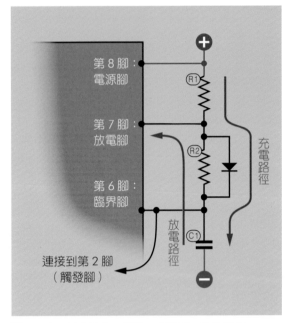

圖 16-8 以額外的二極體，提供 R2 旁路路徑

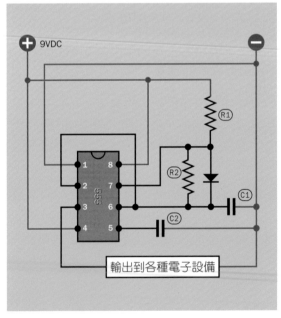

圖 16-9 以二極體將 10k 電阻及微調可變電阻旁路，將圖 16-8 概念具體化。

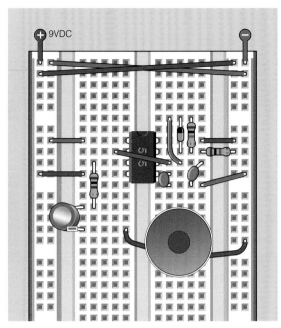

9VDC

圖 16-10　將二極體擠入圖 16-3 佈線圖狹小的空間中。

目前，R1 控制 C1 的充電，R2 控制 C1 的放電。換句話說，你可以「或多或少」透過 R1 設置脈衝寬度，透過 R2 設置脈衝間隔長度。

那麼，「或多或少」是什麼意思？注意，剛剛我說的是「大部分的電流」通過二極體繞過 R2。在之前第一次對 LED 的量測實驗中，你應該已經知道順向導通的 LED 具有等效電阻。我們不知道等效電阻，精確阻抗值是多少，因為它隨電壓變化而改變，但我們知道，電流順向流過時，LED 上總會有一些電阻的效果，二極體也是一樣。

因此，儘管大多數電流，通過圖 16-8 中的二極體旁路路徑對電容充電，但仍會有一些微小電流通過 R2。流經 R2 確切的電流大小，取決於 R2 和二極體等效電阻的值以及「電源電壓」。555 計時器的一個優秀特性是，依據 Hans Camenzind 的設計，當 555 接入的電源從 5VDC～16VDC，其性能幾乎相同。

但是，加上了旁路二極體後，C1 充電時間會間接受到電源不同的影響，那麼，頻率公式將不再正確，也就無法經由查表法，在圖 16-5 的表格中查找輸出的頻率值。這個狀況，迫使我們不得不另外尋找方法解決，以達到你想要的結果。

第 5 腳（控制腳）

我之前一直忽略控制腳的討論，是因為它不常被使用。但在某些情況下，控制腳的玩法可能會非常有趣。基本原理是，當電壓施加到，運行在無穩態模式下計時器的第 5 腳時，調整施加電壓的高低，就可以調整無穩態電路輸出頻率的高低。

如此開啟了一個有趣的可能——如果你有兩個計時器，並且將計時器 #2 的「輸出」與計時器 #1 的「控制腳」相連接，那麼，計時器 #2 將可調變計時器 #1 的輸出頻率。

這樣的組合，可能讓你回想起我們在實驗 11 中，連接了兩個無穩態多諧振盪器的時候。不同之處在於，這裡使用的 555 計時器，允許你進行更廣泛的調整，而且結果還可以很精確且受控制。

首先，你應該學習控制腳的調控功能，該如何在單一個計時器電路中實踐。在圖 16-11 的電路圖底部，電阻 R4 和 R5 均為 1K，而 P2 為 10K。把原本與第 5 腳（控制腳）相連接的 C2 移除，並且微調可變電阻的極點腳，與計時器第 5 腳控制腳相連接起來。請務必對照一下圖 16-2，查看不同之處。

圖 16-12 是圖 16-11 的麵包板版本。雖然只是過渡階段的電路，由於我將這個電路擴展成已經具有基本合成能力的實驗（我認為你應該會覺得很有趣），因此，我仍然想讓你們嘗試建構一下這個電路。

如果你已經建構了圖 16-3 版本的電路，你可以直接移除 C2（曾經連接到計時器腳 5 的 0.01μF 電容）並且在底部添加新元件。

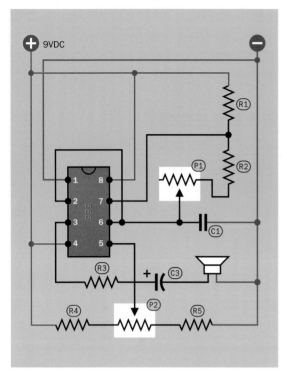

圖 16-11　在電路圖底部，加入兩個電阻和一個微調可變電阻，對第 5 腳（控制腳）提供可以調整的電壓。

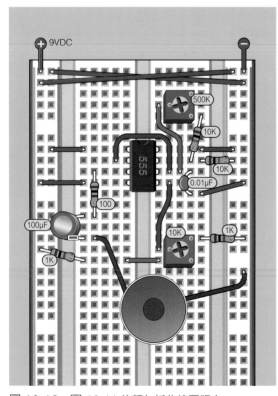

圖 16-12　圖 16-11 的麵包板佈線圖版本。

以下，這是有關控制引腳的簡短註釋：

- 施加到第 5 腳（控制腳）的控制電壓，有範圍的限制，一般必須在電源電壓的 20 ～ 90％範圍內。如果超出這個範圍，計時器將停止接收觸發訊號，並保持沉默（完全不再動作）以示抗議（不過不會導致晶片受損）。

話說回來，我該如何知道我添加的電阻、微調可變電阻等元件，能不能提供我需要的電壓範圍呢？以下，我打算暫時離題，帶你做一些電子學中，基本的電壓分壓簡單計算。

分壓電路

回憶一下圖 15-16 的 555 計時器透視圖，555 內部有三個串聯的 5K 電阻器，排列在上方，並且有「電壓分壓器」這幾個字。

當時並沒有解釋這個部分，是因為我不想中斷當時進行的內容，但基於先前學習的知識，你可能已經推論出，如果在正電源和負電源之間，有三個相等的電阻器串聯的話，由於流過的電流相同，因此由歐姆定律，每個電阻將消耗相等的電壓，如圖 16-13 所示。

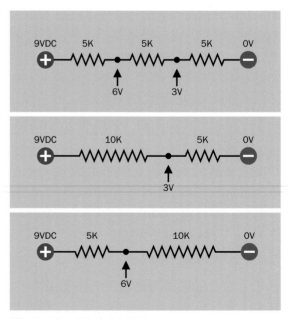

圖 16-13　基礎的分壓概念。

更進一步，你可能也推論出，該處三個相等的電阻並不限於 5K 電阻，只要電阻器都相同，就會得到相同的結果。以上推論為基礎，我們繼續深究一下。

現在假設，我將兩個 5K 電阻器直接連接在一起，形成一個 10K 電阻器，如圖 16-13 的第二張圖示。一個 10K 電阻，應該會與兩個串聯的 5K 電阻，消耗的電壓相同，因此，從這個點分得的電壓，你仍然可以像圖 16-13 的第一張圖所示，獲得 3V 電壓。

同樣的理由，如果像圖 16-13 的第三張圖示，將後兩個 5K 電阻直接連接在一起，形成一個 10K 電阻，你應該可以得到 6V。

說到這裡，你是不是感覺領悟到某種規則，似乎存在某種公式可以計算兩個電阻之間的電壓？答對了，沒錯。這是可以做到的。

圖 16-14 說明，如何使用任意兩個接在正電源和負電源之間的電阻器。我已經在 555 計時器的電路中使用 R1 和 R2 這樣的名稱，為了避免混亂，我刻意將這兩個電阻器命名為 RA 和 RB。

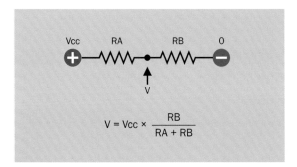

圖 16-14 分壓公式。

其中 Vcc 是供應電壓，V 是指目前未知的電阻間電壓。如果以純文字的方式撰寫公式，它看起來應該會像這樣：

```
V = Vcc * ( RB / ( RA + RB ))
```

現在我示範，如何以分壓公式，來計算圖 16-11 電路中，555 控制腳所能得到的電壓。

圖 16-15 是我故意串在一起，以供應 555 計時器控制腳電壓的 2 個 1K 電阻，和 1 個 10K 可變電阻器，但在圖 16-15 的上半部我已調整可變電阻器的滑動器，使其完全位於其刻度的左端。圖中的計算顯示，微調可變電阻的接觸臂接腳上的電壓，目前為

```
9 * ( 11 / 12 )
```

再經計算機計算，告訴我其值大概是 8.25V。

圖 16-15 圖的下半部顯示當可變電阻器的接觸臂滑動到右端時，接觸臂接腳上的電壓為

```
9 * ( 1 / 12 )
```

經過計算大約為 0.75V。

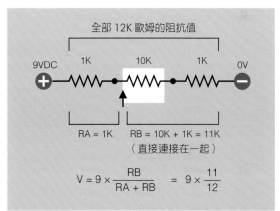

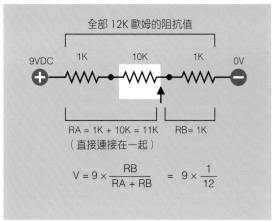

圖 16-15 以分壓公式，計算 555 計時器的控制腳，所能獲得的電壓。

結果看來，分壓後電壓的最小值，對控制腳允許的電壓範圍來說有點太低，所以改變可變電阻值時要稍稍注意。但有趣的是，你將分壓結果連接到 555 晶片的控制腳時，控制腳中的內阻也會影響分壓結果，而且最後還會使電壓上升一點點。跟往常的經驗一樣，電子電路的一切，總是處於互相影響的狀態。

以下是關於電壓分壓器的一些重點整理：

- 公式提供的結果基本上是正確的，當你將其他元件連接到分壓器的分壓點時，會對分壓的結果產生影響。

- 當你將電子元件連接到電壓分壓器的分壓點時，如果能選擇電子元件的規格，應該選擇電子元件內阻，盡可能高於分壓器中的電阻值。

在分壓器的角度來說，這句話的另一種解釋是，分壓器中的電阻值應該要相對小，然而，如果分壓器電阻選擇過小，則流經分壓器的電流又會上升，造成電源浪費，又是一個須要權衡的地方。

因此，選擇理想的電阻值，必須經過你詳細權衡之後再決定。對我而言，我決定使用兩個 1K 電阻和一個 10K 微調可變電阻，因為這樣的電流耗用，是我願意接受的最低值。

使用一個晶片，來控制另一個晶片

討論完分壓的部分，讓我們回到最先提到的場景：以計時器 #2 的輸出與計時器 #1 的控制腳相連接。

你的無穩態震盪電路，從圖 16-12 的單一個計時器的版本起，應該可以正常運行，對吧？現在，你需要添加一個新的電路到麵包板的下半部，以控制上半部已能正常工作的電路。

圖 16-16 是最終版本的麵包板佈線圖。圖 16-17 是僅呈現電子零件的版本，使你更容易看到，需要什麼元件。圖 16-18 則是圖 16-16 的電路圖版本，

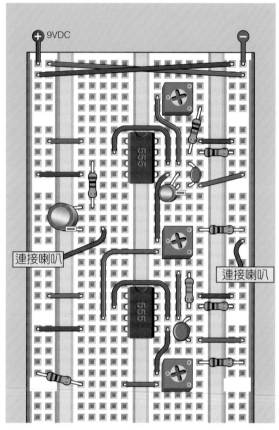

圖 16-16　最終版本無穩態雙 555 計時器的電路麵包板佈線圖。

如果將圖 16-18 與圖 16-11 的電路進行比較，你會發現兩者有一些差異：首先在圖 16-11 的電路中被移除的 C2 已經歸位，但基於一些原因，我把它換成 10μF 的電解電容器，原因待會說明。同時 R4 已被刪除，因為 P2 的左側接腳，現在直接連接到新增加的 555 計時器的第 3 腳（輸出腳）；由先前的討論，我們知道，輸出腳的電壓，永遠不會超過 8V。

在麵包板佈線圖中，由於擠不出空間畫出喇叭，因此不再顯示；但我仍然把實際上連接喇叭的電線作了明顯的標記。

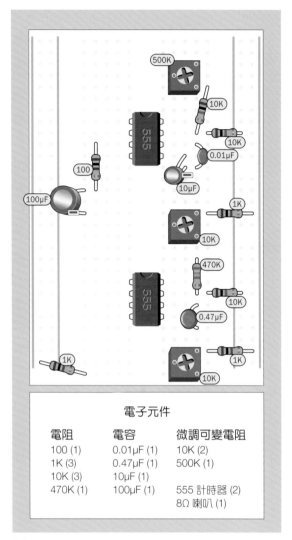

圖 16-17　只有電子零件的佈線圖。

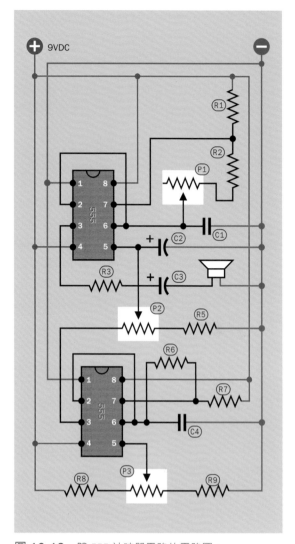

圖 16-18　雙 555 計時器電路的電路圖。

另外，圖 16-18 整個電路，都可以放進麵包板的上半部，即使你的麵包板的匯流排中間有斷開，也不需要使用跳線，去將電源延伸到下半部的匯流排。

當你啟動電路時，請先試著拿掉 C2 後，再重新插入。你會發現加上 C2 後，喇叭會發出類似拿著大張的鐵片，不斷搖晃的聲音，這是由於 C2 在計時器 #1 的控制腳上，產生了平滑電容器的效果所導致。你也可以嘗試使用其他不同電容值的電容器進行實驗。

P2 可以調節計時器 #1 控制腳電壓，R6 與 R7 是計時器 #2 的計時電阻，C4 則是它的計時電容。我選擇了 R6、R7 與 C4 的值，使計時器 #2 產生大約每秒 3 次的頻率，這可以在電路底部，新增的電壓分壓器（由 R8 和 R9 與 P3 串聯）處進行調整。R8 和 R9 的值均為 1K，P3 與計時器 #1 電壓分壓器一樣是 10K。

我相信你會覺得很有趣。P1 仍然控制計時器 #1 產生的音調，P3 控制新增加的下半部電路的輸出頻率，而 P2 調節調變的強度。如

果你把 P2 的值調低,會得到類似歌劇歌手的顫音。如果你把它調高,會有聽起來像汽車警報聲從喇叭中傳出來。

在兩個計時器晶片組成的小電路中,可以產生歌劇歌手的顫音,又可以產生汽車警報器的聲音,真不錯!

也許你可以錄下這個電路所發出的各種聲音中,你最喜愛的一段並將它作為手機的鈴聲。應該很炫吧!但我可以預見的問題是,與你共同居住的人,可能不像你一樣對這些聲音感到有趣。因此,你要有心理準備會收到類似這樣的反饋「把那該死的噪音關掉!」

那麼,還有其他修改的可能嗎?

當然有!修改的可能是無限的。

如果在電路中增加了第 3 個計時器,並將它的輸出腳,同樣連接到計時器 #2 的控制腳,你認為會發生什麼情況?

值得一試!只需要拿掉 R8,然後把計時器 #3 的輸出,以麵包板最底部的黃色跳線,輸入到 P3 中。你會發現,如果第 3 個計時器運行頻率非常低,那麼這個電路可以創造出一個上升和下降的聲音,聽起來類似警車警笛聲的效果。兩種煩人的聲音,合而為一!

如果你想要讓音量忽大忽小的顫音效果,而不是聲音忽高忽低的顫音效果,要怎麼調整?第一種顫音,需要調節聲音的強度,而第二種顫音,則需調節聲音的頻率。而這個電路的聲音強度,取決於供電電壓,因此你可以設法調整,計時器 #1 的供電電壓。

最簡單的方式,只需斷開計時器 #1 的電源(取消連接右上角的紅色跳線),改為用計時器 #2 的輸出脈衝訊號,充當計時器 #1 的電源。具體做法,就是從計時器 #2 的第 3 腳到計時器 #1 的第 8 腳,以一條相當長的電線連接,這就是你需要的。根據我親自實驗,修改後電路可以運作,聲音忽大忽小的轉換,感覺會有點難以忍受。

也許加上一個大的平滑電容會有所幫助,或者在計時器 #1 的第 8 腳上,加上一個上拉電阻。無論如何,你應該動手試試看,看看會發生什麼狀況。只要不把電源接錯,計時器是不太可能造成損壞。

另外,只要保持 R3 和 C3 與喇叭串聯,兩個電子元件應該足以保護喇叭,避免受到你發送的任何奇怪脈衝的影響。我認為音頻電路,是很有趣的實驗,但下一個實驗,我們卻有一個嚴肅的目標:創建我之前提到過的入侵警報器。

我想,你應該已經擁有所有必要的知識,可以來實現這個目標。

實驗 17
建構實用的警報器系統

安裝在家中的入侵警報器，可以在偵測到有人無故侵入你家時，自動發出警告聲響，這種聲響，並不足以驚醒你的鄰居，但是應該可以喚醒在睡夢中的你。另外，如果家中還有其他同住的成員，他們應該會喜歡住家有一套警報系統，當門或窗戶被打開時，可以自動通知他們。

無論如何，這是一個可以讓你運用目前所學習的知識的理想專題。

你會需要：

* 麵包板、電線、剪線鉗、剝線鉗、萬用電表。

* 9V 電池（或 9V 直流電源供應器，如果長時間運行此電路，可能會使用太多 9V 電池電流。）。

* 電阻，100Ω〔1〕、470Ω〔4〕、10 KΩ〔5〕、47KΩ〔4〕、470KΩ〔2〕。

* 電容，0.01μF〔2〕、0.47μF〔2〕、10μF〔3〕、100μF〔2〕。

* 555 計時器晶片〔3〕。

* 觸控開關〔1〕。

* 1N4148 二極體〔1〕。

* 適合麵包板的單極單投或單極雙投開關〔1〕。

* 通用紅色 LED〔4〕。

規劃完整的電路系統

我經常收到讀者詢問，如何設計一整套電路系統的來信。我沒有受過電子電路領域的正式教育，所以無法提出權威的答案，但我可以告訴你，我自己是如何設計這個有趣的警報器系統專題的，並且分享一下過程中，我是如何發現錯誤、如何修正以及最後如何讓它運作等。

我認為電路系統設計的第一要件是想像力。

你必須從頭到尾仔細想像一下，各部分的電路在你的專案（或系統）中扮演什麼角色？各電路間要怎麼搭配，才能讓整體達到你的專案目的？如果沒有事先周詳的考慮過，而是想到什麼就做什麼，可能在專案將近完工的階段，才發現自己欠缺考慮許多重要問題。

謹守這個原則，我勾勒出我的警報器系統要怎麼動作的計畫雛形（圖 17-1）。圖 17-1 中將會用到的計時器，分別稱為 IC1、IC2 和 IC3，這是一般圖表中所描述電路「系統」的方式。以下是這個專題詳細的動作分析：

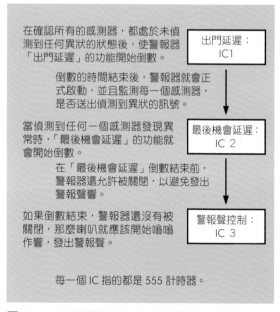

在確認所有的感測器，都處於未偵測到任何異狀的狀態後，使警報器「出門延遲」的功能開始倒數。

倒數的時間結束後，警報器就會正式啟動，並且監測每一個感測器，是否送出偵測到異狀的訊號。

當偵測到任何一個感測器發現異常時，「最後機會延遲」的功能就會開始倒數。

在「最後機會延遲」倒數結束前，警報器還允許被關閉，以避免發出警報聲響。

如果倒數結束，警報器還沒有被關閉，那麼喇叭就應該開始嗡嗡作響，發出警報聲。

出門延遲：IC1

最後機會延遲：IC 2

警報聲控制：IC 3

每一個 IC 指的都是 555 計時器。

圖 17-1　先把警報器的各階段的動作給可視化。

1. 警報器系統電源打開之後，應該要有一個 LED 燈亮起來，讓我確認所有的門和窗都已關上。

2. 如果我打算離開家（或警報系統監控的區域），應該有一個開關，讓我一按下後警報系統就會啟動，開始保衛我的家。但一開始，應該保留大概 30 秒的時間，這段期間內，無論怎麼開關門窗都不會觸發警報，讓我可以從容出門。我把這個 30 秒的延遲稱之為「出門延遲」。

3. 出門延遲時間結束時，警報系統回復警戒狀態。

4. 這時候，如果有人打開門或窗戶，警報系統將開始另一個延遲，我稱之為「最後機會延遲」。亦即，開起門窗後，系統也保留給我 30 秒的時間，可以把警報系統斷電，這段期間內，同樣無論怎麼開關門窗，都不會造成警報響起。

5. 相對的，如果是惡意入侵的人，不知道要在最後機會延遲結束前關閉警報系統，那麼最後機會延遲一結束，警報系統就會開始發出刺耳的警報聲。

以上是警報器的動作順序，接下來的步驟是選擇元件。

在本書的第二版中，我提供給讀者的方案是使用電晶體和繼電器構成警報系統，但經過幾年的審慎思考後，我決定只用三個 555 計時器取代電晶體和繼電器，以簡化這個專題。

門窗磁力感測器

首先，我應該先解釋一下，簡單警報系統的原理。通常，你會在每扇門窗上，安裝由兩個部件所構成的門窗磁力感測器的模組，如圖 17-2 所示。一個內含有磁鐵（以下稱磁力部件），另一個是簧片結構開關（以下稱開關部件）。

簧片結構開關由兩個接點組成，這些接點是經磁化的，因此靠近磁力部件時，磁力部件的磁力會把兩個接點吸在一起（如果它們原本的狀態是常開的）或推開（如果它們通常是常閉的）；遠離磁力部件時，接點就會回到原來的狀態，因此藉由靠近或遠離磁力部件，就會使開關部件，產生短路或斷路的差異。

圖 17-2　有兩個部件的警報感測器。

製造商通常會把簧片結構開關，再用一層玻璃封裝起來，確保開關接點的可靠耐用，如圖 17-3。而圖 17-4 是磁力感測器的工作原理（字母 N 和 S 代表磁鐵的北極和南極）。

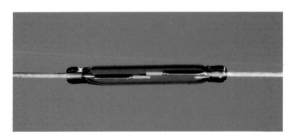

圖 17-3　典型的簧片開關，整個被玻璃封裝起來，直徑約 2mm。

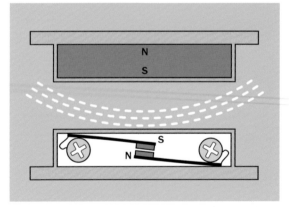

圖 17-4　當磁力部件，非常靠近開關部件時，磁力部件所發出的磁力，會推動開關部件的接點。

請注意，如果你要買磁力感測器，來製作自己的警報系統，應該選擇通接點是常開的類型，而不是常閉的類型。

參考圖 17-5 中的門窗磁力感測器安裝示意圖，你需要在每個門窗上安裝一個磁力部件，然後在門窗框架上，相鄰的位置安裝一個開關部件，並且使這兩個部件在門或窗關起來時，距離近到幾乎快碰到一起，使開關部件可以感受到磁力部件的磁力，卻又不至於影響門窗的開關。

圖 17-5　警報系統的磁力感測器模組的接線範例。藍色代表磁力部件，而紅色則表示開關部件。

在圖 17-5 中藍色的矩形指的是磁力部件，紅色的矩形指的是開關部件，而警報器的主要電路，假設將放在圖 17-5 中綠色盒子的位置。

認識這個零件後，要怎麼利用它達成偵測門窗是否緊閉的功能呢？關鍵在於將門窗磁力感測器之間採用串聯連接，因此，如果其中一個門窗被打開，將會斷開整個迴路（假設你採用我的建議，購買接點是常開的類型，

因此開關部件靠近磁力部件，就會是短路，離開磁力部件就會變成開路），那麼，電路的連續性就會被中斷，警報器電路應該可以依據這個訊號，決定是否發出警報。

這樣子的規劃稱為「斷路觸發」型電路，也就是說，任何一個門窗磁力感測器因門窗開啟，而產生的斷路時，都會觸發警報。甚至，有人惡意干擾警報器系統運作（例如剪斷電線），電路也會被斷開而觸發警報。

接下來，我的第一個挑戰是決定感測器；該如何與 IC2 進行介面連接。參考圖 17-1 的說明可知，IC2 用來偵測感測器狀態，如果偵測到感測器斷開（亦即有門窗被打開），就會產生一些特殊的信號，去通知警報器系統的其他電路，使其他電路依其功能產生相應的動作。因此，我要了解如何以門窗感測器的斷開訊號，去觸發 IC2 定時器，我的實驗才能繼續進行。

讓計時器保持好心情

讓我們將計時器擬人化來想像。我們的任務是經由提供它們所需的條件，來讓它們保持好心情，如此它們便可以長壽而且乖乖工作。

555 計時器喜歡在它觸發腳上，保持很明確的電壓。如同你在實驗 15 中已經知道的那樣，如果第 2 腳（觸發腳）上的電壓降至正電源的 1/3 以下，那麼計時器會有高電位輸出；如果電壓保持在正電源的 2/3 以上，輸出是低電位，此時計時器仍會乖乖的坐在那裡等待。

但是如果沒有明確的電壓提供到於觸發腳上，計時器將表現出頑劣的個性，行為將變得不可預測。由於它心情不好，因此不會乖乖工作，如果它不乖乖工作，身為使用者，我的心情也不會好到哪去。

考慮到這一點，我決定對串連連接的門窗磁力感測器的一端，施加正電壓，如圖 17-6 所

示。這樣的配置，使計時器觸發腳，在門窗全關閉的狀態（所有門窗磁力感測器的開關部件都是短路）處於高電位，這時，計時器什麼都不會做，只是乖乖等待。

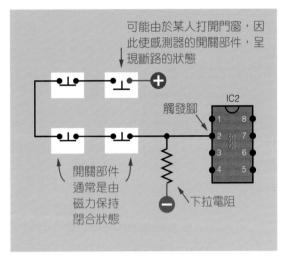

圖 17-6　本實驗中警報系統的感測電路基本概念。

然而，如果有任何一扇門窗被打開，那麼由正電源到感測器，再到觸發腳的正向連接就會被斷開。這時，下拉電阻馬上介入接管觸發腳，讓觸發腳處於低電位觸發 IC2 計時器。當 IC2 計時器被觸發時，會產生高電位輸出——我認為我能以某種方式，利用這個訊號來達成警報器的功能，但是到目前為止，我還沒有具體想法。

順帶一提，早在圖 15-12 中，你就已經看過類似的安排，只是在那種情形下，我使用上拉電阻而不是下拉電阻，而且觸控開關與電源負端連接。

另外，我突然想起了 IC1。它的工作是產生一個約 30 秒的暫停，是我自取名稱的「出門延遲」。IC1 的高輸出必須以某種方式，防止在出門延遲倒數結束前，因為打開任何門窗而觸發 IC2。

圖 17-7 運用簡單的方法，實現這個目標。首先，由於我將 IC1 接線為單穩態模式，因此，當我準備出門時，我會按下「開始」這

個觸控開關，這個動作會觸發 IC1，產生單個高電位脈衝輸出。

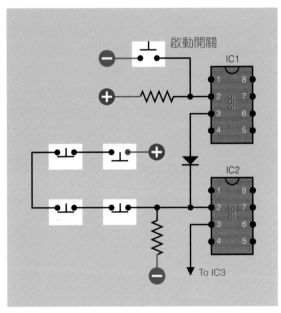

圖 17-7　IC1 增加 30 秒寬限時間。

假設能讓 IC1 輸出的脈衝寬度達 30 秒，我就可以拿這個訊號，通過二極體提供給 IC2 的觸發腳，那麼，疊加在 IC2 的觸發腳上，把下拉電阻的作用蓋掉（相當於 IC2 忽略感測器串接的訊號變動），以確保 IC2 觸發腳在「出門延遲」期間，都保持在高電位，即使有人故意打開門窗都沒關係。

你可以將二極體和下拉電阻，想像成電壓分壓器。二極管本身具有一些等效電阻，但與10K 的下拉電阻相比之下，顯得非常小。因此，它們之間的電壓會非常接近 IC1 的輸出電壓（約 8V），這比防止 IC2，被下拉電阻觸發所需的電壓（正電源電壓的 2/3 以上，即約 6V）還高得多。

但為什麼要用上二極體呢？因為當 IC1 不產生「出門延遲」時，輸出為低電位。我不想讓 IC1 的低電位輸出也觸發 IC2，所以用二極體，阻掉 IC1 的低電位輸出。

整理一下到目前為止的進展：

- 把警報系統電源打開後，我按下系統啟動開關，IC1 會產生持續 30 秒的高電位輸出。

- 此時，我開門離開家並不會觸發 IC2，這是因為 IC1 的高電位輸出，可以防止 IC2 被觸發。

- 在「出門延遲」倒數結束時，IC1 的輸出，轉為低電位。IC1 就不再對 IC2 有任何影響，此時，IC2 對於任何的門窗開啟，都會變得敏感。

- 所以，我回到家的開門動作，勢必也會觸發 IC2。因此，最好把 IC2 同 IC1 一樣的單穩態模式、可以產生自己的 30 秒的高電位輸出。目前，還不確定如何利用 IC2 的輸出，但確定的是，IC2 功能是要讓我有 30 秒的緩衝時間，可以把警報系統斷電；以及，如果沒有在 30 秒內關閉警報器，那麼 IC2 會觸發 IC3，引發警報聲響大作。

感覺上，好像快達成目標，但是不是有點太簡單了？你是不是已經看到我的設想中，存在一個嚴重的缺陷？我自己也是思考了一段時間，才看出來。

我的設想存在一個問題。在出門延遲倒數結束後，警報系統已經啟動，處於可以偵測入侵行為的狀態。但是，如果有入侵者，經由門或窗口進入，然後並沒有復歸門窗呢？這時感測器的開關部件，理論上會觸發 IC2，開啟並開始計算「最後機會延遲」。

然而也許你還記得，當 555 計時器的輸入腳一直維持在低電位時，高電位輸出會無限期持續。因此，如果入侵者讓門或窗戶保持開啟，IC2 的觸發腳就會保持低電位狀態，並不斷地重新觸發 IC2，使其輸出一直保持高電位。這樣「最後機會延遲」就永遠不會結束，IC2 也永遠不會通知 IC3 應該響起警報。

糟糕！

現在，我必須重新思考。

首先我發現錯誤：我的設計可能會讓 IC2 反覆受到觸發訊號的騷擾，而沒有心情工作。為了避免 555 計時器被反覆觸發，因此，它的觸發腳永遠都不應該被卡在低電位，最好能以一個短的脈衝來觸發它。

所以，實際上 IC2 應該搭配一個上拉電阻，而不是下拉電阻。保持其觸發腳處於高電態，透過短暫的脈衝間隔（以某種方式產生）觸發它。其實這才是 555 計時器所喜歡的操作。

那麼，我該如何安排這個上拉電阻呢？圖 17-8 是我心裡想的電路。

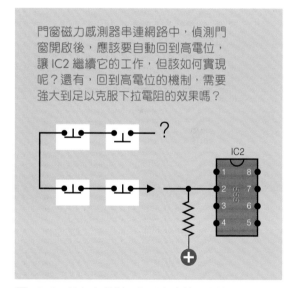

門窗磁力感測器串連網路中，偵測門窗開啟後，應該要自動回到高電位，讓 IC2 繼續它的工作，但該如何實現呢？還有，回到高電位的機制，需要強大到足以克服下拉電阻的效果嗎？

圖 17-8　該如何傳送一個反方向的脈衝給 IC2 呢？

每當需要一個短脈衝的場合，我都會聯想到耦合電容。回顧一下圖 9-12，你應該會想起，如果電容上的一側電極突然改變電位，經由位移電流機制，就會在另一側電極上產生一個脈衝。

而且十分特別的是，在電容一側的電極，突然將電位提高時，反應在另一側的是產生一個拉著極板電壓，往正電源增加的衝高脈

衝；相反地，如果一側原本是高電位，然後電位突然下降時，反應在另一側的會是一個拉著極板電壓，往負電源電壓方向減少的拉低脈衝。

（其實用「衝高脈衝」或「拉低脈衝」來描述不太精確，因為這只是電子流向不同產生的效果。但是，「衝高、拉低脈衝」確實是理解當下情況不錯的描述。）

接下來我想到，我的感測器與電容可以如同圖 17-9 的方式連接。我的邏輯是，當所有開關都關閉時，唯一的電流流動，應該是正電源通過下拉電阻到負電源，中間沒有其他電阻會造成分壓，因此下拉電阻的一端電壓是負電源電壓（0V），另一端電壓則直接由感測器結末端的正電源來決定。同時，由於電容的隔離，以及上拉電阻的作用，使得 IC2 的第 2 腳位（觸發腳）保持在高電位（即計時器處於預備的狀態）。

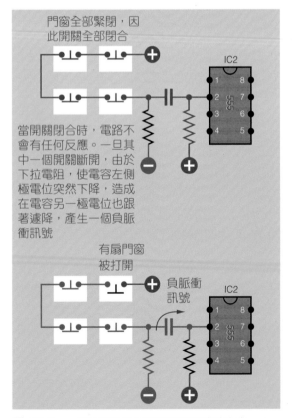

圖 17-9 一個可以產生反方向脈衝的接線方案。

如果某一扇門窗被打開（如 17-9 圖下半部所示），正電源對下拉電阻的供電路徑被打斷。由於下拉電阻的作用，電容器的左側產生急促的電壓下降，致使容器右側產生拉低脈衝訊號，疊加在觸發腳，就會將原本上拉電阻提供的高電位電壓極速下拉，電容右側極板電位，急速降到將近 0V。

圖 17-9 上半部的電路圖，其實顏色標記略微誇張了一些，因為上拉電阻提供給晶片輸入腳的電壓，不會完全達到電源電壓高度；當某扇門窗被打開時的拉低脈衝（電路狀態轉為圖 17-9 下半部），也無法將電容右側的電壓，完全拉到 0VDC 的水準，但應該很接近。

話說回來，圖 17-9 的設計能執行嗎？唯一找出答案的方法，就是透過麵包板進行實驗，但我的實驗結果卻發現，傳遞到 IC2 觸發腳的訊號，竟然無法可靠地觸發 IC2。

真失望啊！因為如果報警系統不可靠，這套警報系統就沒什麼用處了。此時我感到非常沮喪和煩惱，因為我沒有成功建構出原以為很簡單的電路。

日後如果你也遇上這種情況，最好先休息一下。

休息一會後，我把注意力移回我的電路上，跟剛剛的狀況不同，我感覺此時我的頭腦更清晰，我相信我的腦袋應該可以工作了，所以我做了我應該做的事情：使用有系統的方法進行實驗。

我嘗試一些不同的上拉電阻值（因為當沒有其他輸入時，必須維持 IC2 輸入腳處於高電位），我還調整下拉電阻和電容的大小（電容必須足夠大，才能提供實質的脈衝訊號）。最初我使用了一個 0.1µF 的電容和兩個 10K 的電阻。最後我使用一個 0.47µF 的電容器、一個 10K 的下拉電阻器和一個 47K 的上拉電阻器。

實驗的成果是，當某扇門窗打開時，我在 IC2 的觸發腳上得到一個遠低於觸發腳所需 3V 以下（約電源的 1/3）的觸發訊號，僅 1V。

看起來，這次也許能夠實現我的目標！

現在我必須把帶有二極體的 IC1 加回去，而且，我仍需確保在 IC1 的「出門延遲」期間，其高電位輸出經由二極體，輸入到 IC2 觸發腳時，不會受到感測器開關斷開時，所產生負脈衝的影響（上拉電阻、IC1 出門延遲高電位訊號，以及負脈衝訊號疊加的結果，仍要被 IC2 判斷為高電位）。

換句話說，正電壓一方需要抑制透過電容器傳遞的任何負脈衝。圖 17-10 驗證了我心中的想法。當我進行接線及量測 IC 雙輸入腳的電壓，證明這個方法可行後，我就可以繼續建立系統的其他部分電路。

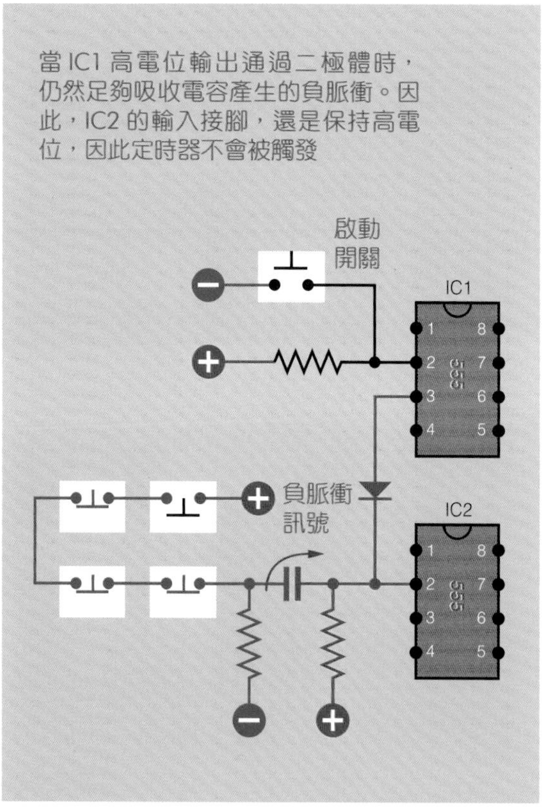

這個經驗給我的教訓：當有事情不順利時，要休息一下，再有系統地解決難題。

我還發現 IC2 的輸出訊號，同樣也可以使用耦合電容的手法，作為 IC3 的觸發訊號（稍後我會描述這一點）。

在圖 17-11 中，你可以看到完整的麵包板電路。如果眾多的電子零件讓你感到不安，請記住每個計時器周圍的電阻和電容，基本上與實驗 15 中看到的測試電路相同，唯一的新概念是各個計時器，彼此之間的連接方式。

另外，我只使用一個位於麵包板上方的滑動開關，模擬真實警報系統中，一大串的門窗磁力感測器。當這個開關閉合時，則表示所有門窗感應器都閉合；當這個開關打開時，則可能某一扇門窗被打開。

圖 17-10　IC1 輸出的正電壓通過二極體後，仍然足以抑制電容器中的負脈衝。

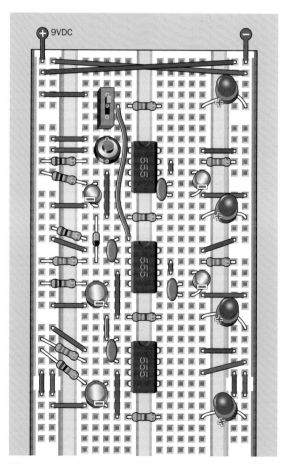

圖 17-11　警報器系統最後版本的麵包板佈線。

在圖 17-12 中，你會看到各個電子元件的值。注意，由於我不想在測試電路時，浪費時間等待 30 秒的延遲，所以測試和開發階段，我在 IC1 和 IC2 上使用的是 47K 的計時電阻，可以產生僅僅 3 秒的延遲。因此，當你想建造一個真實版本的警報器時，記得要以 470K 的電阻，替換 47K 的電阻（我已經把它們列在零件清單了）。

在圖 17-13 中是最後版完整電路圖，你可以看到我加上 IC3 以及另一個傳遞觸發訊號的耦合電容 C8。當 IC2 產生的「最後機會延遲」結束時，從 IC2 的輸出腳轉為低電位，通過 C8 後，即產生一個拉低負脈衝，並觸發了以雙穩態模式連接的 IC3，所以 IC3 的輸出會保持高電位。

電子元件

電阻	電容	
470 (4)	0.01μF (2)	LEDs (4)
10K (5)	0.47μF (2)	555 計時器 (3)
47K (4)	10μF (3)	1n4148 二極體 (1)
470K (2)	100μF (2)	觸控開關 (1)
		單極雙投滑動開關 (1)

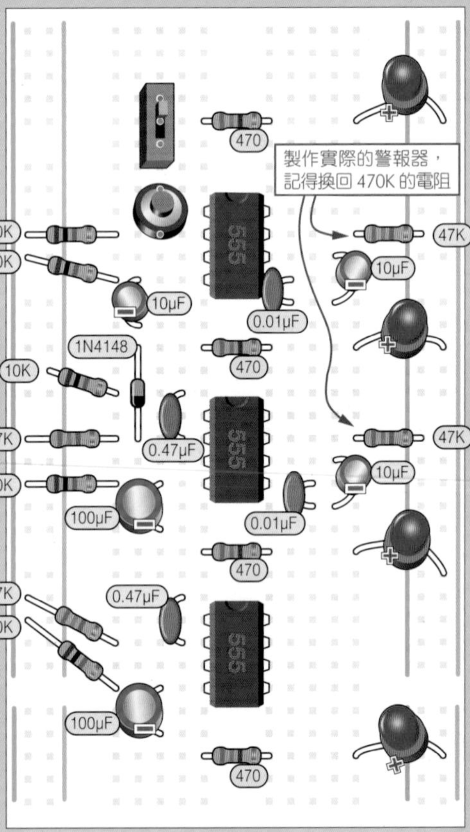

圖 17-12 警報系統僅呈現電子零件的佈線圖。

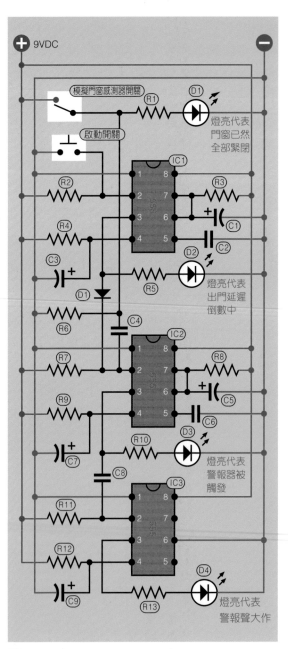

圖 17-13 警報系統的完整電路圖。

在原電路中，IC3 的輸出，只是點亮了一顆 LED 燈，這是用來向你警示，有人開了門窗！對於一個真正的警報系統，你可以直接使用 IC3 的輸出訊號，作為某種警報聲響的電源。

將 IC3 的輸出，接到一個現成的蜂鳴器，或是接到多脈衝振盪器電路。在這裡，555 的強項就顯現出來──強大的輸出電流！在 8VDC 的電源下，555 都足以驅動蜂鳴器這類零件或電路！。

當你要進行電路測試時，應該先把模擬門窗感測器開關，以模擬所有門窗都關閉的狀態。此時，D1 會亮起，告訴你門窗關閉完成。

完成電路接線，並接上電源，你就可以按下警報系統的啟動開關。此時代表「出門延遲」30 秒，開始倒數的 D2 亮了起來，提醒你有 30 秒的時間可以離開家。在 D2 還亮著的 30 秒內，你都可以打門窗，警報系統不會發出警報。

由於如同剛剛提到的，由於我不想在測試電路時，浪費時間等待 30 秒的延遲，因此實驗電路中 R3 和 C1 的值，只使「出門延遲」持續了 3 秒，這 3 秒鐘應該足夠讓你打開再關閉，模擬門窗磁力感測器的滑動開關了。

出門延遲結束後，D2 熄滅。現在，警報系統已經武裝好，如果你打開滑動開關（相當於某扇門窗被打開），IC1 將通過 C4 發送一個負脈衝觸發 IC2，讓 IC2 開始倒數「最後機會延遲」。在最後機會遲延期間，D3 會亮起，提醒你還有 30 秒關閉警報系統的機會。

在「最後機會延遲」結束時，IC2 的輸出腳，會由高電位轉為低電位，急遽的電壓轉變，會通過 C8 轉為一個拉低脈衝訊號，下拉 IC3 觸發腳電位，以觸發 IC3。由於 IC3 被連接為雙穩態模式，因此一經觸發，輸出腳就維持高電位輸出，並點亮了 D4。D4 亮起的意

義是，如果這隻腳連接的是蜂鳴器等設備，此時警報聲已經大響了。

以上整個電路的動作過程，如果仍有不太清楚的地方，可參考 IC 觸發腳及輸出腳的波形圖（圖 17-14），幫助你理解 3 個 IC 之間如何利用觸發訊號，彼此分工合作。

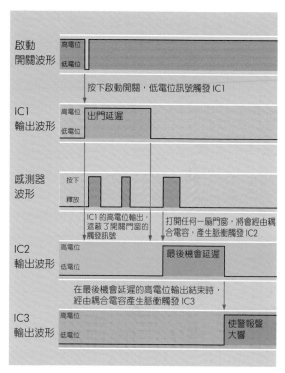

圖 17-14 計時器間的交互作用。

在測試電路中，我發現唯一的故障是，第一次開啟電源時，有時單穩態模式下的 IC2，會有無故產生脈衝的情況。也許這與它的觸發腳，有一條相對較長的電線有關，在這裡，我是增加 C7 和 C9 的電容值到 100μF 來修復它，而不是採用實驗 15 介紹的，增加一個額外 1μF 電容的方式。

但是，這些 100μF 電容也會帶來一些小問題：當你關掉電源，然後很快地再次開啟，電容上仍然帶有一些電荷，因此可能會觸發 IC2 和 IC3，反而失去抑制脈衝的功能。為了避免這種情況，關閉電路電源後，再一次馬上開電間間隔，至少要 10 秒鐘以上。

在我開始測試電路後，我陸續想到一些額外的功能。我想特別添加另一個 555 定時器，以在「出門延遲」倒數時，發出一連串小小的嗶嗶聲，以增加緊迫感。同樣的功能也可以加在「最後機會延遲」倒數時，提醒你關閉警報。我打算讓你自己思考，如何加上這個功能。

另外也可以思考增加需要輸入密碼，才能關閉警報的功能，密碼鎖是在下一個實驗的內容，我將會介紹一個鍵盤電路。但目前為止，我們從警報器專題學習到的東西，確實也夠多了，先消化一下吧！

最後的工作

如果你想要建立一個固定免拆的警報系統，我將介紹相關的步驟（由於這個小節性質偏向「選配」的部分，因此，基本套件通常不會包含所需的電源開關、端子和專題盒等零件）。

這個電路適合使用鍍有銅焊點，且板子上的銅導體，與麵包板內連線形式相同的板子。事實上，警報器系統的元件都可以放在，由供應商 Adafruit 生產的半尺寸洞洞板上（圖 17-15），詳細的資料，可以在供應商列表附錄 B 中找到（另外，建議考慮使用圖 15-4 的計時器晶片插座）。

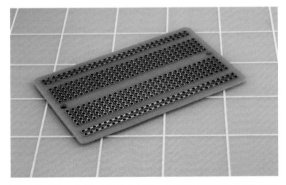

圖 17-15 半尺寸的洞洞板，上面的銅導體佈局與麵包板一致。

在圖 17-16 中，我建議將一些元件從電路板上搬移到專題盒的蓋子上。

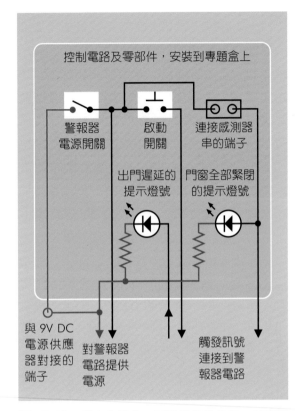

圖 17-16 所有的零件，可以完全收納在一個專題盒中。

圖 17-17 中，你會發現少了一些零件後，電路清爽許多。

安裝在專題盒蓋子上的電源開關、觸控開關、LED 和連接警報線的端子，就成了個人喜好的問題。你喜歡 5 毫米還是 3 毫米的 LED？你喜歡大而笨重的開關還是小的？就個人而言，在購買開關零件時，我喜歡親自去實體店選購而不是只在網路上看圖片，所以我會選擇去汽車配件店和大型電子材料行購買。

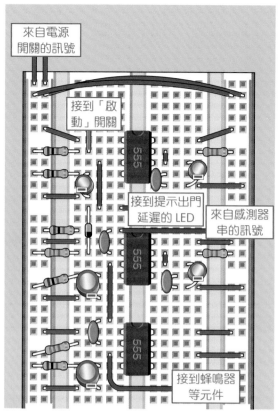

來自電源開關的訊號

接到「啟動」開關

555

接到提示出門延遲的 LED

來自感測器串的訊號

555

555

接到蜂鳴器等元件

圖 17-17 如果 LEDs、電源開關和觸控開關，被移到專題盒的蓋子上，剩下的零件可以輕鬆地，安裝在一塊半尺寸的板子上。

如果你使用塑膠材質的專題盒，可以先列印如圖 17-18 所示的佈局，並用一些尖尖的東西，穿過佈局的紙張，在專題盒上留下一些痕跡作為標記，接著再測量零件並且鑽孔。孔洞的大小需要適當，就像圖 17-19 一樣。

圖 17-18 專題盒上的佈局圖。

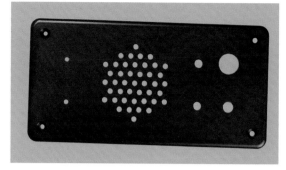

圖 17-19 依據佈局圖，打洞後的成品。

也許你會花時間為電路製作外殼，那麼我覺得你應該更願意花時間，把零件焊到洞洞板上，製做出一個精巧的電路板。你將會發現，使用銅鍍的洞洞板，遠比在實驗 14 中，使用的未鍍銅的洞洞板更容易處理（圖 17-20 至圖 17-23 說明了焊接的過程，這兩張圖，我都採用 3D 繪圖，因為實際的焊接接點很難清晰地拍攝）。

每個孔洞的周圍，都有一條銅導體，將其與其他孔連接在一起。你的任務是熔化焊錫，讓它附著在洞洞板上的銅接點以及電線上，但不要沾黏到鄰近的其他銅線路或電線上。

使用焊接第三手或其他類似的小工具，夾住洞洞板，讓安置到洞洞板上的電子零件的接腳外折，以防止電子零件從板子上掉下來。記得在嘗試焊接前，應該加熱電線和孔板上的銅接點。約 5 到 10 秒後，焊錫應該開始具有流動性質。

餵給合適的焊錫量，使電線與銅接點完全連接，形成如圖 17-20 的凸起。等待焊錫完全硬化，然後用尖嘴鉗夾住電線，左右晃動看看，確認連接是否穩固。如果焊點一切正常，就可以用剪刀，剪斷突出的電線（圖 17-21）。

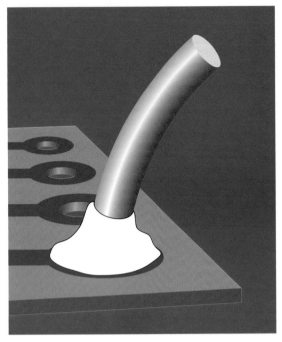

圖 **17-20** 試著讓銅接點底部，擁有理想的焊錫量。

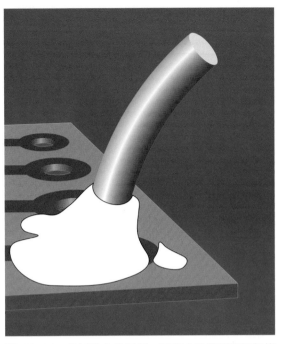

圖 **17-22** 使用過多的焊錫，可能會沾黏到不該焊接的地方。

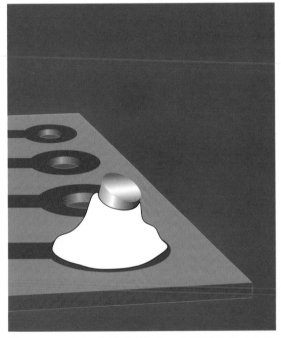

圖 **17-21** 焊錫冷卻並硬化後，你可以剪掉突出的導線。

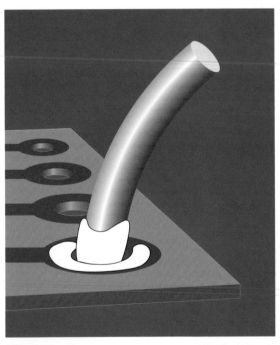

圖 **17-23** 焊錫不足，則可能使電線與銅接點間，產生縫隙，發生接觸不良的情形。

常見洞洞板上作業的錯誤

焊錫給的太多。 在你察覺之前，過多的焊錫會到處流動到電路板上的其他位置，而觸碰到鄰近的電線或接點，並黏附在上面（圖 17-22）。發生這種情況時，你可以嘗試用吸錫工具吸走它，或用電工刀刮除。但依我個人的經驗，使用吸錫工具，常有吸不乾淨的情形，所以我會比較喜歡使用電工刀的方式。

即使是微小的焊錫殘渣，也足以造成短路。因此，焊接完成後，要在不同角度下，用放大鏡檢查連接，並且將洞洞板轉動一下，讓光線從不同角度照射，確認是不是有可能造成短路的多餘焊錫。

焊錫不足。 如果連接處焊錫太少，焊錫冷卻後，電線可能因為焊點不夠牢固，仍然會從焊錫中脫離。焊錫不足還會產生接觸不良的問題，請記住，即使是微小的裂縫，也足以使電路停止工作。

要特別小心的是，有時候，焊錫看起來好像已經黏附在電線上，或是洞洞板的銅接點上，事實上卻沒有形成堅固的連接（圖 17-23）。如果不使用放大鏡，可能難以觀察到這一點。如果你需要在焊錫不足的焊點，餵入更多的焊錫，請記得要將該焊點充分加熱。

元件放置不正確。 有時候，可能由於元件排列很緊密，一不小心將元件插入鄰近的錯誤插孔，也很容易忘記連接。對此，我建議可以列印一份放大板的電路圖，每次在洞洞板上進行連接時，用螢光筆在紙上，劃記那條已經焊接的電線。

碎屑。 修剪電線時，剪下的小碎屑，布滿在你的工作區域裡堆積，一不小心可能沾黏到洞洞板上，造成短路。對此，我建議在焊接完成的電路，將接上電源之前，可以使用一把舊的（乾燥的）牙刷，清潔一下洞洞板的底部，另外就是盡可能保持工作區域的整潔。

簡單來說，越是小心謹慎，以後出現的問題就越少。但請務必要用放大鏡，檢查每個焊點。

修正洞洞板的接線錯誤

如果你的電路在麵包板正常運作，但移植到洞洞板後卻失效，你的錯誤修正程序，將與我之前概述的有所不同。

首先，應檢查元件的放置位置，因為這是最容易驗證的事情。如果所有元件都被正確放置，將電表的黑色探棒探針，固定在負電源，把電路接上電源，以紅色探棒，從上到下詳細檢查電路每個點的電壓。

在大多數電路中，每個部件都會顯示出一些電壓。如果你的電路對於電源供電與否，都沒有反應、中性，或者電表呈現電壓值亂跳的情況，即使元件及連接外表看起來都很好，你也可以把問題縮小於在那個元件上。請記住，0.001 英吋或更小的縫隙，都可以讓你的電路，無法正常運作。

圖 17-24 是我在有銅接點的洞洞板上，焊接過程中的部分成果。

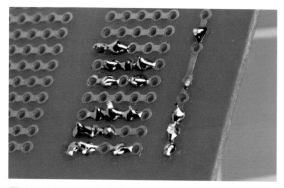

圖 17-24 不是最整潔的版面，但應該可以了。

所有部件的安裝

你可以使用環氧膠，將 LED 和喇叭固定在專題盒的蓋子上（圖 17-25）。開關或按鈕通常（但不總是這樣）帶有螺紋頭，而且應該有相互搭配的螺母。你想購買螺母，來固定開關，它有各種各樣的尺寸，有些是公制的，有些不是，必定會讓你頭昏腦脹。因此購買已經搭配好的螺母和開關組合，會更方便一些。

圖 17-25 將各個零件安裝到專題盒，盒蓋的背面。

卡尺對你是非常有幫助的，你可以用卡尺，測量每個部件的尺寸並鑽孔。如果沒有，也可以使用尺大約量測。選擇比量到的數值略小的鑽頭，因為，如有必要，事後還可以擴大孔洞。有種專門設計用於擴大孔洞的擴孔器，可以完成擴孔的工作。其實去塑膠毛邊工具也可以達成同樣的目的。

請注意，3/16 英吋的孔洞，對於 5mm 的 LED 來說略小，但只需稍微的擴孔，LED 就能很好地安裝。

在專題盒薄軟的塑膠蓋上，鑽個大的孔洞，可能會有困難，因為鑽頭會製造出一個亂糟糟的孔洞。你可以從以下三種方式來解決這個問題：

- 如果有 Forstner 鑽頭的話就用它，因為它能夠鑽出非常乾淨的洞。

- 鑽一系列由小到大遞增的小孔。

- 先鑽一個小孔，再用沉孔鑽頭，慢慢把它擴大。

不論使用哪種方式，你都需要把專題盒蓋子朝下，並夾在一塊廢木板上。這樣你的鑽頭。就能穿過塑料並進入木板中。在安裝開關之前，使用電表找出開關滑動時，哪些端子會連接，這樣你就能確定它面朝正確的方向。

記住，任何雙極開關中心端子，是開關的極點。在這個實驗電路中，你只需要使用一個單極開關，來作為這個電路的電源開關，但如果在你的首選款式中，沒有單極開關，使用雙極開關也可以。

當你將線或元件，焊接到開關的端子上時，由於端子也會幫倒忙使熱量散失，因此 15W 的烙鐵，可能很難提供足夠的熱量。如果你有 30W 的烙鐵，就能夠輕鬆的完成這個工作，但相對的，使用 30W 的烙鐵，在焊接 LED 時，可能就需要使用散熱器。

圖 17-26 為扭曲的雙絞線，焊接在專題盒蓋上的元件接腳。日後當你設計比這個專題更複雜的電路系統，可以考慮使用多色的排線與電路板連接，以避免電線纏結的情況。你還可以使用 *headers* 的迷你插座連接器，以便發現接點出問題，可以將上蓋與電路板分離，輕鬆測試。

圖 17-26 使用雙絞線，將專題盒蓋上的零件連接到電路板。

安裝電路板

電路板可以放置在專題盒的底部，並且用 #4 號螺絲（螺栓）和膠 嵌入式螺帽固定。我喜歡使用螺母和螺栓固定電路板，而不是環氧膠，這樣可以保留電路板的拆卸彈性。嵌入式螺帽，則可以避免螺母鬆動，並掉落到元件上，產生短路的風險。

你可能需要在洞洞板上鑽好固定用的孔洞，並使用鋸子，將洞洞板上含專題電路的部分，裁剪至適合放入專題盒的大小。請記住，洞洞板通常有玻璃纖維，可能會讓木鋸子變鈍。另外，在裁剪完成後，要檢查一下洞洞板背面，是否沾黏有銅導體或電線的碎屑。

固定已裁切完成的電路時，應該要在電路板下方，使用尼龍墊片或其他墊片，而不是直接用螺絲固定在盒子內。因為電路板下方，會有一些凸起的焊點，導致無法與專題盒內部齊平。如果強加螺絲拴緊固定，相當於對

電路板施加彎曲的應力，可能會使電路板上的電氣連接斷開。

如果你的專題盒子是鋁製的，那麼，你必須在電路板下方放置一塊絕緣材料，以防止電路接點，接觸具有導電性的專題盒本體產生短路。在絕緣材料的選擇部分，你可以盡情發揮創意，例如可以裁剪的舊滑鼠墊，或者廚房抽屜用的塑膠板。

無論選用什麼材料，盡量選擇柔軟而有彈性的。

如果你選擇使用我之前介紹的多諧振盪器電路來創造警報聲，並且想要將堆疊切割完成的警報器電路板和震盪器電路板，然後整個塞到專題盒子內，其實只要電路板間的絕緣做得到位，電路運作正常，也是可以的，我的想法是，反正人們看不到盒子內部，因此不需要過度在意電路板固定方式的美醜。

接線

為了將你的警報器，連接到一個門窗磁力感測器的串列網絡上，你可以在你的專題盒上安裝一對連接端子。完成後的版本如圖 17-27 所示，連接端子位於底部。

如果你要使用門窗磁力感測器完成這個專題，請先將磁力部件模塊，靠近開關部件，然後移開它，同時使用電表檢查連續性，逐依測試每個感測器的作動是否正常。

- 請記住，當磁力部件靠近開關部件時，開關部件應該關閉，當移開磁力部件時，則應該開啟。

在開始安裝門窗磁力感測器的開關部件之前，可以畫一張草圖，描繪如何連接開關。請記住，這些感測器之間，必須是串聯而不是並聯！

圖 17-27 警報器系統主體最後完成外觀。

你可以回頭參考一下圖 17-5，了解警報感測器佈線的概念。圖 17-28 說明如何使你的開關連接成串列。如果你打算用熱縮套管保護電線連接處，請記得在焊接電線連接之前，將熱縮套管先行套在電線上，並且小心不要讓烙鐵加熱了熱縮套管。其次，你需要在每個電路分支中，預留額外的幾英吋電線，完成電線連接後，再將其剪成需要的長度。

用於低電壓傳導體白色的花線，是一種非常適合連接門窗感測器的電線，也常見於門鈴或電爐的恆溫控制器配線，建議線號最好是 20 號。當完成連接電線後，你會發現整個感測器串列中的總電阻值，應該小於 50 歐姆。

安裝所有開關後，再將電表切換到連續導通檔位，探針接到串列頭尾電線裸露出來的導體，然後一次打開每扇窗戶或門，逐一查看感測器串列連的聯通性，及開關的動作是否正常，確認感測有效。如果一切完美，就可

以將感測器串列，與你專題盒上連接感測器的端子相互連接。

你一定知道它們的功能，但其他人卻不知道，而某些場合，你可能會允許客人，在你不在家時使用你的警報系統，或者幾個月或幾年後，你自己可能也會忘記一些細節，所以最後的工作，是標記專題盒上的開關、按鈕、LED 燈和端子。

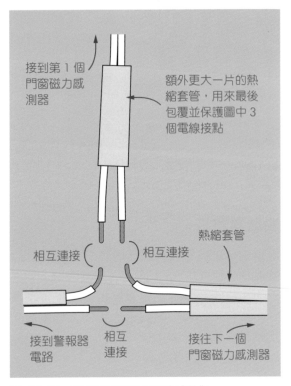

圖 17-28 警報器專題最後完成體外觀。

結論

以下是此專題的步驟摘要：

- 想像你將如何使用這個系統。

- 決定哪些類型的元件是合適的。

- 繪製功能的區塊圖。

- 繪製簡化的電路圖。

- 將一些元件放在一起，進行快速測試。

- 如果不起作用，請修改你的概念。

- 在麵包板上安裝元件，並進行測試。

- 把電路植到洞洞板上，進行測試並追蹤故障。

- 準備開關、按鈕、電源插座和插頭等零件。

- 將所有東西安裝在一個盒子裡（並添加一些標籤註記）。

實驗 18
測試你的反應速度

由於 555 計時器每秒可以運行數百萬次，因此你可以使用它來測量人類的反應速度。本實驗將帶你構建一個「人類反應速度測量器」，之後你就可以與朋友比比看，看誰的反應速度最快，同時，也可以觀察一下，人體的反應速度是不是與情緒、當時的時間或昨晚睡眠長短有關。

另外，這個電路只能放在有 60 排插孔的麵包板上，如果你細心建構，我認為整個實驗電路，可以在幾個小時內完成。

你會需要：

- 麵包板、電線、剪線鉗、剝線鉗、萬用電表。

- 9V 電源供應器。

- 4026B 計數晶片〔3〕。

- 555 計時器晶片〔3〕。

- 電阻，470Ω〔2〕、1KΩ〔3〕、4.7KΩ〔1〕、10KΩ〔5〕、47KΩ〔1〕、470KΩ〔2〕。

- 電容，0.01μF〔2〕、0.047μF〔1〕、0.7μF〔2〕、10μF〔1〕、100μF〔1〕。

- 觸控開關〔3〕。

- LED〔3〕，最好是兩個紅色和一個黃色，另外，最好使用 3mm 尺寸的版本。

- 10K 微調可變電阻〔1〕。

- 七段顯示器，尺寸約為 0.5 英吋 ×0.75 英吋，最好是低電流紅色，且接腳間距為 0.1 英吋（2.54mm）的版本。例如：

Lite-On LTS-547AHR

Kingbright SC56-21EWA

Broadcom/Avago HDSP-513E

Inolux INND-TS56RCB

注意：保護晶片免受靜電破壞

555 計時器並不容易受損，但在這個實驗中，你還會用到對靜電十分敏感的 CMOS 晶片（4026B 計數器）。

晶片是不是很容易在拿取、使用的過程中，一不小心就被靜電破壞？這個問題，無法一概而論，應該會取決於你所在地區的濕度、所穿的鞋子類型，甚至你的工作區域地板覆蓋物材質等因素。

只是現實上，有個我無法理解的事實，不知道為什麼，就是有些人，真的比其他人更容易累積靜電。就我個人而言，從來沒遇過因為我身上的靜電而損壞手上晶片的情況，但我知道，確實有些人真的有這樣的經驗。

如果你常常在轉動金屬門把手或摸到鋼質水龍頭時，感覺到放電的刺痛感，那麼你應該就是屬於飽受靜電困擾的族群。為了避免讓你感受到疼痛的放電現象，無緣無故破壞了手上的晶片，最好的方案是讓你自己接地。

沒錯，就是經由金屬導體，讓身上的靜電流回大地。但一種**不正確的方式**是將一根裸露的電線尾端繞在手腕上，然後將電線的另一端接地，這是一個很危險行為，因為如果你的另一隻手觸電，電流會流過你的身體，到達另一隻纏繞著金屬電線的手，再流入地面。流經心臟的電流，有著非常高的風險，足以使人致命。

正確的方式是花費一小筆錢購買一個**防靜電手環**。防靜電手環，有一個足夠保護你的電阻（另一隻手觸電，防靜電手環也有足夠高的電阻，避免電流流過），又可以幫你把身上的靜電移除。

通常，防靜電手環另一端，會有一個金屬製的鱷魚夾。理想情況下，你可以把它夾在鋼質或銅質水管上，或是夾在鋼質櫃子上也可以使用。

- 永遠不要想透過電源插座接地，這是一個危險的想法。

當你郵購晶片時，它們會用靜電消除材料製成的包裝盒，或導電泡沫封裝寄送。靜電消除材料或導電泡沫，都可以透過其導電性質，使所有接腳在晶片運輸中，短路在一起，以確保所有的接腳具有相等的電位，保護晶片。如果你想重新包裝晶片寄送給他人，又不想花錢購買導電泡沫，那麼，可以將晶片接腳，插入具有導電性的鋁箔中。

七段顯示器快速測試電路

我們在這個實驗會使用，一組含有 8 LED 燈的單個七段顯示器，如圖 18-1 所示，它具有標準化的接腳排列。如果你選用多組 8 LED 的大型七段顯示器，會有不同的腳位排列，而且接腳間隔可能不適合與麵包板搭配使用。

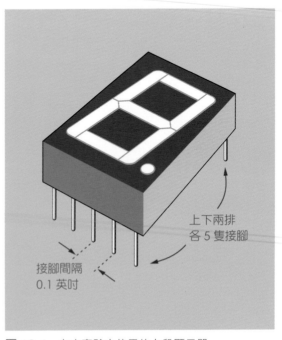

上下兩排
各 5 隻接腳

接腳間隔
0.1 英吋

圖 18-1 在本實驗中使用的七段顯示器。

有些七段顯示器上，顯示數字的 LED 周圍是黑色的，但也有些是白色的。從我們實驗的目標來看，什麼顏色都可以，甚至顯示器上 LED 本身是紅色、黃色、綠色或藍色也都無關緊要。只是根據我的經驗，紅色的 LED 在同樣的電流下，能提供的亮度會更高一些。

實驗一開始，你可以先從使用 4026B 晶片，驅動七段顯示器，快速地對七段顯示器，進行測試開始。在圖 18-2 中，你可以看到一個簡單的麵包板佈線圖，這個電路會讓七段顯示器從 0 重複計數到 9，如此就可以測試到七段顯示器上的每一個 LED 燈。圖 18-3 是相應的電路圖，佈線圖中，我已經預先安置本實驗第二部分的電路，以及後續會用上的其他晶片和七段顯示器，因為我希望隨著課程的推展，你能逐漸將所有元件精確地安置在非常擁擠的麵包板上。

建議你從上到下進行電路的構建，並仔細計算插孔的行數，同時要確定七段顯示器正確安裝（當你面對麵包板，麵包板頂端朝上時，每個數字中的小數點，應該在右上角）。

其中一根藍色跳線，被標記為「臨時使用」，因為進行到本實驗的第二部分時，這條電線會被移除。

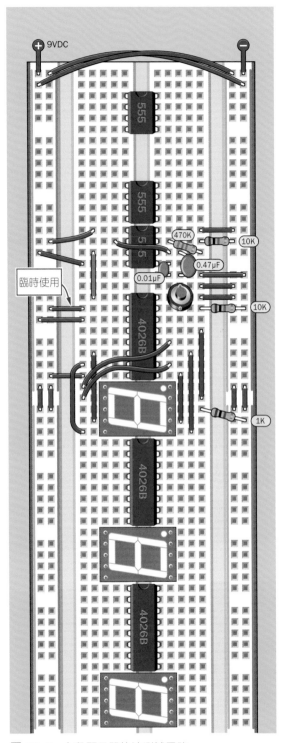

圖 **18-2** 七段顯示器快速測試電路。

使用 9 伏特電池，或直流電源供應器供電，你應該會看到數字顯示幕從 0 到 9 不斷計數。現在讓我以圖 18-3 的電路圖解釋一下電路的動作。注意，你會覺得圖 18-3 上的標籤編號看起來很奇怪，沒有 R1 就直接有 R8 了，這是因為我會在本實驗的後半部，以這個電路為基礎，添加上更多零件。

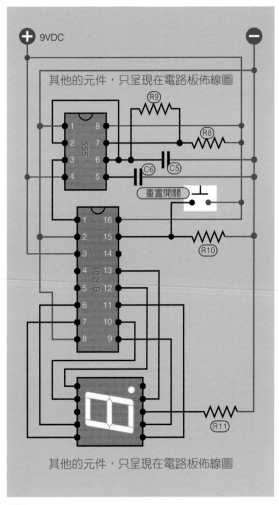

圖 18-3 快速測試電路的電路圖版本。

圖 18-3 的 555 計時器被接線為多穩態，因此會無停歇地輸出脈波。計時電阻和電容的排列方式與以前看到的，並不完全相同，主要原因是我需要節省空間，以容納電路的其他部分，但元件之間實際的連接關係，其實與之前的實驗並無二致。

R9（470K）和 C5（0.47μF）的組合將產生約 3Hz 不太快的脈衝頻率，這樣你才有足夠的時間，來觀察七段顯示器上的數字變化。當然，只需要減小元件值，你可以大幅增加計數的速度。

在電路圖上你會發現，555 計時器的輸出腳（第 3 腳）直接連接到 4026B 計數器晶片的第 1 腳。這是說明，這個電路就是透過 555 計時器告訴計數器，該以多快速度計數？它們之間的連動關係就是這樣！

按下重置按鈕，4026B 計數器將被重置為零。放開按鈕，它會開始再次計數。由電路圖知道，R10 是一個下拉電阻，而按下重置按鈕後會蓋掉下拉電阻的效果，因此，你可以推斷，以高電位訊號輸入到計數器的第 15 腳，應該會有強制 4026B 重置的效果，而低電位輸入，則可以使其保持不變。

如果你的電路不起動作怎麼辦？如果你的七段顯示器上根本看不到任何數字，請檢查一下麵包板周圍的電壓。

如果七段顯示器上顯示的內容，是錯亂而不成完整數字，那麼，可能從計數器出來綠色線的接線出現了一些錯誤。因為，我們很容易將這些線路，錯接在鄰近的孔位，不管是向前還是向後都有可能。如果顯示器恆久不變，只顯示 0，則表示 555 計時器的輸出訊號，沒有正確提供給 4026B 輸入。

這個電路是人類反應速度測量器的基礎。當然，還需要再連接額外的兩個七段顯示器以及幾個按鈕，並增加 555 計數的速度。在這之前，我覺得應該先告訴你更多關於這個實驗中，使用到的電子元件資訊。

LED 顯示器

使用「LED」這個詞，可能會讓人感到困惑。因為你對 LED 的印象，可能停留在先前實驗中用到的，那種稍微呈球狀、底部長了

兩根長接腳的元件。那個元件正確的名稱是標準 *LED*、貫孔式 *LED*，或是 *LED* 指示燈，由於大家都使用的非常普遍，所以人們就開始簡單地稱它為「LED」。

然而，以 LED 二創的「電子零件」，已經是成千上萬，包括目前你安裝在麵包板上的七段顯示器以及許許多多電子零件，需要發光的場合，通常都是 LED 提供的效果。其次，為了讓人們更容易了解，這樣由 8 個 LED 排列成數字及小數點，用以呈現資訊的電子零件，因此才有了 *LED 顯示器*，或者七段顯示器這樣的名字。

接著把目光移到圖 18-4，所展示的是本書選用，尺寸約為 0.5 英吋 ×0.75 英吋（約 12.7mm×19mm）的典型七段顯示器。你可以看到七段顯示器的接腳，分列在顯示器主體上下或左右兩端，其中有兩隻接腳被標記為「（負）接地」，由於這兩隻接腳在內部互相連接，所以，事實上你只需要將其中一隻腳接地即可。接地腳旁邊的接腳，從 a 到 g 接腳，分別與用來顯示數字 a 到 g 的 LED（燈）相對應，dp 則是對應到顯示器上的小數點（有些製造商用字母 h 來標識）。

如果將七段顯示器的接地腳接地，並對 a 到 g 以及 dp 接腳，施以正電壓後，顯示器會亮的話，那麼，我們稱這個顯示器為一共陰極型七段顯示器，顧名思義，是因為內部 LED 的負極（陰極），都被連接在一起的緣故。

而共陽極型七段顯示器的情況剛好相反，是因為內部內部 LED 的正極（陽極）都被連接在一起而得名。使用時，須將公共接腳接到正電源，並將 a 到 g 以及 dp 接腳接地後，顯示器才會亮起。在妥當設計的電路中，使用哪種類型的顯示器都可以，但使用共陰極版本的情況較常見，且 4026B 計數器晶片具有正輸出，會與大多數的晶片合拍。

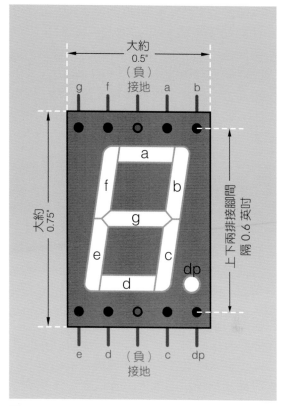

圖 18-4 本實驗所使用的七段顯示器，其接腳定義以及尺寸。

到目前為止都很好，但我遺漏了一個重要的信息：與所有 LED 一樣，七段顯示器中，用來顯示數字的 LED，也都必須透過串聯電阻來保護。你可能跟我一樣，會覺得很麻煩，並且會抱怨，為什麼七段顯示器的製造商，不在封裝中，一併設置電阻。答案是，廠商無法知道你的使用環境，因此必須設計出能在各種不同電壓下運作的產品。所以需要依據電源電壓，才能決定的保護電阻，就交給使用者自己處理。

既然無可避免，你可能還會想，那可不可以讓 a 到 g 以及 dp 對應的 LED 共用一個電阻呢？是的，確實可以這樣做，其實我在給你的範例電路中，也這樣做了。

在圖 18-3，串接在七段顯示劑的共陰接腳和負電源之間，標記為 R11 的電阻，就是這樣的目的。然而，這樣接線也會有一個小問

題：顯示的數字，有時候需要 a 到 g 燈全亮（例如顯示數字 8），有時候只需 b、c 燈亮（例如顯示數字 1），亦即顯示不同數字，流過 R11 的電流可能不同，但 R11 電阻卻會限制總電流，因此，你會發現，這樣的接線方式下，顯示某些數字時，亮度會比其他數字更亮一些。

顯然只接單一電阻，可能並不是正確的做法，但這真的重要嗎？在這個實驗中，你將要安裝高達三個七段顯示器，如果使用標準接法，必須連接高達 21 個電阻，對於肯定會相當複雜的配線，我寧願你採用三個電阻的方式處理，因為我總認為，簡單遠比完美更重要，所以在圖 18-3 電路中，我使用了單獨一個電阻的接線方法。

你應該有注意到，圖 18-2 中七段顯示器與共陰腳串聯的電阻值為 1K。偏高的電阻，會使七段顯示器顯示的數字，看起來有些暗淡，但仍然可用，而且我不希望使計數器的輸出過載。此外，如果你能使用高效的紅色七段顯示器，可能看起來更亮些。

計數器

4026B 晶片，又被稱為十進制計數器，因為它內部直接以十進制計數。大多數計數器，要搭配七段顯示器使用須輸出解碼，意思是，大多數的計數晶片，採二進制編碼格式輸出（這個部分，將在以後的項目中討論），因此如果需要驅動七段顯示器，顯示十進位的數字，則還需要額外的二進制，轉十進制的編碼動作。

但 4026B 晶片不是這樣做的。

它直接就提供了七隻對應到七段顯示器 7 個輸入的輸出腳，可以一對一直接連接到，七段顯示器上的 a 到 g LED（燈）的腳位上（除了進位點），並且可以驅動七段顯示器，直接呈現十進位數字。

關於其他計數器，如果要搭配七段顯示器使用，還需要額外的驅動器將二進制輸出，轉換為七段顯示器的模式，4026B 晶片已將一切都整合在一起。

至於工作電壓方面，一些製造商聲稱他們家的 4026B，可以在 3V 至 18V 的電壓範圍內運作，但我認為，最早的德州儀器資料手冊提到，4026B 晶片「推薦的工作條件」，在 5V 至 15V 可能更為實際。

另外，4026B 有一個缺點是它的輸出電流不太大。根據資料手冊，使用 9V 直流電源時，4026b 每個輸出接腳，約可以提供 1mA 的電流，但根據我的經驗，如果計數器不以高頻率運行，則 5mA 的電流，應該沒問題。如果是在高頻操作，內部計數過程，會消耗很多的能量並產生熱量，再供應大電流的話，可能使晶片無法正常工作。

但話說回來，本實驗中，我讓 4026B 在約 1kHz（每秒 1000 次）的頻率下運行，事實上這樣的速度，在數位晶片的世界中，一點都不算是「高頻」。所以 4026B 計數器以每秒 1,000 次的速度，直接驅動七段顯示器，是完全沒有問題的。

只是理想上，在 4026B 之後，最好能夠安排某種放大器電路，以補足其輸出電流不足的問題，實際上，確實有種名為**達靈頓驅動 IC**（Darlington array）的產品，可以用來達成這個目的（對應到 4026B 的 7 個輸出，你可以購買一個包含七組達靈頓電路的達靈頓驅動 IC。如果你想要同時驅動七段顯示器的小數點，也沒問題，你可以購買一個包含八組達靈頓電路的達靈頓驅動 IC）。

然而，我如果在這個實驗中，用三個達靈頓驅動 IC 來驅動三組七段顯示器，顯示器的亮度可能會足夠，但顯然會使線路複雜度以及成本暴增，而且我還需要用兩個麵包板，才能容納這些元件（另外，由於達靈頓驅動

IC 的內部連接方式，就不得不使用共陽極七段顯示器，而不是共陰極的版本）。考慮到這些因素，在本實驗中，我決定不使用達靈頓驅動 IC。

現在，讓我介紹一下 4026B 晶片的細節，請觀察圖 18-5 中的 4026B 接腳定義。

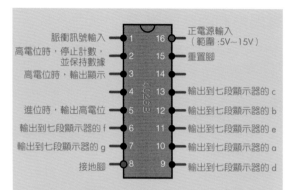

4026B 是一個具有輸出解碼功能的 CMOS 計數器晶片，可用來直接驅動七段顯示器，其適用的電源範圍是 5V 到 15V，在 9VDC 電源下，輸出腳最大，約可以提供 5mA 的電流。

只有當「高電位時，輸出顯示（Display Enable）」腳位的訊號為高電位時，4026B 才會點亮七段顯示器。

計數器在脈衝訊號「由低轉高」時，跳轉輸出下一個數字。

「高電位時，停止計數，並保持數據（Clock Disable）」和「重置（Reset）」這兩隻接腳訊號處於高電位時，分別產生保持和重置的效果。

當計數器輸出從 9 轉換到 0 時，「進位輸出（carry to next counter）」的訊號會由低電位轉高電位。未標記的輸出接腳並不常使用，可以保持空接。

圖 18-5 4026B 晶片接腳定義。

標示為「輸出到 a 燈」的接腳功能很容易理解，剛剛提到，它的接腳與七段顯示器上接腳相呼應，你只需要以一根電線將那個接腳，連接到七段顯示器編號為 a 的 LED 接腳即可。

晶片的第 8 和第 16 接腳，分別用來接受負電源和正電源提供的電能，如果沒有這兩個連接，晶片將無法工作。事實上，除了 555 計時器外，幾乎所有數位 IC 都會有這樣獨立的電源輸入腳位，而且，通常會安排在 IC

封裝的對角（實際上 555 晶片，歸類為類比晶片會更合適）。

值得注意的是，對於 CMOS 數位晶片而言，下拉電阻和上拉電阻的角色，會比你在使用的 555 計時器時更為重要，原因在於，在數位的世界裡，輸入訊號到底是屬於高電位或是低電位，必須要非常精確的被界定出來。如果輸入訊號，需要高電位時不高，需要低電位時不低，那麼晶片提供給你的訊號，可能是錯誤百出的計算結果。

- 對於未定義的接腳，可以將其保持空接。

有時候，晶片會有一些輸入腳，你可以不太搭理它，我所說的不搭理，是指只要在構建電路階段，依功能需求，給一個明確不變的輸入即可，好比說接地或接正電源。例如，由圖 18-5 得知，4026B 的第 3 腳的必須處高電位，才會點亮七段顯示器。

但我們的實驗裡，本來就希望顯示器可以始終處於被點亮的狀態！因此在本實驗中，這隻接腳就屬不太需要搭理的接腳。但我們又希望七段顯示器顯示數字，因此直接將 4026B 的第 3 腳連接到正電源即可。

- 對於一些特殊功能的輸入腳，即使不是你想使用的功能，也必須給接腳一個明確的輸入。具體做法，你可以簡單地將該接腳，連接到正電源或接地。

接下來，我將介紹 4026B 的其他腳位功能。

脈衝訊號輸入（第 1 腳）：用來接受外來的脈衝訊號。要特別注意的是，4026B 並不在意脈衝的寬度。只要每次感測到第 1 腳的輸入訊號，從低電位上升到高電位的時候，它就會將計數的數值加 1。

高電位時，停止計數，並保持數據（第 2 腳）：當這個腳位處於高電位時，計數器會忽略第 1 腳輸入的脈衝訊號，並保持當時計數的數據。在麵包板佈線圖上，我使用一條

臨時的藍色線，將第 2 腳接地，停止了這個功能。

這個部分的操作，可能會令人困惑，因此我來解釋一下：

- 當第 2 腳處於高狀態時，它會告訴計數器，應該忽略接腳 1 上的脈衝訊號，並且保留當時計數的值。

- 當第 2 腳接地時，相當於，計數器「永遠不會」忽略脈衝，並保留數值，亦即停用了「停止計數，還能保持數據」的功能。

製造商將第 4 腳描述為**顯示致能輸出**（display enable out），參照廠商的資料手冊電路圖就可以知道，基本上它的動作是複製第 3 腳的輸入訊號來輸出，但這對本書的實驗完全不重要，所以我沒有標記它。

你可以把第 4 腳保持空接。

進位輸出（第 5 腳）當你想要計算大於 9 的數值時，是不可少的輸出腳位。當計數器計算到 9，並循環回 0 重新開始計數的當下，這隻輸出接腳的狀態，就會從低電位轉為高電位。因此，如果將第 5 腳的輸出，與第二個 4026B 計時器的脈衝訊號輸入（第 1 腳）連接起來，第二個計數器輸出的數字，即相當於十位數。

你還可以使用第二個計數器的第 5 腳，來觸發第三個計數器，那麼第三個計數器輸出的數字，即相當於百位數（本實驗中，我將使用這個功能）。

第 14 腳的輸出訊號，可用在計數器計數過 0、1 和 2 後，重新啟動計數。對於 24 小時制的數位時鐘，第一位數的控制很有用，但與本實驗無關，所以我也沒有標記它，本實驗中，你同樣可以將它保持空接。

接觸一個從未使用過的晶片，它的許多功能，可能會讓人摸不著頭緒，你可以查閱製造商提供的資料手冊，弄清楚它的功能（如果你有耐心和有條理的話），然後，就可以使用 LED 和觸控開關進行測試，以確保對資料手冊的沒有誤解。

事實上，我以前就是採用這樣的方式熟悉 4026B 的操作！

專題規劃的時間到了

這個反應速度測量器應該如何工作呢？以下是我主觀期待速度測量器應該有的功能：

1. 首先，我需要一個啟動按鈕。

2. 在按下啟動按鈕後，會有一段延遲時間，延遲期間內，什麼都不會發生。接著，突然間出現一個視覺提示，前來挑戰的玩家就要立刻做出反應。

3. 同時，計數器會以毫秒為單位，從 000 開始計時（一秒有 1,000 毫秒）。

4. 玩家必須按下停止按鈕，來停止計數。

5. 按下停止按鈕後，計數停止，七段顯示器則會顯示，自出現視覺提示，到玩家按下停止按鈕，經過的時間總長。這樣就可以測量出玩家的反應速度。簡單吧！

6. 重置按鈕，可以將計數重置為 000，等待玩家按下啟動按鈕，再挑戰一次。

完整電路

圖 18-6 是一個足以符合我對人類反應速度測量器功能面，想像的完整電路。

這個電路中除了 4026B 計數器外，也使用 555 計時器，使用的方法和警報系統實驗中相同，基本沒什麼大問題，但要請你先放在心上的是，本質上是類比系統晶片的 555，必須設法能夠與數位系統下的 4026B 晶片溝通並合作，因此，勢必會需要額外處理，而增加電路設計的複雜度。

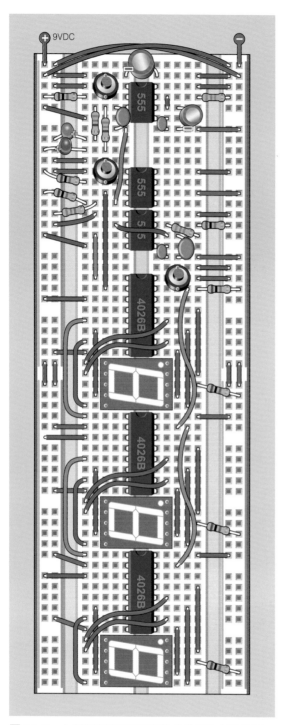

圖 18-6　人類反應速度測量器的完整麵包板佈線圖。

在建構這個電路之前，記得移除圖 18-2 中那條藍色臨時跳線。

在圖 18-7 中，你會看到各個電子元件的值，由於版面的關係，有部分電子元件，我沒有特別顯示出來，但你還需要添加另外兩個計數器，每個計數器都需要連接到七段顯示器和 1K 串聯電阻，並且可以比對一下圖 18-6，確認它們的位置。

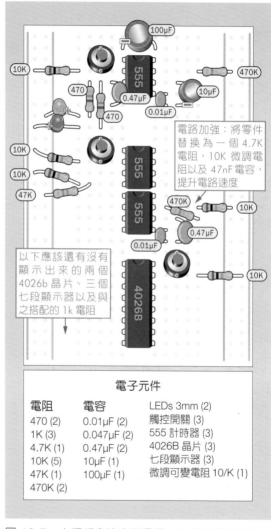

電路加強：將零件替換為一個 4.7K 電阻，10K 微調電阻以及 47nF 電容，提升電路速度

以下應該還有沒有顯示出來的兩個 4026b 晶片、三個七段顯示器以及與之搭配的 1k 電阻

電子元件

電阻	電容	
470 (2)	0.01μF (2)	LEDs 3mm (2)
1K (3)	0.047μF (2)	觸控開關 (3)
4.7K (1)	0.47μF (2)	555 計時器 (3)
10K (5)	10μF (1)	4026B 晶片 (3)
47K (1)	100μF (1)	七段顯示器 (3)
470K (2)		微調可變電阻 10/K (1)

圖 18-7　人類反應速度測量器，只呈現電子零件的佈線圖。

在確認本實驗的電路動作正確無誤後，我會再告訴你，如何提高電路速度，以及如何校準這個反應計時器，使它可以提供相當準確的測量時間。要達成這個兩個目標，還需要額外的三個元件，我也在圖 18-7 中的「電路加強」小視窗中，列出相關資訊。本實驗你需要的所有元件，都整理在圖 18-7 的底部。

接下來，我會使用電路圖（圖 18-8），以及電路圖中元件上的標籤，來描述這個電路的工作原理。

當你對圖 18-7 電路加上電源——假設沒有任何接線錯誤，計數器應該會自己開始計數。這並不是我要的功能，但很容易解決，只需按下停止開關停止計數。再按下重置開關，將計數重置為零。我們的電路已準備好，你可以開始進行遊戲了。

按下啟動開關，IC1 會點亮第一個 LED 指示燈，並產生一個約 7 秒的延遲倒數。當倒數結束，此時第一個 LED 熄滅，第二個 LED 亮起，這就是要玩家按下停止開關的信號，反應時間計時開始，因此玩家應該在燈號一亮起，就要快如閃電按下停止開關。

此時計時停止，並顯示出玩家的反應時間。對於成績不滿意，玩家還可以按下重置開關後，重新開始。

目前，由於 IC3 運行速度緩慢，所以你應該很容易在計數器，計數到數值很高前停止它。但我建議你讓它運行一段時間，藉以檢查三個七段顯示器，是否均能正確顯示。此外，你需要驗證當第一個顯示器達到 9，並重新從 0 開始時，第二個顯示器是否開始計數；當第二個顯示器達到 9，並重新從 0 開始時，第三個顯示器是否開始動作。

那麼，這個電路是如何工作的呢？

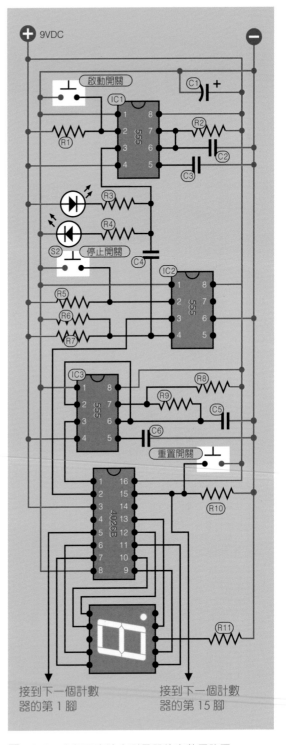

圖 18-8　人類反應速度測量器的完整電路圖。

在圖 18-9 的波形圖中，你可以看到計數器、各個開關和 555 計時器之間的互動關係。值得一提的，是若想理解圖 18-9 的波形圖，最好的方式，是從底部開始往上看。

底部的 IC3 處於無穩態模式，並以一定頻率不斷產生脈衝輸出。其輸出連接到第一個，計數器的第 1 腳（脈衝訊號輸入腳）。

重置開關功能非常簡單，與你剛剛操作過的一樣，只是告訴計數器，將顯示器重置為 0 而已。

在圖 18-6 中，你可以看到第一個計數器的第 15 腳（重置腳），通過二根長長的黃色跳線，連接到第二個以及第三個計數器的重置腳，這樣一來，當你按下重置開關時，會同時重置所有三個計數器。

計時功能由 IC2 控制，由電路圖可知，IC2（555 計時器）被接成雙穩態模式。其輸出腳直接連接到，第一個計數器的第 2 腳（高電位時，停止計數，並保持數據）。請記住，當計數器第 2 腳處於高電位時，計數器會忽略第 1 腳的脈衝輸入，並且保持當下的輸出（七段顯示器顯示的數字會停住，不再變化）。

再回到電路中，當你按下停止開關時，停止開關會向 IC2 的觸發腳，提供一脈衝訊號，將 IC2 的輸出轉為高電位，同時，此輸出訊號，會傳遞給第一個計數器，因此，計數器就會停止，對輸入脈衝的計算。

當 IC2 的第 4 腳（重置腳）接收到低電位輸入，IC2 的輸出又會轉為低電位，同時，此輸出訊號，會傳遞給第一個計數器，因此，計數器又會回復計算輸入脈衝的狀態。

重置的低電位輸入從何而來？其實我們可以把來自 IC1，延遲倒數結束時，高電位轉低電位的輸出，透過耦合電容 C4，提供給 IC2 的重置腳。

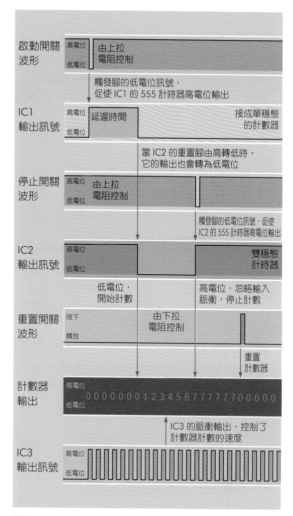

圖 18-9　人類反應速度測量器電路中，計數器、開關和計時器之間的互動關係波形。

總結一下整個動作序列，按下啟動開關觸發 IC1，產生一段時間的高電位輸出。高電位輸出結束後，透過耦合電容 C4，順帶使 IC2 重置。IC2 被重置後，產生低電位輸出，此低電位輸出，便會控制第一個計數器，開始計數。

設計這個電路的困難點在於，必須讓 555 計時器和 4026B 計數器這兩種不同思維下的晶片，能夠互相溝通合作，所以電路設計師必須對兩者使用方式的差異，進行處理。

在 555 計時器的世界裡，當第 2 腳接收到低電位觸發訊號時，才會使第 3 腳高電位輸

出，換句話說，555 的低電位輸出是原則，高電位則是常用來告訴其他 IC 開始執行某些操作。然而，當 4026B 的第 2 腳，接收來自 555 計時器的高電位訊號時，對它而言，確是可以停止計數，亦即 4026B 認為，第 2 腳上有低電位輸入，才是命令它開始執行計數動作的訊號。

因此，我必須思考，IC2 要如何與 555 原有的特性相反，好讓輸出的大部分時間，都可以保持在高電位，只有在需要計數時，才將輸出降低。

為了達到這個目的，我必須把 IC2 的重置腳當觸發腳，當對重置腳，發送觸發訊號時，由於重置腳的功效，IC2 的輸出就可以轉為低電位，促使計數器開始計數。但是，這樣的操作，帶來了一個麻煩的問題。555 計時器由觸發腳觸發的典型操作，其實非常可靠：當觸發腳電位低於供應電源的三分之一時，定時器就會被觸發。

然而，重置接腳卻需要更低的電壓，才能停止計時器，更麻煩的是，具體需要多低的電位，會因製造商的製造流程，而有所差異。目前我所看到的資料中，都找不到確切的電壓值。

在圖 18-8 的電路圖中，你可以看到兩個電阻 R6 和 R7，都連接到 IC2 的重置腳上。R6 阻抗值為 10K，而 R7 為 47K。這些電阻作為電壓分壓器，可以將 IC2 重置上的電壓稍微拉低，這樣通過耦合電容 C4 輸入脈衝時，就可使 IC2 重置腳上的電壓降至零。要知道，任何大於零的電壓，可能都無法達到使 IC2 重置的要求。

如果 IC2 無法啟動計數器，可以將 R7 替換為稍低的電阻。

我在此電路中，因為空間有限，所以選用了 3mm 的 LED 指示燈。如果你能找到好位置安裝，當然也可以使用 5mm 的版本。另外，

我建議使用不同的顏色的 LED，使你容易區分兩者功能不同，一個是用來告訴你「遊戲準備好了」，另一個告訴你「開始」。

在圖 18-8 的電路圖中，你可以看到兩個 LED 指示燈，採取方向相反的配置，當 IC1 輸出低電位時，第一個 LED 會將電流，流入 IC1，而當 IC1 的輸出高電位時，第二個 LED 會亮起。這裡需要補充的知識是，當 555 計時器的輸出腳為低電位輸出時，性質上會相當於接地，因此可以接收電流。

還有一個部分我需要稍微解釋。請你看一下在圖 18-6 中，電路頂部，有一顆容量頗大的 100μF 電容 C1。看起來，它就像是事後加上去的，但實際上這個電容非常重要。因為它抑制了 555 計時器，在切換輸出時產生的電壓突波。

那麼，C1 不就應該更靠近 555 計時器嗎？不是的，這些討厭的突波會傳遍整個電路，因此，C1 可以在最源頭的地方消滅它們。以上就是我對於整個動作序列的說明。

現在我們來談談十分重要的部分：如何加快運行速度，以及如何校準。

測量器的校準

回想一下，人類反應速度測量器的運作速度，由麵包板上三個計時器中，最底部的 IC3 控制。又 IC3 實質上由 R8、R9 和 C5 決定頻率，因此我們可以說，實際上主宰這個電路的速度的，就是 R8、R9 和 C5 這三個元件。

R8 的阻抗值是 10K，因為我不太喜歡使用，比這個值更低的電阻。但 470K 的 R9，其實可以選擇阻抗值更小的，0.47μF 的 C5 也是一樣。

如果你將 C5，替換為一個 47nF 的電容，將會使電路運行速度增加 10 倍。如果 R9 的角

色,用上一個大約 10K 的電阻取代,根據圖 16-5 中的表格,你應該可以得到大約 1kHz 的頻率,這個速度正是我們想要的(請記住,1kHz 代表 IC3 每秒可以發送 1,000 個脈衝,剛好可以驅動,代表百位數的第三個七段顯示器,每 0.1 秒跳動一次)。然而,由於各個元件的誤差,即使 R9 和 C5 替換為上述的規格,電路也絕對無法準確運行在 1kHz 的速度。

對此,你需要進行微調,微調這個關鍵字,是不是已經讓你聯想到,微調可變電阻?

非常幸運,我在麵包板上留了一點空間,恰好足以容納一個 10K 的微調可變電阻。在圖 18-10 中,可以看到我安裝微調可變電阻的位置。

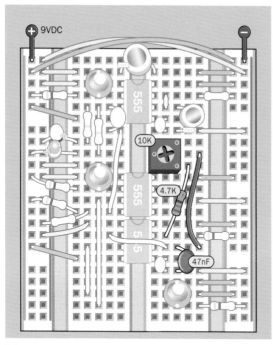

圖 18-10 電路中,加入一個微調可變電阻,用來進行計數(頻率)速度的調整。

我打算以一個 4.7K 電阻串聯一個 10K 微調可變電阻取代 R9,安裝上你會發現並不困難,因為 4.7K 電阻或任何電阻,出廠時都有相當長的接腳,讓你能從 IC3 直接上跨七

列的插孔,一舉到達微調可變電阻接腳,游刃有餘啊!

你可以用起子,轉動 10K 微調可變電阻,將它調整到中間值的位置(此時大約是 5K 的電阻值),如果加上串聯的固定大小的 4.7K 電阻,你的總電阻也會接近 10K。

別忘了 C5,也要替換為 47nF 的大小。

現在,啟動電路。此時,最上方的七段顯示器,大概每 0.001 秒計數一次,中間的七段顯示器,大概每 0.01 秒計數一次,底部的顯示器大概每 0.1 秒計數一次。

但如先前描述的,即使使用剛好數值的零件,都不可能達到準確的頻率輸出,可是這回不同,我保留了可以調整頻率的手段,沒錯,微調可變電阻!

「校準」就是調整電路,使電路實際運行速度,與你已知的時間資訊相匹配。我們有許多準確的時間資訊源,好比說你手機上的碼錶功能。但要如何與你的電路中,最底部的七段顯示器上,不斷閃爍的數字相匹配呢?

我有一個建議。

最底部的 4026B 計數器上,第 5 腳是它的「進位輸出」腳。當計數器達到 9 並歸零時,它會輸出一個脈衝訊號。意思是,由於最底下的計數器大約每 0.1 計數一次,因此它的第 5 腳,大約每 1 秒才會產生一個脈衝訊號。

啊哈!是不是已經猜到,我打算如何進行校準的動作?

圖 18-11 告訴你如何在最底部計數器的第 5 腳,和底部數字的中間腳之間,插入一個 LED。請記住,七段顯示器左側的中間腳實質上與右側中間腳內部相連,又因為右側中間腳已經通過一個 1K 電阻接地。所以如果

你按照圖 18-11 所示，安插一個 LED，並不會造成計數器過載，而且每秒會閃爍一次。

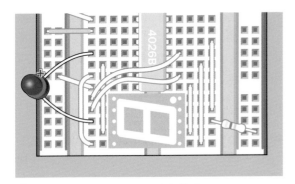

圖 18-11 安插一個 LED，方便校準。

（實際上，在計數週期中，隨著計數器推動，七段顯示器顯示不同的數字，負載會不斷變化，所以 LED 不會太亮，但校準才是我們的目的，LED 的閃爍，只要清晰可見即可。）

現在你只需要，將你信任的時間資訊來源，放在閃爍的 LED 旁邊。接著按下測量器的啟動開關，讓它一同運行。然後用你的耐心以及非常仔細地觀察，慢慢調整微調可變電阻，應該能夠將 LED 閃爍的頻率，與準確的時間資訊源同步，使 LED 精準的每一秒閃爍一次。

人類的反應速度

當你測量自己的反應速度時，也許感覺有點 …… 慢？

事實上，人類的反應速度，確實是非常慢的，尤其是與電子元件相比。對於視覺刺激的典型反應時間是 250ms，亦即高達 1/4 秒。

當專業人士在駕駛賽車或任何飛行機械時，需要非常快速的反應動作，但經由量測，人類從視覺刺激，到控制手腳進行操作，那麼長的反應時間裡，那些專業人士到底是如何做到的呢？我不知道，但事實就是這樣。

當你校準反應計時器電路後，如果你的反應時間，結果為 200ms 或更低，那麼你就是個反應很快的人。

事實上，人類的反應動作速度，受到許多因素的影響，包括是否服用藥物和酒精。我必須告訴你的，請不要使用這個實驗的人類反應速度測量器，來作為測量酒後你是否還有能力開車的標準。安全駕駛的能力，不僅依賴於反應速度，還取決於判斷力，而且酒精總是會影響這些能力。

本實驗中的人類反應速度量測器，僅供娛樂用途。

實驗 19
白馬非馬？
學學數位邏輯電路吧！

像 4026B 這樣的計數器，在技術上被歸類為數位邏輯晶片。其中包含許多的邏輯閘，使其能夠計數。事實上，任何一部你手上的 3C 產物，背後都是無數的邏輯閘，進行基本布林代數運算（或稱邏輯運算），所提供給你的便利功能。

由於邏輯運算是數位世代的基礎，所以我打算詳細探討它一下。這個章節中，AND、OR、NOT、NAND、NOR、XOR 和 XNOR 這些魔法詞彙，將逐漸帶你進入全新的數位領域。

當你使用單獨一個邏輯閘時，它們的動作非常容易理解。但當你將數個邏輯閘連接在一起時，可能就會讓你燒腦。考慮到這一點，我將一次只使用一種邏輯閘。如果你覺得我介紹的內容太過簡單，請耐心等待：我保證它們會變得更加複雜！

本章有許多說明邏輯電路的特色摘要，我不期待你能一次完全吸收所有細節；我的目標是讓你在需要時，能夠回頭來查看，促使你回想一下。所以你不需要完全理解邏輯閘的工作原理，就可以進行實驗 20 到 23 的內容，但是，如果有一點衝動，想知道它們是如何運作的時候，就可以再次回到本章。

你會需要：

- 麵包板、電線、剪線鉗、剝線鉗、萬用電表。
- 9V 電源供應器。
- 觸控開關〔2〕。

- 74HC32 四輸入或閘（OR Gate）晶片〔1〕。
- 74HC08 四輸入及閘（AND Gate）晶片〔1〕。
- 通用型紅色 LED〔1〕。
- LM7805 穩壓器〔1〕。
- 電阻，1 KΩ〔1〕、10KΩ〔2〕。
- 電容，0.1μF〔1〕、0.47μF〔1〕。

穩壓器

以 74 開頭的數位邏輯晶片，比你之前使用過的 555 計時器或 4026B 計數器，對於「環境」的要求更苛刻一些。大多數數位晶片，需要「精確」的 5V 直流電源，電流的流動，不能有過大的波動或「突波」。

幸運的是，目前實現這一點，真的是非常簡單而且廉價：只需在麵包板上，安裝一個 LM7805 穩壓器！當你對 LM7805 提供，7.5V 至 12V 之間的輸入電壓時，它會穩定地輸出乾淨的 5V 的直流電。

穩壓器的外觀（圖 19-1），與你使用過的其他電子元件全然不同，這是因為 LM7805 被設計成可用來處理高達 1.5A 的電流，因此可能產生很高的熱量，所以需要自帶散熱器，形成它獨特的造型。穩壓器的鋁背板，即自帶的散熱器，頂部還預留一個孔洞，可以讓你使用螺栓，將更大的散熱器固定到 LM7805 上。

但是，對於我們的實驗來說，由於只會使用耗電很低的邏輯晶片，因此自帶散熱器這個特點，對我們不太重要。困難點在於需要將它，插入麵包板上的插孔，因為 LM7805 的接腳有點寬扁，但稍加用力，還是能安裝到麵包板上。

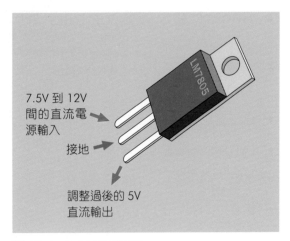

圖 19-1 LM7805 穩壓器。

7.5V 到 12V 間的直流電源輸入

接地

調整過後的 5V 直流輸出

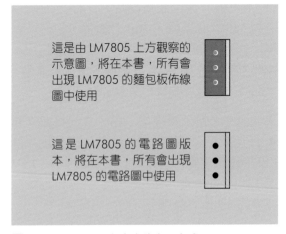

這是由 LM7805 上方觀察的示意圖，將在本書，所有會出現 LM7805 的麵包板佈線圖中使用

這是 LM7805 的電路圖版本，將在本書，所有會出現 LM7805 的電路圖中使用

圖 19-2 LM7805 在本書的表示方式。

由於我將繼續使用 9V 直流電源供應器電源，只要搭配穩壓器，你就不必另外購買一個 5V 直流電源。說到邏輯電路佈線的方式，我的習慣是，把穩壓器安裝在麵包板的頂部位置，並搭配兩個必需的平滑電容器，再將穩壓器的輸出，接到麵包板的正電源線上（圖 19-3）。圖 19-4 為圖 19-3 佈線方式的電路圖版本。

- 請注意，9V 電源的負極，和穩壓器的接地腳，共用同一個負電源線。

請特別注意，不要將 9V 電源，供應到你將會使用的 74xx 系列邏輯晶片上。另外，為了避免示意圖太複雜，在麵包板示意圖中，我僅在需要時才顯示穩壓器，因此，請謹記

在心，在邏輯晶片上的電壓，都是經過穩壓器處理後的 5V 直流電，切勿將 9V 電源提供給 74xx 系列邏輯晶片上，它們可能無法承受這樣的高電壓。

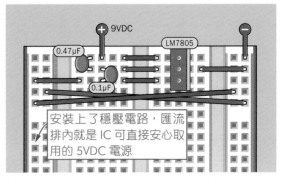

9VDC

0.47µF

LM7805

0.1µF

安裝上了穩壓電路，匯流排內就是 IC 可直接安心取用的 5VDC 電源

圖 19-3 如何將穩壓器，安置在麵包板頂部的示意圖。同時，請不要忽略平滑電容器。

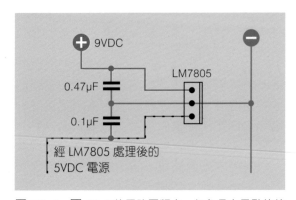

9VDC

LM7805

0.47µF

0.1µF

經 LM7805 處理後的 5VDC 電源

圖 19-4 圖 19-3 的電路圖版本。紅色且有黑點的線段，表示 5V 的電壓。

在電路圖中，我同樣不會包含穩壓器的電路，但我會將 LM7805 處理後的電源輸出，使用帶有黑點的紅色線表示，以提醒你它們是 5V 的電源而不是 9V。

- 在電路圖中，帶有黑點的紅色線，代表 5V 的直流電。

LM7805 的使用注意事項：請避免不適當的輸入

直流而非交流。請記住，LM7805 是一個，直流轉直流的轉換器。不要把它與我們實驗中使用的 9V 電源供應器（交流轉直流）混

為一談。不要將交流電源，直接提供給你的
LM7805 穩壓器。

最大電流。 只要餵給它額定範圍內的直流電
壓，無論你透過它汲取多少電流，LM7805
都能在幾乎恆定的狀態，提供 5V 電壓輸出。
不過在沒有散熱器的情況下，最好的電流不
要超過 1A。

最大電壓。 雖然穩壓器是一種固態元件，但
在降壓過程中，它會像電阻器一樣散發熱
量。你提供給穩壓器施電壓越高，通過它的
電流越大，它所散發的熱量就越多。這就是
為什麼，我建議最大輸入電壓為 12VDC。

最小電壓。 如同所有的半導體元件的特性，
LM7805 的輸出電壓，必定小於輸入的電壓，
因此我建議最小輸入電壓，大概是 7.5VDC。

在安裝穩壓器之後，可以先將電表，切換到
直流電壓檔，測量麵包板上，電源匯流排
電壓，是不是確實已經被 LM7805，調整到
5VDC 的水平。需要注意的，是電路中有兩
個平滑電容，對於避免 LM7805 產生振盪是
非常重要的。

你該認識的第一個邏輯閘

現在，請你在已經準備好 5V 直流電源的麵
包板上，按照圖 19-5，在 74HC08 晶片四周
安裝上兩個觸控開關、兩個 10K 電阻、一個
LED 和一個 1K 的電阻。

由於數位邏輯晶片，提供電流的能力有限，
即使現在電路上的電源只有 5V，我仍然要你
使用 1K 的電阻，與 LED 串聯，避免過載。
因此，LED 的亮度可能會比較暗，但應該還
是可以觀察到它的作動。圖 19-6 是圖 19-5
的電路圖版本。

你可以看到，晶片上的許多接腳，被我直接
連接到電源的負極。這是因為它們都是未使
用的「輸入」引腳，稍後我會解釋原因。

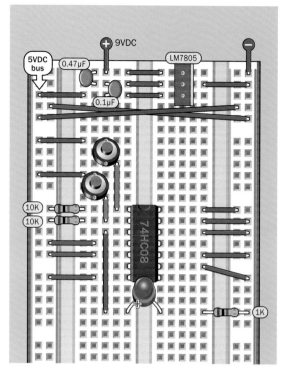

圖 19-5 你的第一個數位邏輯晶片測試電路。

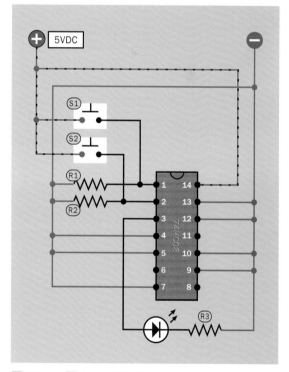

圖 19-6 圖 19-5 的電路圖版本。

當你連接電源時，什麼都沒發生。按下其中一個觸動開關時，咦……仍然什麼都沒發生。嘗試看看另一個開關，呃，仍然沒有任何反應。先別惱火，現在請同時按下兩個開關，LED 應該亮起了吧！

74HC08 的第 1 腳和第 2 腳是邏輯輸入腳位。電路圖中標記為 R1 和 R2 的 10K 下拉電阻，讓邏輯輸入保持在低電位，直到你按下開關，將它們帶到高電位，如同在 555 計時器中熟悉的方式。然而，在數位邏輯領域，術語有些不同：

- 當與 5V 邏輯晶片相關的輸入，或輸出接近 0VDC 時，我們稱之為（邏輯）低態邏輯訊號，或稱邏輯 0。在 74xx 系列晶片中，表示輸出、輸入電壓「低於 1V」。

- 當與 5V 邏輯晶片相關的輸入，或輸出接近 5VDC 時，我們稱之為（邏輯）高態邏輯訊號，或稱邏輯 1。在 74xx 系列晶片中，表示輸出、輸入電壓必定「高於 3.5V」。

這兩個邏輯輸入，進入 74HC08 內部的一個邏輯閘。所謂「閘」在數位電路中，指的是一組接收高態或低態邏輯輸入訊號，經過邏輯運算後，並能輸出運算結果邏輯訊號的特定電晶體電路組合。

在圖 19-5 中，這個特定的閘，其實是及閘（AND Gate），只有當第 1 腳和第 2 腳同時為高態時，輸出腳（第 3 腳）才輸出高態邏輯訊號。

現在，請你從麵包板上，取下 74HC08，小心不要彎曲任何接腳。你可以在 IC 下方，左右滑入一隻一字起子，然後向上撬，這是將 IC，從麵包板取下的好方法。接著，將一個 74HC32（或閘）晶片，替換剛剛 74HC08 的位置，其他元件和連線都不用變動。

現在你會發現，如果第 1 腳為高態，或者第 2 腳為高態，或者兩者都是高態，那麼，輸出也會為高態，因此都會點亮 LED。你可能已經猜到，74HC32 包含一個或閘（OR Gate）的核心。

以上看起來是很基本的運作，但是，事實上所有的數位計算操作，都是由這些基本的邏輯閘來達成的，而且更棒的是，僅僅只有 7 種邏輯閘存在，卻可產生無窮盡的變化。

到目前為止，你已觀察到其中兩種閘的運作，而且心裡可能會嘀咕著，使用普通的、老式的開關，也可以達成跟圖 19-5 一樣的效果，根本沒什麼了不起。但在接下來的實驗中，你會發現邏輯閘可以做更多更多的事情。

譯註：本書中提到的邏輯閘名稱，原則上均採用中文專有名詞，方便讀者與在地零件商溝通。

邏輯閘符號

邏輯閘也有特殊的電路符號，可以在電路圖中使用（含邏輯閘的電路圖，有時稱為邏輯圖）。你剛剛建構的圖 19-5 測試電路，邏輯圖如圖 19-7 所示，其中包含了一個及閘的電路符號。

邏輯圖中並未顯示「閘」所需的電源，但實際上包含及閘的晶片，必須在第 7 腳（負電源）和第 14 腳（正電源）接收電源。這樣，每個邏輯輸出，就能提供比輸入更多的電流。

- 當你看到邏輯閘的符號時，請記住它還是需要電源才能運作。

74HC08 晶片包含四個獨立的及閘，每個及閘有兩個邏輯輸入和一個輸出，稱為「四組雙輸入及閘晶片」。

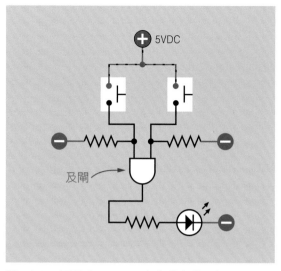

圖 19-7 及閘（AND Gate）為核心的邏輯圖。

及閘晶片的接腳連接如圖 19-8（左側）所示。因為在剛才的簡單測試電路中，只需要使用一個閘，所以可以將未使用的閘的輸入腳，直接接到電源的負極，以防止它們數值浮動。這類晶片對輸入訊號非常敏感，甚至可能對雜散在空間中的電磁場做出反應，因此在不使用時必須始終維持接地。

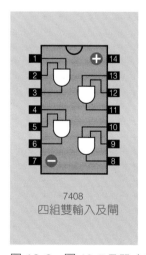

7408
四組雙輸入及閘

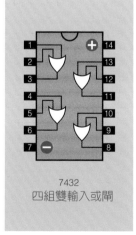

7432
四組雙輸入或閘

圖 19-8 圖 19-5 及閘（左側）與或閘（右側）的接腳定義。

大多數（但不是全部）的 74xx 系列雙輸入邏輯晶片，腳位配置大多一致，因此可以直接互換，就可以進行不同的邏輯運算，就像你剛剛看到的一樣。

你可能很好奇，為什麼這麼簡單的東西會有用？很快你就會看到邏輯閘的強大，邏輯閘可以創建一個電子組合鎖、一對電子骰子，或者一套電視問答節目的搶答電路。如果你非常有雄心壯志，甚至可以使用 74xx 晶片，構建一台完整的電腦！

我是說真的，一位名叫 Bill Buzbee 的電子發燒友，就真的做到了（圖 19-9）。或者，如果你有足夠的動力，你可以建造一個完整的南北戰爭─安提坦之戰的雙人模擬遊戲。

圖 19-9 是圖 19-5 以 74XX 系列晶片，純手工打造，具有完整電腦功能的主機板。主要用來提供網站伺服器功能。

我的一位讀者 Jeff Palenik 就這樣做了，還跟我分享照片。據說，他使用了 19 塊面包板、各種邏輯晶片、計時器以及大量的連接線（圖 19-10、圖 19-11）。我猜這個電路要能正常運作，可能需要一個超過 9V 的電池。

圖 19-10 Jeff Palenik 的戰爭模擬遊戲。在箱子的另一面，有供另外一位使用者操作的面板。

圖 19-11 Jeff Palenik 的戰爭模擬遊戲電路，底下的麵包板，已經被密密麻麻的電線所覆蓋。

邏輯的起源

邏輯的概念，源自於英國數學家 George Boole 從事理論性質工作的產物。他出生於 1815 年，一生做了一件不但本身要夠聰明，還要夠幸運才能夠做到的事情：創造了一個全新的「數學」分支。有趣的是，這個數學分支，卻不是基於數字的。

具有數學專業的 Boole，同時擁有著極度邏輯的思維，他希望將真實世界的各種現象，轉化為數學代數符號的精簡表示方式，這些

表示方式又可以用所謂的「邏輯關係」連結在一起。

John Venn 於 1880 年左右，提出文氏圖，可用來說明布爾所描述的某些邏輯關係。圖 19-12 是一個簡單的文氏圖，可以用來定義世界上生物的特性。在圖 19-13 中，我使用了一種表格方式的表示方法，來呈現同樣的概念，這樣的表格，有時被稱為真值表，其中紅色表示「真」，藍色表示「非真（假）」。

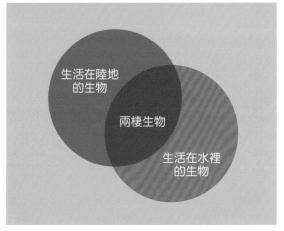

圖 19-12 文氏圖。用來描述兩種生物類別。

這個生物屬於兩棲類嗎？		
A. 它生活在陸地嗎？	B. 它生活在水中嗎？	A 及 B
●	●	●
●	●	●
●	●	●
●	●	●

圖 19-13 圖 19-12 中的文氏圖的等效真值表。

這個表格提出了兩個問句：

A：「某種生物是否生活在陸地上？」

B：「該生物是否生活在水中？」

如果兩個問題的答案都是「真」，那麼它就是一種兩棲動物，這是文氏圖中兩個圓的重疊區域。我將它稱為 A 及 B。

在剛剛使用及閘進行的實驗中，假如你將開關標記為 A 和 B。A 和 B 的輸入，對應到及閘的輸出的關係並列出比較，你會驚訝地發現，與我用來描述生物性質的真值表完全相同。

這樣簡單的概念，具有深遠的影響，讓我先繼續講完 George Boole 的故事。

George Boole 有關邏輯的論文在 1854 年發表，那是個遠在電晶體，甚至是真空管發明前的時代。Boole 開創的數學分支，後世被稱為「布林代數（或布林運算）」，對於一百多年後的現代數位科技發展，有著非常大的貢獻。但在 Boole 的有生之年，他的發明似乎沒有任何實際應用。

直到有一位名叫 Claude Shannon 的聰明人，於 1930 年代在麻省理工學院念書時，發現了 Boole 的發明，可能對於世界會有深遠影響，並於 1938 年發表一篇論文，描述如何將「布林代數」應用於繼電器電路中。

由於當時繼電器，被應用於發展快速的電話網路，Boole 的發明，才開始有了實際的應用場域。在那個年代，生活在鄉村地區，兩個分開的家庭，可能會被要求共用一條電話線路。如果 A 與 B 在不同的時間想使用它或者他們同時都不想使用，都不會有什麼問題。但是如果 A 和 B 都想使用時，問題就來了。

你可以再次看到相同的邏輯模式，當工程師們必須設計能夠處理數千個連接問題的電話網路連線時，這些模式變得非常重要。Shannon 發現布林代數，非常適合用來描述繼電器的開關狀態，如果以 1 代表短路，0 代表開路，就可以使用布林代數的理論，建立一個可以運算的系統。Shannon 首先將布林代數，應用於當時最熱門的電話系統領域。

圖 19-14 為真值表，呈現出在處理非常簡單的加法運算時，如何使用 AND 運算。

A 的值是 1 嗎？	B 的值是 1 嗎？	A＋B 會大於 1 嗎？
●	●	●
●	●	●
●	●	●
●	●	●

圖 19-14 加法的真值表。

當真空管取代繼電器時，第一台實質的數位電腦誕生了。電晶體取代了真空管，積體電路晶片又取代了電晶體，進而產生我們現在感覺理所當然的桌上型電腦。

但是在這些極其複雜裝置的最根本原則，就是布爾代數呢！

邏輯閘的基礎知識

如先前提到的，對邏輯運算，總共會有七種重要運算動作。分別是 NOT、NAND、NOR、XOR、XNOR，以及到目前為止你遇到過的「及（AND）」和「或（OR）」，這些運算動作，有時又被稱為布林運算子。圖 19-15 是上述布林運算子與它的邏輯圖符號，布林運算子的名稱，通常以大寫字母書寫。

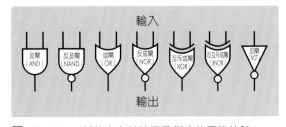

圖 19-15 7 種基本布林算子及對應的電路符號。

基本的邏輯閘，除了反閘（又被稱為反相器）只有一個輸入，和一個輸出之外，通

常至少有兩個輸入和一個輸出。反閘的動作
是，對它輸入高態，則反閘會產生低態輸
出；對它輸入低態，則反閘會產生高態輸出
（本章不會用到它）。

請注意，圖 19-15 的邏輯閘符號中，有一些
在符號底部會有個小圓圈，這些被稱為氣泡
的圓圈，代表那個邏輯閘的輸出，會再經過
一個隱形的反閘。因此，反及閘（NAND）
的輸出，就是及閘（AND）加上反閘（NOT）
的輸出。

如果你看一下我在圖 19-16、19-17 和 19-18
中，繪製的邏輯閘的真值表，會讓你立刻明
白我的意思。每個表的每一行當中，左側顯
示兩個邏輯輸入訊號，右側顯示一個邏輯輸
出訊號，其中紅色表示高電位，藍色表示低
電位。比較每對閘的輸出，你會了解加了隱
形的反閘之後，輸出將會如何被反轉。

TTL vs. CMOS

回到 20 世紀六〇年代，最早的邏輯閘稱為
電晶體—電晶體邏輯（*Transistor-Transistor
Logic*，簡稱 *TTL*）製作，代表它們使用雙
載子電晶體技術，建構邏輯運算電路。你可
能還記得 555 晶片，其實也是一種 TTL 的產
品。

但由於 TTL 耗電量大，使人們改用互補金屬
氧化物半導體（Complementary Metal Oxide
Semiconductors，簡稱 *CMOS*）技術建構邏
輯運算電路。比起 TTL，採用 CMOS 的數位
邏輯晶片，雖然運算速度較慢，但是功率消
耗要低的非常多。

有一段很長的時間，這兩個不同技術的晶
片，在市場上相持不下，並且以 74xx（以
TTL 技術製造）和 4xxx（以 CMOS 技術製
造）開頭的零件編號來識別。導致每個工程
師，必須常常在 TTL 的高性能和高功耗，以
及 CMOS 的較差的性能但優秀的功耗之間做
出抉擇。

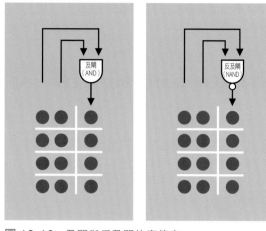

圖 19-16 及閘與反及閘的真值表。

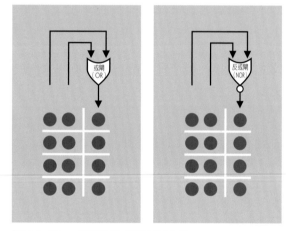

圖 19-17 或閘與反或閘的真值表。

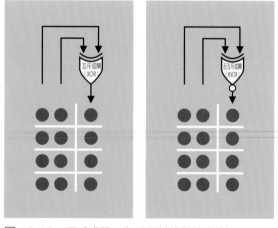

圖 19-18 互斥或閘，與反互斥或閘的真值表。

最終，CMOS 贏得了競爭，並且隨著技術升級，改善運作速度，74xx 的製造商開始以 CMOS 技術，製造與原 74xx 晶片一樣功能的晶片，並且沿用 74xx 的編號。如今，所有 74xx 系列的晶片，基本上都已經改採 CMOS 技術。

舊版 TTL 技術的 74xx 晶片，現在已經過時了，但有時候你還是可以在一些舊的備品零件上發現採用 TTL 技術的 74xx 晶片。但有趣的，是敵人被同化了，可是舊的 4xxx 系列晶片仍然存在，例如在第 19 個實驗中使用的 4026B 仍在生產，而且是仍然在市場上廣泛流通的晶片。

原因是舊的 4xxx 系列晶片，比起採用新一代 CMOS 技術的 74xx 晶片，運作速度上固然有所不及，但是卻提供一個獨特的優勢：它們可適用於更寬廣的電源電壓範圍！例如，在上一個實驗所使用的 4026B，它可以直接與 555 計時器共用一個 9VDC 電源。

以下是幾個需要記住的細節：

- 74xx 系列已經歷了多個世代的演進，但在這裡我選擇了非常受歡迎的 HC 版本（例如包含 AND 閘的 74HC08 晶片）。

- 實際上，你可能會遇到指定使用舊的 74LSxx 晶片的電路圖。如果發生這種情況，你可以選用特別設計成，與 74LSxx 系列晶片相同規格的 74HCTxx 晶片替代。

- 4xxx 系列晶片仍然存在，但現在所有 4xxx 系列晶片的編號都以 B 結尾。其他的 4xxx 晶片都已經過時了，不應該使用。

- 對於 4xxx 晶片和 74xx 晶片，即使它們都使用 5V 供電，「邏輯高態」和「邏輯低態」的含義也是不同的。不過，這通常不是一個重要的考慮因素。

如果你要購買 HC 世代的 74xx 晶片，在搜尋零件編號時，請加上字母 HC。例如，你應該搜尋 74HC08，而不是 7408。但是，你可能會注意到，我在本章的示意圖中（例如圖 19-8），僅列出晶片標號，卻都沒有包含代表技術世代的字母，又是什麼原因呢？那是因為無論哪個世代的相同編號晶片，接腳的定義都會相同。

最後，關於 74xx 零件編號的含義和解讀，請回溯一下圖 15-3 以及該小節的內容。

常用邏輯閘列表

在這個小節裡，我準備了 14 張圖（圖 19-19 ～ 19-25），展示所有常見的採雙列直插封裝（DIP）的邏輯晶片，並且把各個晶片內部實際包含的數個邏輯閘，都以透視圖方式呈現。目前，你可能對大多數邏輯閘的運作，還沒有概念，但我還是決定在這裡做一個整理，供你日後方便查閱參考。

你會注意到，其中有許多邏輯晶片，有超過兩個輸入，先前我向你展示的真值表中，也只有兩個輸入。其實，如果你回到圖 19-16 至 19-18，並且隨著下列的描述思考，你就能理解無論幾個輸入，運算邏輯都相同：

及閘：輸出通常為低態。只有當所有輸入都為高態時，輸出才會變為高態。

反及閘：輸出通常為高態。只有當所有輸入都為高態時，輸出才會變為低電位。

或閘：輸出通常為高態。只有當所有輸入都為低態時，輸出才會變為低態。

反或閘：輸出通常為低態。只有當所有輸入都為低態時，輸出才會變為高態。

在這些描述中，「所有」的意思是「邏輯閘的所有輸入腳」。一個邏輯閘，通常最多可有八個輸入。

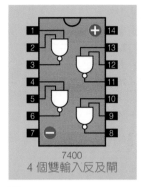

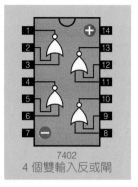

圖 19-19 74xx 系列晶片下一標準 4 個雙輸入反及閘 /4 個雙輸入反或閘。

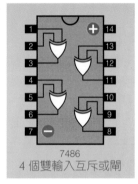

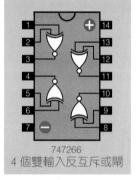

圖 19-20 74xx 系列晶片下一標準 4 個雙輸入互斥或閘 /4 個雙輸入反互斥或閘。

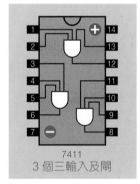

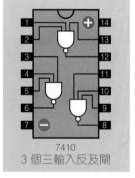

圖 19-21 74xx 系列晶片下一標準 3 個三輸入及閘 /3 個三輸入反及閘。

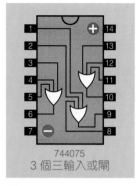

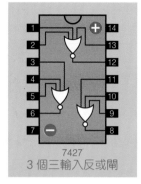

圖 19-22 74xx 系列晶片下一標準 3 個三輸入或閘 /3 個三輸入反或閘。

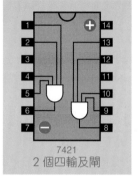

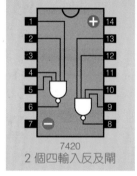

圖 19-23 74xx 系列晶片下一標準 2 個四輸入及閘 /2 個四輸入反及閘。

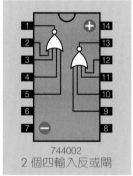

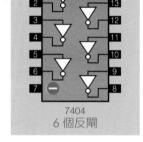

圖 19-24 74xx 系列晶片下一標準 2 個四輸入反或閘 /6 個反閘。

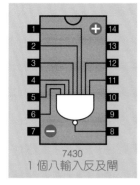 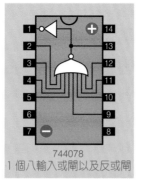

圖 19-25　74xx 系列晶片下一標準 1 個八輸入反及閘 /1 個八輸入或閘以及反或閘。

但互斥或閘和反互斥或閘，除非根據特定應用進行編碼，否則通常不會有超過兩個輸入。

連接邏輯晶片的規則

74xx 邏輯晶片非常容易使用，因為你可以直接將它們串聯在一起，而不需要額外的元件。好比說，一個及閘的輸出，可以作為另一個 74xx 晶片中，某個邏輯閘的輸入，而且一切都會正常運作！

儘管如此，仍然有一些需要記住的規則。

允許的操作：

* 你可以將任何邏輯閘的任何輸入，直接連接到經穩壓的電路電源上，無論是正的還是負的。

* 一個邏輯閘的輸出，可以作為多個邏輯閘的輸入（術語稱之為扇出）。但事實上，「多個」並不是毫無限制，具體會取決於晶片本身的特性，以 74HCxx 系列而言，你至少可以從一個邏輯輸出，供應至少十個邏輯閘作為輸入。

* 如果 555 計時器，同時與邏輯晶片使用，同一個 5VDC 電源及地，邏輯晶片的輸出，其實足以觸發 555 計時器（第 2 腳）。

* 邏輯晶片輸入訊號電壓的可接受範圍，以及輸出訊號電壓的最小保證值如圖 19-26 所示。

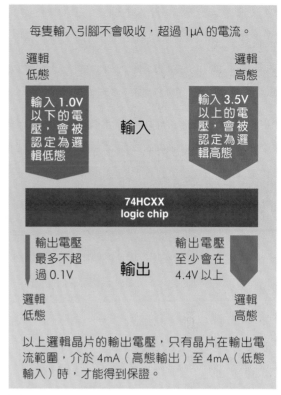

以上邏輯晶片的輸出電壓，只有晶片在輸出電流範圍，介於 4mA（高態輸出）至 4mA（低態輸入）時，才能得到保證。

圖 19-26　為了避免錯誤，務必讓邏輯晶片，在建議的輸入電壓範圍內操作。

不允許的操作：

* 不要讓未使用的輸入腳空接！對於 CMOS 邏輯晶片，一定要將所有「輸入腳」電壓明確。因此，在邏輯晶片上，未使用到的邏輯閘輸入腳，都應該接地，或電路的負電源。

* 任何開關在邏輯電路中，都應該與上拉或下拉電阻一起使用，避免邏輯閘輸入，處於電壓浮動的可能。

* 不要使用尚未經過穩壓的電源，也不要使用超過 5V 或低於 5V 的電源供應 74HCxx 晶片。

* 想直接使用 74HCxx 邏輯晶片的輸出，來驅動 LED 時要小心。如果從 74HCxx 邏輯晶片輸出腳汲取超過 4mA 的電流，可能會拉低 74HCxx 邏輯晶片的輸出電壓。

造成後續接收這個輸出訊號，以作為輸入的邏輯晶片，高態或低態判斷錯誤（電壓可能已經降至低於「可以讓第二個邏輯晶片，正確識別為邏輯高態的最低電壓值」），最終整個運算出現大問題。

一般而言，盡量不要將晶片的邏輯輸出，作為別的邏輯閘的輸入訊號的同時，還同時用來驅動 LED（在本書的某個電路中，我曾違反了這個規則。也許你可以找到它）

- 邏輯閘的輸出腳，可以在邏輯高態時提供電流，或在邏輯低態時吸收電流，而不會影響輸出的邏輯訊號電壓，但條件是你要控制電流大小。讓輸出腳提供高於 4mA 或吸收高於 4mA 的電流，都會使邏輯晶片的輸出失準。另外，也永遠不要直接將邏輯閘「輸出腳」，連接到電源或負極接地。

- 避免將兩個或多個，邏輯閘的輸出腳連接在一起。

我們已介紹完使用數位邏輯晶片時，可以和不該做的事情。現在就要進入，你的第一個嚴肅的邏輯晶片實驗了。

實驗 20
電腦開機密碼鎖

假設你想阻止其他人使用你的電腦。我能想到兩種方案：使用軟體防護或使用硬體防護。

軟體防護方法，通常是在啟動程序時，攔截正常的系統載入，並要求輸入密碼，這可能比 Windows 和 Mac 系統的密碼保護更安全。

不過，就我個人而言，使用硬體防護會更有趣，而且與本書更相關。我所想像的是有一組數字鍵盤，使用者必須要由鍵盤輸入，一串祕密的數字組合，才能啟動電腦。我將這個裝置稱為「電腦開機密碼鎖」，實際上它並不包含鎖。

這個實驗的想法，是管控你在啟動電腦時，通常會按壓使用的「開機」按鈕。

注意：請三思而後行！

在開始前，請謹慎思考一下，進行這個實驗是否是一個好主意。如果要在你的電腦上，加上這個實驗的電腦開機密碼鎖，你必須打開電腦外殼，剪斷其中的一根線並連接到你自己的電路。

雖然你不需要接觸，電腦主機中的任何電路板，只是單純的處理「開機」按鈕。但是打開電腦主機外殼這個動作，總會讓人不自覺的聯想到「保固無效」這個詞。

所以，你應該只在麵包板上搭建這個實驗電路，以模擬的方式進行本實驗。等一切都 ok 以後，再考慮是否要進行下一步。

或許，你也可以將它應用在其他設備上，例如第 17 個實驗中的入侵警報器。似乎是一個更好的主意，對吧！

你會需要：

- 麵包板、電線、剪線鉗、剝線鉗、萬用電表。

- 9V 電源（可能是電池，俾方便放置到電腦主機外殼內）。

- 通用型紅色 LED〔1〕。

- LM7805 穩壓器〔1〕。

- 74HC08 四輸入及閘（AND Gate）晶片〔2〕。

- 555 計時器晶片〔1〕。

- DPDT 9VDC 繼電器〔1〕。

- 電阻，470Ω〔1〕、10KΩ〔9〕、10KΩ〔1〕。

- 電容，0.01μF〔1〕、0.1μF〔1〕、0.47μF〔2〕、10μF〔1〕。

- 觸控開關〔9〕。

- 2N3904 電晶體〔1〕。

密碼系統

首先，我希望你思考一下，一般安全密碼機制，通常會怎麼運作。假設你拜訪一個，住在封閉式社區的朋友，或者你想把一些物品放到小保險箱。你可能有看過，由 10 個或 12 個按鈕組成的小鍵盤密碼防護機制，而使用者必須輸入由三、四個數字組成的密碼。

如果輸入正確，才會獲得通行的許可。聽起來很簡單，但實際上並非如此。

第一個困難：在這種類型的裝置中，首要的需求，就是在輸入完整密碼序列之前，必須能儲存，使用者每次輸入的內容。我們必須賦予電路，某種形式的記憶功能，來逐步蒐集使用者一個一個敲入的密碼。

你可能會問，電腦的記憶體晶片，不是很容易取得嗎？但是你所說的那種記憶體晶片，

需要搭配其他晶片，才能發揮作用，並不適合我們的實驗。

第二個困難：你必須將使用者按下的數字按鈕，轉換為適合儲存在，解鎖器電路中的代碼或模式。

第三個困難：驗證過程將比較輸入的數字，與正確的密碼是否一致，因此正確的密碼，也必須儲存在解鎖器電路中。

以上描述的困難點，都還不是全部，因為系統還要能對使用者的錯誤操作，提供適當的反應才行。

好比說，如果有人輸入了 5 位數，而不是 4 位數，應該如何回應？直接忽略第 1 位數字，還是最後一位數字？或者應該完全拒絕輸入內容，並告訴使用者重新開始嗎？甚至可以允許使用者多少次的嘗試？是否需要一個小型液晶螢幕，提示一下錯誤消息？都必須要周全考慮。

說到這裡，也許你已經能理解，這類的專案，是如何逐步「發胖」的。但對於本書，我需要更簡單的東西：一個能使用 1 小時左右，於麵包板上使用邏輯一些閘及基本元件，可以輕鬆建構的電路，這就是我的任務。

基於這個原則，我稍微簡化了電腦開機密碼鎖的工作。與其讓使用者輸入一系列數字，不如讓使用者「同時」按住某幾個按鈕，就可以避免要讓電路記憶使用者輸入內容的困難點。邏輯晶片可以通透過反覆地比對，使用者同時按下的按鈕，是否與系統規定的密碼一致，如果正確，也許一個 555 計時器（你可能已經猜到）將觸發某個繼電器。

在這個實驗中，繼電器是必要的，因為我不希望我的電路所需的電源，與你預計由解鎖器開關設備的電源之間，有任何電氣連接。繼電器雖然切換速度較慢而笨重，但它們設計成只有線圈與觸點，有機械連接，沒有電

氣連接。我想，圖 20-1 應該可以呈現出我的想法。

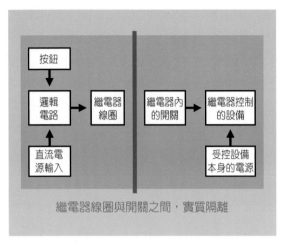

圖 20-1 繼電器的線圈和內部開關之間，有磁力驅動的機械連接關係，但沒有電氣連接關係。

密碼的位數？

同時按下多個按鈕，是一種不尋常的密碼輸入方法，但我覺得如果按鈕足夠多，這樣的模式，仍然可以提供足夠的安全性。同時，搞不好，這樣的模式是更是安全的，因為沒有人知道，你的電腦開機密碼鎖該如何使用。

我想像一個場景如下：

某個不知死活的駭客，竟然想偷偷的查看你硬碟上的文件，他打算透過他自己隨身碟上的 OS 開機，以規避你的 windows 內設定的密碼，等等！這是什麼？一個數字鍵盤！

駭客以他的生活經驗，認定這個鍵盤會依序輸入一系列密碼，就像其他以數字密碼保護的設備一樣。他不願意放棄，於是乎，開始嘗試關於你生活中，所有重要的數字。

你的出生年分、你從高中畢業的日期、你的電話號碼，甚至汽車車牌上的數字，但沒有一個有效！或許他猜到你的密碼，也不知道你的電腦開機密碼鎖，必須同時按下。即使他以某種方式猜到（也許他曾經閱讀過本

書？），知道多個按鍵必須同時按下，但他也猜不到，需要同時按下多少個按鍵。肯定至少兩個或更多個，但假設總共有 8 個按鈕可供選擇，總共有多少種同時按下的方式呢？

這是個有趣的問題。

在數學中，這類問題被稱為「n 取 k 組合問題」，其中 n 是集合中的對象數量，k 是你打算選擇的對象數量（為什麼使用字母「k」？很抱歉，我不知道）你可 Google「n 取 k」的公式，也許找到一些網站幫你計算出結果。例如，在這個實驗中，我使用 8 個按鈕，所以我利用這些網站幫我計算出不同的數字及可能的方法數量，如圖 20-2 所示。

8 擇 k 的組合問題	
選出幾個？	有幾種方法？
1	8
2	28
3	56
4	70
5	56
6	28
7	8

圖 20-2 一個「組合」問題—從 8 個按鈕中，選出 k 個按鈕的方法個數？

也就是說，如果你的密碼僅兩位，那麼，你在解鎖時只會按下兩個按鈕，可能是 1 和 2、1 和 3、2 和 3 或者 2 和 4 等，總共會有 28 種組合。另外，觀察一下圖 20-2，你是不是也注意到在表格中方法的數量，隨著你選擇的按鈕個數，先增加，然後減少。

這是為什麼？

回想一下高中排列組合就可以知道，這是因為選擇某些對象，與不選擇其餘對象，其實是相同的過程。也就是說，組合的數量 k 和 n-k 是相同的。但顯然你不是為了複習數學，而閱讀這本書對吧，所以讓我們回到重點：

如果你將 n（按鈕的數量）增加到 8 個以上，選擇的總組合數量會迅速增加。從 10 個按鈕中，選擇 5 個，就有 252 種方式；從 12 個按鈕中，選擇 6 個，就有 924 種方式。

但我假設你不會想要進行連接超過 8 個按鈕的複雜接線，因此，在這個專題中，我將使用 8 個按鈕，用戶須按下其中 4 個，才能解鎖。這樣可以有 70 種可能的組合，這雖然不是一個很高的數字，但我認為我們的計畫，提供了合理的安全性。

另外，考慮如上面提到的駭客破解者的情境。我對增加電腦開機密碼鎖的安全性，還有一些其他想法，稍後也會一併提出來。

邏輯圖

承上所述，我會需要某種方法，來驗證使用者是否已經按下了 8 個按鈕中正確的那 4 個。但還有一個另外要求，那就是其餘 4 個按鈕絕對不能被按下。否則，有心人大可同時按住 8 個按鈕，就可以解鎖。

假設我將按鈕編號為 1 到 8，而密碼為 1、2、3、4。當然，在這個安全裝置的最後版本中，我不會使用連續好猜的密碼，而會將它們打散成不直觀的模式。但是為了展示和測試的目的，我將把按鈕 1 到 4 設置在麵包板的頂部，按鈕 5 到 8 設置在下半部。

先暫時講解到這裡，請讓我整理一下，這個電腦開機密碼鎖，該有的關鍵功能。

要解鎖系統，應該要同時滿足：

必須同時按下所有密碼（即按鈕 1、2、3 及 4）。

不能按下非密碼的數字（即按鈕 5、6、7 或 8）。

那麼，我應該使用哪些元件來實現這個功能？當我提到「按鈕 1、2、3 及 4...」時，

你是否有注意到，那個片語中的「及」這個詞？是的，我應該使用「及閘」。

回頭參考一下圖 19-23，你會發現任何一個 7421 晶片，都包含二個 4 輸入的及閘，完全符合我們的需求。但由於無法預知讀者，是否會購買書本中實驗零件清單上以外的零件，所以我必須找個方法，使用現有的零件達成與 4 輸入及閘相同的運算結果。

目前我們手上有 7408（包含四個雙輸入的及閘），是不是有什麼辦法，將這幾個及閘（共有 8 個輸入）結合起來，用來處理僅僅四個輸入？確實，有一種方法，可以實現！如圖 20-3 的架構，並且考慮了所有的排列組合後，你會發現，它的輸出結果，與一個 4 輸入的及閘一模一樣！

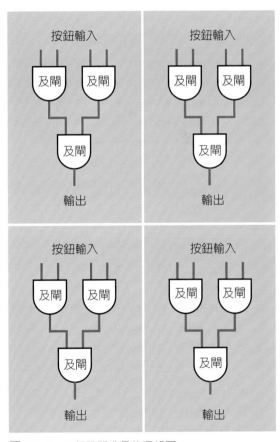

圖 20-3 三個及閘堆疊的邏輯圖

請參考圖 19-16，每個及閘都有一個，處於邏輯低態的輸出，能使及閘輸出，轉為邏輯高態的唯一方法是兩個輸入都為邏輯高態。從圖 20-3 中可以看出，堆疊在一起的及閘，要使底部及閘，最終輸出邏輯高態，頂部所有的輸入都必須為邏輯高態。

因此，如果代表正確的密碼按鈕（1、2、3 及 4）一端被接到正電壓，另一端接到圖 20-3，堆疊的邏輯閘頂層，作為輸入時，只有這 4 個代表正確密碼按鈕，都被按下時（輸入均為高態），底部的輸出才會為高態。

動作模式理解了，圖 20-4 進一步提供如何實作的示意圖（將圖 20-3 添加上按鈕和下拉電阻，並於電路底部，描述了該電路動作的摘要）。

順便一提，第三個及閘的輸入並不需要加上下拉電阻，因為上一層的及閘，輸出只可能為邏輯高態或邏輯低態，其值非常明確，並非浮動。

- 你可以將任意邏輯閘，添加到一條邏輯閘的串聯中，而無須使用上拉或下拉電阻。

那麼，對於使用者不得按下錯誤號碼的動作，應該如何判斷及實現呢？感覺上，我們好像需要來個，與及閘相反的邏輯運算。是一個或閘嗎？還是一個反及閘？或者其他的邏輯閘呢？

由於我的描述「不能按下按鈕 5、6、7 或 8」中，有一個「或」，因此，好像要使用或閘。沒錯，可以使用堆疊的或閘，就像圖 20-5 中所示一樣，你可以驗證它的輸出結果，與一個 4 輸入的或閘一模一樣！。

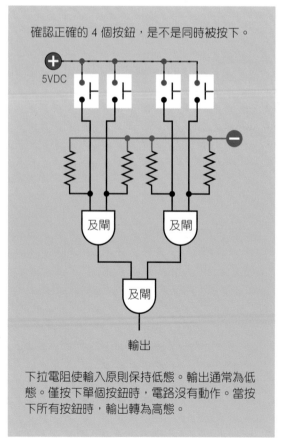

確認正確的 4 個按鈕，是不是同時被按下。

5VDC

及閘　及閘

及閘

輸出

下拉電阻使輸入原則保持低態。輸出通常為低態。僅按下單個按鈕時，電路沒有動作。當按下所有按鈕時，輸出轉為高態。

圖 20-4 三個及閘堆疊的電路圖。

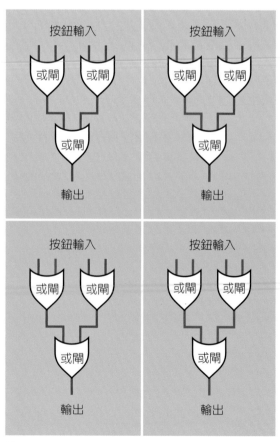

圖 20-5 三個或閘堆疊的邏輯圖

從圖 20-5 中可以看出堆疊在一起的或閘，任何一個輸入為高態，都會使底部或閘最終輸出邏輯高態。因此，如果將代表錯誤密碼按鈕一端接到圖 20-5，堆疊的邏輯閘頂層作為輸入，只要使用者，按下任何一個錯誤的號碼按鈕，都會使輸出轉變為高態，那麼，這個訊號，就可以用來觸發密碼錯誤時的一些動作。

目前，我的及閘堆疊，在正確密碼按鈕全被按下時，可以產生高態輸出。而或閘堆疊，則會在按下一個或多個錯誤按鈕時，產生高態輸出。接著必須要思考，我該如何將這兩個輸出訊號，結合在一起判斷？

要達成這個功能，我似乎需要一個額外的電路來判斷：「如果僅及閘堆疊輸出高態，則解鎖，如果及閘堆疊與或閘堆疊，同時是高態，則不解鎖。」

起初，我並不知道如何輕鬆處理這個問題。但後來我突然有了一個跳 tone 的想法：反轉電壓！如果我把不應該按下的按鈕，反轉了電壓，也就是說「不該按下」的按鈕組合，按下任何一個按鍵後，反而對邏輯閘堆疊提供低態輸入，那麼，我的所有問題就可以迎刃而解，而且還有一些附加的好處！

如圖 20-6，我用及閘堆疊，並採用上拉電阻來，使它產生高態輸出，然後把「不該被按下」按鈕的一端接地，另一端接到別個及閘堆疊當做輸入。

這個電路的動作變成，若使用者按到，任何一個「不該被按下」的按鈕，則電路應該輸出低態，否則應該保持在高態（及閘堆疊動作，可以回顧一下圖 20-3）。

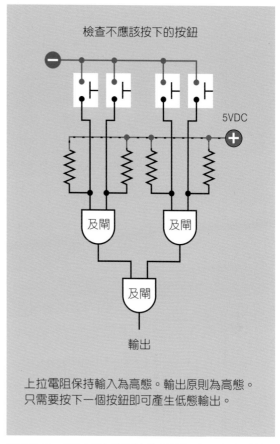

圖 **20-6** 　將不應該按下的按鈕的訊號，連接到「及閘」。

你是不是也發現，我的新方案大躍進的地方了呢？首先，我居然可以全部都使用同一種類邏輯閘（及閘）。其次，我有兩個及閘的堆疊，一組的功能負責，正確密碼按鈕確實被按下時，輸出高態。另一個只要不該被按下按鈕，沒有被按下就輸出高態。

因此，我只要確認第一組及閘堆疊，和第二組及閘堆疊的輸出，都是高態，這個電路就可以完全符合 219 頁提到的解鎖條件！圖 20-7 呈現了我大致的想法，用來判斷當兩組及閘堆疊的額外及閘，將會與 555 計時器的重置腳相連。

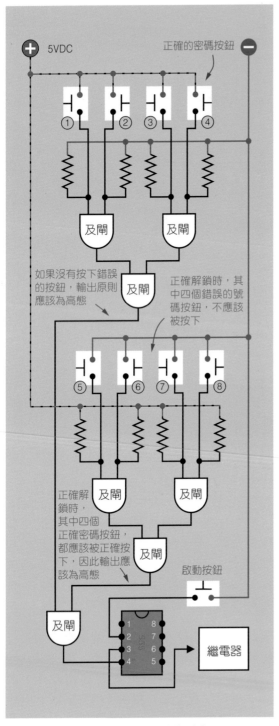

圖 20-7 將所有按鈕的訊號，連接到「及閘」

你肯定記得的，當 555 計時器的重置腳，處於高電位時就會被啟用。此時，使用者可以按下電腦開機密碼鎖電路中，我稱之為「啟動按鈕」的元件，觸發 555 產生輸出，然後 555 再觸發繼電器，讓電腦進入可開機狀態。當然，圖 20-7 只是一個簡化的電路圖，我並沒有呈現控制計時器脈衝寬度的電阻和電容等元件。

但是整個專題發展到這裡，我意識到這個電路竟然可以只使用七個及閘構建，完全不用其他邏輯閘時，連我自己都很驚訝。我的心得：有時候，一個實驗或專題，實際動手後，可能會比你預期的更簡單。

在麵包板上實現「電腦開機密碼鎖」

現在我要將所有元件安裝在麵包板上，進行電路的建構。當電路中有許多觸控開關時，總是會非常麻煩，因為它們往往佔用許多空間，在這個電路中，我們會使用上高達 9 個觸控開關，用來實現密碼鎖的按鈕或鍵盤的功能，因此，必須小心確保它們的輸出接腳，都在板子上的不同行插孔中。我也會盡量讓佈局保持簡單，最終成果佈線圖如圖 20-8 所示。

在下面兩頁中，你會看到這個電路的另外兩個版本：圖 20-9 中的是只有元件的版本，以及圖 20-10 中的完整電路圖版本。

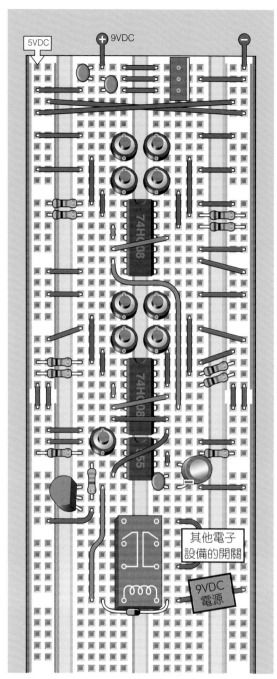

圖 20-8　電腦開機密碼鎖完整麵包板佈線圖。

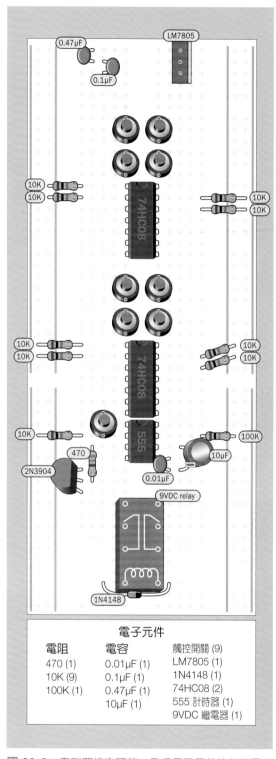

電子元件		
電阻	電容	觸控開關 (9)
470 (1)	0.01μF (1)	LM7805 (1)
10K (9)	0.1μF (1)	1N4148 (1)
100K (1)	0.47μF (1)	74HC08 (2)
	10μF (1)	555 計時器 (1)
		9VDC 繼電器 (1)

圖 20-9　電腦開機密碼鎖，呈現電子零件的佈線圖。

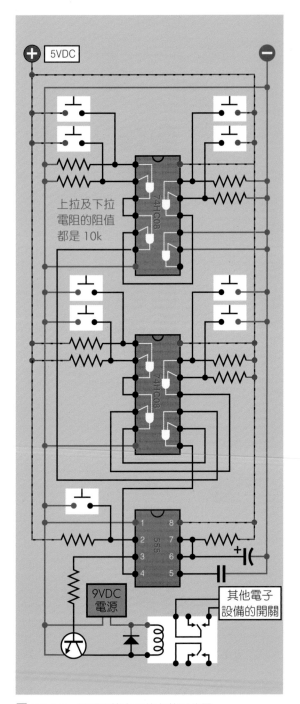

圖 20-10 電腦開機密碼鎖完整電路圖。

請注意！我加了一個電晶體來驅動繼電器。這是因為我覺得，既然你已經有一個 9V 繼電器（實驗 7），可能不會為了這個實驗，再特地買一個 5V 版本的繼電器。電晶體在這裡是用來接收 555 定時器的 5V 輸出，與切

換 9V 電源供應給繼電器。（如果碰巧你手邊有一個 5V 繼電器，就可以省略這個電晶體，並且把繼電器線圈連接在 555 輸出和負電源之間）。

為了測試電路是否正常，你可以在 555 計時器的輸出，和負電源之間，添加 LED 指示燈和串聯電阻，以模擬「外部設備」。

現在，按下從 1 到 4 的所有按鈕，但不要按下 5 到 8 的任何按鈕。依據剛剛的規劃，這樣的動作應該會向 555 計時器的重置腳，發送高電位信號（解鎖訊號），因此當你按下「啟動按鈕」時，就會觸發計時器做出反應。如果你沒有按下所有的，表示正確密碼的 4 個按鈕，或者如果你按了不應該按下的數字，那麼，「解鎖」信號將不會產生。

連接到 555 計時器的 100K 電阻和 10μF 電容，可以提供約 3 秒的脈衝，這應該足夠與電腦的「開機」按鈕配合使用。如果你打算把這個專題應用到其他設備，就要將定時器，重新連接為雙穩態模式，它就可以持續提供高態輸出，直到密碼鎖停止供電。

請注意，務必將 9V 電源，與來自電壓穩壓器的 5V 電源分開。我可以保證，如果你直接以 9VDC 電源為邏輯晶片供電，它們是不會喜歡的。同時，你的 9V 電源負端，必須與 5V 電源負端接在一起，否則電晶體將無法工作。實際上，可以透過從板子頂部的 9VDC 輸入，到我標記的繼電器線圈接腳處，拉一根長線，滿足上述電源的需求。

你可能已經注意到圖 20-9 中，我在繼電器線圈接腳上，加了一個二極體，而且極性與線圈輸入電流方向相反。這顆二極體在這個位置提供的功能，有時被稱為飛輪二極體。

通常搭配電感性負載使用（例如計電器的線圈，即為典型的電感），其功能在於，當電感性負載的電流，有突然的變化或減少時，電感二端會產生突波電壓，這個電壓可能會

破壞鄰近的元件。如果有這顆二極體，它就能將突波，導引回到電感的另一端，而不會蔓延到鄰近元件，造成元件毀損。

- 當敏感的電子元件，與含有線圈的設備，在同一個電路中時，飛輪二極體是一種必要的預防措施。

電腦端的介面

如果你真的想在桌上型電腦上，使用本實驗的電腦開機密碼鎖，如同先前提到的，必須請你自行承擔風險。雖然我不建議這樣做，但是，我還是要提供操作步驟讓你參考。

首先，你應該確認是否正確的連接密碼鎖電路。由於有兩種不同的電源電壓，一個連接錯誤，可能會導致邏輯晶片損毀。這點非常重要！

現在，讓我們考慮一下，在一般情形情況下，要如何啟動電腦？

電腦在主機內部，都設有俗稱電源供應器的部件，可以將家用 110V AC 電源轉換為電腦主機板及其他零組件。

舊式電腦倚賴一個介於家用 110VAC 與電源電源供應器之間的大開關，開關切換到 ON，導通高達 110V 電源到電源供應器中時，電腦即行啟動。改裝恐有觸電的風險。

幸好，現代電腦的設計不再是這樣，當你按一下主機外殼上，小小的開機按鈕（如果是 Windows 系統）或鍵盤上的開機鍵（如果是 Mac），這個按鈕就會通過內部兩條細細的雙絞線，對主機板發出一個開機訊號，主機板收到訊號後，就會觸發電源供應器開始供電，此時電腦才開始運行。

而且，待會你就會發現，這樣的進化，對我們的改裝計畫，特別的理想，因為我們不會碰到 110V 高電壓的部分！

事先提醒，開始改裝時，千萬不要想打開主機外殼內那個裝有風扇的金屬盒子（即電源供應器），只需要專注尋找從「開機」按鈕連到主機板的導線（在 Windows 系統，通常包含兩條導線）即可。

首先，確認你的電腦已拔掉電源。其次，如果可能的話，把你自己接地一下（參考實驗 18）。尋找從電腦開機按鈕，連接主機板的那兩條雙絞線，小心地剪斷其中一條線。現在，把電腦重新插上電源，並嘗試按下「開機」按鈕。

如果沒有任何反應，就表示你應該剪斷了正確的導線（即使剪斷了錯誤的導線，此時按下開機開關，電腦就無法開機，你也可以使用那條線來改裝）。

請記住，改裝邏輯很簡單，你不需要向這條線輸入任何電壓。只是單純地，以繼電器作為開關，把剛剛被你剪斷的電線，斷開以及重新連接起來。

以下細部的改裝動作，只要你保持冷靜和鎮定的態度，有條不紊地進行改裝，應該沒有問題。在找到那組雙絞線，剪斷其中一條之後，在電腦保持斷電的狀態下，把剪斷的電線兩端，剝去絕緣層，並將一兩條另外的絞線焊接上去，再用熱收縮管保護焊接點，如圖 20-11 所示。

最後，將新焊接電線的另一端連接到繼電器，並且確認是連接到密碼正確時，才會閉合的接點（常開接點）。你應該不希望，在以為電腦已經鎖定而安心走開時，其實電腦還是解鎖的狀態吧，所以要注意不要接錯囉！

接下來，將電腦插上電源，按下電腦的「開機」按鈕。如果沒有任何反應，這是好事！電路依據你的規劃，屬於正常表現。

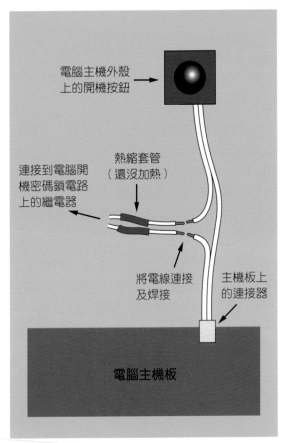

圖 20-11 如何將電腦開機密碼鎖，與電腦主機連接在一起的示意圖。

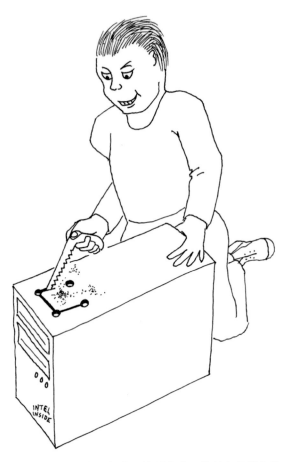

圖 20-12 非常不推薦用這種方式，將數字鍵盤安裝到主機外殼上。

現在，按著你鍵盤上的祕密組合，輕按一下電路上的啟動按鈕，就可以在繼電器閉合的 3 秒內，使電腦機殼上的「開機」按鈕回復功能。按下開機按鈕，此時，電腦內部風扇聲微微響起，電腦已經開始開機動作了！。

正式安裝

在測試電路動作正確無誤之後，剩下的任務就是進行永久安裝。請記住，如果你打算仿效圖 20-12 所示的類似動作，不如直接將外殼，完全從電腦上拆除！

增強功能

我設計這個實驗時，以盡量簡單為原則，其實這個電路，有許多可升級的空間，事實上，我已經想到可以把它加上許多有趣的功能。

增加更多按鈕。假設你的祕密組合，是按下按鈕總數的一半，那麼，每增加一個按鈕，可能的密碼排列組合，數量就會翻倍。當然，為了達成這個目的，你可能需要購買一些 AND 晶片，來處理額外的按鈕訊號，或者也許不需要？

包含假按鈕。承上，你還可以跟駭客鬥智一下，可以使用沒有連接到任何東西的按鈕，混淆視聽一下。這樣仍然會增加排列組合的數量，唯一缺點是你無法檢查，是否按下了假的按鈕。

增加失敗計數器。你還可以加上一個計數器晶片，來計算密碼輸入錯誤的次數，並在一段時間內禁止後續嘗試。為了達到這個目的，你可能需要在電路中，加上一個十進制

的計數器，具有解碼輸出，這表示十進制計數器有 10 個輸出腳，每次只有一隻腳轉變為邏輯高態。

當第 3 或第 4 隻接腳轉為高態時，計數器就可以觸發一個計時器，生成 30 分鐘的脈衝。你需要重新連接電路，讓電路中的「啟動」按鈕，不再從負電源取得訊號，而改為從上開的倒數 30 分鐘計時器取得訊號。

因此，當輸入錯誤密碼，超過上線次數，促使計時器輸出高態，開始計時，就會導致「啟動」按鈕沒有作用。唯一困難的部分在於，要想想如何把計數器重置為零。目前想到的解法，可能可以在計時器的輸出和計數器的重置引腳之間，加上一個耦合電容器，但這又要考慮到計數器訊號，到底是由低態轉高態，還是由高態轉低態，才能決定重置的接線配置。

購買數字鍵盤。 在本書的第一版中，我建議使用數字鍵盤，來建構這個實驗電路。有些人認為數字鍵盤成本太高，有些人則提到很難找到適合的鍵盤。只要你願意多花一點時間尋找，有一種數個獨立開關，整合在一起的鍵盤，值得考慮。

但是不要買到經過編碼的矩陣編碼鍵盤，因為經過編碼的鍵盤，通常會需要與專門晶片併用，因此可能會與你的實驗電路的及閘不相容。

保護電腦。 為了增加這個專題的安全性，可以在電腦主機外殼上加裝防竊螺絲。為了達成這個目的，你可能需要，適合這些螺絲的特殊工具，用來進行安裝作業（或者在需要移除時，移除螺絲）。

密碼可更換。 另一個可以考慮增強的功能就是「允許變更密碼」，而且要簡化變更密碼的方式。如果你製作的是焊接版本的電路，由於所有的開關到及閘的連線，都已經焊接了，因而失去密碼調整的彈性，你可以安裝插座，保留電路調整的彈性。你也可以考慮添加指撥開關，切換線路（指撥開關，可以 Google 一下這個術語，看看找到什麼）。

破壞性安全。 對於絕對、確定、完全偏執的人來說，你完全可以想像一套，密碼一旦輸入錯誤，就觸發第二個高電流的繼電器，提供驚人的過載電力融化你的 CPU，並透過夾在硬碟上的磁鐵線圈，產生強力脈衝，銷燬所有資料的方案（或者，你已經想到更誇張的處理方案？）

毫無疑問地：與使用軟體保護資料相比，採用直接破壞硬體的方案，有著重大的優勢。首先，它快速又很難停止，並且是永久性的破壞。所以，當某天，唱片業協會來到你家查緝盜版，

而且要求你打開電腦，讓他們進行搜檢查時，只需「不小心」給他們一個錯誤的密碼，就會有硫酸液體流過主機足以融化一切；或者引爆伽瑪射線之類的機制，讓一切化為烏有等（圖 20-13）。哇喔，我的內心好黑暗，可是想起來好酷！

其實，在更現實的層面上，沒有任何系統是安全的。

硬體鎖定裝置的價值，是在於即使有人成功破解它（例如，找出如何拆卸你的防竊螺絲，或者只是用金屬剪刀，將鍵盤從電腦機箱中剪斷），至少你會很容易發現到，電腦曾經被動過的痕跡，如果你在螺絲上，塗上一層漆的話。相比之下，如果使用軟體保護方案，當有人破解了它，身為電腦主人的你，可能永遠不知道，你的系統層被入侵過。

以上，就是有關電腦安全措施的全部內容。下一個實驗，我將介紹一個更加實用的邏輯電路。

圖 20-13　自爆系統，提供電腦全面的保護。

實驗 21
搶答系統

接下來要進行另一個，使用邏輯閘的專題。這次，是模擬電視問答節目的搶答系統。電路雖然只需要一個或閘晶片以及兩個計時器，但經由這個電路，你將會認識「回授」，這個十分具有挑戰性的概念。

你會需要：

- 麵包板、電線、剪線鉗、剝線鉗、萬用電表。

- 9V 電源（可能是電池或電源供應器）。

- 74HC32 四個雙輸入或閘晶片〔1〕。

- 555 計時器晶片〔2〕。

- 單擲雙投滑動開關〔1〕。

- 觸控開關〔2〕。

- 電阻，470Ω〔3〕、10KΩ〔3〕。

- 電容，0.1μF〔3〕、0.47μF〔1〕。

- LM7805 穩壓器〔1〕。

- 通用型紅色 LED〔3〕。

封鎖電路

以往，每當看到問答節目中的參賽者，爭先恐後地搶答並回答問題時，我都會對節目中的電子設備感到好奇。我推測，在幕後的某個地方，一定有一個可以封鎖其他參賽者，搶答訊號的機制，我自作主張地，把它稱之為「封鎖電路」。

當速度最快的參賽者，按下搶答按鈕時，這個電路就會動作，除了點亮搶答成功燈號外，同時也會封鎖其他參賽者的搶答按鈕訊

號，當然，也會間接抑制他們的搶答燈號。一段時間後，問答節目的主持人會重置系統為下一個問題做準備。

只是最初我並不知道，搶答系統到底具體要如何實現。於是我開始在網路上查詢資料。經過一番努力，確實找到能做到這些功能的電路，但有的似乎過於簡化問題，有的則又設計得過於複雜。因此，我決定自己建造一個十分擬真、可以輕鬆擴展且可適用於任何多數參賽者的搶答系統，還加了「問答主持人控制」功能。

封鎖電路的概念性實驗

首先，讓我重新描述一下，搶答系統的基本運作邏輯：

假設只有兩位參賽者，他們各自擁有一個搶答按鈕，那麼，最快按下按鈕的一方，就應該封鎖另一方搶答按鈕的功能。將上述運作邏輯具體化，如圖 21-1 所示：第一位按下按鈕的人，將亮起搶答成功的燈號，同時，以某種我還不確定的方式（暫用箭頭表示），觸發另一位參賽者的搶答按鈕封鎖機制。

有趣的，在這一步，似乎就已經將最關鍵的問題點出來。你是否已經跟我一樣，看到這個機制太令人不滿意的地方？試想，如果參賽人員，增加到了三位，會怎麼樣呢？

依據剛剛的運作邏輯，每個人面前的按鈕，都必須分別連接出一條電線，去觸發其他兩個人的封鎖電路，將訊號流向具體化，你就會發現原本簡單示意圖 21-1，突然開始變得有點混亂（如圖 21-2 所示）。

此外，每個參賽人員對應的封鎖電路，都必須處理 2 個輸入，這增加了電路本身的複雜度。三個人已經如此，想像一下，如果參賽人員增加到了四人，情況將會多麼複雜。

還有一件值得注意的事情，當一位參賽者放開按鈕時，其他參賽者的按鈕，是否會因此而解鎖？每當看到複雜性的事物時，我們都應該先冷靜下來，找找看是否有更好的方法。綜合上述思考，這裡的封鎖電路，似乎應該再加上一個閂鎖器（也稱為正反器），就可以處理「當速度最快的參賽者在放開按鈕後，其他參賽者還可以搶答」的問題。

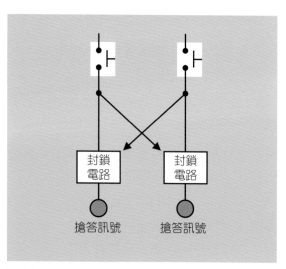

圖 21-1　搶答速度最快的參賽者以某種方法，封鎖其他參賽者的搶答訊號。

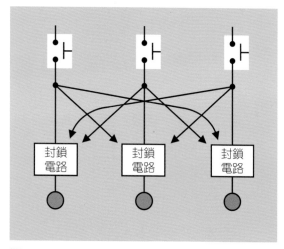

圖 21-2　更多的參賽者，更複雜的訊號流動關係。

嗯⋯再思考一下，我發現，如果這個閂鎖器能夠同時執行兩個功能，就更好了！其一是將速度最快的參賽者輸出，鎖定在「按下按鈕」的狀態，另一個功能是禁止所有按鈕的新輸入。

到這裡先做個小結論：

- 速度最快的參賽者，按下他的搶答按鈕。

- 他的搶答成功的狀態被鎖定。

- 被鎖定的信號回授，傳遞給其他參賽者的封鎖電路，以封鎖其他參賽者的搶答按鈕。

圖 21-3 將上面的結論，具體化表現出來，看起來是不是簡潔許多？只需要數據匯流排為所有參賽者提供服務，就可以達成所需要的功能，而無須將各個參賽者的封鎖電路之間，作個別連線。

獲得的好處，就是在不增加複雜性的情況下，可不斷地進行擴展（數據匯流排類似於先前介紹的電源匯流排，但在這個專題中，主要用來傳遞封鎖訊號。）。

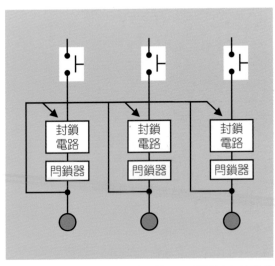

圖 21-3 任何先被觸發的閂鎖器，都可以去封鎖其他的按鈕。

整個推論中，好像遺漏了一個重要的問題？！在確定哪一位參賽者搶答成功，接著，搶答成功的參賽者對問題侃侃而談，然後呢？主持人跟參賽者大眼瞪小眼？

好像缺了什麼，對吧？好像應該要有個開關什麼的，可以將系統重置，恢復到開始模式，好讓參賽者進行下一輪搶答的重要功能？沒錯，我們缺了要保留給主持人的「重置開關」！我還想到，除了重置的功能之外，還應該賦予主持人，決定搶答「開始」的權利。

所以，在這個專題中，重置開關具有複合型的功能：重置開關在「重置」的位置上時，清空閂鎖器重置系統；開關在「開始」的位置上時，使參賽者的搶答按鈕發生效用（以防止有投機的參賽者，無論知不知道答案，在問題還未問完之前，就先按下搶答鈕的情況）。

那麼，依這樣的功能需求思考一下，我聯想到這個重置開關，可能可以是個單極雙投開關。

開關對應到「開始」功能位置的接腳，我姑且稱之為「開始腳」；對應到「重置」功能位置的接腳，我就稱之為「重置腳」。

加上重置開關後的系統概念圖，如圖 21-4 所示。

由於版面有限，我只能展示兩位參賽者的示意圖，但你應該就能夠延伸這個概念。

現在該將概念，化為真實了！讓我們一起擺脫那些，表示訊號流向的箭頭吧！

想要同時將所有閂鎖器重置，超級簡單，只要將所有閂鎖器的重置腳，連接到由重置開關，連接出來的「重置訊號匯流排」上，即可達成。

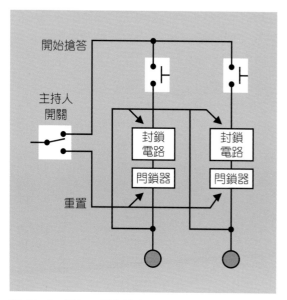

圖 21-4 添加一個主持人開關，用在開始搶答或準備進入下一道題時，重置每個閂鎖器。

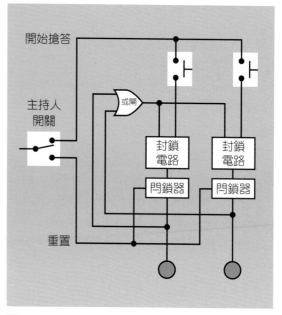

圖 21-5 添加一個或閘，可以使每個參賽者的閂鎖器，與其他玩家隔離。

但是，想利用速度最快參賽者的閂鎖器的輸出（以下稱第一閂鎖器），回授給其他參賽者的封鎖電路，難度可能高一些，因為如果只將所有的閂鎖器輸出，連接到同一個匯流排，再提供給封鎖電路，那麼，由於訊號會彼此拉扯，第一閂鎖器的高態輸出，可能會被其他參賽者的低態輸出影響，無法觸發其他參賽者的封鎖電路（結果是其他參賽者，搶答訊號並未被封鎖，即使慢慢地按下搶答鈕，後搶答燈號也能亮起來）因此，我將添加一個或閘，隔離每個參賽者的閂鎖器輸出訊號（圖 21-5）。

基本的或閘只有兩個邏輯輸入，這會阻止我擴張電路功能，允許更多參賽者的野心嗎？不會！因為你可以購買具有多達 8 個輸入的或閘，或者像在「電腦開機密碼鎖」實驗中的圖 20-5 中一樣，可以把多數個或閘堆疊起來。由於所有的或閘，工作的方式都相同：如果任何一個輸入是高態，最後的輸出就是高態。

接下來，我需要決定如何實現閂鎖器。最簡單的方法就是，我可以購買現成的正反器晶片，這個晶片可以接收到某個觸發訊號時，狀態處於「開啟」，在接收到另一個訊號時，則翻轉為「關閉」，因此可以用來實現我們所需的閂鎖器的功能。但是，正反器的晶片具有很多的功能，超過我們目前所需要的（「正反器」這個元件，我打算在下一個實驗介紹它們），而且大多數邏輯晶片，有輸出功率較低的問題。

但是對於這個實驗而言，我只需要用上 555 計時器，就能達成閂鎖器的基本功能。555 接線會很簡單，而且如你所知，555 最大的優勢是它可以提供足夠的電流，來點亮搶答燈號。

我的設計中，將會用上兩個相互作用且運行雙穩態模式下的 555 計時器，雙穩態模式下的 555 計時器，腳位之間的作用關係，如圖 21-6 中所示。當重置腳為低態時，不論觸發腳的狀態如何，輸出腳都會產生低態位輸出，這正是我在封鎖電路所需要的。

運行於雙穩態模式下的 555 計時器		
重置腳	觸發器	輸出腳
低態	忽略	低態
高態	高態到低態	高態
高態	低態到高態	不改變

圖 21-6 555 計時器，在雙穩態模式下的行為。

當重置腳為高電態時，555 計時器就會允許觸發腳，控制輸出腳。此時，如果觸發腳變為低態，則輸出轉為高態；此時，如果觸發腳再從低態轉變為高態，輸出仍會保持在高態不變，直到重置腳再次回到低態，重置555 計時器。

各個腳位的作用關係中，唯一我最不喜歡的特性，就是重置腳和觸發腳都是低態時功能才有效用（學說上所謂的負邏輯）。也就是，它們需要低電位的訊號輸入，才會做出反應。好吧，既然如此，每個參賽者的按鈕按下後，都必須能發送低態的訊號；當按鈕沒被按下時，應該有一個上拉電阻，讓它保持高態。

你可以在圖 21-7 中看到這個電路的雛型，其中主持人的開關，也是處於低態才有效用。我用簡化的方式表現，首先是以色點來表示555 計時器各腳的訊號狀態（高態，紅色；低態，藍色）。其次就是，如果某腳位沒連接到任何東西，就乾脆不顯示它。最後細節不太確定的地方，依舊用箭頭表示。

如參賽者 1，對於封鎖電路輸入訊號，我標註為 A 和 B，它們需要以某種方式與 C（計時器的觸發腳）連接。印象中好像某一個邏輯閘，可以符合我的需求，但是究竟要選用哪種邏輯閘？我需要再仔細考慮一下。

當主持人開關處於重置位置（開關切換到左側）時，重置 555 計時器，將它們的輸出強制歸零。開關切換到右側，則比賽開始。

此時，由於計時器仍然為低態輸出，或閘的輸入也是低態，因此，在 A 點的電壓是低電位（低態）。

現在，思考一下 1 號參賽者整個動作流程。

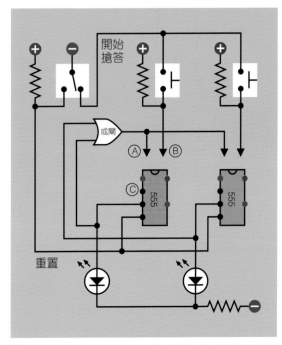

圖 21-7 一個由 555 計時器建構而成，簡單閂鎖器的電路。

一開始，參賽者 1 尚未按下搶答按鈕，因此B 點被上拉電阻，將電位拉到高態。此時，我不希望 555 計時器有任何動作，所以它的輸入必須是高電位。因此，第一個結論是：A 為低態，B 為高態，則給 555 計時器的觸發腳的 C 訊號，必須保持高態。

現在，參賽者 1 按下按鈕，因此 B 轉變為低態。此時，C 應該也會轉變為低態觸發計時器。因此，第二個結論是：A 為低態，B 為低態，則 555 計時器的觸發腳的 C 訊號，必須轉為低態。

計時器被觸發，所以它的輸出，也轉變為高態。高態輸出通過或閘回授，由於或閘有這個回授的高態輸入，致使它的輸出，也轉變

為高態，並且 A 的電壓也是高態。A 點的高態訊號，必須用來阻止，其他參賽者的搶答按鈕。所以，A 為高態，B 無論為低態或高態：C 都必須為高態。

依據上面幾個結論，讓我可以建立出一個 A、B、C 三個點的真值表（圖 21-8）。將圖 21-8 的真值表與圖 19-17 左側真值表進行比較，你會得出進一步的結論：每個 555 計時器，都需要一個或閘。

A 點 電位或閘的 輸出訊號	B 點 電位搶答開關 輸出訊號	C 點 電位 A&B 點訊號經某種 運算後，希望產生的訊號
●		●
●	●	●
●		●
●	●	●

圖 21-8　圖 21-7 輸入訊號真值表。

因為這個電路，變得開始有點複雜，我將帶你從圖 21-9 開始，透過四個步驟逐一解釋。

第一步（圖 21-9 左上角電路）：

圖 21-9 左上角電路顯示當主持人將主持人開關，切換到「重置」時的情況。每個計時器的重置腳，被強制拉到低電位，導致計時器的輸出是低電位。各計時器低電位輸出，回授到左側的或閘（我將其重新命名為 OR1），致使 OR1 產生低電位輸出，並傳遞給 OR2 和 OR3。

OR1 的低電位訊號以及上拉電阻的功效，加上搶答按鈕另一腳空接，導致 OR2 和 OR3，只會提供計時器的觸發腳，高態輸入訊號。事實上，即使 OR2 或 OR3 能提供低電位脈衝訊號，由於主持人開關使各個計時器保持重置的狀態，因此計時器仍保持低電位輸出，而不會受到影響。

第二步（圖 21-9 左下角電路）：

想像主持人提出一個問題後喊「請搶答！」，同時將主持人開關切換到「開始」模式，這個動作使負電源連接到參加者的按鈕，並且 555 計時器重置腳，轉為高態，等待著觸發訊號，進行後續動作。

請記住，這是一個負邏輯電路，參賽者按鈕的發送低態訊號時，才會觸發計時器。

第三步（圖 21-9 右上角電路）：

參賽者 1 按下按鈕，向 OR2 發送一個低電位脈衝，此時，由於 OR2 有兩個低態輸入，因此它的輸出轉為低態。低電位訊號，到達左側 555 計時器的觸發腳，計時器正在處理該信號。

第四步（圖 21-9 右下角電路）：

幾微秒後，計時器以產生高電位輸出，回應觸發腳上的低電位觸發訊號，並同時點亮 LED，還額外將這個輸出訊號，回授傳遞給 OR1。由於 OR1 收到參賽者 1 的 555 計時器所回授的高電位訊號（或閘只需有一個高態輸入，即產生高態輸出），因此 OR1 也產生高電位輸出，並將這個高態輸出，再提供給 OR2 和 OR3，導致搶答按鈕，無論是否被按下，OR2 和 OR3 的輸出，永遠都呈現高態。

你也發現了嗎？搶答按鈕功能被封鎖住了！

請記住，由於這裡的 555 計時器，被接成雙穩態模式，因此，觸發腳位從低電位態（邏輯低態），再度回到為高電位（邏輯高態）時，其輸出保持不變。最後，參賽者 1 對應的計時器輸出腳，將保持高態，參賽者 2 對應的計時器，輸出腳，則保持低態。

圖 21-9 至 **圖 21-12**，封鎖電路的動作（依從上到下，從左到右的順序）：

（第一步）主持人開關切換為「重置」時的電路狀態。

（第二步）搶答按鈕被啟動。

（第三步）參賽者 1 首先按下搶答按鈕。

（第四步）搶答成功燈號亮起，同時封鎖參賽者 2 的按鈕功能。

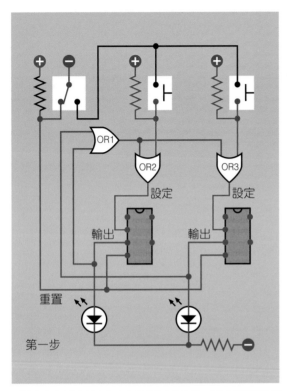

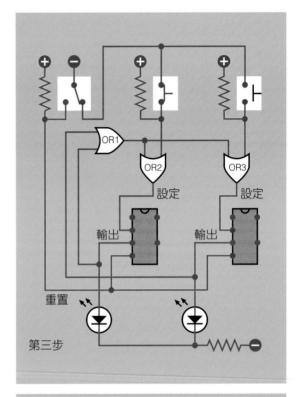

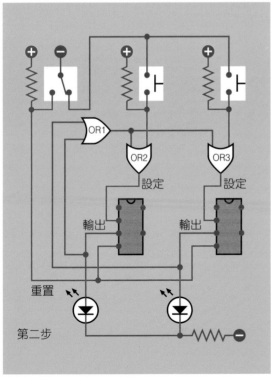

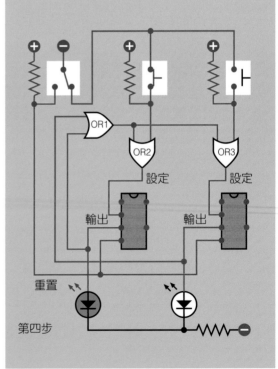

百密一疏

即使經過上述縝密的思考，仍有一種情況，會使封鎖電路失效。

想想，如果兩個參賽者，同時按下搶答鈕，又無時間差的情況下，使得電子元件也無法區分，到底誰比較快，那電路會怎麼動作？你的實驗電路中，在計時器回授訊號能夠阻止對方之前，會發生兩個 LED 都會亮起的窘境。但在電視問答節目中，你卻永遠不會看到這種情況？

我覺得他們的系統，應該還有另外的隨機選擇機制，來處理這樣的問題。當然，這只是純屬猜測，不過，如果我幫他們建置搶答系統的話，我會添加這個功能。

著手建構電路吧！

麵包板佈線圖如圖 21-13 所示，由於這個實驗，所需的電子零件非常少，因此，我並沒有提供只呈現元件的版本，電路圖如圖 21-14 所示。

因為電路中，我只使用了三個或閘，所以你只需要一顆，包含四個雙輸入或閘 74HC32 的邏輯晶片。其中晶片上半部的兩個或閘，用來負責電路圖中，OR2 和 OR3 的功能，而晶片下半部左側的或閘，則作為 OR1 的角色，負責接收來自每個 555 計時器，輸出腳回授訊號。

如果所有零件工具萬事具備，你應該可以在一小時內，就組裝好這個電路。為了進行電路測試，你可以滑動開關（擔當主持人開關的角色）開始操作。沿著負電源，經由滑動開關，一路到 555 計時器的重置腳，你不難發現，我將滑動開關規劃成，滑到下端為「重置」電路功能。

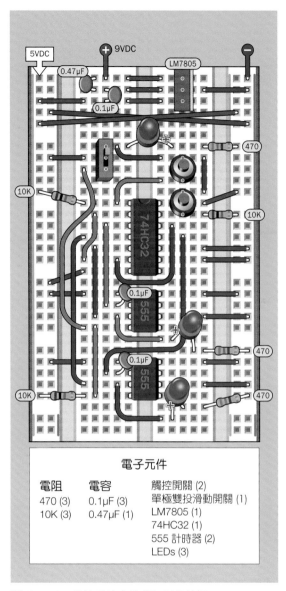

圖 21-13 搶答系統完整麵包板佈線圖。

電子元件

電阻	電容	
470 (3)	0.1µF (3)	觸控開關 (2)
10K (3)	0.47µF (1)	單極雙投滑動開關 (1)
		LM7805 (1)
		74HC32 (1)
		555 計時器 (2)
		LEDs (3)

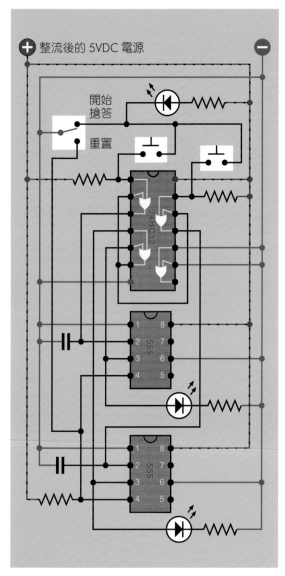

圖 21-14 搶答系統電路圖。

現在請你將滑動開關向上滑動，我額外配置一個 LED 燈，它會亮起，這是在告訴參賽者們，可以搶答了，誰的反應快的比試正式開始，看看誰能搶先按下按鈕。

你可以試著同時按下兩個按鈕，看看能不能重現，我剛剛提到的電路封鎖器失效的情況，但我敢打賭，你的封鎖電路，仍只會對其中一個做出反應，並成功封鎖另一個，其實，這是因為電子電路速度，比人的手指動作快得多，因此仍可以區分出來，兩隻手指頭的先後順序。

你可能會注意到，我在每個 555 計時器的觸發腳（第 2 腳）和第 1 腳（與負電原相連）之間，添加一個 0.1µF 的電容。這個電容的功能是什麼呢？在沒有電容的情況時，有時會發生，僅僅是切換主持人開關，而沒有任何人按下按鈕，就會觸發一個或兩個 555 計時器的情況。

我猜測計時器，可能在滑動開關切換時，對開關內部的觸點，產生了微小而快速的震動反應，這就是開關電路上所謂的彈跳。確實，這就是問題所在，加上電容後，就解決了這個問題。但電容可能會稍微降低了 555 計時器的響應速度，但還是比人類的反應速度快。

至於參賽者的搶答按鈕，它們是否有「彈跳」現象並不重要，因為每個計時器，在速度最快的參賽者觸發時，就會被鎖定並忽略其他按鈕的信號。在下一個實驗中，我將進一步，解釋開關的彈跳問題以及該如何解決它。

實驗 22
按鍵開關的翻轉與彈跳現象

在前面的實驗中，提到需要正反器的場合，其實我都以雙穩態模式下的 555 計時器取代。

現在，要帶你認識一下，「真正」的正反器了！除了解釋它們的工作原理，我還會說明如何利用這個電路處理實驗 21 所提到的彈跳現象。

- 正反器是用來保存電路狀態的邏輯電路，其中最基本的形式，就是以反或閘或者反及閘構成的 R-S 正反器（又稱為閂鎖器）。

- 上個實驗中，需要記錄參賽者的按鈕狀態。當時我用 555 晶片完成所需的記憶功能，而不是閂鎖器電路，但我覺得閂鎖器，可以從字面上了解那個電路的核心功能，因此，搶答系統實驗中，仍使用閂鎖器這個術語。

當開關內部接點，從一個位置，切換到另一個位置時，都會短暫地震動，這就是所講的「彈跳」。在數位電路中，「彈跳」可能會造成電路不正常的問題來源。這是因為由於半導體技術的進步，數位電路運作速度越來越快，以致於開關的輕微震動，都可能被數位電路，辨識為「數個單獨的輸入」。

好比說，將觸控開關連接到計數晶片的輸入端，你的實際操作，可能只是輕輕的按一下觸控開關，彈跳的效應，可能產生如圖 22-1 的輸入波形，早期晶片來不及數，可能判斷為一個脈衝，但現代高速的計數器，完全來得及數脈衝產生的數量，因此最終的計數記錄，可能是 10 個或更多的脈衝？！

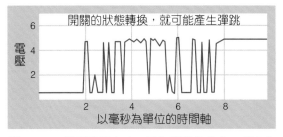

圖 22-1 當開關閉合時，因為彈跳的效應，所產生的波動（源自美信積體電路公司的數據）。

實際上，有許多消除開關彈跳的技巧，但使用正反器，可能是最基本的方法。

你會需要：

- 麵包板、電線、剪線鉗、剝線鉗、萬用電表。

- 9V 電源（電池或電源供應器）。

- 74HC02 四輸入反或閘晶片〔1〕。

- 74HC00 四輸入反及閘晶片（選配）〔1〕。

- 單極雙投滑動開關〔1〕。

- 通用型紅色 LED〔2〕。

- 電阻，1kΩ〔2〕、10KΩ〔2〕。

- 電容，0.1μF〔1〕、0.47μF〔1〕。

- LM7805 穩壓器〔1〕。

首先，請先依照圖 22-2 將元件組裝在你的麵包板上，組成正反器。74HC02 是一個四輸入反或閘晶片，如果回頭看一下圖 19-19，你會發現它內部的反或閘排列，與你一直在使用的及閘，和或閘晶片比較，是上下顛倒的，在接線時，你要特別小心這一點，圖 22-3 是這顆晶片的 X 光視圖。

當你對圖 22-3 的電路供電時，底部的其中一個 LED 應該會亮起；當你將滑動開關，移到相反的位置時，則另一個 LED 將會亮起。到目前為止，你可能覺得好像有點無聊，那麼，現在試一個可能會讓你驚訝的事情吧！

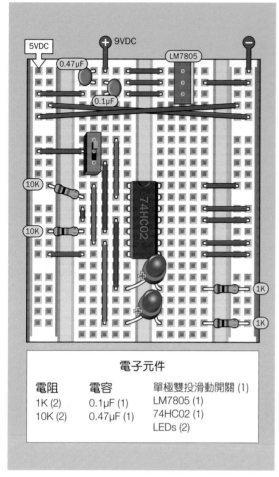

圖 22-2 在麵包板上，以反或閘組成的正反器。

電子元件		
電阻	**電容**	單極雙投滑動開關 (1)
1K (2)	0.1μF (1)	LM7805 (1)
10K (2)	0.47μF (1)	74HC02 (1)
		LEDs (2)

將滑動開關從麵包板上拔下來，神奇的事情發生了，不論哪個原本亮著的 LED，它居然都持續亮著！將滑動開關裝回麵包板上，滑到相反的位置，點亮另一個 LED，然後再一次把開關拔掉，那個亮著的 LED 也是一樣，持續地亮著！

以下是實驗獲得的訊息：

- 正反器只需要一個開始的觸發脈衝，例如來自開關的脈衝。

- 之後，它就會自動保持當下的輸出，直到接收到不同的輸入。

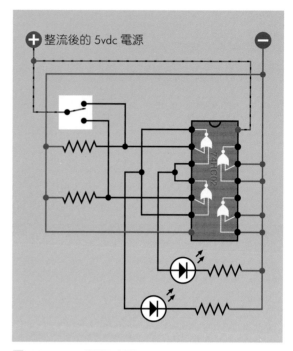

圖 22-3 正反器電路圖。

使用反或閘，消除開關彈跳

當你試圖理解這個電路時，如果直接以麵包板佈線圖思考，會變得很複雜，因此我在圖 22-4 提供正反器的簡化電路圖，並且製作四個動作步驟圖，讓你了解組成正反器後的反或閘之間，是如何相互影響與相互連動。

另外，為了幫助你回憶反或閘的動作，我還貼心的在圖 22-5 中，幫你準備一個反或閘的真值表，供你比對參考。一切就緒後，我們就開始吧！

第一步（圖 22-4 的 ①），假設開關向電路的左側提供正電壓，克服了下拉電阻提供的負電壓，那麼我們可以確定，左側的反或閘具有一個正邏輯輸入。由於任何邏輯高態的輸入，都會使反或閘產生一個邏輯低態輸出（參考圖 22-5 的真值表），因此低態輸出訊號會回授到右側的反或閘，使其具有兩個負輸入，進而使其輸出高態訊號。

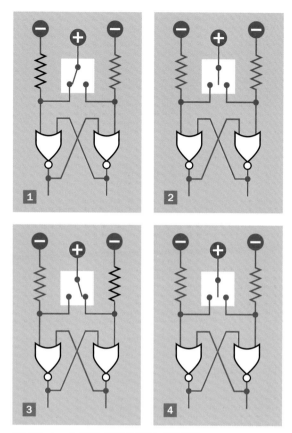

圖 22-4　使用反或閘建構正反器電路。

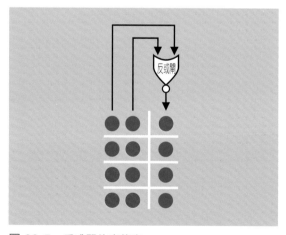

圖 22-5　反或閘的真值表。

這個邏輯高態訊號，又會回授到左側的反或閘，牢牢地讓左側反或閘處於低態。所以，在這個電路配置，一切訊號都是互相支持，十分穩定。

現在來到正反器巧妙的部分，在第二步（圖 22-4 的 ②）中，假設你將開關，移動到中點位置，不觸碰左、右任何一個接點，或者跟剛剛一樣，你完全拆除了開關，又或者是本實驗要處理開關的接點彈跳的情況，因無法有良好接觸的情境（想像開關到左側接點間，正以極快的速度彈跳，而產生斷斷續續的訊號）。

由於沒有來自開關的正電源供應，經由下拉電阻的作用，左側反或閘的左輸入會由高態轉為低態。但是，左側反或閘的右輸入（來自右側反或閘的輸出）仍然是正的，由圖 22-5 可以知道，反或閘只要有一個高態輸入，就足以使它保持其低態輸出，所以，到目前為止，什麼都不會改變，直到開關確實地切換到右側。換句話說，所有的彈跳訊號，已經被消滅於無形！

（在第二步中正電流從哪裡來？答案是來自晶片的外部電源。請記住，邏輯閘運作還是需要電源的。）

前兩個步驟中，我們已經觀察到，正反器抑制彈跳的神奇功效，第三步起，則是隱含著正反器的名稱由來！

第三步（圖 22-4 的 ③）中，假設開關向電路的右側提供正電壓，同樣地，克服了下拉電阻提供的負電壓，因此我們可以確定，右側的反或閘具有一個正邏輯輸入。由於任何邏輯高態的輸入，都會使反或閘，產生一個邏輯低態輸出，低態輸出訊號，會回授到左側的反或閘，使其具有兩個負輸入，進而使其輸出轉為高態。

這個邏輯高態訊號，又會回授到左側的反或閘，牢牢地讓左側反或閘處於高態。你會發現，兩個反或閘的輸出狀態，相互交換了！透過一個開關切換，可以導致輸出狀態翻轉。

但是如果同時將高態訊號，提供給兩個反或閘會發生什麼事？此時，它們的輸出，應該都會轉為低態，正反器就失去狀態翻轉的特性（這個特性，常被用來記憶資料使用）。

這也就是為什麼，我的示範電路，使用單極雙投開關，使得電路的一側，必定處於邏輯高態，而另一側必定處於邏輯低態。

我曾看過許多入門書籍，介紹到正反器時，並沒有強調使用單極雙投開關的必要性。導致我剛開始學習電子學時，為了理解兩個反或閘如何與單一一個開關，兩者關係的相互作用，而感到困惑，直到我最後意識到，其實這個開關本質上原來是一個「單極雙投開關」，才能理解它的運作邏輯。

使用反及閘，消除開關彈跳

如果使用帶有兩個反及閘的正反器，它的動作與剛剛的反或閘非常類似，只是動作順序相反（圖 22-6）。為了讓你回顧一下反及閘的特性，我在圖 22-7 中提供真值表。

如果你想驗證反及閘正反器的電路功能，可以使用 74HC00 晶片，我已經把這顆晶片，納為本實驗的零件清單中之一。不過要特別注意的，是反及閘晶片內部邏輯閘的排列，與反或閘不同，因此這兩個晶片不能直接互換，而需要經過一些電路的調整。

基本型 R-S 正反器（閂鎖器）vs. 時脈控制的正反器

基本型的反或閘，和反及閘的正反器電路，是利用邏輯閘間回授訊號相互閂鎖，迫使兩個邏輯閘須對單極雙投開關，立即做出反應並保持在該狀態。

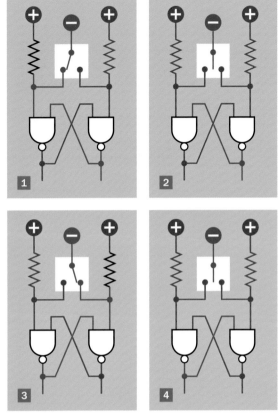

圖 22-6 使用反及閘建構正反器電路。

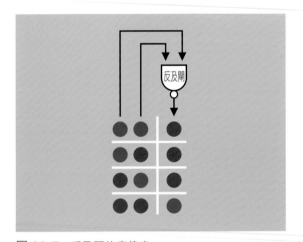

圖 22-7 反及閘的真值表。

更複雜的版本，是一種利用時脈訊號觸發的正反器（如 JK 正反器、D 正反器與 T 正反器等），你需要先設置每個輸入的狀態，然後，提供脈衝觸發正反器，正反器才會做出反應。脈衝必須乾淨且精確，電路的設計也會更複雜，其中一個目標是避免正反器的競賽問題。

為了避免入門書籍內容太過艱深，時脈控制的正反器並不會出現在本書中。但如果你真的想更深入了解，什麼是正反器的競賽問題、時脈控制型正反器如何解決這個問題，我在《圖解電子實驗進階篇》中，有更深入的探討。不過，先事先提醒，那個部分絕對不是一個簡單的主題。

再回到消除彈跳的話題，如果你想要更便利地去掉開關的彈跳效應，除了 RS 正反器外，你還可以購買一種特殊用途的晶片、後面編碼是 4490 的「去彈跳」晶片，它可經由數位的方式設定，使訊號傳遞延遲。我用過的是安森美的 MC14490，有六個去彈跳電路，可以同時防止 6 個獨立開關的彈跳效應，不過，價格昂貴，大概是 74HC02 晶片（內含反或閘）的 10 倍以上。

另一種是我最喜歡的方案，模仿正反器，消除彈跳的邏輯，將 555 計時器接成雙穩態模式，然後在觸發腳設置上拉電阻，並使用負電壓連接，經開關到觸發腳。如此，555 計時器對於第一個電壓脈衝做出反應後，就可以忽略後續出現的彈跳訊號。

現在你可以看出來，為什麼我喜歡這個選項了吧，它太簡單了！。

實驗 23
電子骰子

模擬擲骰子的電路，已經存在數十年了，但我把它收錄本書是為了介紹二進制碼，這是所有數位計算設備，所共享的通用語言。

你會需要：

- 麵包板、電線、剪線鉗、剝線鉗、萬用電表。

- 9V 電源（最好是直流電源供應器，因為這個電路需要長時間供應電能，電池可能無法負擔）。

- 555 計時器〔1〕。

- 74HC08 四個雙輸入及閘晶片〔1〕。

- 74HC27 三個 3 輸入反或閘晶片〔1〕。

- 74HC32 四個雙輸入或閘晶片〔1〕。

- 74HC393 二進制計數器〔1〕。

- 觸動開關〔2〕。

- 電阻，470Ω〔6〕、1KΩ〔4〕、10KΩ〔2〕、100KΩ〔1〕。

- 電容，0.01μF〔2〕、0.1μF〔2〕、0.47μF〔1〕、10μF〔1〕、100μF〔1〕。

- LM7805 穩壓器〔1〕。

- 通用型紅色 LED，3mm 為佳〔14〕。

二進制計數器

每個電子骰子電路的核心都是某種計數晶片，通常是十進制的計數器，具有十個已經「解碼」的輸出腳，然後按照順序由低態轉為高態。但一個骰子只有六個面，多的腳要怎麼辦呢？實際上或許可以考慮，將計數

器的第七隻腳，連接到重置腳，讓計數器在計數的數值，超過六時，就重新啟動（順便一提，「dice」實際上是複數詞，應該僅用於兩個或更多的骰子，而「die」則是單數詞，通常可能不會這樣使用）。

可是，我總喜歡做一些與眾不同的事情，而且本實驗的主要目的，在於介紹二進制碼，因此，在這個電路中，我故意使用一個二進制計數器，具體的型號是 74HC393，它的接腳定義如圖 23-1 所示。由接腳上的標記，你會看到這個晶片，實際上包含兩個計數器。

這個實驗的前半段，我只使用第一組，也就是前綴 1 的計數器，來實現電子骰子的動作；前綴 2 的第二組計數器，在實驗最後，我引導你如何增加第二顆骰子時，才會派上用場。

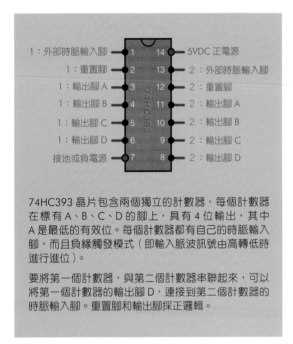

1：外部時脈輸入腳　1　14　5VDC 正電源
1：重置腳　2　13　2：外部時脈輸入腳
1：輸出腳 A　3　12　2：重置腳
1：輸出腳 B　4　11　2：輸出腳 A
1：輸出腳 C　5　10　2：輸出腳 B
1：輸出腳 D　6　9　2：輸出腳 C
接地或負電源　7　8　2：輸出腳 D

74HC393 晶片包含兩個獨立的計數器，每個計數器在標有 A、B、C、D 的腳上，具有 4 位輸出，其中 A 是最低的有效位。每個計數器都有自己的時脈輸入腳，而且是負緣觸發模式（即輸入脈波訊號由高轉低時進行進位）。

要將第一個計數器，與第二個計數器串聯起來，可以將第一個計數器的輸出腳 D，連接到第二個計數器的時脈輸入腳。重置腳和輸出腳採正邏輯。

圖 23-1　74HC3932 晶片的接腳定義。前綴 1：表示晶片中第一個計數器的功能；而前綴 2：則表示第二個計數器的功能。

二進制計數器測試

74HC393 有一些非常簡單的功能，你可以在計數晶片的測試電路上觀察到。圖 23-2 是計數器在測試電路的麵包板佈線圖，圖 23-3 是圖 23-2 的電路圖。

- 請記住，74HC393 是一個 5V 的邏輯晶片，所以，不要忽略電壓穩壓器。

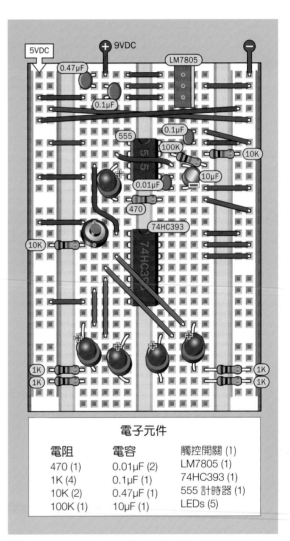

電子元件

電阻	電容	觸控開關 (1)
470 (1)	0.01μF (2)	LM7805 (1)
1K (4)	0.1μF (1)	74HC393 (1)
10K (2)	0.47μF (1)	555 計時器 (1)
100K (1)	10μF (1)	LEDs (5)

圖 23-2　74HC3932 測試電路的麵包板佈線圖。

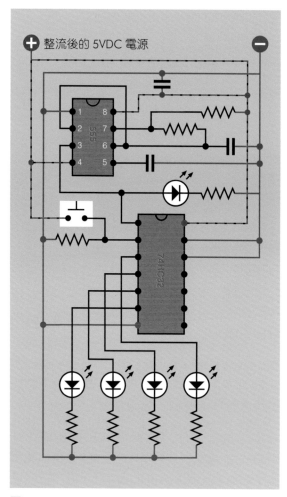

圖 23-3 74HC3932 測試電路的電路圖。

我刻意在 555 計時器上設計計時電容和電阻，使計時器運行在約 0.5Hz 的頻率，方便你觀察 74HC393 的動作模式。供電後，如果仔細觀察電路燈號的運作，你會看到連接到計時器右下方 LED 的正脈衝結束，是下方四個 LED 每個脈衝的開始。這是，因為 74HC393 計數器晶片是負緣觸發的，當邏輯高態的輸入脈衝，下降到低態時，它才會做出反應。

請注意，由於 555 計時器輸出腳會產生一些超過 5V 的突波，而這些突波可能會縮短 5V 的邏輯晶片壽命，因此我在正電源和負電源之間，添加一個 0.1μF 的電容器，以抑制電壓突波。

你可能會問，如果電壓突波，在 555 計時器的輸出腳產生，把電容器放在輸出腳是否更合理？理論上是合理的，但如果你這樣做，串接在後面的計數器會變得不穩定，這是因為電容器，也會平滑每個正常輸出的脈衝訊號。

計數器需要一個下降沿訊號來觸發它，但當你在計時器的輸出端，添加一個電容器時，下降沿會變成一個漸變的斜坡，將會導致計數器，無法正確識別。所以，將電容器放在計時器的電源腳上，可以多少平滑，計時器輸出端產生的訊號。

如果你的連接正確，四個 LED 將會按照圖 23-4 中的順序，由 0 到 15 的依序被點亮，其中黑色圓圈表示 LED 未亮，紅色圓圈表示 LED 亮起。圓圈中還添加了數字 1 和 0，則是因為數位晶片，進行邏輯運算時，高態通常被賦予 1 的值，而低態則為 0 的值。這些 1 和 0 通常被稱為二進制數字（*binary digits*）（這也是縮寫 *bit* 的由來）。

現在，我將告訴你更多關於二進制和十進制計數系統的相關知識，你可能會問「我真的需要知道這個嗎？」是的，答案是肯定的。在數位電路的領域中，解碼器、編碼器、多工器和暫存器等晶片，清一色使用二進制系統，連我用來撰寫這篇文章的電腦也是如此。

要將第一個計數器，與第二個計數器串聯起來，可以將第一個計數器的輸出腳 D，連接到第二個計數器的時脈輸入腳。重置腳和輸出腳採正邏輯。

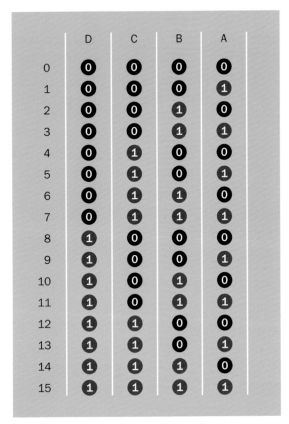

圖 23-4　從上到下讀取，四位元二進制計數器的完整輸出序列。

二進制碼

按照圖 23-4 從上到下的順序，你能否抓到亮燈的邏輯呢？起初，輸出 A 從 0 變為 1，但當計數器，需要進行另一個循環，也就是計算 1+1 時，它就會遇到問題，因為在二進制表示法中，沒有數字 2 ？！

數位電路只有兩種電氣狀態：分別表示 0 和 1 的低態和高態。所以，對於 1+1 的結果，二進位計數器的動作是將 1 左移一行，再將原來的位數恢復為 0。

這個過程不停的循環，所有的列都以相同的方式進行計數。現在將規則摘要如下：

從 0 開始。

將 1 加 0 得到 1。

如果你再加一個 1，則會進位，最低有效位則回到 0

亦即，在二進制算術中，01 + 01 = 10。

你可以與十進制的計數方式進行比較：在十進制中，當向上計數時達到 9 時，如果要加 1，由於沒有比 9 更高的數字，所以你得將 1，放在左側的下一個空格（即進位），最右邊的數字（即最低有效位）返回為 0。換句話說，在基於十進制的計數中，09 + 01 = 10。

所以，一個小小的結論是：如果計算機有十種不同的狀態，那麼，它們應該可以像我們一樣以十進位計數，但可惜的是，現實世界的計算機，只有高態（1）與低態（0），兩種狀態，這就是為何數位電路中，採用二進制的原因。

圖 23-4 中的每一行四位數字，代表一個四位元的二進制數字，對應的十進制數字，以黑色字體顯示在每一列的左側。

初步了解後，你可能會問，當 74HC393 計數到二進制的 1111 後，在下一步會發生什麼事？答案是，由於 74HC393 是一個四位元計數器，因此會自動轉為 0000 重新開始計數。

每行中最右側的 LED，代表四位元二進制數字的最低有效位，最左側的 LED 顯示最高有效位。

正緣觸發與負緣觸發

計數器是採負緣觸發的，換句話說，當時脈腳上的電壓，從高電位（高態）下降到低電位（低態）時，計數器才會計數一次。（在實驗 19 中使用的 4026B 十進位計數器，是一種正緣觸發的計數器，至於該使用哪種類型的計數器，則取決於你的應用場合，和你有哪種可用的計數器。）

另外，74HC393 計數器，也有重置腳（就像實驗 19 中的 4026B 晶片一樣）。

- 一些資料手冊，把重置腳稱之為「主重置」腳，可能縮寫為 MR。

- 一些製造商將「重置」腳，稱為「清除」腳，在資料手冊上，可能縮寫為 CLR。

不論重置腳的名稱是什麼，這個腳位轉為高態的功能，始終是相同的——強制使計數器的所有輸出，變為低態，輸出二進制系統中的 0000。

這裡有一個問題，重置腳需要單獨的脈衝訊號，告知晶片進行重置的動作。那麼，重製腳也要跟時脈輸入腳一樣，採負緣觸發嗎？讓我們來找出答案！

你可以看到圖 23-3 中計數器的第 2 腳，也就是重置腳，透過一個 10K 的下拉電阻，保持低電位。同時，我也安排一個觸控開關，可以將重置腳直接連接到正電源。當按下觸控開關時，可以強制使重置腳，轉變為高電位。

實驗開始，請你按下觸控開關，是不是發現所有 LED 都會熄滅，只要你持續按壓著觸控開關，它們就保持熄滅的狀態，直到你放開觸摸開關。所以我們可以得到一個小結論，74HC393 的重置功能，是採正緣觸發。

模數

現在，暫時關掉電源，我要向你介紹一個功能，使 74HC393 只計數到一個較小的數字。這個功能對於電子骰子的專題會很有用。

首先，把上拉電阻，和觸控開關，與計數器的重置腳（第 2 腳）斷開連接。使用一根跳線，將第 2 腳與第 6 腳連接起來（圖 23-5）。圖 23-6 是圖 23-5 修改後的電路圖版本。

接上電源，讓計數器再次運行。剛開始，燈號從 0000 計數，到 0111 與原電路相同。接下來的二進制輸出，應該是 1000，但是當第四個數字，從 0 變為 1 時，重置腳會被觸發，因而將計數器，強制重置為 0000。

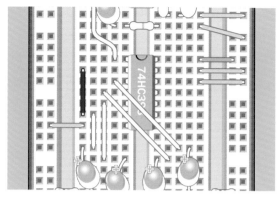

圖 23-5　綠色的跳線是新增的，下拉電阻與觸控開關都被移除。

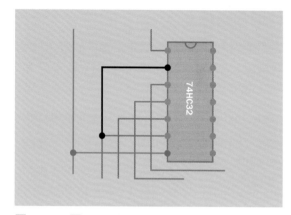

圖 23-6　圖 23-5 的電路圖版。

計數器重置的作動非常快，反應時間甚至少於一百萬分之一秒，所以你應該很難觀察到最左邊的 LED，有閃爍的情形（來不及點亮，就已經完成重置）。

因為二進制的計數，從 0000 數到 0111，相當於十進制從 0 數到 7（即經過八個步驟），所以現在我們有了一個除以 *8* 的計數器（每 8 個一數）。

修改前，它原本是一個除以 *16* 的計數器。請記住，修改後的計數器會從 0 開始向上數，如果在達到 7（十進制）之後，就會再重 0 往上數並持續循環，也就是說它在每 8 個狀態之後，就會重複 1 次。

相同的原理，假設你將跳線從底端計數器輸出的最高有效位，移到第三個數字，那麼你將擁有一個除以 4 的計數器。

- 你可以輕鬆地連接，任何四位元二進制計數器，使其在兩個、四個或八個脈衝後重置。

計數器在重複之前，可以計算的最大脈衝數，即稱為模數，通常縮寫為「mod」。如果某個計數器的模數為 8，那麼表示，這個計數器在 8 個脈衝之後會重複。

轉換為模數 6

你可能會想，對於要實現一個電子骰子的專題來說，如果計數器能夠計數到 6 而不是 8，應該會更有用，不是嗎？

沒錯，絕對是如此。但我必須從原理說起，先向你展示簡單修改策略，使它能數到 6。

在二進制代碼中，前六個輸出如下：000、001、010、011、100、101（因為骰子只有六個狀態，所以我可以忽略最高有效位 D 列，不需要理它）。為了要讓模數降到 6，我需要讓計數器在輸出 5（十進制）之後就重置，亦即，最大數到 101（二進制），計數器就要歸零。

（在這個實驗中，如果計數器能從 1 開始上數，而不是從 0 開始，使用上會更方便，但事實上這個計數器沒有這樣的功能。）

正常情況下，74HC393 在 101（二進制）之後的下一個輸出是什麼？答案是 110（二進制）。

110（二進制）這個數字，以前的計數序列中沒有出現過？還是有什麼特別之處？查看圖 23-4 你會發現 0110 是數列中，第一個 Output C 包含 1，且 Output B 也包含 1 的情況。

我們如何告訴計數器：「當 Output C 有 1，且 Output B 也有 1 時，重置為 0000」？你是不是已經從剛才描述中的「且」，找到了關鍵的提示？由於當兩個輸入都為高態時，及閘的輸出才為高態。所以一個 "及閘"，正是我所需要，可以用來判斷重置時機，以及產生重置脈衝的元件。

你會問，我可以直接使用及閘晶片，跟計數器連接嗎？絕對可以！因為 74HCxx 系列晶片的設計，都已經考量如何彼此通信了。這也是構建邏輯電路的樂趣所在：不需要很多其他元件！

在圖 23-7 展示的是添加及閘的實作電路。要在麵包板上進行相應的調整，你需要添加一顆，先前使用過的 74HC08 及閘晶片。74HC08 內包含四個雙輸入的及閘，現在你只需要使用其中一個，直到本實驗後半段添加第二個骰子時，才會再使用另一個。

同時，請記住這個要點：

- 你可以藉由邏輯晶片與計數器的結合，尋找輸出狀態中的特定模式，並將信號回授到重置腳，來改變計數器的模數。

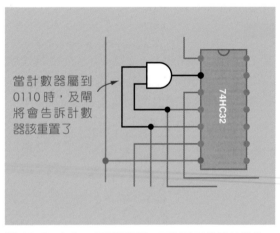

圖 23-7　加入一個及閘電路，可以使計數器的模數，由原本的 16 降到 6。

捨棄七段顯示器

對於電子骰子的顯示部分，本來可以簡單使用，從 1 到 6 的 7 段數字顯示器，來表示骰子上的數字，但我不想這樣做，因為不太酷，在視覺上完全不吸引人。既然是骰子，那我更喜歡使用七個 LED 燈，模擬實際骰子上的點的圖案（圖 23-8）。

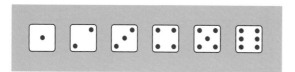

圖 23-8 經過特定排列的 LED，需要以一系列特殊的方式被點亮。

現在最大的問題是：是否有簡單的方法，可以將一種簡單的方法，將計數器的二進制輸出，轉換為可以將這些圖案點亮的訊號？

我確實已經找到一種方法，這個方法是不是算得上簡單，我並不確定，但可以肯定的是，可以使用邏輯晶片，來對應計數器的輸出以及燈號的對應關係，圖 23-9 就提供了部分答案。左側是從 000 到 100 計數時，輸出 A、B 和 C 的狀態序列，右側是骰子上的點圖案序列。

首先，你可能會注意到，如果使用輸出 A 的訊號來控制中間的 LED，則始終能符合整個骰子亮燈的順序要求。

接下來考慮右上及左下兩個對角線的 LED。如果你使用輸出 B 的訊號來控制它們，也能符合整個骰子亮燈的順序要求（000 這種特殊情況除外，稍後我會解釋該如何處理這個問題）。

最後，如果你使用輸出 C 的訊號來控制左上及右下兩個對角線上的 LED，同樣也能符合整個骰子亮燈的順序要求。這樣我們就解決了圖案一到圖案五的情況。

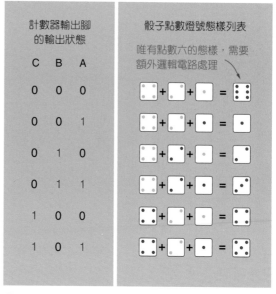

圖 23-9 思考看看，如何讓計數器的輸出訊號，點亮骰子的燈號。

那麼，應該怎麼讓電路呈現六點的圖案呢？由於計數器是從 000 開始，所以我必須找到一種方法。可以將計數器的 000 輸出，轉換能點亮六個 LED 的訊號。由於這是一個特殊狀況，所以需要額外設計特殊的邏輯來處理，就算有點麻煩，也沒有其他的轉換對應的辦法，於是，我使用一個 3 輸入的反或閘來處理這個問題。

圖 23-10 是完整的邏輯電路圖，我將從上而下逐一解釋。

計時器的輸出 A 接腳，只需直接連接到骰子的中心點 LED，很簡單。輸出 B 接腳通過 OR2，可控制右上、左下，兩個對角線上 LED 的明滅，特別要提醒的，是兩個 LED 是串接的。

你可能會問「將 LED 串聯使用，妥當嗎？」

是的，如果適當地調整與 LED 串連的電阻，其實是可行的。事實上，這樣接線會更有效率，它只是改用較小電阻而已，十分划算。

你可能接著會問「那麼為什麼要有 OR2 呢？」

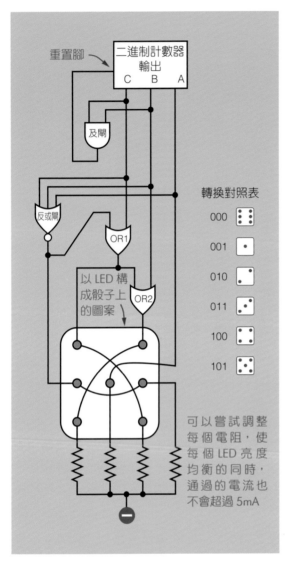

圖 23-10　邏輯圖，說明如何經由邏輯運算，000 到 101 的二進制輸出，轉換成骰子，由一點到六點的圖案。

因為要允許輸出 C，也可以點亮右上、左下對角線的 LED。但為什麼輸出 C，還需要通過另一個名為 OR1 的或閘呢？因為在計數器重新由 000 開始，實際上需要顯示六點的特殊情況下，輸出 C 可以同時將四個角落的 LED 點亮。

3 輸入的反或閘，接收到來自計數器的 000 輸出後，則可以點亮中間列的兩個 LED 燈，並同時告訴 OR1，該點亮角落的四個 LED 燈，這樣，我就得到了六個點的圖案！

也許你還不完全清楚我想表達的意思，我特別將計數器，從 000 逐步增加到 101 的二進制輸出，以及該輸出訊號，透過邏輯閘所點亮的 LED 圖案，繪製一系列的狀態圖（如圖 23-11 ～圖 23-13），並以顏色詳實記錄線路的狀態，供你比對參考。

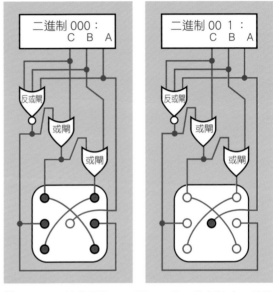

圖 23-11　計數器的 000 到 001 的二進制輸出，轉換成骰子由六點及一點的圖案。

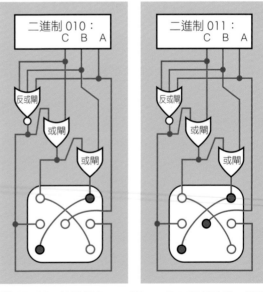

圖 23-12　計數器的 002 到 003 的二進制輸出，轉換成骰子由二點及三點的圖案。

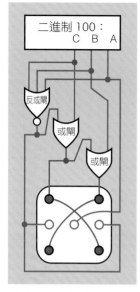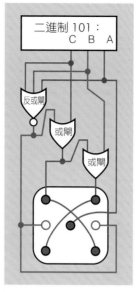

圖 23-13 計數器的 100 到 101 的二進制輸出，轉換成骰子四點及五點的圖案。

當有人問我，是怎麼找出將二進制輸出 000，轉為骰子六點圖形之間的最佳邏輯關係時，我常常覺得難以回答。對我來說，這只是經過嘗試、錯誤再嘗試的結果，可能有時候再加上一些直覺的猜測。透過嘗試不同的方法，追蹤不同的邏輯狀態，再嘗試其他方法，早晚會找到能夠實現想要功能的方法。

但是，我知道數位電路的領域，存在一些正式的學理技術（例如卡諾圖），可以來達成所需要的邏輯電路圖，但根據我的經驗，其結果往往需要用上更多的邏輯閘，並且效率較低。因此，我還是堅持我的直覺方法。但由於是依賴嘗試與直覺，所以很遺憾地，如果你也想問我同樣的問題，我還是無法給出更好的建議。

加上第二顆骰子

我將提供一個電路，同時來模擬兩個骰子。這樣的想法，來自於建構單一電子骰子電路時，發現還有完全沒有派上用場的計數器及邏輯閘，盤點了一下發現，竟然足以再建構第二個骰子！

如我先前提到的，74HC393 中包含了兩個計數器，所以你只需要再準備七個 LED 燈，和大量的連接線，依據圖 23-14 的麵包板佈線圖，建構電路即可，圖 23-14 的電路圖版本在圖 23-15 中。

請注意，你無法直接使用圖 23-2 佈線圖，擴充成圖 23-14 的電路，因為，圖 23-14 的電路有兩個新的按鈕，而且計時元件的數值也不同，甚至 74HC393 的引腳連接方式也不同，所以只能從頭開始建構。

這是本書中最複雜的電路，因為將 14 個 LED 燈安裝在同一個麵包板上，本身就是一項挑戰。在這個實驗中，我建議你可以使用 3mm 的 LED 燈，而不是在其他實驗中常用的 5mm 版本，雖然這樣，麵包板上仍然會相當擁擠。

你必須非常小心地，將 LED 燈安裝在正確的位置。請記住，每個骰子中的三對 LED 採串聯連接，電流會沿著麵包板上的曲折路徑流動。在建構這個電路時，你可能會發現從參考電路圖進行可能會更容易，參考佈線圖的話，可能會數格子數到眼睛脫窗哩！

然而，無論哪種方式，我強烈建議你可以掃描或拍攝圖 23-14，並放大列印出來（如果可以的話），逐一比對，才能將錯誤率降到最低。

理想情況下，供應 LED 燈的每個邏輯晶片，輸出腳的電流應該不超過 5mA，你應該使用測量儀器檢查一下。串聯電阻的最佳值，可能因你使用的 LED 版本不同，而有所差異。我發現，對於每對串聯的 LED 燈，一個 470Ω 的電阻，可以將電流降低到略高於 2mA。你可以嘗試使用 330 歐姆的電阻，那麼晶片輸出腳輸出的電流，就可以接近理想值 5mA。

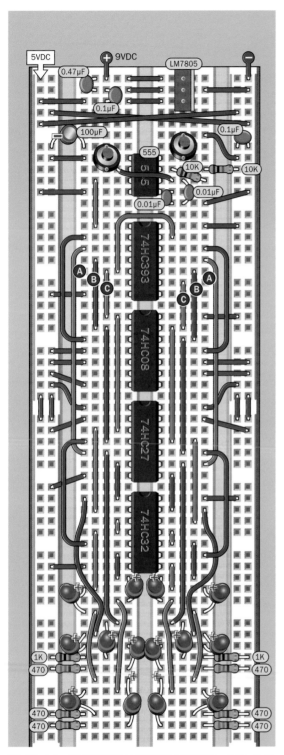

圖 **23-14** 電子骰子的完整麵包板佈線圖。LED 的尺寸為 3mm，以因應麵包板下半部有限空間。電阻值可以微調，使正中間的 LED 與成對的串聯 LED，亮度大致相同。

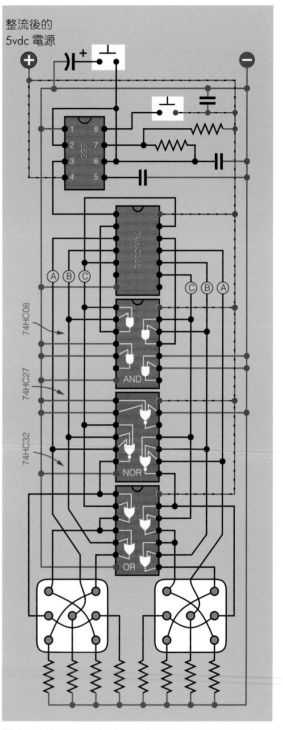

圖 **23-15** 電子骰子的完整電路圖，LED 以紅色的圓圈表示。

電子元件			
電阻	電容	晶片	其他必要零件
470 (6)	0.01µF (2)	555 計時器 (1)	觸控開關 (2)
1K (2)	0.1µF (2)	74HC393 (1)	LM7805 (1)
10K (2)	0.47µF (1)	74HC08 (1)	LEDs (14)
	47µF (1)	74HC27 (1)	
	100µF (1)	74HC32 (1)	

圖 23-16 所需零件列表。

對於不與其他燈串聯的中心點那顆 LED 燈，一個 1K 歐姆的電阻，可以維持約 3mA 的電流。儘管電路中，用來推動 LED 的電流值都不高，但我發現 LED 燈的亮度仍然令人滿意。

我已經將 74HC393 每個側面的三個二進制輸出，標記為 A、B 和 C，幫助你將電路與圖 23-10 中的邏輯圖進行比較。

隨機性

現在，它是如何運作的呢？

電子骰子模擬電路，最重要的一個功能，是它會產生隨機的結果。現在，我來說明一下，如何達成隨機的輸出。最簡單的方法，是透過一個運行非常快速的計數器，由一點到六點反覆計數，並准許玩家，在任意時刻停止計數，也就是說，玩家本身，正是電子骰子，可以達成隨機點數的原因。這也是本實驗所採用的方式。

如圖 23-14 右側的按鈕，可以啟動計時器，它運行非常快速。你只會看到 LED 燈，微弱地亮起，這是因為這時，它們閃爍的速度，遠已經超過人類視覺分辨的能力。

當你放開按鈕時，計時器停止，計數器便會顯示當下的骰子數值，只要每個 36 種可能的組合，都有機會產生，並且可以持續大約相等的時間，那麼，就可以產生隨機性效果。

要實現這一點，就要添加第二個計時器，並分開運行 74HC393 計數器中的兩個計數器。

但我不打算使用這個方案，主要有兩個原因：首先，麵包板上已經沒有足夠的空間添加第二個 555 計時器；其次，我擔心兩個計數器會不同步，導致某些骰子組合出現的頻率，比其他組合高。

我採用另一個方案：讓第一個計數器去觸發另一個計數器的策略。下面是它的工作原理。

第一個計數器直接使用，我之前解釋過的方法限制模數，使它能從 000 上數到 101，產生了一個包含六個二進制數字的輸出序列。當快要數到 110 時的瞬間——第一個計數器的輸出 B 腳，和輸出 C 腳的高態訊號，傳遞到 74HC08 晶片的第 1 腳和第 2 腳（及閘的輸入），使 74HC08 在第 3 腳輸出高態。

在麵包板佈線圖中，你可以看到一根綠色的跳線，將 74HC08 的第 3 腳訊號，回授給第一個計數器的重置腳（第 2 腳）。一連串的作動刹那間，使得計數器原本 110 的輸出，在你還沒看清的瞬間，就恢復到 000。

時間雖然極為短暫，但第一個計數器的輸出 C 腳，確實已經從低態轉高態，又瞬間轉為低態。

在圖 23-14 佈線圖中，我以一根黃色的跳線，把第一個計數器的輸出 C 腳訊號繞過晶片頂部，連接到第二計數器的時脈輸入腳（第 13 腳）。這樣，第一個計數器輸出 C 腳的轉換，就可以驅動第二個計數器，使其從一個二進制數字進位到下一個。換句話說，每當第一個計數器完成六個骰子值的計數，就觸發第二個計數器，驅使第二個計數器計算下一個值。

當第二個計數器即將上數到 110 的瞬間，第二個計數器的輸出 B 腳，和輸出 C 腳的高態訊號，傳遞到 74HC08 晶片的第 11 腳和第 12 腳（及閘的輸入），使 74HC08 在第 11 腳輸出高態。如同第一計數器的接線邏輯，在麵包板佈線圖中，你同樣可以看到，有一根

綠色的跳線將 74HC08 的第 11 腳訊號，回授給第二個計數器的重置腳（第 12 腳）。

仔細觀察一段時間後，經由這樣的方式，這對計數器經歷了所有 36 種骰子組合，並且可以為每種組合提供相等的出現時間。可能有人對這個專題的亂數性質提出質疑，為了以防萬一，我在電路的上方加了一個額外的按鈕和電容器。

同時按住這個按鈕和右側的按鈕，你將看到骰子圖案變化的速率降到約每秒一次！骰子圖形變化就變得容易觀察（當沒有按下此按鈕時，計時器運行在約 5kHz 的頻率）。

如果你真的想確保這個排列中的所有數字出現機率都相等，唯一的方法是重複使用它，並記錄每個數字出現的次數。你可能需要讓它運行大概…1,000 次以上，應該可以證明這個專題的隨機性。我只能說，結果應該是真正的隨機。

電路簡化？

這個電路能簡化嗎？正如我在一開始提到的，對這個實驗而言，使用十進制計數器，會比二進制計數器的電路邏輯更簡單。

很明顯地，使用十進制計數器，你不需要使用及閘來將計數器的模數降到 6，因為你只需將十進制計數器的第七個輸出腳與重置腳相連，即可達到同樣的效果。如果你想要以十進制計數器，在同一個電路中實現兩個骰子，那麼一定需要兩個十進制計數器晶片，和兩組處理兩個骰子圖型顯示的晶片。

要了解原因，你可以在網路上搜尋「電子骰子電路」與本實驗中的電路比較一下，我想你會發現，一旦需要同時處理一個以上的骰子，我的電路顯然比其他使用，非二進制計數器的電路更為簡潔。

不用懷疑，我樂於接受各方的指教，如果你找到或者發明，使用非二進制計數器的電子骰子電路，比我的更簡單，請務必讓我觀摩。

增加計數減速的功能

在本書的第一版中，我在電子骰子的電路中增加一個額外的功能，當你放開「運行」按鈕時，骰子圖案會逐漸減慢直到停止。這樣的效果，確實更提升了玩家等待最後出現數字的懸疑感。

當時，我的作法是將電源分開，供應到 555 計時器上，來達成了這個功能。經過對於電源的特殊配置，計時器是「一直運作」的，但當玩家停止按下「運行」的按鈕時，555 計時器的 RC 網路電壓被斷開。此時，一個大電容器的電荷會慢慢地放電到 RC 網路中，導致計時器的運行速度逐漸減慢。

一位名為 Jasmin Patry 的讀者，發一封電子郵件告訴我一個壞消息。Patry 提到，他使用某種可重複運行電路，並自動記錄結果的方法，發現我的帶有減速功能的電子骰子電路，最終產生的點數結果竟然並不「隨機」？！而且其中點數 1 的出現機率遠高於其他骰子數字，當時他懷疑可能跟減速功能有關。

Patry 提出的質疑具有指標性，我後來才知道，他是一位比我更了解隨機性內涵的電視遊戲設計師。他以禮貌、耐心的風格，表達他的見解，並且對我的電路存在的問題充滿興趣，還提供他在電路模擬中，每個數字出現的相對頻率圖表，以協助我確認問題確實存在。

在過程中，我提出許多可能的解釋，但事實證明，我的解釋都是錯誤的。最後，Patry 成功地找到原因，他證明了，與點亮六個 LED 相比，點亮單一個 LED，會有較低的功率消耗，使得計時器在電壓邊緣時，能夠運行更

長時間，也因為如此，使得點數 1，有更高的機率被選中。

Patry 還更進一步，提出添加第二個 555 計時器的替代電路，並透過互斥或閘，將兩個計時器的輸出合併，成功解決了特定數字出現機率較高的問題。

雖然被指出錯誤，但我卻非常高興，因為我的書籍，竟然已經培養出能夠改進我設計的電路的讀者，只是很可惜，他的電路無法放在單獨一塊麵包板上，而這一點，一直是在我選擇收錄到本書中的基本要求（Patry 的電路建構起來，可能會超過兩張麵包板）。

因此，在第二版中，我省略了造成問題的減速電容器。不過，我還沒有完全放棄它。

計數減速功能的替代方案

當我在網路上搜尋時，發現有人簡單的使用了 NPN 電晶體，來達成減速的功能，配置的方式，大概是將射極連接到計時器的第 7 腳，並且在基極和集極之間，設置了一個電容器，這樣當斷電時，電晶體的輸出就會逐漸減弱。有些網友的電子骰子的設計也採用同樣的設計，但我覺得這樣的配置，可能還是會遇到 Patry 發現的問題。

我自己是用單晶片，構建一個完全不同基礎架構的骰子電路，並且在程式中，非常輕鬆的以一個速度控制變數，實現減速的功能，但後來發現，由於那顆單晶片本身隨機數產生機制的不完美，最後的電子骰子，也會存在是不是足夠「隨機」的問題。

我又嘗試不同的單晶片，開發了另一個骰子電路，並且採用引入程式資料庫的隨機函數來確保隨機性。但是，隨著對於此領域進一步鑽研，對於程式碼中的隨機函數是不是能創造出均勻分布的數字範圍，我是抱持懷疑的態度。

你可能會認為，我應該能找到一種簡單的方法可以讓計數減速，同時又不會影響隨機性。深入研究之後，才發現「隨機性」簡單三個字的需求，真是不簡單。

在與 Patry 的電子郵件交流中，讓我對如何產生隨機數，有了濃厚的興趣，這個部分，我在我的書《圖解電子實驗進階篇》中進行了深入探討，並與 Aaron Logue 合作，在《Make》雜誌（第 45 期）中寫了一篇關於這個問題的專欄文章。

Aaron Logue 除了分享他網站中與隨機性相關的專題外，同時還向我介紹了，利用逆偏電晶體生成隨機雜訊的概念，再使用計算機科學的大科學家 John von Neumann 發展一種聰明的演算法，對其進行處理。我認為，這是一種接近完美的隨機數生成器，但是使用的晶片數量也非常驚人。

我的合作夥伴 Fredrik Jansson 建議使用兩個獨立電源，來修復我的簡單減速電路，其中一個電源專門供應給 LED，這樣不同點數燈號亮起所造成的不同電流耗用，就不會影響電容器放電的快慢。我覺得這樣的配置應該會起作用，但只為了單一個功能，就要求讀者再購買另一個電源供應器，可能會造成讀者為難，因此我並沒有嘗試。

另一種可能的解決方法，是使用先前介紹過的達林頓陣列，放大邏輯閘的輸出，這樣 LED 引起的電流消耗，應該可以減少到，足以忽略不計算的值。但是，這真的可以忽略不計算嗎？

本書來到第三個版本了，我仍不斷嘗試一些完全不同的東西去探索其他的可能性。好比說，我曾使用一個旋轉編碼器來取代 555 計時器作為脈波發生器。

旋轉編碼器內部包含小開關，可將旋轉的機械位移轉換為電氣訊號，然後我以一個小馬

達來轉動旋轉編碼器，旋轉編碼器內的開關就會隨著軸的轉動而開啟和關閉，產生脈衝訊號。這樣的話，當馬達斷電時，就逐漸減速（尤其如果配有飛輪），在停止之前，使開關產生更慢的脈衝，符合我的電子骰子所需要的脈衝產生器，就誕生了。

然而，我也不想要求讀者為了一個實驗而去購買馬達和編碼器的項目，更不用說旋轉編碼器，如果以 1kHz 或更高的頻率進行輸出時，會有使用壽命縮減的問題。如果買光學式的旋轉編碼器，那就更昂貴了。

另一位讀者 Assad Ebrahim 則提議可以使用震動感應器結合單晶片，然後用一個專題盒將電路及元件裝上，這樣玩家就可以像搖骰子一樣搖晃整個裝置，觸發電子骰子以產生點數。

幾年前，我也曾提出類似的想法，只是當時想到的是使用裝上霍爾效應感測器的管子，然後在管子中放入球狀磁體，當時我還撰寫一個小作品作為「獎勵專題」，供給註冊電子郵件地址的讀者研究。然而那不是我想像中的電子骰子。我只想要一個能自動逐漸減速直至停止的電路。

另一位讀者 Frederick Wilson（他也幫助我，查核本書的內容）提議在減速過程開始之前，就先選出一個隨機數字，並以某種方式暫時存儲起來。那麼，「減速」的顯示就會只是單純為了美觀。最後，存儲的數字資訊將被擷取出來並以 LED 顯示，可是玩家卻不會察覺到差異。

由於這個想法在單晶片上很容易實現，但要在邏輯電路上實現，則需要更多的零件和技術，但這已經超出我原本計畫中想加入的範疇了。

就在本書第三版本即將印刷之際，我收到另一位讀者 Jolie de Miranda 的一個創新想法：可以在每個顯示器中央的 LED 上，添加一個額外的 LED。把這個額外、稱作多餘的 LED 隱藏起來，不會被看到，它的唯一功能是可以增加顯示「1」時，消耗的電流降低顯示 1 點時，與顯示其他點數所耗用電流的差異。

可惜的是，在顯示 6 點的狀態下，仍比顯示 1 消耗更大的電流，因此 1 點出現的機率還是會比 6 點高。但是當我向 Fredrik Jansson 提及這個概念時，他建議透過對每個 LED 添加冗餘 LED（帶有串聯電阻）來均衡功耗消耗。

在圖 23-17 中展示了這個概念的簡化點路圖，每個「冗餘的、隱藏的 LED」都連接在正電源和邏輯閘輸出之間，因此每當輸出變低時，LED 就會向晶片汲取電流，而每當輸出變高時，「顯示的 LED」就會從晶片汲取電流。

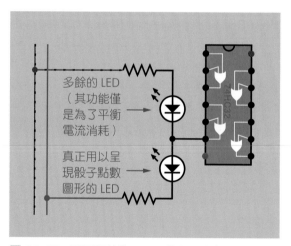

圖 23-17 配置額外的 LED，使得電路在呈現任何點數圖案時，LED 都能有相同的電流消耗。

由於 CMOS 晶片的輸出非常對稱：輸出腳處於低態時，只要沒有超載，它們可以像處於高態時那樣輕鬆地接收電流。根據 Fredrik 的方案，每個邏輯輸出都會送出或接收相等的電流，並且每個晶片的功耗應該幾乎恆定。當然，附隨的小問題就是能量的浪費，但對於隨機性的追求來說，多吃掉一些毫安是可以接受的。

來到這個實驗尾聲的同時，我提供了一些已完成的電子骰子專題照片讓你參考。圖23-18 中的專題，是使用半英吋聚碳酸酯製造的，經過打磨後，產生半透明效果，蓋子下方的凹槽中嵌有 10mm 的 LED。

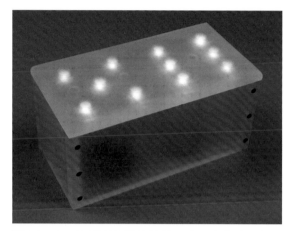

圖 23-18 這個電子骰子的顯示範圍大約為 3 英吋 ×6 英吋，並且由單晶片驅動。

圖 23-19 的專題是我在閱讀 Don Lancaster 令人驚嘆的 *TTL Cookbook* 大作之後，使用 74LSxx 晶片製作的一個古董項目。經過五十年後，LED 仍然能隨機亮起（至少，我認為它們是隨機的）。

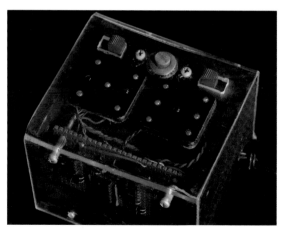

圖 23-19 這「顆」電子骰子是在約 1975 年設計和製作的，外殼由 1/8 英吋的玻璃和塗黑的膠合板組成。

第五章

下一個里程碑

有了前面幾章的基礎，你就可以朝著多方向發展。以下是一些可能性：

聲音：這是一個大領域，有許多令人感興趣的項目，例如放大器，以及能改變吉他音色的踩踏式效果器。

電磁學：這是一個我還沒有提及過的話題，但它有許多迷人的應用。

無線電頻率設備：從超簡單的 AM 收音機開始，這個方向的電子電路知識，還涉及接收或發射無線電波的任何設備。

單晶片：這是具體而微的完整計算機設備。你可以先在電腦上編寫程式，然後加載到單晶片中，晶片就可以依據你的程式，進行操作。例如從某個腳位，接收傳感器訊號，或等待一段固定時間後，並向馬達發送轉動的命令。

每一項主題，都可以有進行深入研究的價值，但在本書中我沒有足夠的版面，可以對這些主題進行詳細的探討，因此，接下來我會簡要的介紹它們，讓你自己決定哪些是你感興趣的。你可以透過閱讀其他更專門的文件或書籍，進一步深入研究。

我還會對如何建立一個高效的工作區、如何閱讀相關書籍，以及如何進一步深入從事電子愛好活動等問題，提出一些建議。

本章所需工具、元件以及材料

擔任本書最後一棒的第五章，所有實驗都不需要額外的工具，僅在一些實驗項目中，你可能需要額外的材料，例如用來介紹電磁學時的漆包電線。我會在每個章節的開始都提到這些材料，實驗所需完整的元件清單，也會列在附錄 A 中。

零件與工具的儲放

如果你對建構電路這件事越來越著迷，但卻還沒有為你的新愛好專門分配一個固定的角落，那麼，我有一些建議可以分享。如果你處理好儲放的問題，你的工作區物品的取用，將變得更加容易而方便。

以下是，關於「儲放」需要考量的點：

許多電子元件非常小，所需空間不大，但是需要一套標記、存儲和查找它們的系統。

例如，積體電路晶片、繼電器、聲音輸出裝置（蜂鳴器和喇叭）、麵包板和洞洞板、電池座、電感、專題盒、馬達、可變電阻器、小型開關、大型開關以及多種類型的電線。這些物品，你現在可能擁有的數量不多，但任何一個已經變成愛好的活動，必會累積起許多東西，所以提前做好計畫是明智的。

和電子電路相關的工具，通常是屬中等大小的尺寸，例如焊接鐵、熱風槍和萬用電表等，需要稍微大一點的空間。甚至，你可能還需要一台電腦，以便快速地上網查閱電子元件的資料手冊，搭配適合的套件，還可以將螢幕作為示波器的顯示幕，只是儲放電腦，需要不小的空間。

有些電子元件，可能久久才會使用一次，有些工具也是如此，因此可以儲放在深層一些，但有些使用非常頻繁的零件，例如電阻和電容，可能就不適合擺的太深層，反而要能隨手可得。這些都是規劃零件與工具的儲放必須考慮的。

關於儲放這些物品的位置，則有三個建議：

- 你需要在工作台周圍，規劃容易於取用的存儲空間。

- 以工作台下方，作為存儲空間也是不錯的選擇。

- 在你的兩側和後方，提供存儲空間，也是一個不錯的主意。

大多數的工作臺，在下方都沒有專門儲放物品的凹槽或儲存的格子，所以我想先來談談，怎麼利用這個空間的問題。

我喜歡一種存儲系統，這個系統在全世界的辦公室中，已存在有一個多世紀的歷史：那就是文件櫃。文件櫃的抽屜，本身就具有節省空間和防塵的特點。我不建議你，只將它們用來存放大量紙本文件（儘管我也會將資料以紙本形式保存）。

我的想法，是購買一個文件櫃放置在工作台下方，並且將每個抽屜，視為一個模塊化的存儲系統，可以放入更細部分類的無蓋塑膠儲物盒。這些儲物盒，就可以用來儲放你不常使用的中型物品，例如專題盒或較粗的電線。最不常使用的物品，可以放在某個抽屜的最底部，其他的儲物盒，可以堆疊在它們上方。

要和文件櫃搭配使用，理想的儲物盒尺寸大約為 11 英吋長和 8 英吋寬（一個典型抽屜的寬度為 11.5 英吋，長度為 25 英吋），那麼，三個儲物盒，就可以橫向放置排列，而不浪費空間。因為一個抽屜，通常高度約為 10

英吋，所以如果你的儲物盒深度為 5 英吋，那麼，可以將它們堆疊兩層高。

基於這個目的，我推薦的是 Akro-Grids 儲物盒，這是由 Akro-Mils 製造的一系列儲物盒（見圖 24-1）。它們非常堅固，還可以增加分隔板，最重要的是，Akro-Grids 儲物盒，可以很安全地堆疊，而堆疊的最頂部，還可以選購附卡扣的透明上蓋（你可以在 Akro-Mils 官網，下載完整的 Akro-Grids 系列儲物盒型錄，也可以輕易在網路上找到供應商）。

圖 24-1 一個能夠放入文件櫃抽屜中，並且可堆疊的 Akro-Grid 儲物盒。

另一個選擇，可用來收納小工具、中等大小元件的帶蓋寬平收納盒，圖 24-2 是由 Plano 製造收納盒。

圖 24-2 Plano 這個品牌的收納盒，非常適合存放線圈、中等大小的工具。當它們豎立並以長邊對齊堆疊時，三個盒子的寬度，恰好填滿文件櫃抽屜的寬度。

由於帶蓋，所以可以豎立放置，如果將它們豎立並以長邊對齊堆疊時，可以整齊地放入文件櫃抽屜中。你可以在手工藝品店，找到類似的收納盒產品，但可能不像 Plano 產品那樣做工精良。不過有趣的是，Plano 的許多收納盒產品，常被歸類為釣魚用的收納盒。圖 24-2 的收納盒，也有帶隔板的設計，但是，以這個盒子當做儲物盒，可能不太適合存放非常細小的零件（例如控制旋鈕）。

也許你不喜歡從文件櫃中，翻找東西的想法，當然，我同意常常用到的電子零件最好的位置還是放在工作台上，方便隨手拿取，但是，即使不考慮工作台台面空間的問題，仍然是要設法保護電子零件，避免灰塵的侵害。這裡的重點是，有開口的零件容器，都不適合擺放在桌（台）面上用，那還有什麼可以使用的呢？

如果看過 IKEA，或其他五金家具賣場的工作區擺設範例，你可能會被高約 12 英吋、寬約 18 英吋的零件分類箱所吸引，其中會包含大約 20 或 30 個塑膠材質的小抽屜，每個抽屜大約 2 英吋寬和 6 英吋深。

這類的零件分類櫃，可以掛在牆上，或擺在工作檯上，你的電阻、電容和半導體元件等電子零件，比較常用的，就可以分類放在小抽屜裡，隨時取用。

根據我的經驗，這些抽屜不是太大（對於電晶體或 LED），就是太小（用來控制旋鈕等物品），而且，這些零件分類櫃也不防塵。

還有一種內部有可移動隔板的小型儲物盒，十分方便。但使用過以後，我覺得這些隔板並不牢固，如果隔板鬆動了，分類好的零件，可能就會混合在一起，又要花費時間重新分類。

嘗試了許多替代方案後，我最終選擇了 Darice 生產的迷你儲存盒（圖 24-3）。你可以在手工藝品店少量購買，或者上網搜尋關鍵字「darice mini storage box」找到供應商大量購買，可能更便宜：

圖 24-3 Darice 出品的迷你儲存盒，非常適合存放電子元件，如電阻、電容和半導體器件。

它們有四種不同尺寸的版本，適用於不同尺寸的零件。藍色的盒子，以固定式隔板區分為五格，恰好適合儲放，尚未修剪接腳長度的電阻。黃色盒子則區分為十個格子，非常適合放置，半導體元件和 LED。淡藍色盒子完全沒有隔間，適合放置比較大一點的電子元件，例如 Arduino 控制板；紅色盒子則有長短混合的隔間設計。

Darice 的迷你儲存盒，採用耐用的金屬鉸鏈，上蓋可以扣緊，不會意外打開。外蓋子上方，還有一個凸起的設計，對應到儲存盒底部的凹槽，使得使迷你儲存盒可以堆疊，Darice 迷你儲存盒的四種尺寸如圖 24-3 所示。

現在，假設你選擇了 Darice 儲存盒，或其他類似的產品。接下來的問題是，你該把它們放在哪裡？直接丟工作台上？還是把它們排列在架子上？

但我依然偏好模塊化方式儲放：小盒子可以存放在大盒子內，以保持整潔。經過一番搜尋，我找到便宜的塑膠材質儲物箱，並且附有蓋子，其尺寸約為 8 英吋 ×13 英吋 ×5 英吋深，也就說，每個儲物箱，剛好能容納九個 Darice 迷你儲存盒（圖 24-4）。

圖 **24-4**　從五金店購買的塑料儲物箱，大小和形狀剛好適合存放，九個 Darice 零件盒。

圖 **24-5**　只要細心尋找一定可以找到適合放置儲物箱的架子，大大減少浪費空間。

這些儲物箱，都可以放在特定的架子上。假設你將每個儲物箱，用以儲存同一種類型的零件，例如「發光元件」，然後，每個小零件盒可以有自己的子類別，例如「高亮度 LED」。由於每個儲物箱，可以容納九個盒子，所以，對於發光元件的部分，我就能夠有組織的系統分類，且可以容納多達 90 種不同類型的 LED，和微型燈泡，並且易於查找。

90 種聽起來有點多嗎？嗯，確實有些多。但是，我的意思是～你永遠不知道，需要多少儲物空間！當然，最重要的就是，我不希望儲物空間不夠用。

最後，為了放置儲物箱，我找到可以調整寬度，且至少可提供大約 1/8 英吋間隙的鋼質架子，架子就設置在我的工作檯旁，上面分門別類的儲物箱，裝的是常用的電子零件。現在，我在工作臺旁邊的手腕移動範圍內，就有各種不同的電子零件（圖 24-5）。

也許聽起來，我好像有些過度追求完美了，對吧。

實際上，以往我的「電子零件們」也是處於沒有歸類、毫無秩序的狀態，但這個壞習慣多年來浪費我許多時間，永遠不知道在哪一「堆」中才能翻找到所需的零件。發現了這個問題後，我就像一個需要永久節食的體重超重人士。我覺得一些簡單的自我要求，對我自己很有幫助。

如果你的分類系統不能滿足日常需求，那麼應該進行修改。我的經驗告訴我，對於更常用的零件（如電阻和電容），迷你儲存盒、儲物箱的多層分類體系就不太理想。

關於電阻，我認為關鍵是修剪和彎曲接腳，使其長度適合，直徑約 1-1/2 英吋的帶旋蓋的杯子形狀容器。其實你不需要很長的電阻器接線；在本書的所有專案中，大概留個 3/4 英吋的接腳就夠了。而陶瓷電容器則可以放入直徑僅 1 英吋的較小、附帶旋蓋杯子形狀容器（圖 24-6）。

接下來，為了節省空間，我製作兩個可以儲放這些杯子容器的架子（圖 24-7），用來儲放電容器的支架；圖 24-8 是儲放電阻器使用的版本。支架上尺寸如此完美契合的圓形凹槽，是使用 Forstner 鑽頭鑽孔而成的，我把這兩個支架，放在我的工作台上，由於是垂直儲放，因此並不會佔用太多空間。這是我

自認為「電阻與電容」最理想儲放方式——至少目前如此。

你可能會想：「關於儲放，你有一套與我不同的想法。」當然沒問題！因為每個人都需要一套屬於個人偏好的儲放系統，但讓我再提一個重要的因素——意外傾倒。

圖 24-6 修剪過且接腳彎曲的電阻，可以很輕鬆放入直徑約 1-1/2 英吋的圓形盒子中，而陶瓷電容，可以放在直徑約 1 英吋的容器中儲存。

圖 24-7 桌上型儲放支架，適合放置裝電容的杯子形容器。

圖 24-8 桌上型儲放支架，適合放置裝電阻的杯子形容器。

在我家附近的手工藝品店，他們有賣一種分為 15 或 20 個小隔間的盒子，專門供給從事串珠工作的人，儲放串珠使用。這些盒子第一眼看起來，是儲放電阻及電容很理想的容器，但問題在於它們只有一個蓋子保護裡面儲放的東西。想像一下，如果那個容器連同蓋子，一起掉在地板上，後果就會非常糟糕：儲存的零件會散落一地，混在一起。

如果掉落的，碰巧是扁平的陶瓷電容器的話，那更慘，就不得不花很長的時間，一一撿起，而且還要用放大鏡，讀取它們的值再重新分類。對我這樣不太靈活的人來說，帶有旋蓋杯子的巨大優勢是只要記得緊緊蓋上蓋子，即使把所有東西都撞落到地上，都不會造成嚴重後果。

工作區域

當我剛開始閱讀有關電子電路的相關書籍，看到對於一些書花不少篇幅在介紹工作台製作計畫時，其實蠻驚訝的。

說實話，我真的不認為有人，為了固定麵包板或洞洞板方便安裝，或焊接電子元件，而大費周章地建造一個專用的工作台。我自己最基本的配備，只是一對具有兩層抽屜的文件櫃，然後在上面放置一塊流理台的台面。

我喜歡流理台的台面，因為它通常會有防濺板的設計，對我來說，好處就是東西不會往下掉——至少不會往那個方向掉。一種更理想的配備是一張大概只能由二手辦公家具商那買到的老式鋼製辦公桌，我指的就是那種可以追溯到 20 世紀五〇年代的大怪物。

它們很難移動（因為太重了），看起來也不美觀，但它們的尺寸很大，並且非常耐用。通常這種桌子，附加的抽屜很深，可以把這些抽屜，當成文件櫃一樣地使用。最重要的，是這個桌子主體，使用了很多鋼材，因此你可以用它來接地後，再觸摸對靜電敏感的元件。

圖 24-9 桌上型電源供應器。

我覺得工作台的選擇，問題不大，真正的問題是該如何決定在工作臺上，放置什麼工具和材料。在建構本書的實驗項目時，不需要

太大的空間，因此對於剛開始電子電路學習之旅的你，不用傷腦筋，你可以先將常用的物品放在周圍。

特別要介紹兩個非常推薦、你絕對要考慮，是否成為你工作台上的選配工具。

首先是，桌上型**電源供應器**，它可以提供平滑的電流，無論輸出多少電流它幾乎都可以保持恆定的電壓，使我在進行電路實驗發生問題時，可以優先排除電源雜訊的問題。這是直接接在插座上的小型直流電源供應器，無法做到的。

另一方面，如你所見，小型的 9VDC 電源供應器，對於基本實驗還算足夠，如果你建構的是使用，5V 的數位邏輯電路，就會再需要增加一顆 5V 穩壓器，也會增加額外的成本及更複雜的接線。考慮便利性，以及電源的穩定性等因素下，我認為一部品質優良的桌面式電源供應器，是值得投資的。

另一個推薦的選配設備是**示波器**。示波器可以讓你將電線和元件內部的電壓波動具象化，很多時候可以幫助你分析解決掉許多令人困惑的謎團。舉個例子，我透過使用示波器研究了位移電流，而且比閱讀相關資料學到的更多知識。

現在的示波器，比我多年前，剛開始對電子學產生興趣時，便宜太多。我現在擁有的 Picoscope 2204A 示波器價格，是我在 1999 年購買、大且老舊的那台陰極射線管示波器的 1/10。

Picoscope 的性能更好、解析度更高，而且它的所有電子元件都被整合在一個約 3 英吋 X5 英吋大小的小盒子中（圖 24-10），經由 USB 連接線，將這個盒子與電腦連接，電腦上就可以顯示量測得到的訊號波形。

圖 **24-10** Picoscope 2204A 示波器模組，可經由 USB 連接埠與電腦連接。

不誇張的說，只需要一台廉價的二手筆記型電腦，搭配 Picoscope 示波器模組，就可以為你提供價值數千美元的專用示波器性能，並且還可以輕鬆地捕捉和保存波形圖像到你的電腦裡。

此外，鉗子、剝線鉗、剪線鉗、放大鏡，還有我一直不斷強調、用來記錄實驗過程的筆記本，都應該是你的工作台上不可或缺的小工具。

當我決定要讓各式各樣的鉗子放上我的工作台台面，而且以需要夾持或剪切零件時，適當的鉗子都能順暢地隨手取得為目標時，我設計了一種在工作台上，放置各種鉗子的解決方案（圖 24-11）。

當然，我的工作台上，也少不了一組更現代化版本的焊接第三手。比較特別的是，在我的工作台上，還放置了一塊大小約 2 英吋 ×2 英吋、厚度約為半英吋的木質合板，它的功能不僅是為了保護工作台的台面，還可以在這塊板子的一角，安裝一組小型的虎鉗。

這樣的配置，夾住工作物不但很穩定，更大的好處，是如果你需要從不同的角度觀察你的工作物時，不用將整個工作台旋轉，或者整個人繞著工作台轉，只要優雅地旋轉合板即可！而且，我還會在這張合板上覆蓋一層

導電泡棉，以減少敏感元件遭到靜電衝擊，而毀損的風險。

圖 **24-11** 你只需要一塊 7 英吋的 2×4 英吋木板，就可輕鬆存放鉗子和鋼絲鉗。

多年來，我發現，雖然住家位在濕度非常低的地方，即使生活中有地毯、椅子、鞋子和汗水等最容易引起靜電的組合，我都不曾遭受靜電困擾的問題。所以，我一直覺得，靜電是一個需要透過生活經驗來確定的問題。

如果你在穿越房間、觸摸金屬門把手時，就感到輕微的觸電感，那麼，你就需要將防靜電的選項，納入你的工作區建置的考量，例如，將自己接地，或在使用 CMOS 晶片時加個防靜電泡棉（或一塊金屬）等。

最後，在工作中，不可避免地，可能會弄得亂七八糟。彎曲的小電線、螺絲和各種金屬碎屑，如果這些東西沾上了你的電路板，可能會導致短路，因此你需要一個足夠大的垃圾桶，經常清理這些廢棄物。

圖 24-12 是使，鋼製辦公桌為主體的工作台配置，圖 24-13 則提供了一種更節省空間的配置建議。

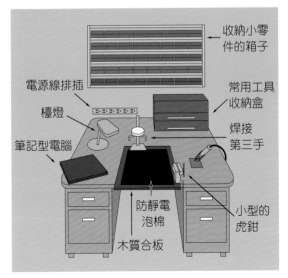

圖 24-12 當製作小型電子專題時，舊的鋼製辦公桌，可能與傳統的工作台一樣好用，甚至更好。

圖 24-13 最大限度利用可用空間，並使自己免受不受歡迎的干擾，可以考慮把自己圍起來。

網路資源

當你開始在電子電路領域深入探索時，有哪些好的網站，可以幫助你，更進一步的學習呢？其實，這是一個困難的問題，主要是因為，許多網路資源提供的內容並不完整，內容也不完全可靠。

我喜歡的《*Nuts and Volts*》雜誌，在它的官網中提供了很棒的教學內容：

    www.nutsvolts.com/

我認為 *Instructables* 對於解釋基本觀念的部分，提供了很棒的內容：

    https://www.instructables.com/Basic-
    Electronics/

我的出版商 *Make Community* 總是提供一系列有趣的專題，其中有一些是關於電子電路：

    https://make.co/

我喜歡 *Adafruit* 在線上銷售的產品，它的官網有分享許多有趣的電子電路專題：

    www.adafruit.com/

如果你希望找到，由電子電路特別愛好者所經營的老派網站或部落格，我想，目前少數倖存下來的，最有名的就是 Don Lancaster 的 *Guru's Lair*：

    www.tinaja.com

Don Lancaster 的《*TTL Cookbook*》，為至少兩代愛好者和實驗者，打開了電子電路的大門。他對自己所提供的內容瞭若指掌，而且從不害怕涉足相當難的領域，例如編寫自己的 PostScript 印表機驅動程式，或者創建串聯連接。假設他的網站還存在的話，你可以獲得許多的想法。

以下是一些雜項網站，我覺得應該會為你帶來許多有趣的靈感。

Mathematical Science and Technologies 提供各種電子產品的連結：

    http://mathscitech.org/articles/
    electronics#inspiration

Hackaday 是一個新聞和創意混合的網站：

    https://hackaday.com/

這裡有 30 個完整的 Arduino 專題：

https://howtomechatronics.com/arduino-projects/</>

Turtlebot 的官網：

https://www.turtlebot.com/

介紹數十個有趣的 Arduino 專題：

https://trybotics.com/project

DF Robot：

www.dfrobot.com/blog

卡內基梅隆大學，學生的車庫專題：

https://www.build18.org/garage/

介紹表面黏著元件的焊接技術：

https://schmartboard.com/

這是一個可在麵包板上組裝的 8 位元電腦（請注意，它需要多個麵包板）：

https://eater.net/8bit/

介紹一些價格合理的小工具：

www.icstation.com/index.php

自製的電子音樂專題：

https://diyelectromusic.wordpress.com/

當然，我無法保證，你在閱讀本書內容時，這些網站中是不是都還存在著。

參考書籍

除了這本書，你是否需要其他書籍呢？我希望你可以考慮，購買我寫的一些書籍！

《圖解電子實驗進階篇》接續了本書的內容及屬性，也是一本強調實作的書籍；《Encyclopedia of Electronic Components》則是一套分為三冊的參考手冊。其中部分內容，是與我的夥伴，Fredrik Jansson 共同合著的。

如果你需要一本，扎實的通用性參考書，我會推薦 Paul Scherz 的《Practical Electronics for Inventors》。儘管書名如此，即使你從未發明任何東西，仍會發現這本書非常很有用。

Newton C.Braga 的《CMOS Sourcebook》則完全致力於，4000 系列的 CMOS 晶片，而不是本書主要使用的 74HCxx 系列。4000 系列比較老舊，對靜電更加敏感，但這些晶片仍然有許多優勢，首先是仍然很容易買到，並且能夠容忍較寬的電壓範圍（通常為 5V 至 15V）。這代表你可以搭建一個 9V 的電路來驅動 555 計時器，並將計時器的輸出，直接連接到 4000 系列晶片，或者顛倒過來，以 4000 系列晶片觸發 555 計時器。

Rudolf F. Graf 的《The Encyclopedia of Electronic Circuits》套書，是一本完全電路圖集，按功能分組，解釋極其精簡。如果你有某個想法，並希望看看別人如何解決這個問題，這是一本有用的書籍。另外，這套書有許多分冊，你可能會發現，它幾乎涵蓋了你所需要的一切電路。

Tim Williams 的《The Circuit Designer's Companion》，有許多實務上有用的訊息，它的書籍風格相對技術性。如果你已經學習了，所有電子電路的基礎知識，進一步想將你對電子電路的特別想法實現，這本書可能會很有用。

Forrest Mims 的任何一本書，都能以簡單易懂的方式，向你傳達知識，並且提供許多電子電路專題的好點子。特別是《Getting Started in Electronics》這一本有趣的書，其中，有許多主題我都已經介紹過，但是，你還是可以從不同作者的解釋和建議中獲益，這本書更進一步探討電氣理論，並以容易理解的方式呈現，內容還有可愛的插圖。

實驗 24
神奇的磁力

在本章的開始，我已經把未來學習電子電路可能遭遇的問題，進行了調查，首先讓我來處理一個一直擱置但非常重要的主題：電磁關係。你很快就會知道本節的內容對於後續的聲音與無線電等章節，有多麼的重要。

一開始，我將說明電感的基本特色，這是我們所遇到的第三個，也是最後一個基本被動元件（另外兩個是電阻和電容）。會將電感放在最後，主要是因為它在直流電路中的應用有限；但是一旦你開始處理起起伏伏的類比信號，它就變得具有本質的重要性。

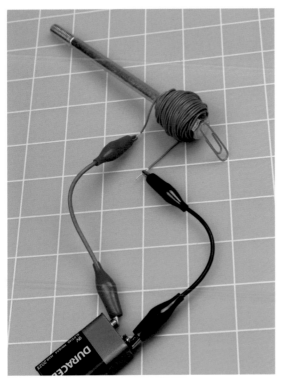

圖 24-14　這個使用鋼製長螺栓的基本電磁鐵，磁力不強，只能勉強吸起一個迴紋針。

你會需要：

- 大型螺絲起子或鋼製螺栓〔1〕。
- 22 號銅線（或線徑更小的銅線），25 英呎。
- 9V 電池〔1〕。
- 迴紋針〔1〕。

實驗步驟

這個步驟非常簡單，將大約 25 英呎長的 22 號銅線，繞在一個螺絲起子的柄上或其他鋼製物體上，例如螺栓。不要使用不鏽鋼製的物體，因為它通常是非鐵磁性的。特別注意，這些繞圈應該整齊、緊密且間距接近，至少繞 100 圈且繞的範圍寬度不超過 2 英吋（為了使繞的範圍，不超過 2 英吋，線圈可能層疊），如果最後一圈很容易自動鬆開，可以使用膠帶固定它。

將繞好的線圈兩端，連接一個 9V 電池，由於這個線圈，阻抗很小，因此會產生高達 1A 到 2A 的電流，並且快速發燙，所以你只能接上 9V 電池幾秒鐘，進行觀察。繞完 100 圈，線圈通電後，就能夠產生可以吸起一個迴紋針的磁力。

恭喜，不知不覺中，你已經製作了一個電磁鐵，這個電路的示意圖如圖 24-15 所示。

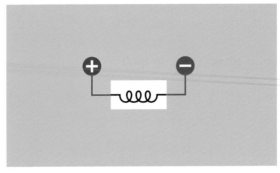

圖 24-15　沒有比這個更簡單的電路了。

電磁互換

由剛剛的實驗證明了電能可以產生磁力：當電流通過一根導線時，電流會在導線周圍產生一個磁場，全世界為數以千萬的馬達中，都使用著你剛剛實現的物理特性。

事實上，磁力也可以產生電能：當一根導線通過一個磁場時，磁場就會在導線兩端，產生電動勢，進而使電流流動，當然，導線必須形成一個封閉的電路。

這個原理被應用在發電機上，柴油發動機、水力渦輪機、風力渦輪機或其他能源，可以使線圈穿過一個強大的磁場，這樣就能在線圈中，感應出電能。我們可以說，人類產生電力的手段，除了太陽能板和電池之外，幾乎所有的電力，都來自於磁鐵和線圈。

在實驗 25 中，你將裡用電磁互換，製作一個手持發電機，並且可以給一個 LED 提供能量。不過在哪之前，我覺得我還需再幫你補充一些相關的理論知識。

電感

因為電流感應了磁場，這種效應被稱為電感，它衡量了導體感應磁場的能力。

即使是一根直的導線，周圍也會產生一個非常微弱的磁場，如圖 24-16 所示（不過你需要發揮想像一下，想像電流從左到右流動）。

如果你把圖 24-16 的導線彎成一個圓圈，磁力就開始累積共同指向圓圈中心（圖 24-17）。如果你增加更多的導線圓圈，形成一個個線圈，磁力就會進一步累積。如果你在線圈的中心，放一個鋼或鐵等磁性物體，由於這些物體會引導磁場，因此會增加磁力聚集的效果。

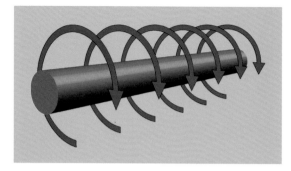

圖 24-16　當電流從這條導線的左側流向右側時，就會產生綠色箭頭所示的磁力。

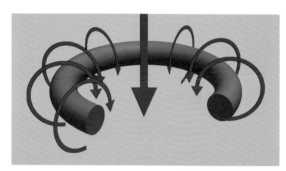

圖 24-17　當把圖 24-16 的導線彎曲成一個圓圈時，累積的磁力就會合力集中在圓圈的中心，如圖中大箭頭所示。

有一種稱為「威勒近似（Wheeler's approximation）」的估算公式，可以估算磁力的變化，不過這個公式無法精確的計算出磁力數值，因為精確的磁力計算取決於包含具體導線類型等複雜因素，但經由大略的估算，並呈現於同一圖形中（如圖 24-18），仍可以讓你觀察到磁力聚集的現象，還能在知道內半徑、外半徑、寬度和匝數的條件下（尺寸必須以英吋為單位，而非公制），大致估計出線圈的電感值。

電感單位「亨利」的由來，是為了紀念美國電氣先驅 Joseph Henry（約瑟夫 • 亨利）。由於「亨利」是一個很大的單位（就像電容的單位法拉一樣），圖 24-18 的公式是以微亨利為單位表示電感值。你可能猜到，在一個亨利中有 1,000,000 微亨。

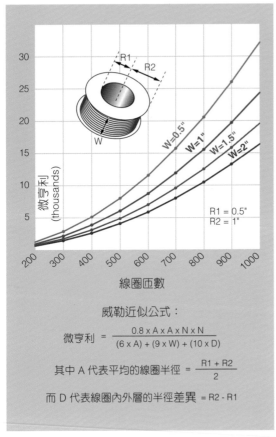

威勒近似公式：

$$微亨利 = \frac{0.8 \times A \times A \times N \times N}{(6 \times A) + (9 \times W) + (10 \times D)}$$

其中 A 代表平均的線圈半徑 = $\frac{R1 + R2}{2}$

而 D 代表線圈內外層的半徑差異 = R2 - R1

圖 24-18 以公式估算出近似值並呈現於同一圖表中，可以讓我們觀察到線圈的尺寸和匝數，對電感值的影響。

從圖表中你可以看出，如果保持線圈的基本尺寸不變，並將匝數加倍（也許使用更細的導線，或帶有較薄絕緣層的導線），線圈的電感值會增加四倍。這是因為公式在頂部包括了因子 N * N。以下是一些關於電感值，與線圈的要點整理：

- 電感值隨著線圈的直徑增加而增加。

- 電感值隨著匝數的平方倍增加（換句話說，匝數增加 3 倍，電感值增加 9 倍）。

- 假設匝數保持不變，當你將線圈繞成細長形，電感值較低，但如果繞成肥短形，電感值較高。

線圈的電路符號及相關基礎知識

圖 24-19 為常見的線圈的電路符號，上方兩個符號中都代表沒有帶鐵心的線圈，只是第二個符號是早期使用的符號，現在不太常見。左下角的線圈電路符號，表示該線圈具有鐵磁性材料的實鐵心；而右下角的線圈符號，則表示鐵心是由鐵粒子或亞鐵鹽材料做成的。

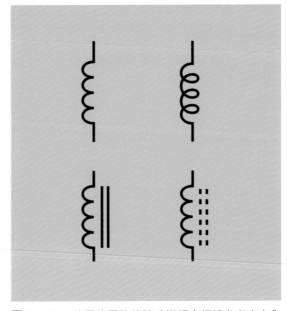

圖 24-19 線圈的電路符號（詳細介紹請參考本文內容）。

假設你在線圈的一端，接上正向直流電源，另一端接地，就會產生某個方向的磁場，如果你反轉電源的極性，則磁場將反轉。但是，如果你只是單純的想利用電磁鐵，吸起一個迴紋針，磁場是不是反轉，你不會感受到有任何差異，因為磁場都是透過在物體中誘導出相反的磁性，來產生異性相吸的作用。

線圈被最廣泛應用的場域，首推變壓器。將兩個線圈，分別纏繞在同一個鐵心上，並且在其中一個線圈，輸入交流電流誘導出交流磁場，磁場被集中在鐵心中，傳遞到另一個線圈上，就可以在另一個線圈中，誘導出交流電流。

更有趣的是，假設變壓器的效率為 100％，那麼，如果主要（輸入）線圈的匝數是次要（輸出）線圈的一半，電壓將加倍，電流則減半。

約瑟夫 · 亨利

Joseph Henry（約瑟夫 · 亨利）出生於 1797 年，他是第一個開發和展示強大電磁鐵的人。他還提出「自感」的概念，指的是線圈會產生與流過線圈本身的電流相抵抗的電磁變化特性。Henry 出生在紐約的奧爾巴尼市，自小家境就非常貧窮。所以他在小學時就必須在一家雜貨店打工，幫忙分攤家計。

13 歲時，亨利成為一名鐘表匠的學徒，並且對表演感興趣，也差一點成為一位專業演員。在 16 歲時，他發現自己對科學的天賦，就開始刻苦學習並立志成為科學家。1826 年，他被推薦進入奧爾巴中學，擔任數學和自然哲學的教師。

當時，亨利正對於磁力產生興趣，在好奇心驅使下，進行了無數的實驗，對他而言許多重要的實驗都是這個階段進行的，尤其是電磁感應的實驗。同一時空下，英國的（Michael Faraday），也在進行類似的研究，但亨利對此事並不知情。

1832 年，亨利被任命為普林斯頓大學教授，年薪為 1,000 美元，並提供免費宿舍。當 Samuel Morse 正在申請電報的專利時，亨利早已利用類似的原理，在實驗室裡建置一套系統來向家中的妻子發信號。

由於當時科學的各個專業領域，並沒有像現在這樣明確劃分，亨利不但教授化學、天文學，也會教授建築學。他廣泛地研究磷光、聲音、毛細作用和彈道等現象，均有很大的貢獻。因此在 1846 年，他擔任新成立的史密森尼學會（Smithsonian Institution）的第一任會長。

圖 24-20　Joseph Henry 是一位對於電磁現象，有重大貢獻的美國科學家。

實驗 25
桌上型發電機

在實驗 24 中,你使用電力產生了一個磁場,現在該來探討看看,如何由磁力產生電力。

你會需要:

- 剪線器、剝線器、測試線、萬用表。
- 圓柱形釹鐵硼磁鐵(直徑 3/16 英吋,長 1.5 英吋,軸向磁化)〔1〕。
- 線圈導線(26 號、24 號或 22 號),總長 200 英呎。
- LED〔1〕。
- 電容器,1,000μF〔1〕。
- 二極體(1N4148 或類似型號)〔1〕。

非必要的零組件

- 圓柱形釹鐵硼磁鐵(直徑 3/4 英吋,長 1 英吋,軸向磁化)〔1〕。
- 最小尺寸為直徑 0.5 英吋,長 6 英吋的木塊。
- 鋼螺絲,#6 尺寸,平頭。
- PVC 水管,內徑 3/4 英吋,至少準備長 6 英吋。
- 兩塊 1/4 英吋的木質合板(瓦楞紙板也可以,但要確定是否夠「堅固」,不會輕易被凹折),每塊約 4 英吋 x 4 英吋。你需要打一個直徑約 1 英吋的孔洞,詳情請參考本節內容。
- 線圈導線(1/4 磅,26 號),至少 350 英呎〔1〕。

實驗步驟

首先,你需要一個磁鐵。釹鐵硼磁鐵是目前磁力最強的磁鐵,生活中常常聽見的名稱「強力磁鐵」,幾乎是釹鐵硼磁鐵的代名詞,零件清單中,指定的小型釹鐵硼磁鐵,價格也不會太昂貴。再來,請你仿照圖 25-1,將線圈導線,緊緊地繞在磁鐵上,大約 10 圈。

圖 25-1 只需 10 圈(匝)的線圈,當磁鐵穿過時,就足以感應出小電壓。

現在,使線圈稍微鬆開,達到讓磁鐵可以在線圈中滑動即可。將萬用電表切換到「交流」mV 檔(不是直流,因為我們的桌面型發電機,將會產生交流的脈衝訊號),並安裝帶鱷魚夾的探棒。然後,把線圈的兩端剝去一小段絕緣層,使用探棒前端的鱷魚夾夾住。

探針夾住線圈後,在萬用測量儀表上,用手指捏住磁鐵,迅速在線圈內來回移動。我猜測你的電表上,應該會顯示感應,電壓約 3mV 至 5mV 的數值。這個小小的磁鐵和 10 圈的線圈,竟然就可以產生幾 mV 的電壓!

也許你會擔心,強力磁鐵在產生電能時是否會同時失去它的磁力?答案是否定的。你透過移動磁鐵,向磁鐵輸送一些動能,強力磁鐵只是將這些能量經由電磁效應,傳遞給線圈和萬用電表表,並不會失去本身的磁力。

接下來，你可以試著繞上更多的圈數，甚至線圈導線重疊也沒關係（圖 25-2），然後再次快速移動磁鐵。你應該會發現，線圈產生了更高的電壓。

- 在之前的實驗中，我提供了一個公式，說明同樣的電流，流過更多匝數的線圈會引起更強的磁場。在這裡，則證明了，同樣的磁場（同一顆強力磁鐵），經過更多匝數的線圈時，可以產生更強的電力，這兩者都是成立的。

- 當磁鐵通過線圈時，更多的線圈，通常會產生更高的電壓。

圖 25-2 把匝數增加，當磁鐵穿過時，感應電壓值也會提高。

由這個簡單的實驗，引起我的好奇心，如果我們有一個更大、更強的磁鐵，和足以繞得你暈頭轉向超級多匝的線圈，是不是就能產生足夠的電力，來驅動一些東西，例如點亮一顆 LED？在本實驗的下一部分，由於需要額外的材料，你可以自己選擇是否要進行。

點亮一顆 LED

一般來說，線圈在有限的空間內，有更多匝數時，它的電磁效應會更強大。一種稱為漆包線的產品，就是為了這個目的而產生的，你可以想像它是一種，具有超薄絕緣層的導線（實際上僅一層）絕緣漆，在有限的空間內，繞上更高的匝數。

漆包線對於發電機的實驗來說，是最適合的，但你可能不想買 500 英呎的漆包線，而且，後續的實驗也用不到它，因此，我還是會使用 22 號導線，來完成這個實驗。這些線，你可以重複利用到其他的實驗上。而且，根據我的實驗，200 英呎的 22 號線繞成線圈，應該能夠點亮一顆 LED，但不要期待是大放光明的狀態，只是能夠點亮而已。以下你必須嚴格按照指示進行實驗。

根據我擬定的實驗規格，你需要 200 英呎的 22 號線。如果買不到這麼大捆的 22 號線，你可以買 2 卷 100 英呎的線，在繞線時把它們連接起來（只需將兩段線的末端絕緣層剝掉，再將金屬導體絞在一起即可，不需要焊接），就可以得到 200 英呎的長度，最後繞成線圈的完成品，如圖 25-3 所示。

- 當你想要用線圈產生磁場，或線圈產生電能時，每圈導線纏繞的方向要相同。

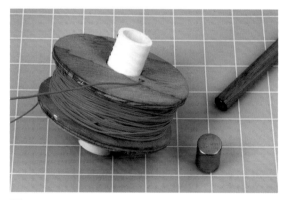

圖 25-3 使用自製的捲線器，以 22 號導線製作成 200 匝的線圈，還有一個能固定在木棍上的強力磁鐵。

要使 LED 閃爍，你需要一個更強大的磁鐵。

對這個實驗而言，圓柱形、長 1 英吋，直徑 3/4 英吋，並且磁化方式是軸向的釹鐵硼磁鐵（軸是一條想像中通過圓柱體中心的虛擬線，你可以將圓柱體，想像成繞著軸旋轉，這代表它的北極和南極位於圓柱的兩端），它最合適。

你需要一小段 PVC 管，它的尺寸須恰好能夠讓磁鐵通過。在一般五金行應該都可以輕鬆買到，管徑實際上略大於 3/4 英吋，而可以使我們的圓柱形強力磁鐵，在管中自由移動的 PVC 管。

但是，有時候會遇到 PVC 管或磁鐵，兩者之一有製造精度不足的問題，雖然標示 3/4 吋，但磁鐵卻無法在 PVC 管內移動的問題。所以選購時，可以攜帶你自己的磁鐵，到五金行裡直接比對。如果一根管子有點太緊，可以試試另一根。有顏色的電氣管線用的管子，通常比白色的 PVC 水管稍窄一些。

另外，我使用 1/4 英吋的木質合板，製作了兩個圓盤，圓盤的直徑必須至少 4 英吋，其實不一定要用木質的材料，任何非磁性材料都也可以，你可以使用厚的瓦楞紙板，但必須確定要有足夠的厚度，不容易被彎折。

兩個圓盤以略大於 1 英吋的間隙，牢牢固定在 PVC 管上，才可以撐住線圈纏繞累積時，向外推擠的力量。特別注意，不能使用金屬螺絲或螺栓進行圓盤與 PVC 管的固定，因為金屬螺絲本身，就會與磁鐵產生相互作用，所以我選擇使用環氧樹脂膠水，將圓盤與管子連接在一起。

準備開始繞線時，記得在靠近管子的一個圓盤上，鑽一個孔，這樣你就可以將線的開頭穿過這個孔，並留一段長度，以便完成線圈後，還能對這個開頭進行連接。在開始繞線時，請牢牢握住 PVC 管，並使 22 號線的整齊地排列在兩個圓盤之間，這樣就能夠在最小的空間下緊密排列。

PVC 管至少必須有 4 英吋長，這樣磁鐵可以在其中的三個位置間來回移動：

1. 磁鐵在 PVC 管的一端，它完全超出了線圈的範圍。

2. 磁鐵剛好通過線圈，線圈的厚度大致與磁鐵的長度相同。

3. 磁鐵來到 PVC 管的另一端，磁鐵再次完全超出了線圈的範圍。

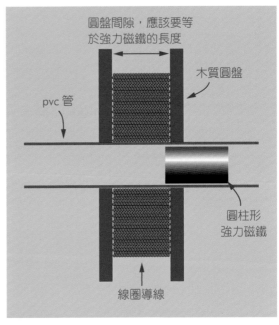

圖 25-4 一個產生足夠電力，點亮 LED 的發電裝置的截面圖。

為了方便移動磁鐵，我在一根半英吋木杆的一端，鑽了一個孔，並鎖入一根扁平頭的 1 英吋螺絲。這樣，我就可以像握住手把一樣的握住木杆，而磁鐵則可以吸附在螺絲上，在 PVC 管中移動。或是你也可以使用螺絲起子的尖端來推移磁鐵，基本上螺絲起子的材料應該不會對實驗產生明顯的干擾。

最棒的方案是，磁鐵放到 PVC 管內，然後封閉管子兩端，那麼，你就可以拿起整個線圈搖晃，讓磁鐵在線圈來回穿梭。同樣使用帶鱷魚夾的探棒，將線圈的兩端連接到萬用電表，並將電表切換到交流電壓檔。

不過這次不同的是，切換到 2V 的交流電壓檔位。接著，開始瘋狂的晃動你的線圈吧（假設使用最後一個方案），你會看到 0.5V 到 0.7V 的電壓值。

「什麼？付出這麼多努力，卻只得到不到 1V 的電壓？噢…」你可能會這樣抱怨著。但

是，還記得嗎？電表測量交流電壓所獲得的數值，其實是平均值，換句話說，你提供給磁鐵的動能，感應出來的瞬間電壓必定在這個值之上。

現在，斷開與電表的連接，使用鱷魚夾連接線，將 LED 連接到線圈的兩端，再次劇烈搖動你的線圈，此時，你應該會看到 LED 正不斷閃爍著。如果你使用的是紅色的 LED，會比使用白色或藍色的 LED，更容易觀察到亮光，因為紅色 LED，需要較低的正向電壓。

已經換成紅色 LED 還不起作用，可以肯定是磁鐵的移動，速度不夠快。試試這樣做：反轉 LED 的連接，因為方便能快速擺動手臂的方向，而生成相反極性的電壓，比原本接給 LED 的電壓值更高。

可增強發電效率的選項

如果多花一點錢，將實驗升級一下，你可以得到令人印象更深刻的結果。

首先，使用一個更大的磁鐵，例如改用一個長 2 英吋，直徑 5/8 英吋的強力磁鐵。當然，會需要一根直徑更大的 PVC 管，來容納這個磁鐵。

其次，可以控制的變因，還有「導線」這個選項。我改用了大約 500 英呎的 26 號漆包線，這種線材在網路上也很容易找到，至少有數十家供應商。如果幸運的話，供應商有一捆一捆纏繞在一個塑膠材質捲筒的包裝方式出貨，而且每一個塑膠材質的捲筒中間的孔洞，直徑又剛好略大於你的強力磁鐵。

那麼你就可以省下，非常多繞線的時間，因為這種包裝，漆包線的一端，通常會在捲筒中心，而且會刻意留下一小段「尾巴」，供你加工使用，如圖 25-5 中用紅色圈出的部分。為了去除漆包線兩端的絕緣層，你可以用細砂紙擦拭，或者「非常小心」地用電工刀輕輕刮擦，再用放大鏡檢查一下，確保絕緣層已被刮除。

圖 25-5 現成的一捆卷線圈，內部端點導線，出廠時，就已經從紅色圈圈位置拉出來。

你可以使用電表量測一下，通常整個捆漆包線的電阻，應該小於 100Ω。現在，你可以將 LED 連接到，卷筒上漆包線的每兩端，再將磁鐵推入，和拉出卷筒中心來產生電壓（圖 25-6）。此時，你會發現 LED 非常容易閃爍。

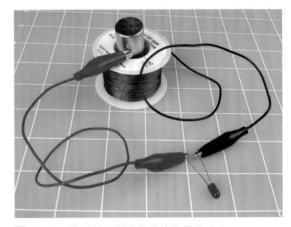

圖 25-6 準備好進行小規模的發電了嗎？

如果捲筒的尺寸不對，或者包裝並沒有預留漆包線的另一端，你只能將線重新繞到另一個卷筒上。假設線有 500 英呎長，那就至少需要重新繞約 2,000 圈。如果你每秒可以繞

4 圈，你就大概需要 500 秒，也就是說，需要做反覆的繞線動作，將近花 10 分鐘的時間，才能完成你的線圈。

不過確實是可行的。

圖 25-7 是我為了展示目的，建造的一個更大尺寸的發電裝置。由漆包線構成的線圈上，又被我塗上一層環氧膠以防止線圈鬆脫，然後我將管子安裝在一塊塑膠底座上，以保持穩固。我把一根鋁棒末端，錘入一個鋼塊來讓強力磁鐵吸附，這應該也可以在照片中看到。最後，我在線圈兩端，加了兩個高亮度的 LED，而且故意讓它們的極性相反。

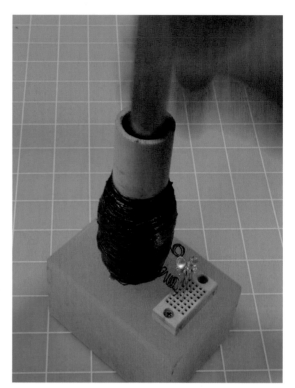

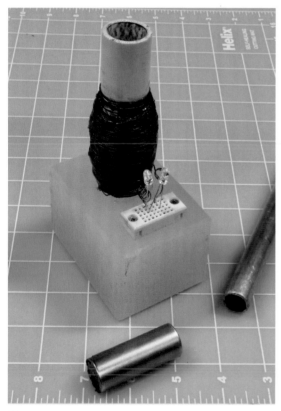

圖 25-7 能夠產生令人驚奇效果的展示用發電裝置。

成果是，當磁鐵來回穿梭時，這些 LED 照亮了整個房間！此外，因為這些 LED 是並聯連接但極性相反，因此，它們分別表示電壓於線圈中，在上升時的電壓極性，以及在下降時的電壓極性（圖 25-8）

圖 25-8 展示用發電裝置開始運行，並且點亮了 LED。

注意：不要小看強力磁鐵的危險性

務必千萬注意，釹鐵硼磁鐵是易碎的。 它們很脆弱，但磁力又極其強大，如果一不小心，磁鐵猛烈地往某個鐵磁性物品吸付過去，強大的磁力，引發驚人的加速度下，撞上鐵磁性物品，那麼，就有可能會瞬間炸裂，而產生碎屑。因此，許多製造商建議，操作中應佩戴護目鏡。

釹鐵硼強力磁鐵，也可能會造成人體傷害。 因為當兩個強力磁鐵之間的距離越小，它們之間的吸力就會越大，操作不慎，可能被兩個相吸附的強力磁鐵夾傷，強大的吸力作用下，被夾到皮膚上出現淤青（或更糟的狀況），都是有可能的。哎呀！痛…！

磁鐵表示，對於發散磁力這檔事從不嫌累。 就生活經驗而言，對於任何電子產品，我們會覺得，如果把電子產品的電源斷電了，就

不必再擔心它。但磁鐵並非如此，它們始終對著周遭的世界，散發著它們的磁力，如果它們注意到一個鐵磁性物體，它們就迫切地想要吸附那個物品。所導致的結果，可能不會是好事，尤其是當那個鐵磁性物體如果有著尖銳的邊緣，而你的手又剛好在附近時。

因此，在使用磁鐵時，應該在非鐵磁性的工作台上操作，並注意工作台下是否有鐵磁性物體。我的工作台下有一顆鋼製的螺絲，當我把磁鐵放到台面時，螺絲猛烈地由下往上撞到台面，讓我嚇得跳了起來。除非親身經歷，否則很難想像，小小磁鐵有什麼殺傷力。但強力磁鐵，會讓你充滿了驚喜（用驚駭來描述，可能更貼切），它們很會開玩笑，所以操作時要非常小心。

另外請記住，磁鐵會產生磁鐵。當磁場通過鐵或鋼製的物體時，那些物體可能會被磁化。如果你戴著手錶或使用智慧型手機，都應該要遠離磁鐵，避免內部元件因為磁化現象而無法正常工作。

同樣地，任何電腦內的磁碟機或電腦螢幕，都容易受到強力磁鐵其強烈磁場的影響。最後也是最重要的，是強力磁鐵的磁場，可能會干擾心律調節器的正常運作，請一定要小心謹慎。

利用桌上型發電機，對電容充電

我們還有另一個必須嘗試的實驗，先將 LED 從你創建的任何線圈中拆除，接下來如圖 25-9 所示，將一個 1,000μF 的電解電容器與一個二極體串聯，接到線圈上。把你的電表切換到直流電壓檔（這次不是交流電壓檔），連接到電容器上。

如果你的電表直流電壓檔有好幾個檔位，那麼選擇至少可以量測 2VDC 的檔位。確保二極體的正接腳（沒有任何標記，或記號的那一端）連接到電容器的負接腳上，這樣電荷就會在電容的一側累積。

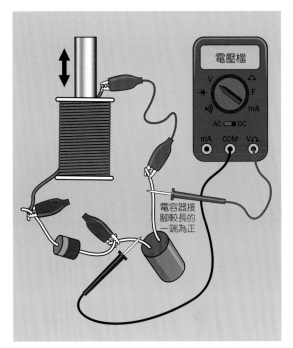

圖 25-9　加上一個二極體，可以實驗對電容充電的功能。

現在迅速地讓磁鐵在線圈內移動，你可以觀察到，電表應該顯示，電容正在累積電荷，因此電壓讀值逐漸的上升。當你停止移動磁鐵時，電壓讀數會緩慢地下降，這是因為電容器正通過電表內部的電阻，慢慢地放電。

注意，這個實驗所隱含的意義很重要。請記住，當你將磁鐵推入線圈時，它會在某個方向感應電流，而當你把它再次拉回時，會在相反的方向上感應電流。實際上，你正在產生著「交流電流」。

現在你的結論也許是這樣的：二極體可以將交流電流，轉換為直流電流。那麼，我只能說，你真是越來越厲害了，結論正確，而且，這個過程還有專門的術語「整流」。

這樣的整流動作有點美中不足，因為二極體只能阻擋一半反方向的電流流動，所以又稱為半波整流，也就是說，會有一半的電能浪費掉。此時，你可以進一步採用圖 25-10，使用四個二極體的電路，同時處理兩個方向的電流流動，它稱作全波整流器的電路。

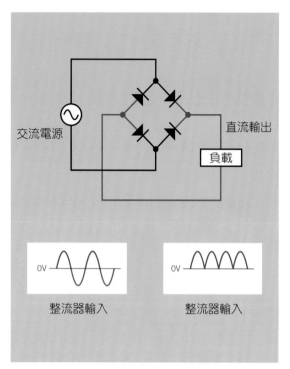

圖 25-10　實務上的應用，可以使用四個二極體，將交流電轉換為直流電。

對於實務上的應用，整流還不夠，整流器輸出的直流訊號，還需要平滑處理，最簡單的作法，是整流器後面再添加一個平滑電容，來實現這一目的。

下一個節目是什麼？聲音！

由第 24 個實驗我們知道電壓可以產生磁場，再由第 25 個實驗得知，磁場可以產生電壓。接下來的實驗，我們將準備把這兩個概念，應用於聲音的「檢測」和「重現」，請拭目以待吧！

實驗 26
拆解你的揚聲器

通過線圈中的電流，將可以產生足夠的磁力，把一個小型的鐵磁性物體拉向它。相對的，如果線圈非常輕，而物體很重不容易被拉動，那麼線圈，就會被物體拉過去。這個原理就是喇叭的核心，我在整本書中大多稱它為揚聲器。

雖然在之前的實驗中，你已經使用過揚聲器，但我希望你能看到它，內部的工作原理。為了達到這個目的，應該沒有比拆解它更好的方式了吧，嘿…嘿…！

也許你不想花幾美元在進行這樣的破壞（雖然我覺得它是個具有教育意義的實驗），如果是這樣，你可以考慮在二手市場買一個已經無法使用的音響設備，拆下它的揚聲器，或者只看我提供的逐步拆解照片，也是可以的。

你會需要：

- 最便宜的揚聲器（原本還正常的或是已經故障的都可以），最小直徑為 2 英吋〔1〕。

- 電工刀〔1〕。

實驗步驟

圖 26-1 是一個小型揚聲器的背面，一個磁鐵隱藏在，圖片頂部凸起的金屬密封蓋中。將揚聲器翻面，正面朝上（圖 26-2），使用鋒利的電工刀或 X-Acto 筆刀，沿著黑色錐狀軟質薄膜（稱為錐盆）外緣切割，再從圓形中心切割，最後並移除 O 形的黑色薄膜（圖 26-3 是錐盆移除後的揚聲器）。

圖 26-1　小型揚聲器的背面。

圖 26-2　2 吋的揚聲器準備接受拆解。

圖 26-3　將喇叭的錐盆移除。

圖 26-4　銅材質的線圈，通常隱藏在磁鐵下方的凹槽內。

中心的黃色結構稱為彈波，是一個彈性部件，因此允許錐盆可以向內或向外移動，同時也防止其往側面移動。將彈波切開，拉起一個隱藏的紙筒，筒上繞著密密的銅線圈（圖 26-4）。

我把它翻過來，讓你可以看清楚這個銅線圈的兩端，透過彈性線，從揚聲器背面的兩個接頭獲取電源。當線圈放在磁鐵的凹槽中時，線圈通過對磁場的反應，產生上下運動的力量，來激振揚聲器的圓錐，並產生聲波。

大型立體聲音系統中的大型揚聲器，其實運作方式，與這顆小型的揚聲器完全相同。只是它有著更大的磁鐵，和能夠承受更高功率（通常高達 100W）的線圈。

每當拆開像這樣的小型元件時，我都會對它能以很低的成本進行大量生產，卻保有這麼高的精確性和精緻而感到印象深刻。

想像一下，如果法拉第、亨利和其他電氣研究的先驅們，有機會看到現在被認為理所當然的揚聲器時，他們會有多驚訝。要知道，當年亨利可是花了好幾天的時間手工繞線，製作比這個便宜的小揚聲器大十倍，但效率遠不如它的電磁鐵呢！

揚聲器的起源

正如我在這個實驗開始時提到的，如果線圈產生的磁場，與一個由鐵或鋼製成的重物，或固定物相互作用時，線圈就會運動。

如果那個固定物已經被磁化，甚至本身就是一顆磁鐵，那麼，線圈與它的交互作用，會更加地強烈，這就是揚聲器的工作原理。

這個概念是由德國發明家 Ernst Siemens 於 1874 年提出的（他還在 1880 年建造了世界上第一部由電力驅動的電梯）。如今，Siemens AG 是全球最大的電子公司之一。

當 Alexander Graham Bell 於 1876 年申請電話的專利後，他使用西門子的概念，在聽筒中產生人耳可聽頻率。從那時起，使聲音再現的各式設備，就如雨後春筍般快速發展起來，無論在品質和輸出功率上，都有絕佳的躍進。

1925 年，通用電氣的 Chester Rice and Edward Kellogg，發表一篇論文，確立現代揚聲器設計的基本原理，揚聲器的結構終於定型。

在網路上，你可以找到早期非常精美的舊式揚聲器照片（如圖 26-5 所示），它們使用號角的設計，最大化聲音輸出的效能。在號角最底部的金屬隔間中，安裝一個震動膜，也是透過通電的線圈及磁鐵的互動，使其振動。

近年來，隨著音響放大器，電路變得更加強大，揚聲器的輸出功率，相較於高品質的聲音重現和更低的製造成本來說，變得不那麼重要。事實上，市面上的揚聲器，大多只將大約 1% 的電能，轉換為聲能。

聲音、電力、聲音

現在讓我們更具體地了解，聲音是如何轉化為電力，然後再由電力，轉化為聲音。

假設有人用棍子敲擊一面鑼（圖 26-6），鑼的金屬表面，會產生橫向的振動，進而推動空氣產生聲波（是一種壓力波），人耳的神經能感受到這些聲波，就是所謂的聽覺。

圖 26-5 這個精美的 Amplion 號角喇叭，展示早期的設計師在聲音放大器功率非常有限的年代中，為了使效能最大化所做的努力。

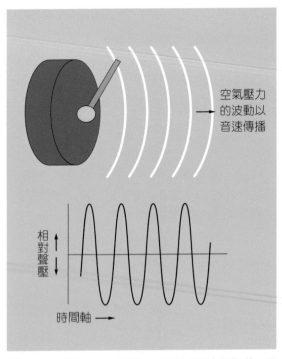

空氣壓力的波動以音速傳播

相對聲壓

時間軸

圖 26-6 嘗試敲打一面鑼，會使其平面表面振動，而這些振動，會在空氣中產生聲波（也是一種壓力波）。

每一個高氣壓波（稱之為波峰）之後，都是一個較低氣壓（稱之為波谷），聲音的波長是壓力峰值之間的距離（通常從 m 到 mm 不等）。所謂聲音的頻率，則是每秒內的波峰，加波谷的數量，通常以赫茲（Hz）表示。

假設我們將一個，非常敏感薄塑膠膜，放在聲波行進的路徑上。塑膠膜就會像，風中飄動的樹葉一樣，對聲波的波動，做出反應。

再假設我們將一個，非常精緻迷你的線圈，「黏」接到薄膜的背面，使得線圈可以隨著薄膜一起移動。然後，在線圈的內部，放置一個固定的磁鐵，產生磁場。

這樣的配置，根本就像一個超迷你的揚聲器，只是不同點在於，這樣的配置不是用於電力產生聲音，而是使聲音產生電力。聲波使得薄膜，沿磁鐵軸方向振動，因此磁場在線圈兩端，就感應出微小的電壓變化。圖 26-7 應該可以很清晰的表達我的意思。

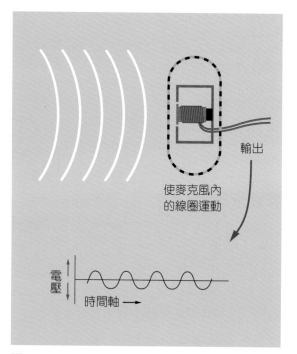

圖 26-7　聲波進入動圈麥克風，使麥克風內的薄膜振動，薄膜連接到線圈，因此線圈也跟著震動。線圈在由磁鐵所形成的磁場中運動，即可依據接收到的聲音感應出相對的電壓。

猜到這是什麼裝置了嗎？其實這就是大家都知道的動圈麥克風。當然，還有其他建造麥克風的方式，但這種配置最容易理解。

由於線圈太過迷你，因此麥克風產生的電壓非常小，但我們可以用單一個或多級電晶體放大器，來放大麥克風，輸出的微小電壓訊號管或一系列電晶體來放大它，如像圖 26-8 所示。

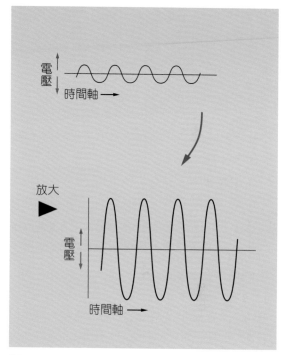

圖 26-8　來自麥克風的微弱訊號，透過放大器，增大訊號的振幅同時保留其頻率和波形的形狀。

然後，我們就可以透過圍繞揚聲器頸部的線圈，將這個放大後的電訊號，轉為揚聲器錐盆薄膜的震動，如此就可以在空氣中重新創建聲波，如圖 26-9 所示。

在某些應用，可能是希望記錄聲音，然後再播放它。但原理仍然是相同的，都是透過電磁效應，在電波訊號與聲波間轉換。目前，技術上較大的困難，仍是在於麥克風、放大器和喇叭，如何設計才能準確地再現原始的聲波。這是一個很大的挑戰，如何使聲音準

確再現，通常要花費數十年的時間，進行不斷的改進和完善。

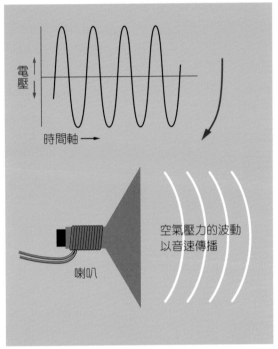

電壓

時間軸 ➡

喇叭

空氣壓力的波動
以音速傳播

圖 26-9　放大後的電波訊號，透過喇叭頸部的線圈而產生磁場，使錐盆薄膜振動，向前產生聲波，就可以重現原始聲音。

實驗 27
電感的特性

透過先前的實驗，你已經觀察到當電流通過一個線圈時，電流會產生一個磁場。那麼，如果你突然斷開電流時，原來建立的磁場，會有什麼變化？

先說結論，磁場中的一部分能量，會再轉換回一個短暫的電流脈衝，從線圈上，原來電流流進的那端流出，我們稱這種情況為磁場崩塌。

本實驗將引導你親自觀察這個部分。

你會需要：

- 麵包板、連接線、剪線器、剝線鉗、萬用電表。

- 通用紅色 LED 燈〔2〕。

- 連接線，22 號線（24 號或 26 號也可以），至少 25 英呎（100 英呎最剛好）。

- 電阻，47Ω〔2〕。

- 電容，1,000μF 或更大容值〔1〕。

- 觸控開關〔2〕。

實驗步驟

請參考圖 27-1 中的電路圖和圖 27-2 中的麵包板佈線圖。至於線圈的部分，你可以在螺絲起子或其他鋼製物體上，繞上最多的匝數。如果在實驗 25 中，你已經製作了一個大型線圈，那效果應該不錯。

當你看電路圖時，首先一定會發現 47Ω 電阻，完全不足以保護 LED 的。其次，你可能會覺得，我是不是腦袋發昏，這樣的線路佈局，無論觸控開關怎麼按，LED 都不會亮起

來啊？畢竟線圈還是導線，加了線圈在 LED 旁邊，不就相當於加了一條阻抗幾乎為零的路徑，讓電流可以通過線圈繞過 LED 嗎？

好吧，眼見為憑，實際按下觸控開關看看吧。驚訝吧！每次按下按鈕的瞬間，LED 竟然都閃了一下，你可能會在腦海中充滿疑問？

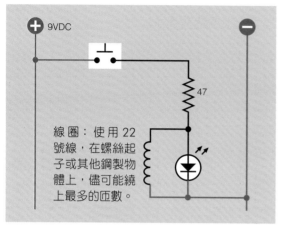

圖 27-1 用來測試線圈電感特性的簡單電路。

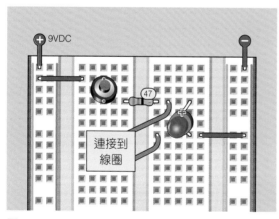

圖 27-2 圖 27-1 的電路佈線圖。

讓我們在電路上嘗試並聯第二個 LED，但要小心轉動它（圖 27-3、27-4）。串聯第二個 47Ω 電阻，再次按下按鈕特別須注意的是，第二顆 LED 極性，應該要與第一個 LED 相反。

再次按下觸控開關，你會發現第一個 LED 燈會像之前一樣閃爍；但現在當你 "放開" 觸控開關時，第二個 LED 燈也會閃爍。在這裡，我們發現兩個關鍵問題：

1. 按下觸控按鈕時，電流為何有一瞬間，不走幾乎沒阻抗的線圈？

2. 放開觸控開關時，第二顆 LED 閃爍了一下，閃動亮度並不是很高，但仍足以證明有反方向的電流，流過第二顆 LED，電源負端不可能提供電流，那麼電流從哪裡來？

重要提示：不要長按觸控開關，因為這些小型的 47Ω 電阻，可能會被燒毀；如果你使用的是 9V 電池，應該沒多久電池就會耗盡。

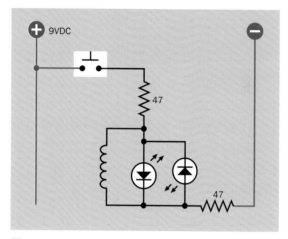

圖 27-3 當產生磁場時，第一個 LED 會閃爍；當磁場消失時，新增加的那個 LED 會閃爍。

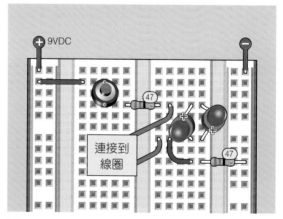

圖 27-4 是圖 27-3 的電路佈線圖。

磁場崩塌

要回答這兩個問題，通常須先擁有電磁學中冷次定律的相關知識，才能完整解答，但是，已經超出本書的範圍，不過我們可以暫時以二種具體又簡單的描述，理解線圈的行為。

當按下觸控開關，對一個線圈施加電源時，線圈的態度是積極抵抗，不願意讓電流流過。它的這種不合作的特性，被稱為自感。由於線圈不允許電流流過，電流只好會短暫地繞過線圈，並流過第一個 LED。然而線圈最終會屈服，並讓電流流經線圈，於是電流經由線圈繞過 LED，LED 熄滅。

有時，人們使用感應電抗或只簡稱電抗來描述線圈的行為。

電流通過線圈後，線圈會產生一個，需要由電能支撐的磁場。當你斷開電源時（放開觸控開關），磁場失去能量供給而崩潰，剩餘在磁場內的能量，由於失去磁場，則又會轉換為電流。

這股電流，就是你釋放按鈕時，讓第二個 LED 亮起的那個反向脈衝電流（電壓），其中隱含的意思是？沒錯，線圈（電感），其實跟電容一樣，也有儲存能量的功能，它是以磁能的狀態儲存能量。

也許你還記得，在實驗 20 中，你在繼電器線圈的並聯處，添加一個飛輪二極管，用來吸收線圈，在繼電器關閉時，所產生的反向脈衝電流（電壓）。那時流經飛輪二極體的電流，與你在本實驗中觀察到的，導致第二顆 LED 短暫閃爍的脈衝電流（電壓），意思相同。

專業一點，我們可以說，當電源斷開導致由線圈創建的磁場崩潰時，會使得線圈產生一個反向電動勢（EMF），其中「EMF」是電動勢的縮寫。現在你已經從增加的第二顆

LED，親眼看到它的存在。當然，不同尺寸的線圈，儲存和釋放不同量的殘餘磁能。

電阻、電容、線圈

電子電路中，有三種最主要的被動元件，分別是電阻器、電容器和線圈（電感）。現在列出並比較它們的特性如下：

電阻器限制電流流動，並產生電壓降。

電容器會阻斷直流電源的流動，但允許脈衝訊號通過。

線圈（通常稱為電感器）與電容器的傳導特性相反。允許直流電源的流動，但不允許脈衝訊號，或任何突然變化的訊號通過。

圖 27-2 與圖 27-4 的測試電路中，我沒有用較大阻值的電阻去保護 LED，因為我知道線圈，只會阻擋觸控開關切換時，而產生非常短暫的脈衝。如果我用較常見的 330Ω 或 470Ω 電阻器，LED 的閃爍現象就不容易看到了。

不要嘗試，在沒有線圈元件的情況下，對圖 27-4 的電路供電，它會輕易地把你的一個，或兩個 LED 燒掉。在那個電路中，線圈看起來似乎沒有任何功能，但實際上，卻是保護 LED 的必要元件。

接下來，是這個實驗的最後一個衍伸，可以用來測試你對電氣基礎知識的記憶和理解。請你參考圖 27-5 和圖 27-6，建立一個新的電路，並使用一個 1000μF 的電容取代線圈（請注意電容極性，是否正確，正極接腳應該在頂部）。

此外，使用一個 470Ω 的電阻，因為沒有線圈可以旁路掉電流，所以要靠電阻保護 LED。

首先，按住 B 開關 1 秒鐘，以確保電容器已經放電。現在，當你按下 A 開關時，你會看

到什麼？也許你可以猜猜看。請記住，電容將透過一種稱為位移電流的機制，對底部的 LED 提供脈衝電流。

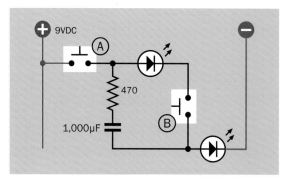

圖 27-5 在很多方面，電容的特性，恰好與線圈（電感）相反。

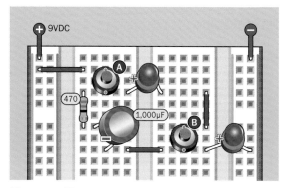

圖 27-6 圖 27-5 的電路佈線圖。

因此，底部的 LED 燈亮起，然後逐漸變暗，因為電容器在上極板開始累積正電荷，在下極板累積負電荷。隨著這種情況發生，底部的 LED，兩端點之間的電位差降低至零。

電容器現在已經充飽電。按下按鈕 B 開關，電容器通過頂部的 LED 放電。

總之，你可以將圖 27-5 的電路視為圖 27-1 中的電路相反的情況，只是使用了電容器而不是線圈。經由本節各個實驗，你應該可以清楚觀察到，電容器和電感器都有儲存電能的功能。

但實務上，你會發現，凡需要儲存功能的電路，採用電容比起採用電感，頻率高的多，

這是由於高容值的電容體積，比高感值的電感體積小的太多的緣故。

濾波器

這裡有一個簡單的思想實驗。假設你建構一個 555 計時器，用來產生一連串脈衝（這是一種隨著時間變化的交流電流形式），再將脈衝訊號，經由線圈發送。

問題來了，線圈的自感會阻擋或干擾脈衝訊號嗎？由先前的討論，我們知道線圈（電感）的性質會傾向阻擋，任何變化的訊號通過，不過這樣的說法還是有點過於簡略，因為事實上，脈衝訊號是不是會被線圈阻擋，除了取決於每個脈衝的持續時間、波動速度外，關鍵點在於線圈自感量。

如果脈衝的頻率高到線圈來不及阻擋，或慢到線圈認為就是直流訊號，那麼就不會有阻擋的反應；只有恰好是線圈非常討厭的頻率（使自感來到峰值的頻率）才會被擋下，然後，線圈會在時間內恢復，以阻擋下一個脈衝。事實上，電容也有這樣的性質。這兩個元件對於不同頻率的訊號，有著好惡的特性，可以用來抑制某些頻率的訊號，或允許某些頻率的訊號，這就是濾波器的基本原理。

如果你有一套高端喇叭的立體音響系統，每個喇叭箱子裡可能都有兩個單體：一個小型的用於高頻聲音，一個大型的用於低頻聲音。在高端的喇叭內部都有設計由線圈和電容器組成的電路，用來阻止高頻信號到達較大的喇叭，這稱為分頻網絡。

在本書中沒有足夠的篇幅能夠深入介紹濾波器。這是一個廣闊而複雜的領域，其中電流表現出奇特的行為，用來描述它的數學工具，也變得相當具有挑戰性。不過，在下一個實驗中，我打算向你展示一些濾波器的基本概念，以及如何利用濾波器，實現無線電信號的傳輸和接收。

實驗 28
無須焊接、可免插電的收音機

這個實驗描述了一個接收 AM 無線電信號，且無須供應任何電源的神奇收音機電路。這種裝置，起源於通訊技術的開端，在過去被稱為**水晶收音機**，因為它用一塊石英或類似的礦物作為二極體，當一根細導線內的導體，接觸到它時，石英就能夠有二極體的作用，如果你從未嘗試過，你就錯過一種神奇的體驗。

你會需要：

- 平滑的玻璃瓶或塑膠瓶（如維他命瓶或水瓶），直徑約三英吋〔1〕。
- 連接線，22 號線，至少 20 英呎。
- 線徑較粗的電線，16 號規格最佳，長度 50 至 100 英呎。
- 聚丙烯繩（poly rope）或尼龍繩，長度 10 英呎。
- 鍺二極體〔1〕。
- 高阻抗耳機〔1〕。
- 鱷魚夾連接線〔1 組〕。
- 鱷魚夾〔3〕。

本實驗所需的二極體，必須是鍺的，不能使用之前的矽二極體，耳機必須是高阻抗的（至少 2K 歐姆），不是你所用的手機或 MP3 播放器的現代耳機（所需零件的詳細信息，請參閱附錄 A）。

選配

- 9VDC 電源（電池或直流電源供應器）。
- LM386 放大器 IC。

- 10μF 電解電容〔1〕。
- 小型揚聲器（2 英吋）。

步驟 1：製作線圈

你需要製作一個與 AM 波段的無線電訊號共振的線圈。這個線圈，將由 65 圈的電線組成，如果你有至少 60 英呎，22 號規格的電線可用，就可以使用這種電線進行製作。

你可以將電線，繞在任何空玻璃瓶或塑膠容器周圍，容器的表面要平滑，但直徑必須恆定不變（不要用什麼曲線瓶之類的），大約接近 3 英吋。如果水瓶的塑膠材料厚度足夠，不會被線圈壓力壓扁，那麼塑膠水瓶就可以使用。我剛好有一個尺寸合適的維他命瓶，如圖 28-1。

瓶子上的標籤，被我用熱風槍，輕輕加熱後去除（輕微加熱，以免瓶子融化），剩餘的膠黏劑殘留物，則可以用少量二甲苯清除。乾淨、堅固的瓶子，準備完成後，使用尖銳的物體（如鑽子或釘子）在瓶子上打兩對孔（圖 28-1），這些孔將用來固定線圈的兩端。

圖 28-1　一個適合這個實驗的瓶子，上面的孔洞用來固定線圈。

剝掉一些導線末端的絕緣層，並將其固定在一對孔中，如圖 28-2 所示。在瓶子上纏繞 5 圈電線，並使用一小塊膠帶，臨時固定一下，防止它自行解開。耐用膠帶或普通的膠帶，都可以使用，但是有一種叫做「神奇膠帶」，不太推薦，除了強度不夠外，殘膠也難以拆除。

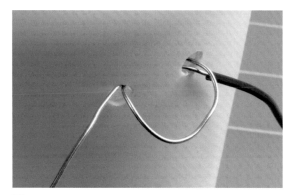

圖 28-2 將你導線的一端，固定在一對孔洞中。

你把電線在瓶子上纏繞 5 圈後的位置線上，割開絕緣層產生一個缺口，或使用剝線鉗咬住絕緣層，向兩側推開，如圖 28-3 所示。將暴露的電線導體部分，扭成一個環，以便於進行電氣連接，也避免被後面的繞線蓋住，如圖 28-4 所示。

圖 28-3 使用剝線鉗和拇指，將絕緣層往後拉開，露出約半英吋的導體。

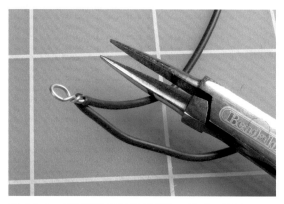

圖 28-4 將暴露的電線導體部分，扭成一個環。

你剛剛製作了一個，與你的線圈進行電氣連接的接點，我們稱為**分岔點**。移除剛剛用來臨時固定前五匝的膠帶，再於瓶子上纏繞另外 5 圈，然後用膠帶暫時固定，再按照剛剛的方式，製作另一個分岔點，依此類推，總共會需要 12 個分岔點。

分岔點之間，是否精確對齊，並不重要。當你完成最後一個分岔點時，在瓶子上，再纏上 5 圈，然後剪斷電線。將電線末端彎曲成，直徑約 1/2 英吋的 U 形，以便將其鉤入瓶子上的另一對孔洞。將電線按照最初的固定方式，綁成一個穩固的固定點。最後，我在維他命的瓶子上，完成的成果如圖 28-5 所示。

圖 28-5 最終完成的線圈。

完成了線圈，下一步是設置天線，天線是一段盡量粗而且長度夠長的電線。如果你住在有戶外院子的房子裡，應該沒什麼問題：只需打開一扇窗戶，握住 16 號線的一端，然後拋出另一端，再到室外使用聚丙烯繩（「聚繩」）或尼龍繩（這些繩子在五金店都可購買），將「天線」掛在樹木、竿子上。

「天線」的總長度應為 50 至 100 英呎，在天線經由窗戶進入室內的地方，用另一段聚繩，將其懸掛起來。這樣做的目的是將繩子作為一種絕緣體，可以讓「天線」與地面，或任何接地物，保持比較遠的距離。

如果你沒有戶外院子，那麼就在室內懸掛天線，可以使用聚丙烯繩或尼龍繩，將其掛在窗簾、門把手或其他，可以遠離地面的物品上。天線不需要是一條直線，事實上，可以圍繞著房間四處擺放。

注意：高壓電

這個世界充滿了電能，但通常我們對此毫無察覺，可能只有在一場雷電交加的大雨，才會讓我們察覺，腳下的地面和雲層上方之間，存在著巨大的電位差。

如果你架設了一套室外天線，在天氣不太好的日子裡，千萬不要使用它，否則可能會發生危險。對我們的收音機實驗而言，眼見天色不好，就請斷開室外天線與室內端的連接，讓它懸掛在室外。

步驟 2：天線與接地

使用一根鱷魚夾，將你的天線電線的末端，與你所製作線圈的頂部端點連接。現在你需要建立一條接地線，它必須與地面相連。通常會建議，與家中自來水管連接，因為自來水管，最後會進入地下，但這只適用於自來水管是金屬材質的情況。

由於現在許多管道，都改用強化塑膠材質的，所以，如果你打算以水龍頭作為接地點前，請檢查一下，洗手臺下的水管是不是金屬材質。

另一個選擇，是將接地線連接到電源插座蓋板的螺絲上，因為你家中的電氣系統最後都會接地。但請務必將線固定牢固，確保它絕對不會觸碰到，插座中的插孔。

當然，最完美可以獲得良好接地的方法，是真的到室外，將一根鍍銅接地 給錘入相對潮濕的土壤中。市面上任何一家，批發電器供應商都應該能夠賣給你，這種最常見與焊接設備配合的接地樁。但選擇這個接地方法前，請先嘗試前兩個，比較簡單的選項。

最後，你還需要兩個目前較難找到的物品：一個鍺二極體，它的功能類似於矽二極體，只是鍺二極體更適合處理，微小的電壓和電流；以及一個高阻抗耳機。

現代用於媒體播放器的耳機或耳塞，對這個古早版本的收音機是不起作用的；你必須要使用圖 28-6 中那種舊式的耳機。

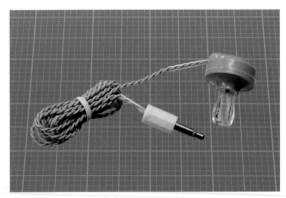

圖 28-6 是本實驗所需的舊式耳機。如果你使用歐姆檔測量它，將會得到大約 2K 的電阻值。

如果你取得的舊式耳機的末端有一個插頭，需要剪斷它，小心地剝去每條電線的絕緣層。最後將這些零件，使用鱷魚夾連接線組裝（圖 28-7）。我製作的真實版本，不像圖上那麼整齊，但連接方式仍然相同（圖 28-8）。

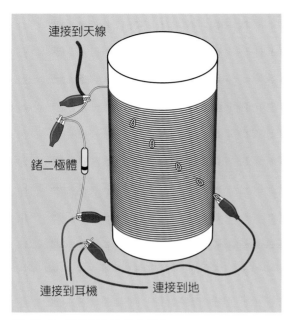

圖 28-7　把各個組件組合起來。

圖 28-8　現實世界的版本。

請注意，你可以將鱷魚夾連接線，夾在線圈上，裸露出來的不同分岔點上。這就是調整收音機的方式。

如果你按照說明操作，並且居住在距離 AM 發訊站台，約 20 到 30 英哩範圍內而且聽力還不錯，那麼，即使這個電路沒有電池或沒有獲得其他電源供電。你也能夠在耳機中，聽到微弱的無線電聲音。

這個實驗的想法，其實早在一個多世紀前就出現了，一直到現代，仍然能夠帶給每個對電子電路有興趣的人，無限的驚喜，就像圖 28-9 所示。

圖 28-9　只使用簡單的元件且無須額外供電的收音機。當第一次接收到廣播訊號時，是不是有無比興奮的感覺？

如果你所在的位置距離無線電台太遠，或是你的環境不能設置一個非常長的天線，又或者你的接地連接不太好，那麼，你可能聽不到任何聲音。

不要放棄，等到日落時分，當太陽輻射對大氣層的刺激減緩時，AM 收音機的接收情況，會發生很大變化。另外，要在不同的收音機台站之間切換，只要將鱷魚夾連接線末端的鱷魚夾，從一個分岔點，移到另一個分岔點即可。

根據所在的地區不同，你可能只能收到一個台站，或者可以收到多個台站，它們可以單獨播放或同時播放。

無須電源，就可以享受廣播的內容，天下沒有白吃的午餐，這句話似乎要改寫了，對嗎？但實際上並非如此，你正從無線電台站的發射器中，獲取能量。

發射器將帶著廣播內容的電訊號，輸送到廣播塔上調製成不同振幅，以及固定的頻率將無線訊號向四周送出。當你的線圈和天線，與電台送出的訊號頻率共振時，你的收音機，就可以吸收到足夠的電壓和電流，來使高阻抗耳機發出聲音。

必須建立良好的接地連接的原因，是為了讓地面與天線一起，接收無線電信號時，提供電容的功能。發射器一端，也有一個接地連接，請參見圖 28-10。

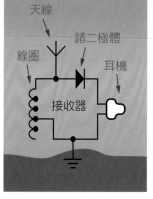

圖 28-10　你的免電源收音機，事實上要從遠處的發射器處，汲取一點點能量，以便讓耳機傳出微弱的聲音。整體來說，地球就像是收音機電路的一部分。

加強功能

如果你在耳機中，聽不到任何聲音，可以嘗試改用如圖 28-11 所示的壓電轉換器。要小心選擇正確的產品：這個實驗需要的，應該是一個被動式壓電揚聲器或警報器。

圖 28-11　這是一個「被動式」壓電揚聲器或警報器。它的價格和你之前實驗中，使用的 2 英吋揚聲器差不多，但其內部有效阻抗，更適合你的晶體收音機。

你想買的零件，如果它的產品說明書中，只提到它是一個「蜂鳴器」或「警報器」，那麼這個零件，可能只是一個普通的、施加電源後會發出蜂鳴聲的蜂鳴器。

所謂「被動式」是指它的功能僅僅是，單純地將你輸入的電壓波動複製出來，而不是供電後產生蜂鳴聲。

如果你買到正確的零件，可以用來取代耳機，使用方法很簡單，只需要將它緊貼在你的耳朵上，這時，你會發現，它的效果和耳機一樣好，甚至更好。

還有一個解決方案，或許你也可以嘗試放大信號。理想情況下，你可以使用運算放大器，作為第一級放大器，因為它具有非常高的阻抗。不過，我決定將運算放大器放在《圖解電子實驗進階篇》一書中介紹，因為在那本書有足夠的版面，可以深入探討這個主題。

但或許你可以採用 LM386 放大器晶片，作為代替方案。只需直接將訊號，輸入到這款低成本晶片中放大，就可以輸出普通揚聲器可以播放的聲音訊號。

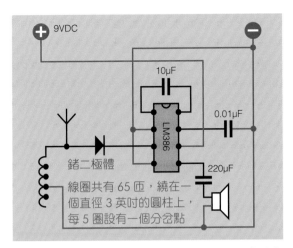

圖 28-12　使用 LM386 放大器晶片，可以讓你的免電源收音機，透過普通的揚聲器發出聲音。

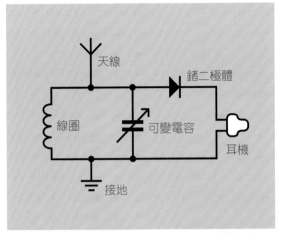

圖 28-13　當在電路中加入可變電容器，那麼你的收音機可以更好地切換頻道。

圖 28-12 是將 LM386 加入收音機電路的電路圖。假設你不需要音量控制，那麼鍺二極體，可以直接連接到 LM386 的輸入端。請務必在 LM386 的 1 腳，和 8 腳之間，加入 10μF 電容，這樣可以增加放大器的輸出。

我住在離亞利桑那州鳳凰城，大約 120 英哩遠的地方，但我能夠收聽到一個來自鳳凰城地區，電台的廣播訊號。

另一個可以考慮加強的功能是，添加可變電容器來簡化收音機的頻道選擇功能，就可以更精確地，調整電路的共振。可變電容器在現在並不常用，但你在 eBay 上，仍然可以輕鬆找到。

試看看能不能買到一個，額定為 100pF 或 200pF 的二手電容器，因為電容不會磨損，所以新舊根本沒有差別。在圖 28-13 展示了可變電容器，在電路中的適當位置。

無線通信的概念

基本的原理，都是由於高頻電磁輻射可以傳播非常長的距離，這個物理事實，發展出無線通信技術，所以高頻信號的產生，是無線通信的基礎。為了產生高頻訊號，我使用運行在 850 kHz（每秒產生 850,000 個脈衝）的 555 定時器晶片，產生一連串的脈衝訊號作為我的載波，並將這串脈衝透過一個強大的放大器，傳送到一個發射塔上，或者只是一根長長的導線。

如果你有辦法過濾空氣中其他電磁活動，理論上，在空間裡，無須電氣連接，你就可以檢測到我的訊號。

這是在 1901 年，Guglielmo Marconi（圖 28-14）所進行的開創性實驗，他當時不得已，只能使用原始的火花間隙機制來產生振盪，而不是 555 定時器。而且他的傳輸不是很有用，因為它們只有兩種狀態：開或關。

圖 **28-14** Guglielmo Marconi 是無線通信的偉大先驅（照片來源：維基百科）。

換句話說，當時只能發送摩斯密碼，沒有辦法傳遞其他訊息。

五年後，第一個真正的音頻信號，無線傳輸技術被發展出來。因為音頻訊號的能量不足，頻率不高，無法透過發射器，進行遠距離的傳播，所以我們必須把音頻訊號，添加到可以發射高能量的高頻載波中。

載波的功率，隨著音頻的高峰和低谷而變化（圖 28-15）。更精確的描述是說，音頻信號調變了載波的振幅（大小）。在「AM 收音機」中，AM 是幅度調變的縮寫。

在接收端，則由一個非常簡單的電容器和線圈的組合，就可在電磁頻譜中的其他噪音中，檢測到載波頻率。方法很簡單，就是經由適當的選擇電容器和線圈（電感）的值，使它們與載波頻率相同的頻率上產生共振，就可以一併接收到音訊的訊號。

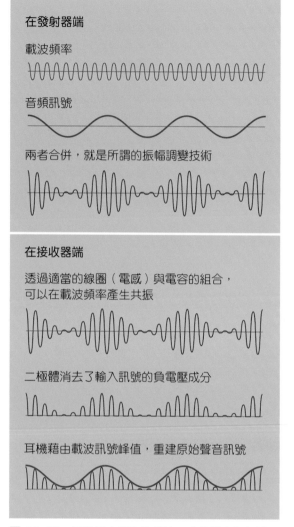

圖 **28-15** 使用固定頻率的載波，來傳送音訊訊號。實際上，相對於音訊訊號，載波的頻率要高得多；但原理是相同的。

此時接收到的訊號，除了音訊訊號外，還有高頻的載波訊號，然而耳機反應速度，難以跟上忽高忽低的載波頻率，所以，根本不發出聲音。於是，我們在電路中，加上了二極體，消去了訊號負電壓的成分，只留下正的電壓變化。

此時，經過二極體後的訊號，仍是非常小且頻率極高，但現在，訊號能量都往正電壓方向向上推動，此時耳機就可以將能量平均化，並重建出近似於原始的聲波。

從無線電發射器傳來的每個載波脈衝，最初被線圈的自感阻擋，因此脈衝的能量會流入電容中，對電容充電。如果在與線圈逐漸導通的時間，電容逐漸放電的時間，都恰好與接收到的訊號正確同步，那麼線圈與電容會在接收訊號的頻率上產生共振。從空氣中接收到的訊號，就會被轉化為我的電路中的電壓波動了。

天線接收到的其他頻率，會發生什麼情況？

答案是較高的頻率會被線圈阻擋，而較低的頻率，則通過線圈流向地面，也就是說，不同頻率的訊號，仍在空氣中傳遞，只是被我們的線圈及電容組合「拋棄」了，因此沒辦法進到電路中，被放大器等電路進行後續處理。

在美國，商業 AM 廣播所分配的波段範圍，是 525kHz 至 1710kHz，又每個電台與下一個電台之間，至少要有 10kHz 的間隔，這個頻率範圍被稱為中頻波段。

許多超出這個範圍之外的無線電頻率，則只限於特殊目的，例如業餘無線電。無線通信的門檻並不是很高，只需透過合適的設備和良好的天線位置，你可以與世界各地的人，隨時進行通訊，而不需要等待電子郵件。

實驗 29
軟硬兼施

本書接下來的篇幅都會用來介紹單晶片，你可以把它想像成一部僅晶片大小的電腦，而且特別適用來控制機械或電子設備。

例如，當微波爐發出嗶嗶聲，提醒你食物已經加熱好時，這就是由單晶片控制的。又例如，具有防鎖死煞車系統（ABS）的汽車中，一顆單晶片將不斷監控剎車油壓，而另一個協同作業的單晶片，則調節燃油噴射。現代的相機、電子血壓監測器、洗衣機，它們都包含單晶片。

有時，單晶片被用在更底層的工作上，通常與你在本書中學習的元件，進行交互作用，如圖 29-1 所示。

當你使用桌上型電腦或筆記型電腦時，電腦會從鍵盤接收你敲入的字母，並在螢幕上顯示出來，其中每一顆按鍵就是開關，並經由單晶片轉化為電腦可以處理的編碼。

單晶片的成功，促使了像樹莓派（Raspberry Pi）和野狗骨頭（BeagleBone）這樣的迷你開發平台的發展，每個都可以稱為單板電腦（SBC）。但這些系統的複雜性超出本書的範圍，有興趣的話，可參考其他專書進行研究。

單晶片基本上是將許多 IC 功能，整合至單一個晶片的「電子設備」。當你將程式碼上載到單晶片中時，單晶片會依據你的程式設計，使輸出腳呈現高態或轉為低態，就像一堆邏輯晶片的運算結果一樣。你可以使用這個輸出來觸發一個電晶體或態繼電器，繼而啟動你的其他設備或進行其他用途。

單晶片上通常還會有一些接腳，可以用來接收數位訊號的輸入，因此可以達成檢測按鈕是否被按下等監控功能。有些單晶片還包含**類比轉數位腳位**，可以將連續變化的類比輸入訊號，轉換為數位訊號，以供程式碼中進行調用及計算。

要執行這些任務，單晶片當然需要由程式語言，告訴它該做什麼。在早期，這些程式語言必須使用組合語言編寫的，但到了 2000 年代初期，情況開始改變。

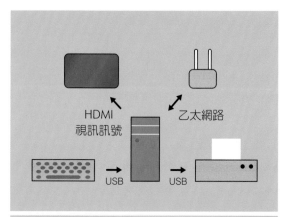

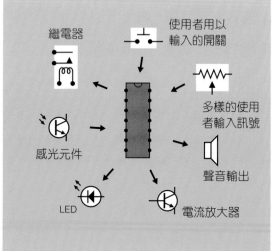

圖 29-1 比較電腦（上）和單晶片（下）的輸入和輸出能力。

進入 Arduino 的世界

第一個 Arduino 套件於 2005 年問世，由一塊小型電路板和安裝在上面的單晶片組成。Arduino 公司並不自己製造晶片，而是由一家名為 Atmel 的公司負責。

Arduino 公司主要的創意，在於軟體開發上的簡化，他們開發一種名為 Arduino C 的簡化版 C++ 語言，可以幫助人們更輕鬆地編寫控制單晶片動作的程式碼。近代，這種軟體加上硬體的組合套件，就直接被稱為開發平台，你可以用它來開發自己的各種應用。

2005 年，已經有許多人學習如何以 C++ 寫程式，所以他們很快速地轉向語法類似 C++，又具有硬體控制能力的 Arduino 開發系統上，形成一個社群。

社群成員在網路上共享他們程式碼中的精華片段，時至今日，如果你想進行某種控制，如控制模型飛機上的方向舵，你可以從廣大的程式庫中，直接引入或複製貼上前輩們撰寫過、類似控制需求的程式碼即可。如果不能滿足你的需求，你還可以根據前人的基礎，進行微調。

因為本書是一本，關於自己動手做事的書，與我個人一直喜歡走自己的路。所以身為本書的讀者，我假設你可能跟我一樣，也想要從頭開始，自己寫程式。如果我們都有這樣的默契，我就開始帶你進行初步的探索，讓你了解如何操作。

如果你有興趣，可以再進一步繼續閱讀專門介紹程式撰寫的書籍。但在這之前，我必須解釋一下，開發平台五花八門，那麼，為什麼在本書我是選擇 Arduino 作為入門的平台，而不是其他系統呢？

為什麼我選 Arduino？

在第一個 Arduino 問世後的幾年內，競爭對手也不斷增加。在實驗 31 中，我會進行比較，但在這個實驗中，我選擇 Arduino 主要基於以下四個原因：

- 現在，競爭對手眾多，Arduino 開發平台，仍然非常受歡迎。

- 由於用戶眾多，有大量的現成程式庫可用。即使你不想直接使用也有大量的範例，可作為開發時的參考。

- Arduino 開發平台系列產品，有刪去了複雜功能的入門級產品，使初學者更容易學習。

- 入門級的 Arduino 開發平台，仍在教育或簡易控制應用處於霸主的穩定地位。就跟 74xx 邏輯晶片一樣，自開發五十年以來，在簡易的邏輯電路應用或教學目的上，地位依然無法撼動。我相信人們在未來很多年內，仍然會使用 Arduino。

核心概念

對於任何一個電子電路的新概念，通常我喜歡直接由一連串的實驗開始，但在單晶片學上，你需要了解一些術語。

用來控制單晶片動作的，一連串指令（或稱函數）列表，其實就是俗稱 *程式*。但 Arduino 開發平台的設計者，可能不太喜歡聽起來太過技術化的名詞，因此在 Arduino 的開發中，把程式碼稱為草圖。

如果你在網路上搜尋，會發現多數人都隨意混用，因為草圖與程式，事實上就是同一件事。

通常你會使用一個稱為整合開發環境（*IDE*）的軟體，在桌上型電腦，筆記型電腦上編寫 Arduino 的「草稿」。IDE 你可以把它想像成，是一個專門用於 arduino 程式編寫的簡單文字處理器。

為了獲得 IDE，你需要下載並安裝它，就像安裝其他軟體一樣。在使用它編寫 arduino 程式之後，IDE 可以指出你的程式，是否有任何錯誤。將所有錯誤除去後，就可以經由 IDE 編譯功能，快速地將你的程式碼，轉換為單晶片能夠理解的機器碼。

最後，IDE 會通過與 Arduino 開發平台間的 USB 連接線，將機械碼發送到 Arduino 單晶片內的儲存空間，此時，你就可以觀察到，Arduino 開始依據你的設計，按照你的期望工作。

要補充的一點，並不是所有的開發平台，都採編譯式的工作模式。有些開發平台的程式碼並不需要編譯的程序，因為在它們的單晶片中，會包含一層稱為直譯器的功能，可以立即將你的程式碼指令，立即轉換為機器碼並執行。

然而，Arduino 開發平台與 arduino C 是屬於需要進行編譯的類型。

Arduino 開發平台版本的選擇

圖 29-2 是 Arduino 不同版本中，名為 Uno 版的開發平台照片，又因為廠商把一切整合在一塊電路板，而且在電路板上還印著明顯的 Uno 字樣，因此這個版本的開發平台，常被稱為 Arduino Uno 開發板。

圖 29-2 中的 Uno 開發板上的 IC 腳座上，有一顆採全尺寸、DIP 封裝的 ATmega 328P-PU 單晶片 IC。板子邊緣沿著頂部到底部，各有一排排針母座，被稱為 Arduino Uno 板的腳座，它們透過電路板上細細的內連線，與 328P-PU 單晶片上的各接腳連接。

你可以簡便地用單心線插入這些腳座，就可以穩固地連接到單晶片特定的接腳，使單晶片與外部世界連接起來，我們仍然稱 UNO 板上的腳座為腳或接腳。

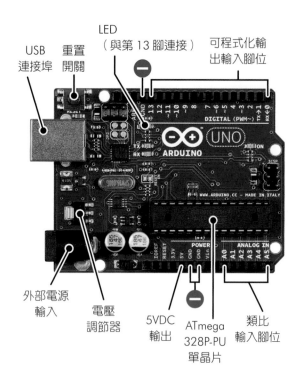

USB
連接埠

重置
開關

LED
（與第13腳連接）

可程式化輸
出輸入腳位

外部電源
輸入

電壓
調節器

5VDC
輸出

ATmega
328P-PU
單晶片

類比
輸入腳位

圖 29-2 一塊搭載 Atmel 生產的 ATmega 單晶片的 Arduino Uno 開發板。

你也可以購買另一種，將單晶片直接焊死在點路板上的 Uno 開發板，那個版本的開發版，因為少了 IC 腳座的成本，所以價格會稍微便宜一些，但我還是推薦具有 IC 腳座的版本，因為有 IC 腳座的版本，可以讓你把程式傳送到單晶片後，把整個單晶片 IC 從板子上拆下來，放在其他特定的應用場合，執行你的程式。

雖然實際過程，不像聽起來那麼簡單，但購買有腳座的版本，至少讓你保留了這種使用方法的彈性。

除了 Uno 開發板之外，還有一種選擇是 Nano 開發板，它在功能上幾乎與 Uno 板完全相同，唯一個明顯的差異，是 Nano 版把 Uno 所有的組件都壓縮到一張只有 30 隻針腳的迷你 pcb 板上，如圖 29-3 所示。

圖 29-3 Arduino Nano 開發板。

Nano 最大的優勢是，你可以直接把它當成一顆 ic，插到麵包板上使用。我喜歡它體積小這個優點，但對於許多人來說，Nano 有一個缺點：它無法與擴充板一起使用。

關於擴充板，我必須說明一下，好讓你可以做出明智購買的決定。

擴充板的概念，如同電腦擴充功能用的介面卡（如顯示卡），可以提供額外功能的板子，外觀上設計成，剛好可以疊加在 Arduino Uno 板或類似的開發平台的頂部，並且它的針腳，剛好可以與 uno 板上的腳座直接相容，只需把兩者針腳及插座相連接，即可完成擴充，並且由此連接，提供了固定的功能。

某些類型的擴展板，更進一步被設計成像樂高一樣，可堆疊擴充的設計（圖 29-4），一種特別專門用於控制簡單機器人的擴充板，就經常採取這樣的設計。

市面上有許多製造商，推出了很多種類的擴充板（你有點感受到 Arduino 蓬勃發展的局勢了嗎？）。

事實上，Arduino 最初是為了非電子電機領域的創作者（簡稱創客）而推出的，讓他們只需要編寫一些簡單的程式，就可以讓 Arduino 在日落時檢測光感測器，決定是不是開啟一些燈光；或者透過監測熱敏電阻，來控制調整溫室的設備。

圖 29-4 有些擴充板可以再繼續堆疊連接。

後來，網絡上出現大量的程式庫，從此，創客就不用自己編寫太多的程式了。接著又出現了擴充板，這樣創客就不再需要自己設計與焊接自己的電路板了。

不過，這種趨勢與創客的精神相互矛盾，但對某些創客來說並不是問題，因為他們希望能夠輕鬆快速地，獲得一個可以達成目標的成品；而有老派創客，則希望一切都能夠自己親手建造。

無論正在閱讀本章節的你是哪一類型，我很高興，你必定能找到適合你的 Arduino 開發平台。

在此，我總結一下剛剛提到選擇 Arduino 開發板的重點，你應該先思考自己的需求後，再進行選擇：

- Uno 購買單晶片，安裝在腳座上的比較貴，但保留可以拆換的彈性。

- Uno 板可以安裝擴充板，由此獲得一些額外的功能。

- Nano 適用於在麵包板上，進行開發，就像我在這本書中描述的那些電路一樣。

- 對於 Uno 編寫的相同程式，也可以在 Nano 上運行（不需要使用擴充板）。在本書的實驗裡，我將使用 Uno 版的 Arduino 開發平台，因為它比 Nano 更常用，而且可能會在將來更熟練後，想添加擴充板以擴大應用範圍。

本書所提供的所有精簡示範程式都可以兼容 Uno 或 Nano，這點倒是不用擔心。Arduino 的背景知識大致了解後，現在，我們可以開始了。但還有一個重要的前提問題，需要解決：你應該買正版還是副廠的 Arduino？

副廠產品

Arduino 是開源的項目，該公司選擇無私地向公眾分享他們的智慧財產權，事實上，在計算機領域中，大部分的人都認為自由分享信息，對於促進創新有實質的意義。

這也表示，任何人都可以製造一張「Arduino 板」，完全沒有違法的問題，但如此也衍生出一些問題——如果你買到非原廠 Arduino 開發板，在某些細節有瑕疵，更因此發生損害，那麼，消費者將無從申訴。

不過，確實可能以更便宜的價格，找到可靠的副廠出品的 Arduino 板，那就有點靠運氣了。Mouser、Digikey、Maker Shed、Sparkfun 和 Adafruit 等來源，都出售原廠的 Arduino 產品，可以免除需碰運氣的困擾。

但有些偽冒 *arduino* 公司商標的 Arduino 板就很惡劣了，這種板子被稱為盜版，除了品質的考量外，就可能有法律的問題。想要區分真正的板子和盜版品，你可以查看產品編號以及開發板上的 Arduino 商標，是否與圖 29-5 中顯示的商標完全相同。

圖 29-5 僅由 Arduino 原廠自己製造，或者是在其他廠許可製造的電路板上，才可以有這個標誌。

其實，只要不是盜版的副廠開發板，也是有一定的可靠度而且完全合法，但我個人偏好購買真正的 Arduino 原廠板，算是對這家無私的公司給予微薄的支持，希望它能繼續創造新產品。

現在，該準備進入實作的部分了！

你會需要：

- Arduino Uno 開發板，最好是 IC 安裝在腳座上的版本，而不是焊死的〔1〕。

- 選配：Arduino Nano 代替 Arduino Uno〔1〕。

- 一頭是 Type A，一頭是 Type B 接頭的 USB 連接線〔1〕。

- 選配：可供 Arduino Nano 使用，一頭是 Type A，一頭是迷你 USB 接頭的連接線。請注意，這條連接線，必須是用於數據傳輸具有完整功能的連接線；某些只能用來充電的 USB 連接線，無法傳輸數據，就不適用了。〔1〕。

- 一台具 USB 界面，和大約 100MB 硬碟空間的桌上型電腦或筆記型電腦〔1〕。

- 通用型 LED〔1〕。

- 470Ω〔1〕。

開發環境安裝

Arduino 開發板包裝裡並沒有附帶所需的 USB 連接線，所以，除非你已經有一條 USB 連接線，否則就必須另外購買，Uno 板所需的連接線類型如圖 29-6 所示。電腦用的印表機，也常使用這種類型的連接線，因此應該很容易找到（譯註：台灣可以在燦坤或順發就可以買的到）。

圖 29-6 你需要使用兩端各是 type A 以及 type B 的 USB 連接線，用來連接開發板以及電腦。

如果你的開發板是 Nano 版本，則需要一條一邊是迷你 USB 插頭，你必須特別注意並確保那條連接線能夠傳輸數據。有些手機充電線，接頭符合 Nano 板要求，但內部有兩條線材省略，因此只能充電無法傳遞數據，就無法在實驗中使用。

在獲得連接線之後，你需要安裝 IDE（整合開發環境）軟體，以便開始編寫程式。

最近新的技術，帶來不同的選擇：其一，你可以在自己的電腦上，下載並安裝 IDE 開發環境；其二，你可以使用 Arduino 公司線維護的「雲端本」。就我個人而言，我不希望在網路上留有我的出生年月日、電子郵件來使用雲端版的開發環境，所以我下載一份 IDE 的副本。

無論喜歡哪個選項，你都應該可以在 www.arduino.cc/ 上找到相應的軟體下載鏈接。不過，當你讀到這篇文章的時候，Arduino 很可能已經更新他們的網頁，但你還是能輕鬆找到 IDE 的下載鏈接。

如果你使用的是 Windows 操作系統，那麼，目前 Arduino 聲稱可以支持 Windows 7 及更高版本（但我對此不完全確定）。當我在一台舊的 Windows 7 戴爾筆記型電腦上，嘗試 IDE 的安裝時，就收到了一些錯誤訊息而且安裝失敗，開發板也變成磚。

當然，我不能根據一次不好的經驗，就做出概括性的結論，但我覺得在安裝 IDE 時，最好還是使用最新版的 windows（Windows、Mac 和 Linux 都有相應的版本可用）。

在下載適合的 IDE 安裝程式版本後，你可以雙擊圖示，並按照螢幕上的安裝指示進行安裝。以防你對安裝的步驟仍有疑問，可以透過搜尋引擎，找到當前版本的安裝步驟。

以下是我曾用過的一些關鍵字：

> 在 Windows 上安裝 Arduino IDE
> 在 Mac 上安裝 Arduino IDE
> 在 Linux 上安裝 Arduino IDE

你可能更喜歡文字版的安裝步驟介紹，但其中一些搜尋結果，可能會連接到 youtube。

另外要提醒你，在下載和安裝 IDE 的階段，不要插入 Arduino 板。安裝完成後，現在你可以使用 USB 連接線，將板子連接到電腦上。Arduino 板可以直接從電腦 USB 埠汲取電源，所以，Arduino 開發板，原則上並不需要額外對 Arduino 板供給電源。

接上線後，一個在開發板上，採表面黏著技術的綠色 LED 應該會亮起，另一個黃色的 LED 會開始閃爍，表示正在與電腦進行數據傳輸。在你的電腦桌面上，應該會出現 IDE 的安裝程式，已經在桌面新增了一個圖示，雙擊它，IDE 整合開發環境就開始執行，並顯示一個類似於圖 29-7，默認的程式模板。

```
void setup() {
  // put your setup code here, to run once:

}

void loop() {
  // put your main code here, to run repeatedly:

}
```

圖 29-7 當你第一次使用 Arduino IDE 時，它會提供一個預設的程式編寫模板。

我在寫這篇文章時，Arduino 公告，正在開發一個新版本的 IDE，它的畫面可能會稍微有所不同，但原則上應該會大同小異。接下來，IDE 會開始識別你的 Arduino 開發板，如果無法識別你的開發板，你就無法將編寫好的程式編譯後，上傳到其中。

在 IDE 視窗的頂部，你會看到功能列選單。

進入【Tools】選單，找到【Board】選項，它應該會顯示，你正在使用的是 Arduino Uno 開發板（如果你使用 Nano，則會顯示 Nano）。如果需要，打開子選單，並點擊「正確」的方塊。

同時，在【Tools】選單中，如果你使用的是 Windows 電腦，請確認在【port】子選單【COM】連接埠旁邊，應該會顯示「**Arduino**」這個詞。通信連接埠的概念，可以追溯到 MS-DOS 操作系統時代，即使在 Windows 系統中已採用 OSI 7 層架構，但這個歷史悠久的概念仍然存在。

如果你未看到「**Arduino**」這個詞在連接埠旁邊，請開啟子選單，或者查看是否有其他連接埠被指定為「**Arduino**」。如果有的話，請點選該連接埠。

如果 IDE 無法檢測到你的單晶片，很抱歉，由於可能性的因素太多，我無法在這裡，為你進行故障排除。我會建議你上網，使用一個搜尋詞「arduino 找不到板子」來查看一系列可能的解決方案，看看是否能解決。

Arduino 板的 LED 閃爍測試

一切就緒後，現在可以給你的 Arduino 一些指令了。

在圖 29-7 的預設程式模板的編輯視窗中，你會看到以下內容：

```
void setup() {
```

這一行是每個 Arduino 程式的開頭設定，也是每一個程式都必須加上的初始宣告，他透過編譯器告訴單晶片，應該從這裡開始解讀你的程式，並且執行程式內容。

void 這個詞的意思是告訴編譯器，這個程式不會生成任何數值結果或輸出。setup() 是一個初始希望 Arduino 需執行一次的程式的名稱。請注意，setup() 後面有一個「{」符號，而下面還有一個「}」符號。

- Arduino C 中的每個完整程式，都應該包含在「開始的」{ 符號，和「結束的」} 符號內。

- { 符號和 } 符號通常稱為大括號。

如圖 29-7 所示，「結束的 }」，出現在一段空白區域之後，當編譯器開始把程式翻譯程機械碼時，編譯器會忽略空白區域所有額外的空格和換行符。

接下來的一行程式是：

```
// put your setup code here, to run once.
```

「//」是註解符號，你可以在這個符號後加上中英文不拘的程式註解，幫助你自己記憶，編譯器進行程式碼轉為機械碼的過程，看到「//」符號，會自動忽略整行的內容。以圖 29-7 的例子而言，「// put your setup code here, to run once.」都不會被翻譯成機械碼。

在你開始使用模板的編輯視窗中，編寫新程式碼之前，我建議你點即 IDE 選單中的【File】，然後進入【preferences】子選單，尋找【Display line numbers】選項。

接著點擊旁邊的勾選框，那麼，IDE 就會為每一行程式的最前端加上行號，看起來會像圖 29-8 的樣式（最新版 IDE2.1.0 已經取消這個選項，改為強制開啟）。我後續提供的程式範例都有開起這個功能，方便我解說。

```
 1 void setup() {
 2   pinMode(13, OUTPUT);
 3 }
 4
 5 void loop() {
 6   digitalWrite(13, HIGH);
 7   delay(1000);
 8   digitalWrite(13, LOW);
 9   delay(100);
10 }
```

圖 29-8　應該是大多數學習 Arduino 程式的人的第一支程式：LED 閃爍測試。

現在，可以在編輯視窗中編寫程式碼了！如先前說的，註解內容不會被翻譯，所以你可以先刪除註解內容（但不要刪除其他語句或大括號）。可以參考我在圖 29-8 中寫的一個小程式，自行在編輯式窗內編輯看看。

如果你之前已經對 Arduino 有所了解，當你看到這個程式時，你可能會喃喃自語說：「哦，不，就只是 LED 的閃爍測試！」是的，這就是我為這一節加上副標題「LED 閃爍測試」的原因。

雖然我已經調整閃爍的延遲值，但說來說去，這還是只是任何一初學 Arduino 的人，都會使用的練習的程式而已，沒什麼大不了。沒錯，不過不用心急，很快我將介紹一個更有趣的項目。

請注意，我在圖 29-8 的程式中，使用的 Consola 字體中，因此零會有一條對角線俾方便讓你與大寫 O 區分。

在開始輸入時，你會發現編輯器會幫助你檢查錯誤。另外，像 pinMode 這樣的術語，是 Arduino 的保留字，因為它具有特殊含義。所有的保留字都區分大小寫，意思是，程式中 pinmode 或 Pinmode，都會被編譯器認為不是「pingMode」，因此，在需要輸入「pingMode」的場合，結果你輸入成「pingmode」，程式可能無法正常工作。

如果你正確輸入一個指令，IDE 會以鐵紅色顯示它，如果你輸入不正確，文字顏色將保持為黑色。另外，OUTPUT 這個詞保留字也很重要，同樣地，如果你想輸入 OUTPUT，卻誤輸入為 output 或 Output，那麼，IDE 會認為是不同的變數，而不是保留字 OUTPUT。當你正確輸入 OUTPUT 時，這個詞會從黑色變為淺藍色。

分號表示指令的結尾。

- 每個行程式的結尾都必須包含一個分號。一定要記住！不要漏了！

你可以在每行的結尾按 Enter 鍵，以開始新的一行。

你的程式呈現的格式可能跟我的不一樣，但你可以輕鬆地叫 IDE 幫你的程式安排容易閱讀的格式，只要進入【Tools】選單，選取【Auto Format】。

在撰寫程式階段，適當的縮排有助於你了解呈現程式的結構。但不用擔心會有大片的空格，正如我先前提過的，程式完成後進行編譯時，編譯器會忽略多餘的空白。

現在，我來說明一下圖 29-8 程式中，各行的語句是什麼意思？

第 5 行的 loop() 是在 Arduino 處理完 setup「{ }」內的程式後，你希望 Arduino 無限重複執行，直到斷電的工作。

第 6 行的 digitalWrite 是一個調整輸出腳位的指令。你會問，是哪個腳位？我指定的是圖 29-2 的 UNO 板上，標記 13 的腳位。是否有看到 UNO 板的上頂端一排插座旁，有以白色印刷的數字 13 印刷？

Arduino 提供從 0 到 13 共計 13 個角位，可以讓你以程式控制的輸入和輸出 3，而我選擇使用 13 號腳位，它就在 GND（負電源源）腳位旁邊。

GND 腳位可以與數位腳位併同使用，可以當作恆定的低態輸出，或是電路中的接地點。程式可以告訴單晶片將某一個腳位設置為高態，此時它會提供正電壓。如果你把這隻腳的訊號接到 LED 的正極接腳端，再把 LED 的負極接腳接到 GND 腳上，那麼 LED 應該會亮起。

回到圖 29-8 的程式，在第 6 行的程式，其實就是告訴 Arduino 將腳位 13 當作數位輸出腳，並且讓 13 腳進入高態。delay 命令則指示 Arduino 應等待一段時間，然後不執行任何操作。

持續多長時間，就是由「（ ）」內的數值決定。我這程式中給了 1000 的數值，代表等待時間是 1000ms，也就是 1 秒鐘，所以 Arduino 執行到這行程式，將會不進行任何動作（因此 13 腳仍為高態），等待 1 秒。

我想如果可以理解第 8 和第 9 行的意思，那麼，你現在應該準備好進行下一步了。

驗證及編譯

在 IDE 環境中，拉下【Sketch】選單，並點選【Verify/Compile】。IDE 會檢查你的程式碼，如果發現任何問題，它會在 IDE 視窗底部的黑色區域中顯示錯誤信息。你可以將兩個區域之間的水平分隔線，以鼠標向上拖曳，使黑色區域變大。

假設你的程式中有錯誤，好比說你輸入的是 Digital Write，而不是 digitalWrite，那麼當你點選【Verify/Compile】功能，嘗試編譯程式時，就會得到錯誤信息「6:3:error」，意思是，從程式第 6 行的第三個字元開始（前兩個字符是空格，假設你使用了自動格式化）發生了錯誤。

你必須修正你的程式碼，直到能夠在通過 IDE 驗證，而沒有任何錯誤，此時 IDE 就會自動進行編譯的功能，產生機械碼。

上傳及運行

現在，點選選單中的【File】，再點選【Upload】，此時，IDE 就會把編譯完成的機械碼上傳到開發般。（最新版 IDE2.1.0【Upload】功能，位置在【Sketch】下）

個人認為，把電腦（體積大）中的檔案或程式，丟到 Arduino 單晶片（體積小），似乎叫「下載」比較合理，但每個人都稱其為上傳，就只好遵照約定成俗的習慣吧。

如果上傳成功，你會在黑色錯誤窗口上方看到一個小小的**完成上傳（Done Uploading）**的訊息。

現在目光移動到 Arduino 開發板上，是不是發現，有一顆黃色 LED 以亮 1 秒後、熄滅 0.1 秒的頻率，不斷閃爍著，這顆開發版上的 LED，其實就是以內部連接，連接到第 13 腳。

沒錯，你的程式已經開始在其中運行！你需要把 UNO 板的訊號輸出到麵包板上（圖 29-9），就可以用來控制 UNO 板以外的元件。

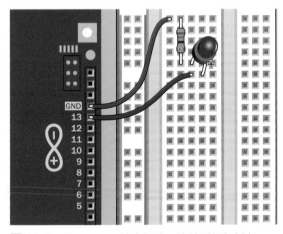

圖 29-9　將 Arduino 輸出訊號，連結到麵包板上。

在這個例子中，先前介紹過的兩頭帶插針的軟線會很好用，但使用單心線也可以。你可以看到，我以一條單心線從 Arduino 的腳位

13 出發，通過一個 LED 和一個保護用的串聯電阻，然後返回到 UNO 板上的 **GND** 腳。

現在，是不是發現麵包板上的 LED，與 Arduino 板上的黃色 LED 同步閃爍。在經歷了這麼多步驟後，才點亮小小的 LED，感覺上沒什麼成就感，但是，別忘了，學習任何東西都必須有個起點，而閃爍的 LED，通常是單晶片程式設計的起點。

你還能能夠透過更改參數，小玩一下這個簡單的閃爍 LED 實驗。只需在程式編輯視窗中，將第 7 行上的延遲參數更改為：

```
delay (100);
```

此時，LED 的閃爍速率還不會改變，因為你仍然需要重新編譯機械碼，將機械碼上傳到 Arduino 開發板（實際上，如果你只要點選【Upload】選項，IDE 就會自動進行編譯及上傳）。

現在 LED 閃爍加速了，因為亮燈的時間僅 0.1 秒。這個簡單的調整，傳達了一個重要的概念：以往使用 555 計時器來實現 LED 閃爍的功能時，如果想要調整閃爍的速度，你可能會需要經歷查表、更換電阻或電容等一連串工作才能達成。

但如果採單晶片方案，你會發現，一旦渡過了編寫程式階段的麻煩後，電路後續的「調整」就是一件非常容易的事。

以下，總結目前關於 Arduino 的內容，以及撰寫 Arduino 程式所必須做的事情：

- 開始一個新的程式（或「草稿」）。如果需要，可以從【File】選單中，點選【New Sketch】選項。

- 每一個 Arduino 程式都是從 setup 指令開始，而且 setup 指令下的程式碼，只會運行一次。

- 可使用 pinMode 指令，宣告哪隻腳是數位輸出腳。

- 腳位的模式，竟然可以負責 INPUT（輸入）的功能，也可以是 OUTPUT（輸出）的功能。

- 有一些腳位的編號是無效的，可以查一下你的 Uno 板上的編號細節相關資料。

- 程式中的每個完整「過程」（即你想要 Arduino 所做的動作），都必須由一對大括號包起來，而且，它們可以在不同的行上，因為最終編譯器會忽略換行符號。

- 每行程式都必須以分號結尾。

- 每個 Arduino 程式必須包含一個 loop 指令，而且 loop 指令下的程式碼，將會重複運行，直到斷電。

- 「digitalWrite」指令，可用於設定某一輸出腳輸出 HIGH（高態）或 LOW（低態）。

- delay 指定，可要求 Arduino 在指定的時間內（以毫秒為單位），暫停所有計算，並保持現狀。

- 你可以將括號中的數字，視為該指令的參數。

- IDE 開發環境中【Sketch】選單中的【Verify/Compile】工具，可以在將程式上傳到 Arduino 之前檢查你的程式。

- 你必須修正 IDE 的【Verify/Compile】工具所找到的所有錯誤。

- 保留字是 Arduino 能夠預留的指令詞彙，自取的函數或變數名稱，都不可以與保留字相同，重點是，保留字「有分」大小寫，所以如果發生錯誤，有可能是大小寫錯了。

- 當你上傳編譯完成的機械碼後，UNO 板將自動開始運行，並且持續運行，直到你「斷開電源」或「上傳新的機械碼」。

- Uno 板上的 USB 接口旁邊，有一個重置按鈕（觸控開關）。當你按下它時，Arduino 會重新啟動你的程式。

注意：小心程式遺失

如果你修改了程式並上傳到 UNO 板，新的版本會覆蓋舊版本。換句話說，UNO 板上的舊版本，將會被永久刪除。

如果你沒有在安裝 IDE 開發環境的電腦上，把修改前的原始程式，以不同的檔名保存一份，那麼，原始程式可能就永遠消失了，所以，在上傳修改版程式時，要非常小心。

我覺得，在電腦上為原始檔以及每個修改版本，以可分辨版號的檔名獨立保存一個檔案，會是明智之舉。此外，請記住：

- 程式指令一旦上傳到 UNO 板，就無法再讀取出來。

IDE 會自動在你的電腦上，保存你的程式，並根據你編寫它的日期，給它一個預設名稱。當然，你可以下拉【File】選單，選擇【Save As...】，取個自己喜歡的檔名。

只是要特別注意，Arduino 的程式主檔名不允許有空格。

電源及內部記憶體

你可能會很好奇，當你把 UNO 板與電腦間的 USB 線斷開時，UNO 板會發生什麼事？答案是，如果你能提供 UNO 板所需的電源，它仍然會運行你的程式。這裡所謂 UNO 板所需的電源，有下列的要求：

- 如果你希望在開發板未連接到電腦時，仍能運行你的程式，那麼，你會需要透過位於板子 USB 旁邊的圓形黑色插座，對 UNO 板提供電源。

- 電源供應的範圍，可以從 7VDC 到 12VDC 而且不需要是穩壓的，因為 Arduino 開發板內部，大多已有自己的穩壓器，就像你給邏輯電路使用的 LM7805 一樣。這個穩壓器會自動的，將你的輸入電源轉換為 5VDC 才供給單晶片使用（UNO 板的 IC 使用 5VDC 電源，但某一些 Arduino 板會用 3.3VDC，要特別注意）。

- 電源插座是直徑 2.1mm 的版本，中心接腳為正極。你可以購買一個輸出線上有這種插頭的 9VDC 電源供應器。

- 如果你在 Arduino 開發板上，接上與電腦連接的 USB 線，卻又同時接上外部電源，那麼 Arduino 將會優先使用外部電源。

- 你可以隨時從電腦的 USB 插座拔除 Arduino 開發板，並不會造成資料遺失或任何損害。斷開開發板，並不需要先使用 Windows 的「安全移除硬體」操作。

關於開發板上記憶體，包含在 ATmega 晶片中，使用的是與固態硬碟中相同的、可複寫的非揮發性記憶體。儘管這種記憶體已經非常可靠，目前 Atmel 官方保證，ATmega 晶片中的記憶體，可以進行 10,000 次的操作，並提供自動鎖定記憶體，損毀區域的保護機制。

對比於手機或相機的記憶卡（500～1000次）來說已經十分足夠，但還是有些人會認為，某些應用中，這樣的耐久性仍顯不足。

記憶體的壽命問題，是不是選擇採 Arduino 板或傳統邏輯電路進行開發的重要因素，我覺得，應該依照你的應用場合、程式對於晶片記憶體存取的頻率（因為程式體積關係，單晶片對記憶體某部分存取相對頻繁，對某些區域則鮮少存取）等因素，綜合決定。

但不可否認地，與傳統的邏輯晶片相比，單晶片的耐用度，並不那麼可靠。在實務應用上會是個問題嗎？我不這麼認為，但你需要自己做出判斷。

UNO 和 Nano 的問題

Nano 可以像 Uno 一樣，從 USB 電纜獲取電源，但它沒有可以外接電源的插座。所以，如果你想把 Nano 與電腦的連接斷開使用，可以將未經穩壓的電壓（範圍從 6VDC 到 20VDC）供應到 Nano 板的第 30 腳（標記為 **VIN**），或將已經穩壓的 5VDC 電源，供應到第 27 腳（標記為 **5V**）。

如果接錯該怎麼辦？如果不小心將較高的電壓接到第 27 腳，晶片可能會損壞。如果是將 5VDC 接到第 30 腳，則不會發生任何問題。因此，就像給邏輯晶片供電一樣，一律使用穩壓的 5VDC 供應是最保險的方式。

最後的結論是，將 Nano 板以錯誤的方式連接電源，可能會導致 Nano 板損壞；如果你使用的是 Uno 板，則會損壞 Uno 主板。

如果你購買了具有 IC 插座式的 Uno 板（可能是被我先前的介紹所影響），因此想像著，在編寫完單晶片程式後，可以將 IC 從插座中拔出，隨意移植到其他地方使用。

概念上是這樣沒錯，但實作上會涉及到許多許多問題，你可以參考 Elliot Williams 撰寫的《*Make: AVR 程式設計*》書來了解。

不過，如果你願意處理這些問題，確實可以用非常便宜的價格（每顆 Atmel 出品的 AVR ATmega8 單晶片單價，只需要 Uno 主板的 1/10）購買多個 Atmel 晶片，而且只需要一張 Uno 主板。

你可以將一個 ATmega8 晶片放入主板中，編輯程式上傳後取出，在獨立應用中使用；再將另一個晶片放入主板中，編輯不同的程式上傳後取出，並在另一個應用中使用，以此類推。

如果你使用 Nano 主板，那麼整個系統必須保持完整，因為 Nano 並沒有像 uno 板可拆的版本。但 Nono 的好處是，可以直接插在麵包板上使用，非常方便。不過缺點也很明顯，如果你想製作多個單晶片的程式，就要額外購買多個 Nano 板，而且顯然 Nano 板單價，遠比單買 ATmega8 晶片要昂貴得多。

為什麼不在所有實驗中都使用 Arduino？

現在你已經體驗了程式編寫的過程，你也觀察到 Arduino 可以控制許多類型的元件的應用潛力，搞不好你的腦海中就以 Arduino 完成入侵警報系統、電腦密碼鎖等實驗，都已經浮現了 n 種方案。或者直覺地就感覺到，使用單晶片開發電路似乎可以節省很多時間。

我不知道事實上可以節省多少時間，但用上單晶片，確實可以為這些電路添加更多功能。例如，單晶片處理由數字組成的密碼鎖會相對容易，甚至你還可以控制 LCD 屏幕上顯示一些訊息。

基於上述原因，單晶片開發變得非常吸引人，但是請記住，世上沒有不勞而獲的事。想要好好控制某一顆單晶片，你必須學習和理解至少一種該特定單晶片使用的程式語言，之後就是枯燥的、不停的編寫程式、消除錯誤再編寫程式，慢慢的累積，熟練地使用那顆單晶片的能力。

然而，每一種語言都有一些怪癖和限制，程式語言也是一樣，漸漸地，你會碰到一些問題而感到沮喪。程式語言的使用手冊可能不太好用，或是你直接上網求助但得到的可能不是你想要的，甚至是錯誤的。更糟糕的情況是，最後你突然發現，當初你選擇的單晶片並沒有你所需要的功能。

如此，你又會被誘惑，升級到製造商推出的更強大的晶片，或者是改用其他製造商的產品，導致你可能又要學習另一顆晶片專屬的程式語言。不過由於單晶片確實開創了無限多的可能性，因此還是有很多人願意花時間投入。

如果你已經有心理準備了，那我會說單晶片是值得投入的領域，並鼓勵你全力學習。一些使用傳統離散元件不切實際，或幾乎不可能完成的任務，在你熟練某一種程語言後，用單晶片來實現都會相對輕鬆。

接下來，我將做一些單晶片與傳統離散元件的比較。

單晶片電路與離散元件電路的比較

離散元件的優勢：

- 簡單易用。

- 即時獲得結果。

- 不需要編寫程式。

- 製作小型電路時，成本低廉。

- 今天學習得的知識，明天仍然有效。

- 更適合音頻等類比訊號的應用。

- 在單晶片電路中，仍然需要使用到離散元件。

離散元件的缺點：

- 電路只能執行單一功能。

- 涉及數位邏輯的應用，電路設計會變得具有挑戰性。

- 難以擴充，建立大型電路困難重重。

- 對電路進行修改，可能比較困難甚至不可能。

- 電路中的元件越多,通常需要更高功率的電源。

單晶片的優勢:

- 單晶片能夠執行多種功能。

- 容易添加或修改電路(只需重新編寫程式)。

- 擁有龐大且多樣化的線上程式資料庫,可免費使用。

- 非常適合涉及複雜邏輯的應用。

單晶片的缺點:

- 需要具備顯著的程式編寫技能。

- 開發過程耗時較長。

- 技術不斷演進,需要持續學習的過程。

- 每個單晶片都有其獨特的性質,需要學習和記憶。

- 更高的邏輯複雜性,也代表出錯的可能性更高。

- 需要桌上型或筆記型電腦,以進行程式的編輯及資料儲存。

- 資料有意外丟失的風險。

- 與 TTL 裝置(如 555 計時器)相比,輸出電流有限。

實驗 30
電子骰子 Plus

現在我將介紹一個難度較高一點的程式,這個程式可以用 UNO 板實現我在實驗 23「電子骰子」功能。

在這個單晶片程式中,我可以使用「if」判斷句和邏輯運算子,來替代邏輯晶片,也就是說,我可以只使用幾行程式碼,就能取代多個數位邏輯晶片的功能。

前面的比較中,提到「單晶片非常適合涉及複雜邏輯的應用」,這個實驗應該是絕佳的範例,你可以清楚觀察到,單晶片消除了實驗 23 電路中任何其他晶片的需求(當然,它仍然需要一些 LED 和保護用的串聯電阻)。

你會需要:

- 麵包板、電線、剪線鉗、剝線鉗、萬用電表。

- 通用 LED〔7〕。

- 電阻,470Ω〔7〕。

- Arduino Uno 開發板〔1〕。

- 選配:代替 UNO 開發板的 Arduino Nano 開發板〔1〕。

- 一端 type A 一端 type B 的 USB 連接線〔1〕。

- 選配:一端 type A 一端 micro usb 的 USB 連接線〔1〕。

- 具有 USB 介面的桌上型電腦或筆電〔1〕。

- 觸動開關〔1〕。

探索學習的限制

當你要了解一個電子元件時，探索學習是非常有效的方法。你可以將它放在麵包板上，供應電源，然後觀察發生了什麼。即使在設計電路時，你也可以透過試驗和錯誤，並在過程中進行修改。

但是，編寫程式卻不完全如此。如果你只是盲目開始，而沒有事先計畫，那麼可能會浪費很多時間。因此，在最後一個實驗中，我將完整地描述計畫的過程。

隨機性

在開始之前，我們的問題應該已經很清楚了：「我真正希望這個電子骰子程式能做什麼呢？」很明確，我希望它能從 1 到 6 之間，隨機選擇一個數字，顯示到相應的 LED 上。

在數位邏輯晶片的版本中，玩家可以透過按下按鈕，在任意時刻中斷計數，以達到隨機選擇的功能，那麼 Arduino 該怎麼達成同樣的功能呢？有沒有辦法就直接獨立，產生一個隨機數字，省略掉計數器？

為了回答這樣的問題，第一步是查閱 Arduino 官網的 Arduino C 語言參考文件。雖然不如我所期待的完整，但它是一個學習的起點。

目前，你可以從 Arduino 官網首頁上，點擊 **Documentation** 標籤，選擇 **Reference** 找到它。在這裡，你會看到一個子標題是 **Random Numbers**，底下列出了 random() 指令。

幾乎每一種電腦語言，都包括這種看似隨機的數字生成方式，即使實際上只是利一些數學公式完成的。

如果我在 Arduino 的 C 語言中使用這個指令，那麼使用者只需按下一個按鈕，Arduino 就會從，1 到 6 中選擇一個數字，我的程式

把取得的數字，轉換成點數的 LED 顯示，這樣就完成了！

如果玩家需要再次「擲骰子」，只需再按一次按鈕即可。

聽起來非常方便，但我懷疑它，隨機產生的數字，是否真的隨機？

回到這個電子骰子的硬體版本，當時，我們設計的邏輯，是讓它像是一台拉斯維加斯老虎機一樣，快速地切換的圖像，然後邀請玩家按下按鈕，停下圖像的切換。然而，一台真正的老虎機，會顯示一個不模糊、看似隨機序列的圖案。

圖案的出現速度，剛好足夠引人心動的拉下拉桿，你可以試著在它顯示到你想要的圖案時，拉下拉桿。

我喜歡這個想法，所以我打算使用內建於 Arduino C 的 random() 函數，來選擇一系列看似隨機的數字，再加上使用者「隨時」可以按下按鈕，停止圖形切換，兩個隨機的因素，達成這個實驗的隨機性。

那麼，接下來呢？

如果再加上一個按鈕，重新開始快速圖像切換，這樣做如何呢？不，並沒有必要，只要設計在同一個按鈕就可以：按一次停止，再按一次重新開始。

以上，是我希望單晶片完成的任務，現在我要想辦法實現它。

虛擬碼

在寫實際程式前，我喜歡先寫虛擬碼。這是一系列用英文撰寫的單晶片動作陳述，方便讓你在腦海中，輕鬆的對應轉換成電腦語言。

以下是我對「電子骰子 Plus」程式的虛擬碼（步驟很多，但請記住，由於單晶片速度很快，它會非常迅速地，執行這些動作）。

步驟 1：自 1 ～ 6 中產生一個隨機數字。

步驟 2：把產生的數字，轉換為骰子圖案，並點亮相應的 LED。

步驟 3：檢查是否按下了按鈕。

步驟 4：如果沒有按下按鈕，返回步驟 1，再產生另一個數字，並重複步驟 1 ～ 6。

如果按下了按鈕：

步驟 5：停止切換骰子點數圖像。

步驟 6：等待玩家再次按下按鈕，然後返回步驟 1 並重複。

你是否有看到，這個虛擬碼中的任何問題？試著從單晶片的角度想像，你是否已經羅列完成任務所需的一切動作？實際上並沒有，因為有一些指令遺漏了。

步驟 2 說「點亮相應的 LED」，但是 —— 任何地方，都沒有關掉它們的指令！

- 電腦或單晶片，只會按照你告訴它的方式執行。

所以，希望在顯示新圖案之前，關掉亮著的 LED，我必須加入一個指令來執行這個動作。這個指令應該放在哪裡呢？必須在選擇和顯示新圖案之前，就應該立即執行。所以，我會將它作為第 0 步：

步驟 0：關掉任何亮著的 LED。

但是，單晶片怎麼知道哪些 LED 已經亮燈呢？為了進行偵測，必須將當前的圖案存儲在記憶體中，但這個動作，直覺上好像會使程式的複雜度上升好幾個等級，就只是為了確認哪幾個燈亮著，值得嗎？

我認為更好的解決方案 —— 忽略有些 LED 本來就沒亮，直接阿 Q 地要求單晶片執行關掉所有 LED 的動作如何！

你可能會問，我提出的阿 Q 控制法，不是會讓單晶片浪費一些額外的時間，去執行關掉本來就沒亮的 LED，沒關係嗎？

在計算機發展的早期，當處理器速度較慢，因此每個人使用電腦運算時，都被迫必須優化他們的程式，使延遲最小化，以充分利用處理器的效能。但那些日子已經過去，即使是一個小型單晶片，速度已經快得驚人，偶而浪費一些處理器週期，以達成所需的效果，其實是無所謂。

我將關掉所有 LED，無論它們當前的狀態如何，步驟 0 重寫如下所示：

步驟 0：關掉所有 LED。

觸控開關輸入的問題

我們的虛擬碼指令列表中，還有其他遺漏的部分嗎？是的，還有一個很難處理的部分——觸控開關。我需要再一次，想像程式執行的內容，這需要一些想像力。

想像一下：

- 各點 LED 圖像正快速切換。

- 玩家按下觸控開關，可以停止點數圖像切換。

- 玩家放開按鈕，並觀察顯示結果。

- 然後玩家再次按下觸控開關，LED 又快速在各點數圖像切換。

其中，我發現一個問題。

當玩家的手指按下觸控開關，開始下一輪遊戲時，LED 又快速地切換各點數圖像，但此時，玩家的手指還來不及放開觸控開關，點數圖像切換，又會再次停止。

所以，當玩家第二次按下觸控開關，打算重新開始遊戲時，也許骰子無法正常重新開

始，除非玩家放開按鈕。但這樣的操作，是違反直覺的。

一般人總希望，在按下開關時會發生某些事情，而不是在放開開關時。也許你認為只要跟玩家溝通一下，按下開關後，必須立即放開按鈕，電路才能正確動作，這並不難啊！

但我不這麼認為，我一直認為程式不應該強迫人們做不自然的事情。程式應該服務於人，而不是反過來要求人去適應程式的運作。

你可能會認為事情，變得有點繁瑣，要考慮這麼多細節。在這種情況下，我必須說：「編寫程式，超注重細節」這就是現實。當然，你可以放棄這個任務，上網尋找現成的電子骰子的程式，我相信你隨意就能找到數十個。但那樣你就無法滿足自己的成就感，而且，如果有人問你：「這個程式是你寫的嗎？」你只能承認是其他人寫的。

無論如何，觸控開關輸入的問題，並不難解決，讓我們試看看吧！

玩家第二次按下觸控開關時，我們先讓點數圖像切換回復，同時要求單晶片在最初的 1、2 秒內，完全不要關心玩家是不是仍然按著按鈕，甚至使它完全忽略了開關狀態。為此，我需要讓單晶片，能計數幾秒。像這樣：

在步驟 0 之前：將單晶片內部，計時器歸零，並開始計時。

[其他步驟]

步驟 4：如果觸控開關被按下「且」計時器已經數超過 2 秒，那麼單晶片應該要檢查按鈕。

關於觸控開關的部分，有一個要處理的問題——接觸彈跳。由於單晶片的運行速度太快太靈敏，因此可能會將先前介紹的接觸彈跳，錯誤地解讀為「玩家多次按下觸控開關」。

開關的彈跳，比我預期的更複雜，所以我打算把它放在它自己的小子程式中。處理開關彈跳的虛擬碼（以下簡稱開關子程式），如下所示（使用 **BR** 區分開關子程式，和主程式的部分）：

BR 1. 按下觸控開關後一小段時間，忽略觸控開關傳過來的訊號，等待其接觸點穩定。

BR 2. 現在正式開始，監控觸控開關狀態，等待開關被釋放。

BR3. 玩家放開開關後一小段時間，再次忽略開關傳過來的訊號，等待其接觸點穩定。

BR 4. 再次監控開關，等待觸控開關，再次被按下。

BR 5. 返回主程序，恢復隨機顯示。

我認為這樣應該可以解決問題。現在只剩下一個問題：單晶片能像碼表一樣計時嗎？

系統時鐘

如果查看 Arduino C 語言參考文件，會有一個叫做 millis() 的指令，可用於計算毫秒。它的功能，是程式開始運作時，從零往上計時，並能夠計數到一個非常大的數字（大約 50 天過去，才有機會達到其上限）。

這個功能很好，但 Arduino 不允許程式，將系統時鐘重置為零，只會從程式開始運作時，不斷往上計時，一直到斷電前都不會停止。

現在，我要如何把這個指令，用在我的開關彈跳處理上？就像在現實世界中，當我想煮一顆水煮蛋時，我會使用廚房牆上的時鐘一樣。

首先，我看著時鐘，心裡記住水開始沸騰的時間，再將我想要的分鐘數，加到該數字上，並記住總時間，這就是我的停止時間。當時鐘達到停止時間時，我將雞蛋從水中取出。

假設現在是下午 5：02，我要花 7 分鐘煮雞蛋。那麼，我在心裡對自己說：「5：02 加上 7 分鐘等於 5：09，所以我只要記住在 5：09 時把雞蛋拿出來即可」。

在這個電子骰子的程式中，我們可以使用一小塊稱為變數的記憶體區域，來記住停止時間。你可以將變數，想像成一個外觀帶有標籤、內部可以存放數字的盒子。

我可以任意為每個標籤取一個名字，在這個例子中我將變數命名為「ignore」，因為這個變數，是我用來忽略觸控開關訊號的時間長度。

在程式的一開始，我會告訴程式，應該查看系統目前的時間。然後，我將其加上 2,000（表示 2,000 毫秒）後，把這個數值放入標有「ignore」的變數中，「ignore」就成為我的目標時間限制。在程式運作時，應該持續檢查系統時鐘，是否超過了這個限制。

現在，我有了一個新的「步驟 4」：

步驟 4. 如果系統時鐘超過了「ignore」變數的值「且」開關被按下，則進入開關子程序。

虛擬碼的最終版本

考慮到所有問題後，以下是修訂後的（我希望是）最終的虛擬碼：

初始設定：將「ignore」變數，設置為計時器值，再加上 2,000。

步驟 0. 關閉所有 LED 燈。

步驟 1. 產生一個隨機數字。

步驟 2. 依據產生的數字，將其轉換為骰子點數的圖案，並點亮相應的 LED 燈。

步驟 3. 檢查觸控開關，是否被按下。

步驟 4. 如果開關被按下，而且系統時鐘超過了「ignore」的值，則進入開關彈跳處理程序。否則，返回步驟 0。

開關子程式：

BR 1. 等待觸控開關接觸點，穩定的一小段時間。

BR 2. 監控觸控開關，並等待其被釋放。

BR 3. 在放開觸控開關後，等待一小段時間，讓其接觸點穩定。

BR 4. 監控觸控開關，等待其再次被按下。

BR 5. 將 ignore 變數重設為，當前時間加上 2,000。

BR 6. 返回主程序，並恢復隨機顯示。

你認為這樣會有效嗎？讓我們找出答案吧。

硬體設定

圖 30-1 展示在麵包板上，用來顯示骰子點數的七個 LED，這個概念，與先前的電子骰子實驗中相同，只是現在 LED，都是採用並聯連接而不是串聯連接，因為 Arduino 可以提供，比 74HCxx 邏輯晶片，更大的電流。所以，現在我不必擔心 LED 的亮度均衡問題。

- Arduino Uno（或 Nano）上的數位輸出腳位，可以輕鬆提供 20mA 的電流，絕對最大值為 40mA，但應避免達到這個限制。

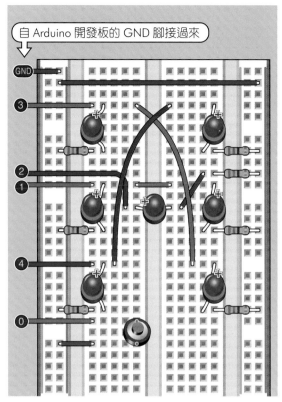

圖 30-1 將七個 LED 連接在麵包板上，以顯示數字相應的點數圖案。

當我使用 470Ω 的串聯電阻，以 5V 測試標準紅色 LED 時，它只消耗 6mA 的電流，但亮度仍然足夠。當輸出腳位，驅動兩個並聯連接的 LED 時，總電流將為 12mA，所以 Arduino 表示對此毫無壓力。

在圖 30-1 中，你可以看到左右兩側的 LED，會由單晶片的第 1 腳供電，第 2 腳將對中間的 LED 供電，第 3 腳會供電給兩個角落的 LED，第 4 腳將供電給另外兩個角落的 LED。以上腳位和 LED 的對應關係，都是我隨意選擇的。

與此同時，腳位 0 將成為一個「輸入」腳位，應與觸控開關連接，而麵包板上的接地線，可以直接連接到計數的 **GND** 腳位。

將 LED 安裝在麵包板上之後，請不要立即將麵包板，負電源匯流排，連接到 Uno 板上。

最好的作法應該是先上傳你完成的程式，因為 Uno 板上可能已經上傳不同的程式，而且我不知道它如何配置輸入 / 輸出腳位。

- 請小心注意，電路不要對設定為「輸出」的數位腳「輸入」任何電壓。

在這個電路中，我只使用 0 到 4 號腳位，其他沒有用到的腳位，應該跟數位邏輯晶片一樣處理──直接接地嗎？

絕對不可以！

- Arduino 的未使用腳位，「必須」允許其浮動。

- 如果某個腳位被設置為輸出，絕不要將其直接連接到地。如同前面說的，對定義為輸出的腳輸入電壓，即使是 0V，都可能導致永久性損壞。

實作程式的部分

圖 30-2 是我根據虛擬碼所撰寫的程式。首先，我會帶你逐步了解如何輸入程式，然後解釋這些指令，在 Arduino C 中具體的含義。

當然，要正確學習這種程式語言，你還是需要一本內容完整的參考書。我在這個實驗裡，只能提供一個範例展示其可能性，吸引你的興趣而已。

請注意，在第 6 行的單字「INPUT」和「PULLUP」之間有一個底線符號，你需要同時按下 Shift 鍵和連字符號鍵（ - ），才能輸入底線符號。

在第 23 行，有兩對垂直線，每條線被稱為管道符號。在 Windows 鍵盤上，你可能會在 Enter 鍵的上方找到它，你需要按下 Shift 鍵和「反斜線 \」來輸入它。完成後，在 IDE 中選擇 **Sketch > Verify/Compile** 選項，檢查是否有任何錯誤。

```
1 int spots = 0;
2 int outpin = 0;
3 long ignore = 0;
4
5 void setup() {
6   pinMode(0, INPUT_PULLUP);
7   pinMode(1, OUTPUT);
8   pinMode(2, OUTPUT);
9   pinMode(3, OUTPUT);
10  pinMode(4, OUTPUT);
11  ignore = 2000 + millis();
12 }
13
14 void loop() {
15   for (outpin = 1; outpin < 5; outpin++)
16   { digitalWrite (outpin, LOW); }
17
18   spots = random (1, 7);
19
20   if (spots == 6)
21   { digitalWrite (1, HIGH); }
22
23   if (spots == 1 || spots == 3 || spots == 5)
24   { digitalWrite (2, HIGH); }
25
26   if (spots > 3)
27   { digitalWrite (3, HIGH); }
28
29   if (spots > 1)
30   { digitalWrite (4, HIGH); }
31
32   delay (20);
33
34   if (millis() > ignore && digitalRead(0) == LOW)
35   { checkbutton(); }
36 }
37
38 void checkbutton() {
39   delay (50);
40   while (digitalRead(0) == LOW)
41   { }
42   delay (50);
43   while (digitalRead(0) == HIGH)
44   { }
45   ignore = 2000 + millis();
46 }
```

圖 30-2 電子骰子 Plus 的程式碼。

Arduino C 語言使用了許多標點符號，如果多寫或少寫一個括號，可能就直接導致程式無法運作。因此你需要仔細檢查，每一行程式碼，並與我的程式碼，進行仔細比對。程式碼是直接從 Arduino IDE 複製貼上的，而且我已經實際上傳到 UNO 板上做過一輪，所以我可以確認程式碼是正確無誤的。

當你的 **Verify/Compile** 操作沒有錯誤訊息後，再「上傳」程式。

現在你可以把 UNO 板的 GND 腳，連接到麵包板的負電源匯流排，此時，LED 應該會

開始閃爍，因為 Arduino 總是自動開始運行它的程式。等待幾秒鐘後，按下觸控開關，點數圖像畫面的切換停止，停在應該已經很「隨機」的某個點數圖像上。

再次按下觸控開關，圖像切換會再恢復。再次按下觸控開關，在經過 2 秒的「忽略」期間後，顯示會再次停止。虛擬碼規劃的功能，都已成功實現了！

程式逐行解說

前三行宣告了，我為這個程式所創建的變數。int 這個指令，代表我宣告的是一個整數變數，也就是沒有小數點以後的數值。在 Arduino C 中，允許整數的值，在 -32,768 到 +32,767 的範圍內。

為什麼是這麼奇怪的數字呢？因為 UNO 單晶片內部，可以以 16 位元表示整數，第一個位元用來表示正負，剩下 15 的位元表示數字，就是 $2^{15}=32,767$。

在第 1 行中，spots 是我對第一個變數取的變數名稱，用來存儲 1 到 6 之間的數字（與骰子點數對應）。

在第 2 行中，第二個變數 outpin 是用來指向 UNO 第 1 到第 4 輸出腳。後續內容中，你會知道，這 4 隻輸出腳都已連接了特定的 LED，當 UNO 板讀到指令 digitalWrite（outpin,HIGH），且 outpin 的值為 1 時，就會把第 1 腳狀態切換為高態，以點亮與第 1 腳相連接的 LED；outpin 的值為 2 時，則可以點亮與第 2 腳相連接的 LED，依此類推。

long 這個指令表示宣告「長整數」，系統會以 32 位元儲存數字，因此允許的數值，可以從 -2,147,483,648 到 2,147,483,647 的值。我需要記錄系統當下的時間，由於 Arduino 系統時間，以長整數記錄（因為，隨著時間不斷進行，系統時間絕對可能大於「整數」，

所能記錄的最大值 32,767 毫秒），因此我也需要宣告一個，長整數變數來儲存 UNO 板內部時鐘的當前值。

你可能會問，為什麼不將所有變數，都宣告成長整數？這樣我就不必擔心超過常規整數的限制？確實如此，但要知道長整數的處理時間，是一般整數的兩倍（或更多），並且需要兩倍的記憶體空間，相對於 UNO 板單晶片中寒酸的記憶體容量，配置變數似乎不宜太過揮霍。

你會問我，是怎麼知道這些的？其實我是在官網的 Arduino C 語言參考文件讀到的。我覺得，若想要編寫自己的程式，閱讀官方參考文件是必須的，這也是我在下一章中會討論到的主題。

從第 5 行開始的 setup() 部分，告訴單晶片，我要如何使用每個接腳。

「Pullup」這個指令，是告訴單晶片使用內部上拉電阻，這樣我就不必在麵包板上，另外安裝一個上拉電阻，來連接觸控開關。Arduino 內部，已經有上拉電阻，這是一個很方便的功能！但很可惜它並沒有下拉電阻，所以，如果輸入腳連接到一個觸控開關，然後接地，那麼，在使用者按下觸控開關接地前，Arduino 偵測到來自開關的訊號，會一直保持高態。

如果偵測到，連接開關的輸入腳，轉為低態，就表示按鈕已被按下。

在設置完成後，你會在第 15 行看到 for 這個指令。俗稱「for 迴圈」的指令，是一種非常基本和方便，要求單晶片反覆一定次數、進行同一個動作的指令。它的運作邏輯是：

- 將初始值放在變數中（我的程式裡用的是 outpin），晶片就會依據它的工作頻率，反覆執行 for 指令下「{   }」所要求的動作。

- 每完成一次，單晶片就會把變數（outpin）值 +1（當然也可以加上不同的數值），直到達到上限值後，迴圈結束。

- 在第 15 行的程式中，由於我設定的上限是 outpin<5，所以 outpin 的值，會在單晶片每次執行 for 指令下「{   }」所要求的動作後 +1，因此它的值就會自初始的 1,2,3 ～一路到 4 結束（再加 1 就超出上限），也就是說，這個 for 迴圈，會執行 for 指令下，「{   }」所要求的動作，共計 4 次。

- 你可能會好奇，for 指令中的 outpin++ 參數，是什麼意思？剛剛解釋 for 的動作邏輯時，有提到，每次執行迴圈下，「{   }」內的指令時，都會把變數（outpin）值 +1，也提到過，每種語言都有些怪癖，那麼「outpin++」參數，就是 Arduino 對於原本 outpin=outpin+1 的動作，古怪的表達方式。

for 迴圈可以允許你指定各種條件，非常靈活。我的程式中，只是從 1 到 4 進行計數，但經過設計，你同樣可以讓它，從 100 計數到 400 或者到任何你想要的範圍，唯一的限制，只在於你使用的變數類型（int 或 long），由變數容量所產生的限制。

剛剛提到，第 15 行設定了迴圈運行的次數之後，在第 16 行的「{ }」內的指令，就是告訴單晶片，在每次迴圈中要執行什麼工作。

在我的迴圈中，只交辦單晶片一個操作：將 LOW（低態），寫入變數 outpin 指定的接腳上。請記住，我使用接腳 1 到 4 來控制 LED，而這個 for 迴圈同時又使 outpin 從 1 增加到 4，換句話說，迴圈的動作，其實就是把所有 LED 關掉了。

我本來可以使用，這四個單獨的命令，來代替迴圈的功能：

```
digitalWrite(1, LOW);
digitalWrite(2, LOW);
digitalWrite(3, LOW);
digitalWrite(4, LOW);
```

但是，為了向你介紹 for 迴圈這個重要且基礎的概念，所以決定使用 for 迴圈的寫法。況且，如果你想關閉 9 個 LED，或者想讓單晶片使 LED 閃爍 10 次，使用 for 迴圈，通常是提高程式編輯及執行效率的最佳方法。

在 for 迴圈將 LED 的骰子顯示清零之後，第 18 行你會看到 random() 指令。其中需要兩個參數——開始數字及結束數字，一般情況 random() 指令，就可以在這個範圍內，「隨機（應該吧）」選出一個介於，開始及結束數字間的數字。

所以，理論上我需要從 1 到 6，隨機產生一個數值，當做骰子點數，指令應該是 random（1,6），但是，又一個 Arduino C 的怪癖，它的 random() 指令工作方式，是從開始數字，到「結束數字 -1」之間，隨機選一個值，導致我的程式需要寫成 random（1,7）。

現在，由 random（1,7）產生的 1 到 6 間的，用來表示骰子點數的隨機數值，已經儲存到 spots 變數中，依據虛擬碼，下一個動作，應該是點亮相應數量的 LED。

UNO 板第 1 ～ 4 腳位與 LED 的關係如下：

- 第 1 腳高態：可點亮左中以及右中的 LED。
- 第 2 腳高態：可點亮中間點的 LED。
- 第 3 腳高態：可點亮左上以及右下的 LED。
- 第 4 腳高態：可點亮左下以及右上的 LED。

接著，就可以用 If 指令，來處理這個問題。

在第 20 行，第一個 if 指令的參數非常簡單，只有一個唯一的條件。如果 random（1,7）產生的 1 到 6 之間的骰子點數為 6，需要將第 1 腳轉為高態，也就是點亮左中以及右中的 LED。

單個等號「=」可以理解為，把某個數值，或計算結果，「儲存」到變數中（就像在程式清單中的第 18 行一樣）。雙等號「==」在程式中，主要是用於比較兩個值是不是完全相同。

也許你會想，程式的 21 行。為什麼在 spots 值為 6 時，我沒有同時點亮角落的點，而只點亮中間左右兩個 LED。這是因為角落的點，也會在後續的 if 判斷式中被點亮，並且，程式設計上，最好減少 if 判斷的次數。繼續看下去，你很快就會明白燈號是如何工作的。

下一個 if 指令在第 23 行，並且使用了我之前提到的「管道符號（||）」。在 Arduino C 中，「||」符號表示邏輯「或」。因此，第 23 行指令的意思是「如果骰子點數為 1、3 或 5」，單晶片應該將第 2 腳切換為高態，點亮中間點的 LED。

第三個 if 語句在第 26 行，並且使用「大於（>）符號」，這行指令的意思是如果骰子點數大於 3，則點亮左上以及右下的 LED。

第四個 if 語句在第 29 行，同樣使用「大於（>）符號」，這行指令的意思是如果骰子點數大於 1，則點亮左下以及右上的 LED。

你可以回顧一下實驗 23 電子骰子實驗中的圖 23-10，來測試這些 if 指令的邏輯。在圖 23-10 中，邏輯閘是根據計數器晶片的二進制輸出而選擇的，因此與此程式中的邏輯運算，略有不同。

不過，兩個實驗的 LED，都以相同的方式配對。

另外，在 `if` 指令之後，我刻意插入了一個 20ms 的延遲，否則由於單晶片運行速度太快，將導致顯示點數的 LED 切換速度，超過人眼能分辨的極限，看起來 LED 好像一直亮著一樣，失去了呈現點數，迅速切換的視覺效果。

有了延遲，你可以看到它們在閃爍，但對於你想停在一個，特定數字上來說，速度仍然太快了，不過你可以試試看！

你也可以根據你的需要，將延遲值，調整為比 20 更高或更低的數字。

現在進入最重要的部分：`if` 指令中的「及」條件檢查，在程式裡，我用它來告訴單晶片，呼叫開關子程式的時機。在 Arduino C 中，「`&&`」符號表示邏輯「及」。

第 34 行用普通的語言表達，可以是這樣寫：如果系統時間（以 `millis()` 指令取得當下時間）已超過 2 秒鐘（ `ignore` 變數中儲存的目標時間），「且」第 0 腳上，偵測到的觸控開關訊號為低態）那麼，應該執行 `checkbutton` 子函數。

剛剛提到的「`checkbutton`」是什麼指令？這是我給開關子程式取的名字。它的定義在程式的底部，第 38 行，前面還有一個 void 宣告。

事實上，程式面不是只有這樣的作法。

我們還可以將開關子程式的工作包在主程式中，但將來你接觸的程式會越來越龐大，將「工作」區分成數個獨立的區塊是一種良好的習慣，因為這樣可以使程式，更容易理解及維護。

事實上，這樣的程式撰寫習慣，不僅有助於其他人，理解你的程式，也有助於你自己在 6 個月後，再次查看程式時不會忘記它的運作方式。C 語言的概念是，程式的每個部分都是一個獨立的區塊，當你需要時，程式會透過呼叫來調用它們運行。

所以，不妨把每個指令，都想像成一位只專注做一件事情的服務生，如洗碗或倒垃圾。當你需要執行該任務時，只需呼叫服務生的名字。

這些區塊，在一般程式設計的課程中，可稱為函數，但問題在於，單一個 `random()` 指令，也會被稱為函數，常在撰寫程式的人，並不會搞混。基於本書的定位，主要是讓你更容易入門，避免混亂，所以我才用了一個，不通俗但易懂的名字——子程式。

進行 Arduino 程式開發時，你可以依據專題所需，切割功能區塊，分別發展成子程式，讓程式易於維護。我決定將處理開關彈跳的工作，自主程式拆分出來，建立成子程式，並且將其命名為 `checkbutton()`。特別要提醒的是，子程式名稱，可以由你隨意命名，但不得與保留字相同。

`void checkbutton()` 是子程式的標頭，在大括號中，包含了跟主程式一樣，具體的動作指令。

要記住，當觸控開關被按下時，第 0 腳會轉為低態；當放開開關時，第 0 腳會再度被內建的上拉電阻接管，狀態轉為高態。而且當單晶片執行 `checkbutton` 子程式時，已經點亮的 LED 還會保持亮著，直到回到執行第 16 行的程式時，它們才會被關閉。

所以，我可以這樣描述 `checkbutton` 子程式的動作，當玩家按下開關：

- 系統等待 50ms，以消除玩家按下開關時的彈跳現象。

- 現在開關處於被按下的狀態，等待玩家放開開關。

- 當使用者放開開關，系統應該再等待 50ms，以消除釋放開關時的彈跳現象。

（在這個時刻，玩家正在觀察著獲得的點數圖案，而程式正等待玩家再次按下開關，以便重新切換點數案。）

- 若開關沒有被按下，則等待開關再次被按下。

- 重置 ignore 變數。

你可能會問，當單晶片執行完子程式段的末尾後，接著怎麼動作呢？答案是，回到呼叫該子程式的下一行程式。

在哪裡？其實就是在第 36 行，表示主程式結束的右括號「}」，但主程式由 loop() 指令包覆，其實暗示著，以上的動作是循環重複的，直到斷電為止，所以單晶片會回到第 14 行的「{」左括號符號處，繼續執行你交辦的任務。

for 迴圈將 LED 的骰子顯示清零、random() 指令，產生一個新的隨機數字、檢查玩家是否按下開關、如果按下開關，呼叫 checkbutton 子程序，停止點數畫面切換，以及處理彈跳問題，重複執行。

Arduino 官方網站上的 Arduino C 文件，沒有提到程式的結構問題，是因為他們希望讓你以最簡單的方式，開始撰寫程式。

因此，Arduino 預設開發模板，強制你先使用強制性的 setup() 指令，接著是 loop() 指令，子程式的部分隻字未提，必須由你自己想辦法去學習。

但事實上，程式的結構是很重要的，因為一旦程式開始變得龐大，你必須將各項功能詳細分類，避免混成一團。如果你參加過標準的 C 語言課程，課程中都會十分強調這一點。

如果將程式依功能，分為數個子程式段，還有一個好處，那就是你可以單獨保存這些子程式，以後在進行其他開發時，可以簡單地剪下貼到不同的程式中，呼叫使用。例如，

我們剛剛完成的 checkbutton 子程式，就可以應用在任何需要處理彈跳問題的場合。

同樣地，你可以在自己的程式中，使用其他人已經寫好的子程式，但是要以作者，沒有保留版權權利為前提。

你可以在我所提到的程式庫中，找到這些函數。給老派創客的建議：雖然我也認為凡事都由自己動手是一個很好的想法，但使用別人寫的函數，來做一些乏味或者已經技術太成熟的動作（比如將文字進行複製的動作），其實不太損害創客的形象，我的理由在於：

- 有創造力是好的。

但是：

- 真的沒必要重新發明輪子。

注意事項

在編寫程式並上傳到 Arduino 開發版之後，除了可以使用獨立的電源來為開發板供電外，你仍然可以繼續使用 USB 連接線，由電腦對開發版供電。

當你選擇使用，獨立電源供電時，我認為，最好先斷開 USB 連線。因為，如果你的獨立電源電壓選用錯誤，仍然直接提供給開發板，而且 USB 線還接著，那麼，損壞的可能就不光是開發板，連電腦內部晶片都可能會燒掉。

還有一些預防措施，可能值得納入考慮。嘗試在 Google 一下「損壞 Arduino 的十種方法」要搞砸事情，是很容易的。

當你將麵包板與 Uno 板，搭配使用時，麵包板上可能安裝上 LED（或其他元件），需要特別注意連接的問題。傳統的連接方式，通常會使用具有針形插的軟跳線（圖 30-3）。

圖 30-3　使用軟跳線將 Arduino 連接到麵包板的方式確實非常方便，但也容易產生錯誤。

在前面的介紹中，你已經知道，我不太喜歡那種帶插針的軟跳線，除了這種跳線可能導致的接觸不良，以及難以查修等問題需要特別注意外。軟跳線插入 Arduino 板上的錯誤腳位，太容易發生了，可能造成輸出接腳回授到另一個輸出接腳的潛在危險，這是你的單晶片不喜歡的。

我相信，如果你決定自己編寫程序，最好的選擇是購買一個可以裝在麵包板上的 Nano板，並使用 LM7805 調壓器供應 5VDC 電源，就像給邏輯晶片供電一樣。如果你已經在本書的第四章使用晶片建構一些電路，那必然是駕輕就熟，知道如何最大程度地，減少連線錯誤的風險：

使用紅色跳線連接正電源，藍色或黑色連接復電源，其他顏色用於連接其他訊號。這些好習慣，應該都有助於避免晶片損壞。以上是我對 Arduino 板的介紹。

那麼，如果你想要進一步，學習更多的東西，例如更強大的單晶片開發系統，或更容易學習的語言，該怎麼辦呢？我將在下一章中討論。

實驗 31
學習歷程

C 語言不是很容易學習的一種程式語言。幸運的是，還有許多其他選擇，在本章中我會提出其中兩種。其中一種是近代人人稱讚的選擇，而另一種則完全相反，如果你打算學它，應該會接收到很多反對的意見，這麼說，是不是讓你感到一頭霧水？

不過，從先前的實驗中你可能已經注意到，只要好用，其實我並不介意走一些非主流的路線，所以，我的推薦，即使是會遭到反對的選項選擇，應該都有一些參考價值。

我還會介紹兩種非 Arduino 系列的單晶片開發平台。其中一種也是一般人很少選擇的開發平台，它搭配的程式語言又恰好是剛剛提到的，人人反對的程式語言，所以在我介紹那些能讓每個人都滿意的選項之前，讓我先介紹一下，這個奇怪無比的選擇吧。

什麼？BASIC，是進步還是退步？

BASIC 計算機語言，遠在 1964 年就被發展出來，目的是使大學生更容易學習程式設計。最初，它只有幾個指令，每行指令都必須以行號開頭，而且行號需要手動輸入。

在那個時代，全螢幕的編輯器當然不存在，所以按照當今的標準，編寫程式的過程是過時的。儘管如此，BASIC 仍然流行，因為它學習曲線平易近人，而且有非常多的用途。

連 Bill Gates 都非常喜歡它，Microsoft 甚至還開發一套專屬於 Microsoft 的 BAISC，隨後 IBM-PC（當時為 Microsoft 的東家），推出了 Microsoft 版本的擴展版本。在 1985年，Microsoft 發布了強大到足以應付複雜的商業應用的 QuickBASIC。同時期的競爭對

手如 PowerBASIC，也進一步提升了自家產品的功能，包括一些針對資料庫存取的加強功能。

到了九〇年代，Microsoft 推出 Windows 大獲好評，並且逐漸開始侵占 MS-DOS+BASIC 的市場。不久後，這種程式語言逐漸淡出人們的視野，但事實上 Microsoft 並沒有放棄它。他們在 Windows 平台上，推出可充分使用 Windows UI 的 BASIC 版本—Visual BASIC，進行大幅修訂，使其在 21 世紀仍然獲得不少使用者的支持。

只是，現在有許多人並不知道 BASIC 仍然存在。因為它從來都不時尚，部分原因是它的名字，讓你感覺…呃…嗯，就是非常「Basic」！不只名字很 Basic，如果你查尋一下 BASIC 這個字是什麼的縮寫，會發現它是代表「初學者通用符號指令碼」。

你可能會疑惑，它是為初學者設計的，那麼，為什麼我們要去關注它呢？

儘管如此，BAISC 一直都有一群死忠的支持者。在 1999 年，一家自稱為「革命教育」的英國公司，就為了一系列單晶片設計自己的 BASIC 語言。他們的 BAISC 版本，可以呼叫許多單晶片特殊內置功能的函數，例如產生用於控制直流馬達的 PWM 訊號輸出與 I2C 的串列通訊等、類比數位轉換、舵機控制命令等，還包括高低電位狀態的管理。

「革命教育」將他們的開發平台命名為 PICaxe，因為他們選擇 PIC 系列的單晶片，作為平台的核心。由於這個開發平台原先是以教育為目的，所以，也許他們覺得開發平台有個有趣的名字，沒什麼大不了，但是「PICaxe」與「BASIC」的名稱組合，並沒有消除「欠缺專業性」的第一印象。

但就我個人而言，我不在乎開發平台取什麼名稱，只要能正常運作就可以。

2005 年，我正在為加州的某個實驗室，開發一個相當複雜的快速冷卻裝置。當時，我需要一個單晶片來完成這項工作，但是我不想使用組合語言來開發程式，所以選擇很有限。

對我來說，Arduino 產品平台已經被優先「排除」，原因是 Arduino 開發板上的輸出、輸入腳位，不足以應付我當時所必須控制的 6 個泵、多個開關和按鈕，還有十多個溫度和壓力感測器。

此外，我知道我的客戶，可能希望我在現場修改程式並使用 Arduino 進行這樣的操作，我必須將 Arduino 的 ATmega8 晶片，從用戶的電路中取出修改程式後再放回去，非常麻煩。

相對的，PICaxe 開發平台，就完全符合我當時所有的需求。其中一款 PIC 晶片，具有 40 隻輸出、輸入腳位，而且與單晶片配合的所有電子零件，都整合到單一晶片中，因此我完全不需要再附加任何硬體。

只需要將 PIC 晶片，直接安裝在用戶的電路板上，使用自定義的 USB 電纜，將程式傳到 PICax 開發平台中，就可以開始使用了。「革命教育」仍在銷售 PICaxe 產品，圖 31-1 為其中三款晶片。

圖 31-1　安裝 PICaxe 引導程式之後，這些 PIC 單晶片可以在沒有其他硬體的情況下，經由一根特殊的 USB 電纜進行程式編輯。

（在此聲明一下，我只是一個普通的用戶，我與該公司或該公司的員工都沒有任何業務或其他關係。）

我的工作非常成功，客戶非常滿意，但由於客戶後續又要求添加許多附加功能，因此我不得不建造一個更龐大的系統。

那麼，我是否繼續使用 PICaxe 開發平台？是的，雖然導致我不得不添加另一個 40 隻接腳的晶片和更多的零件。在圖 31-2 是最終版本的「快速冷卻裝置」電路板佈局，以防還有人對於「BASIC」應用於專業領域，抱持著懷疑的態度。請注意，板子的右側邊緣有驚人地超過 50 隻輸出入接腳。

能夠幫我順利完成這項工作，有一個重要因素，就是 PICaxe 非常出色的參考文件。如果你也看了他們的網站上所提供的資源，應該很快就會認同我的話：

- 完整的程式語言參考。

- 一個良好且詳盡的教學課程。

- 所有資源都集中在同一個地方，讓你無須漫天上網搜尋。

- 提供 24 小時內的技術支援。

他們的 IDE 還使我能夠在將程式上傳到單晶片之前，就可進行模擬運作（截至撰寫本文時，「革命教育」的網站仍然提供以上所有參考文件服務）。

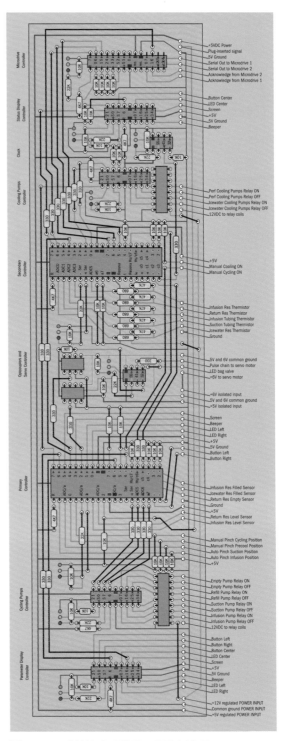

圖 31-2 「快速冷卻裝置」電路板佈局。

PICaxe+BASIC 的限制

批評者主張，PICaxe 使用老舊 BASIC，根本是一個死胡同，因為 BASIC 不是結構性語言。但我認為，只要努力嘗試，應該可以在任何程式語言中，產生結構良好的程式碼。

只是，介紹到這裡我突然有一個反思：程式結構化，在電腦系統開發非常重要，但我不確定在編寫單晶片的程式時，「結構化」這件事重要性位階是否也應該相同？

通常，一個程式區塊，在一個大迴圈中執行。它讀取感應器和按鈕輸入，控制馬達或 LED，然後重複執行，非常單純。當程式碼不多時（單晶片程式的規模，遠不如開發電腦系統程式的規模），個人感覺～也許結構化，並不是一個非常迫切的問題。

開始使用單晶片時，我覺得最重要的，是單晶片上的程式語言，是否能快速撰寫且易於理解，尤其是用於硬體控制的程式，在上線之後，一兩年的時間，才有必要回頭查看程式。

以下是我的「快速冷卻裝置」的一小段控制程式：

檢查輸入：

```
checkinputs:

temp = icepin
if temp < icestatus then : outbits =_
  outbits or 1 : endif
if temp > icestatus then : outbits =_
  outbits or 2 : endif
icestatus = temp

if noperfcool = 1 then
  if perfstatus = 1 then
    perfstatus = 0
    outbits = outbits or 4
  endif
else
  temp = perfpin
  if temp < perfstatus then :_
    outbits = outbits or 4 : endif
  if temp > perfstatus then :_
    outbits = outbits or 8 : endif
  perfstatus = temp
endifendif
```

你可能不知道變數名稱的含義或程式的用途，但你應該會發現 BASIC 的一系列指令，簡單清楚、標點符號又少。批評者還可能會說因為「革命教育」的產品並非開放源碼，所以無法如同 Arduino 吸引一群開發者成立社群，並提供新的創新產品。

這是事實，但我認為這卻是一項優勢。

我喜歡與一家在硬體和開發用的程式語言都能與時俱進的公司打交道，文件不會過時，我也不必擔心，不同類型的晶片，會迅速出現不同版本。

不過，就現實狀況而言，舊的 PIC 晶片，硬體上確實有所限制。就像它們的記憶容量不多、缺乏重要的功能，例如浮點運算（可能需要搭配協同處理器）。儘管如此，我認為，如果你剛開始探索這個領域，並且希望不要花太多錢來實現這簡單的事情，它們仍然是一個不錯的選擇。我認為在剛剛入門的情況下，單晶片是否具有複雜性的功能，並不是非常重要。

我的觀點就說到這，我可以猜到，應該會有不少人不同意我的觀點，因為選擇哪一種程式語言？哪一種程式語言比較好？本來就是個有爭議的話題。

讓我繼續談談，最「好」的替代方案。

人人稱讚的好選擇──Python

Python 是由荷蘭的程式設計師，Guidovan Rossum 所發明的，他碰巧是英國喜劇團 Monty Python Flying Circus 的粉絲。所以，其實 Python 是一個有點隨興的命名，但當它

在 1991 年發表時，卻填補了一些嚴肅的實務需求。

根據 Python 學院的說法，Rossum 希望它具有以下特點：

- 一種易於理解和直觀的語言，但功能卻要與主要競爭對手一樣強大。

- 開源，讓任何人都可以為 Python 的開發做出貢獻。

- 程式碼應該像純英語一樣易於理解。

- 適用於日常任務，可以縮短開發時間。

從某些方面來說，Python 追求的這些目標凸顯了 C++ 語言的缺點。這些目標還引起不少人的共鳴，特別是當 Python 獲得了與網路連動的相關功能後，變得非常受到歡迎，並且廣泛用於學校裡的程式語言教學課程中。

Python 最初是為桌面電腦而開發的，從最簡單的層次來看，它的語法理解難度與 BASIC 相當。以下是一段，用來計算使用者輸入的詞句中，單字數量的程式碼片段：

```
# Number of words
wds = input("Type some words, press
Enter: ")
total = 1
for n in range(len(wds)):
  if(wds[n] == ' '):
    total = total + 1
print("Number of words = ", total)
```

這裡「print」指令的功能，是要求電腦「在螢幕上顯示特定訊息」，當然它也可以自由調整，將特定訊息，自印表機輸出。

對比一下 Microsoft BASIC，具有相同功能的程式碼片段（如下），你是否觀察到兩者同樣精簡，但是 Python 執行這樣的基本任務時，具有非正式而且更接近口語化的特點（不過，我示範的這段程式碼有明顯的缺陷，它無法處理某個使用者在單字之間，輸入超過一個空格的態樣）。

```
' Number of words
print "Type some words, press Enter:";
line input wds$
total = 1
for n=1 to len (wds$)
  if mid$(wds$,n,1)=" " then_
    total = total + 1
next
print "Number of words="; total
```

如圖 31-3 所示，這個更長的 Python 程式範例，事實上，這個看起來「瘦骨如材」的程式，與圖 30-2 中展示，以 Arduino C 編寫的「電子骰子」程式，功能完全相同的程式。兩相比較之下，Python 更為簡潔。

```
# Nicer Dice - Raspberry Pico MicroPython version

from machine import Pin
from utime import sleep, ticks_ms, ticks_add, ticks_diff
from urandom import randint

l1 = Pin(14, Pin.OUT) # middle, two leds board pin 19
l2 = Pin(15, Pin.OUT) # center, one led  board pin 20
l3 = Pin(13, Pin.OUT) # corner, two leds board pin 17
l4 = Pin(16, Pin.OUT) # corner, two leds board pin 21

button = Pin(21, Pin.IN, Pin.PULL_UP)

leds = [l1, l2, l3, l4]

ignore = ticks_add(ticks_ms(), 2000)

def checkbutton():
    global ignore
    sleep(0.050)
    while button.value() == 0:
        pass
    sleep(0.050)
    while button.value() == 1:
        pass
    ignore = ticks_add(ticks_ms(), 2000)

while True:
    spots = randint(1, 6)

    for l in leds:
        l.low()

    if spots == 6:
        l1.high()
    if spots == 1 or spots == 3 or spots == 5:
        l2.high()
    if spots > 3:
        l3.high()
    if spots > 1:
        l4.high()

    sleep(.020)
    if ticks_diff(ticks_ms(), ignore) > 0 and button.value() == 0:
        checkbutton()
```

圖 31-3　將圖 30-2 中的 Arduino C 電子骰子控制程式，以 Python 重寫。

結論是，當你不需要編寫非常長，或非常複雜的程式時，各種程式語言之間的差異，似乎相對較小，程式規模逐漸變大，Python 的優越也越來越明顯。

如果你正在考慮是否對電腦程式設計投注心力，甚至納為你的專業能力一環，那麼選擇使用哪種程式語言，就會變得複雜。

但我個人認為考量各種因素後，使用 Python 確實是為一個明智的選擇。如果你同意我的看法，那麼，剩下最大且最困難的問題，就是在沒有編寫程式經驗的情況下，如何以最合乎邏輯且時間效率最高的方式學習 Python，並用在單晶片開發平台上。

這聽起來，不是那麼的簡單。

因為一直到 2014 年，才有針對單晶片推出的 MicroPython 語言。不過我想，大多數人應該都會同意，MircoPython 比任何 C 語言版本都更容易學習的。接下來，我將從這個話題說起。

單晶片（micro:bit）

想要培養邏輯思考，最合適的方案，是專為教育目的而開發的單晶片，而 *micro:bit* 就是為教育而生的開發平台。Micro:bit 由英國的 BBC 開發，它整合觸控開關和常用感測器，稱為一個「微小的電腦」。

最特別的是，micro:bit 可以使用三種語言進行程式開發：Python、Scratch 和 MakeCode。

Micro:bit 專用的 Python，是 MicroPython 的一個特製版本，可以存取及控制 micro:bit 上特定硬體的功能；而 Scratch 與 MakeCode，則是分別由 MIT 及 Microsoft 所開發的視覺化程式語言。

我先介紹 Scratch，因為它是被公認最簡單的程式設計敲門磚。

Scratch 概念也很有創意，MIT 的開發者將指令轉換為積木，你可以在電腦螢幕上，使用滑鼠自由拖曳這些積木，利用這些積木組合成可在 micro:bit 上執行的程式！

由於這些積木，只能以特定的方式組合在一起，所以可以防止使用者出錯。如果你組裝完成你的積木作品，還可以立即在屏幕上，看到以動畫呈現的控制效果模擬。圖 31-4 是可控制魚兒游動的 Scratch 程式執行畫面。

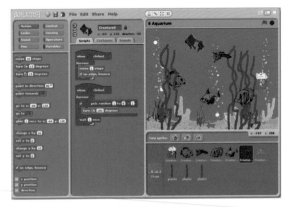

圖 31-4　這是一個正在編寫中的 Scratch 程式的截圖。

但我對 Scratch 其實有點意見。它的開發者好像認為，現在學生的注意力很短暫，而且都不願意自己輸入文字。如果真的是這樣的原因，那就跟我觀察到的不同，我發現在這個時代，人們都不排斥長時間盯著螢幕，互相發送訊息，甚至已經是日常的一部分。

更重要的是，我認為純粹的視覺化語言，會低估學生的能力還會導致他們有一個錯誤的印象：所有的邏輯，都可以經由簡單的拖放操作立即獲得反應。

事實上，使用過 Scratch 就會發現，視覺化語言對於其表現方法，難以達到更大型的程式設計與開發的需求。但不可否認，它可能是吸引小朋友注意力的一種好方法，不過我仍然不認為 Scratch 對於任何定位為具專業性的工作有幫助。

基於這個邏輯，如果我想玩轉 micro:bit，那麼，我會選擇以 Python 來控制 micro:bit。目前，在 microbit.org 已經有許多人使用 Python 設計 micro:bit 專用程式的教學課程，也有許多參考文件及開發資源。

這些課程大多以介紹一些簡短的程式範例為核心，你可以直接在教學課程中，調整一下程式中的參數，執行模擬一下看看會如何；也可以把範例程式複製貼上到你的 micro:bit，實際跑跑看（mirco:bit 採直譯系統，程式碼不需經過編譯，直接把程式貼到 micro:bit 內的儲存空間即可執行）。

這種方法與本書中的「探索式學習」概念類似，讓你在學習為什麼有效之前，先廣泛地進行各種嘗試。這聽起來很不錯，但問題在於 micro:bit 的開發資源，往往省略了說明「為什麼」的部分，我認為這是一個很嚴重的缺漏。

為了解釋這一點，讓我舉個例子：許多 micro:bit 的範例使用了 `while True` 迴圈。然而，我只在 microbit.org 找到一個教學文件其中提到，在迴圈的下一行指令需要縮排，但沒有說明原因，而且 `while` 迴圈的其他特點或參數，也沒有做適當的說明。

只看教材，`True` 的第一個字母要大寫，但 `while` 不用，那我就不曉得，第一個字母大寫是不是必要的？那麼 `True` 是一種特殊的指令？還是一種變數？

指令和變數怎麼區別？變數的命名規則是什麼？Python 中允許使用哪些字元，不允許使用哪些字元？如果你想要跳出 `while` 迴圈，該怎麼做？

假設你只是想要能快速讀懂一個簡易的 python 程式，以上這些問題不太重要。但是，如果你決定在 micro：bit 投注心力自己寫一個程式，那麼，上面的問題就變得非常重要。

以某種程式語言寫程式，首先，必須理解這種程式語言的基本語法。所謂語法，就是程式語言組合指令的規則，其實跟你學習語言中的「文法」概念相同。

回想一下你第一次接觸英語，遇到有字母 I 和 E 的單字，例如 ceiling、hierarchy、pier、piece、receipt、deceive... 你會注意到，有時候 I 在 E 之前，但有時候 E 在 I 之前，你可能會想知道原因。

其實有一個簡單的規則：「則把 I 在 E 之前，除了 C 之後」（當然，這個規則並不總是成立，但有個指引的規則，總比沒有好。）

就英語的語法而言，有一些規則可以指導你，如何使用「撇號」或是區分動詞「lie」和「lay」等。相較於先認識語言的結構及規則的狀態下學習語言，如果沒有人告訴你這些規則，你可能會浪費很多時間，在比對英文的文章找出規則來弄清楚一切。

在程式語言中，這更加重要。因為當你的英文文法錯誤，對方可能還可以猜測你的意思，但當你寫程式時如果語法不正確，程式就是無法運行，還會出現一堆語法錯誤的提示信息。

我想，沒有人能否認語法的重要性，但就我所知，micro:bit 官網提供的入門教學課程，在這個部分付之闕如。事實上許多開發平台所提供的開發資源，也有類似的情況，他們同樣也提供許多程式碼範例，但同樣也欠缺適當的說明，告訴你那個開發平台，所用的程式語言，應該遵循的規則。

開源的愛用者可能會說：「喔，如果你想更進一步學習程式，可以直接上網搜尋語法的開源文件就好了啊，那都是免費的！」確實，但這又帶來另一個問題：從開源文件到實際的程式撰寫，事實上存在著很大的差距。當你在 python.org 之類的網站上尋找解答，但一次又一次地發現這樣的開源資源，

存在著我所說的「不必解釋的基礎知識」的問題。

身為電子電路教材的作者，我可以了解為何開源文件常有這樣的問題產生。作為一個作者，你必須要對分享主題有所了解，你越熟練，就越難回憶起當時一無所知的感覺。

你通常會忽略解釋對你來說已經是非常基本的知識，但對於初學者來說卻是非常重要的概念，你可能會覺得這些概念「應該大家都知道吧！還要講嗎？」而忽略它。

如果你已經熟悉其他程式語言，那麼，Unix，python.org 上的一些教材及資料，可能對你會非常有用。相對地，如果你沒有太多的基礎知識，我認為你需要尋找其他說明完善的資源。

你可能會覺得開源資源有上面的問題，那我就找其他的學習資源，應該不難吧！因為網路上隨便 Google 一下就有一堆啊？事實也是如此，但是，有這麼多網站可供選擇，你要如何知道哪一個比較合適呢？

例如，假設想要了解 while 迴圈的語法，你可以嘗試使用關鍵字「micropython while 的語法」Google 一下，最後 Google 推薦最符合你的問題的網站，可能是「https://realpython.com/python-while-loop/」。

實際上，這個網站的確提供十分豐富的內容，但這是一個純 Python 網站（儘管我指定了 micropython 作為關鍵字限縮），一些 python 用於單晶片的主題，可能根本沒有收錄單晶片主題，所以，這個網站無法找到如何把單晶片輸出接腳的狀態，從低態轉變為高態的 python 語法。

談到這裡，要跳 tone 一下，我先分享我覺得「好的」（也許你也是這樣想）程式語言開發資源，其實可以總結為「三個一」：

- 一個組織（或公司），專門針對一種程式語言及特定的一種硬體，所提供良好的資源。

這樣的開發資源，除了包含基本的程式範例，還會有相應的解釋，而且這些解釋本身就是規劃來幫助學習該語言的人，有組織地構建對該語言的認識，以及結構性的理解更複雜的程式。當你讀到最後時，應該能夠以這樣的程式語言開發你自己寫的程式。

五花八門的單晶片產品中，想要選出有「三個一」等級資源的產品，特別是針對現代，卻非常困難。

在本章中，我自許為引領進入單晶片程式設計的嚮導，但很遺憾地告訴你，我還沒有找到一個值得推薦的選擇。我認識有一些人，他們真的是透過查看各種程式設計資源進行比較，嘗試弄清楚語法特性的方法來學習，但顯然這樣的方式並不是一個高效率的方法。

而且這樣的學習有一個顯著的缺點：會遇到我所謂的「氣泡知識」。在我教授基礎電腦課程時，我曾遇到有幾個學生來上課之前，已經從其他學習資源，學習一些「零散」的知識。所以上課時，他們會覺得我教的內容，他早就已經完全學會了。

由於他們學習得到的知識，不具系統性，因此可能缺乏整個課程中最重要的部分，導致他們對課程的整體認知，就像有氣泡的混凝土，或有洞的瑞士奶酪。最令人困擾的，是這些學生對自己的情形不自覺，反而自以為是，不過，這種情形也是可以理解，因為沒有人能知道他們自己所不知道的。

我為了研究與 Python 和 MicroPython 相關的資料花了三個星期的時間，另外我還購買了 pyboard，它是一個 MicroPython 開發平台。這個平台沒有任何參考文件，而且賣 pyboard 給我的公司，在它們的網站上所提供的信息非常有限。

之後，我好不容易從那家公司取得一個連結，卻引導我到 MicroPython 的網站，我在 MicroPython 的網站，也無法找到讓 pyboard 正常工作所需的資訊。Pyboard 是我試過的 python 開發平台中的一個，回想起來只能說那是一個令人沮喪的經歷。

我並不打算把這段時間所瀏覽過、看過、測試過的資訊或產品逐一列出，因為沒有任何意義。不過，在這個過程中，還是有一些收穫，我發現 RP2040 單晶片是一個優秀的選擇。

從樹莓派到 Pico

2021 年 1 月，英國公司「樹莓派」發表了 RP2040 單晶片，他們以一款已銷售百萬片的單板電腦聞名於世。他們自行研發這款先進的單晶片，並配置在一組名為 Pico 的主機板上，在市場銷售。

RP2040 配置了 264K 的 SRAM 和 2MB 的內部儲存空間。Pico 板的外觀大致與 Arduino Nano 相似，但功能更加強大。目前樹莓派已經將 RP2040 晶片授權給其他公司使用，所以這個小節，我將限縮討論範圍只討論樹莓派自己的 Pico 板。

PR2040 最初的發表文宣似乎在告訴我們，樹莓派體認到所有單晶片初學者未能滿足的需求。文宣中有這句話：「我們對 RP2040 的野心，不僅是生產最好的晶片，還要提出最好的開發資源作為 RP2040 背後最堅強的支持。」

樹莓派的人，還出版了入門級書籍《Get Started with MicroPython on RaspberryPi Pico》。儘管這本書使用有趣的卡通角色引導出書本內容，讓人覺得好像非常容易入門。但是這本入門書籍與樹莓派提供的開發資源中，有蠻大的落差，後者的內容還是有

剛剛提到「不用解釋的基礎知識」的問題，但該公司可能會修補這個缺陷，而且這個落差，被許多新出版的書籍補充說明。

在 Kindle 版本中就有一本書，幫我補充其中一部分的知識落差：《*Programming the Raspberry Pi Pico in MicroPython*》作者是 Harry Fairhead 和 Mike James（我與作者之間並不認識喔）。

這本書以 MicroPython 範例程式引入作者想傳達關於樹莓派 Pico 的知識，並建議從特定網址下載最新版本的韌體，讓 Pico 可以運行最新版的 microPython 程式語言：（在撰寫本文時，最新的韌體版本名稱為：rp2-pico-20210205-unstable-v1.14-8-g1f800cac3.uf2，當你讀到本文時，應該已經更版）。

不過，我得承認，如果要我下載最新的韌體，我必須克服對於在檔名中帶有「不穩定（unstable）」字眼的軟體版本使用上的疑慮。但很奇怪的是，所有的電子產品進行市場行銷時，軟體仍然不斷更新，是不是表示著，其實都還沒到穩定的版本就開賣了？

這本書非常具體地介紹在單晶片程式設計中，常見的功能及常用的技巧，包括接收輸入訊號、去按鈕彈跳、如何使用中斷、脈衝寬度調變、通過 I2C 匯流排與其他設備進行通訊（某些感測器和顯示器需要此功能），以及類比──數位轉換。

如果你想更進一步了解 Python 語言，這本書中還提供許多實用的程式範例，程式規模更大也更長，但附有容易理解的詳盡說明。

以下是書中的一個範例，它可以接收觸控開關傳過來的訊號，並且判斷使用者是否長時間按著開關，這樣的動作，像是我們在操作滑鼠拖曳物件時，經常使用的操作：

```
s=0
while True:
  i=pinIn.value()
  t=time.ticks_add(time.ticks_
us(),1000*100)
  if s==0: #button not pushed
    if i:
      s=1
      tpush=t
    elif s==1: #button pushed
      if not i:
        s=0
        if time.ticks_diff(t, tpush) >
        2000000:
        print("Button held \n\r")
      else:
        print("Button pushed \n\r")
      else:
        s=0
  while time.ticks_us()<t:
    pass
```

當你閱讀這篇文章時，可能已經有更多針對 Pico 以及 MicroPython 的書籍出版。至此，我想先做個小結，如果你想要找一個比 C 語言更容易學習的語言，還要能用來控制更強大的單晶片，那麼 microPython 加上 Pico 的組合，將能許你個未來。

當然，你還是可以執著於 Arduino，但就我個人而言，請容我保留對古老的 PICaxe 的特殊喜愛。

在本書之外

如果你已完成本書中的實驗，那麼關於電子電路方面的相關知識，還有哪些是值得你投注心力學習的呢？以下是一些我尚未探索的領域。

數學。 本書以探索學習的過程為基礎，理論方面的比重較少。事實上，我還刻意避開在制式電子電路入門課程中，老師會期待上課的成員應該有的數學預備知識。如果你具備數學方面的知識，數學將可以提供你更深入的洞察力，使你更了解電路的運作方式。

交流分析。 在交流電的領域中，涉及到更多的數學知識。交流電的特性，本身就是一個迷人的主題，但絕非輕鬆的主題。

表面黏貼元件。 有些人喜歡使用非常小的元件，建構非常小的電路，這是一項具有挑戰性的任務，成果會令人驚嘆。Google 一下關鍵字「DIY 表面黏貼」，就可以會找到相關的教學影片。不過，這是我最排斥的技術，因為這項技術，需要無限的耐心和穩定的手腕，但這兩項我都沒有…。

真空管。 是一個早已走入歷史的電子元件，現在會有人研究它們，多半出於興趣。因為有不少人，無法抗拒真空管內加熱元件運作時，發出的橙色光芒，尤其是如果能將真空管放大器和收音，放在華麗的櫥櫃中，會是非常特別擺設。真空管最大的問題是，必須處理較高的電壓，但如果能夠小心謹慎，我認這是可容忍的風險。

蝕刻 PCBs。 在電路設計完成後，你可以在洞洞板上實現你的電路，事實上，你還可以在印刷電路板上，設計你的電路佈局，產生一張專用於你的電路設計的電路板，通常稱為 PCB。你可以使用電腦軟體，執行電路佈局圖的繪製，存成 PCB 製造商可以打得開的檔案格式。你想要自己進行蝕刻，其實都不太困難，如果要做到這個階段，就需要一些特定的材料和工具。

特高電壓實驗。 這個部分是本書中完全沒有提及的一個主題。雖然大多數的實驗，只是像尼古拉·特斯拉的電影一樣，發發光、產生火花，沒有實際用途，而且還有安全的疑慮，但驚人的火花效果仍然還是令人驚嘆，相關的資訊以及設備也都不難取得。

放大器和 MOSFET 電晶體，是值得探索的重要主題，但很遺憾，在本書中沒有多餘的版面能聊到這個部分。

聲音訊號處理是一個很有挑戰性的獨立領域，特別是你想進入類比轉數位領域時，這是很好的切入點。

總結一下

我相信入門書的定位，是帶著讀者打開廣泛的可能性，再讓讀者自行決定要走向何方。電子電路更是讓你享有這樣的選擇權，因為幾乎任何應用從機器人、遙控飛機、電信、計算硬體，都可以由一個人在家中以有限的資源達成。

在本書的第一版中，我的出版商，對於我打算向讀者公開可以直接聯繫到我的電子郵件信箱，感到非常驚訝。我很高興當時做了這樣的決定，因為確實讓我從讀者那邊，收到許多驚人的回饋。

最近，有一位名叫 Assad Ebrahim 的英國讀者聯繫我，他分享他從對硬體幾乎一無所知的情況下開始閱讀本書，並且以 Forth 語言編寫控制 Arduino 的程式。最終，他成功設計一個迷你的相框程式，能夠在一個小小的 OLED 螢幕上，循環顯示高解析度的圖片，而且只使用不到 1KB 的記憶體。他在 Zoom 視訊通話中向我展示這個程式。

就我個人而言，對於電子電路相關硬體，並不特別擅長。我得承認，當年我學習電子電路的過程中，也常遇上挫折，但我想我的專長，應該在於透過撰寫文章和繪製圖表來解釋事物。所以如果你碰巧對電子電路十分有天賦，那麼，你應該能夠在我所知道的知識之外有所成就，就像阿薩德一樣。也許有一天，你可以分享給我，你正在進行的專題。

如果你覺得，這本書確實為你打開了新的可能性，那麼它已經實現了我的目標。

元件規格

這個附錄提供詳細的規格和製造商的零件編號，如果你決定要自己購買工具、材料和電子元件，我想這些資訊會很有用。附錄以表格形式，呈現了完成本書實驗 1 至 30 所需的元件，和其他消耗品的數量（有關可以提供這些產品的零售渠道和建議，請參閱附錄 B）。

有關元件或消耗品的照片及相關介紹，請參閱每個實驗開頭的部分，這裡列出的物品，都按照實驗的順序排列。

必須擁有的工具

以下這些物品在整本書中都是必要的：

萬用電表、筆記本、9V 電源（電池或交流適配器）、鱷魚夾連接線和基本工具。

如果你希望進行第三章介紹的焊接工作，你可能還需要烙鐵、焊錫、洞洞板，和焊接的第三隻手（或其他可以固定電路板的裝置）。推薦使用放大鏡、熱縮管和熱風槍等工具。

從本書第二章開始麵包板是不可少的，而且你必須有四種顏色的連接線（每種顏色至少 10 英呎）來製作跳線。

第一章各實驗所需工具的規格

萬用電表

建議選擇手動型萬用電表，基本功能必須要能夠測量電壓、電流、電阻和頻率，並且具有連續導通測試、電晶測試和二極管測試功能。如果還能夠測量電容，我覺得會更好。有關萬用電表的詳細討論，請參閱第 2 頁以後的內容。

安全眼鏡

數量：1 組。任何品牌都可以，因為在進行電子電路建構時，其實風險不大。

鱷魚夾連接線

每條測試線的兩端都必須有鱷魚夾。

線材不要太長更好，例如：Adafruit 短接鱷魚連接線（12 條裝），Adafruit 產品編號 1592。數量：最少 5 條，理想狀況下，最好包括 1 條紅色、1 條藍色或黑色以及 3 條其他顏色的。

電池

9V 鹼性電池，任何品牌都可以。數量：最少 2 顆。根據每個實驗使用的強度，和持續時間不同，你可能要準備額外的備用電池。

9V 電池連接器（選配）

市面上有販售可直接卡扣在 9V 電池電極的連接器，另一端則是裸露的電線。例如：Eagle Plastic Devices 121-0426/O-GR，或 Keystone Electronics 232。數量：1 個。

第一章所需的零件	實驗					如果重複使用	如果不重複使用
	1	2	3	4	5		
9V 電池	1	1	1	1		1	4
通用型 5mm LED		2	1		1	2	4
1A 的保險絲				1		1	1
3A 的保險絲				1		1	1
檸檬或檸檬汁					2	2	2
鍍鋅五金支架					4	4	4
銅幣或銅製的片狀物					4	4	4
15Ω 電阻		1		1		1	2
150Ω 電阻		1				1	1
470Ω 電阻		1	1			1	2
1k 電阻		1				1	1
1.5k 電阻		1	1			1	2
2.2k 電阻		1				1	1
3.3k 電阻		1				1	1

圖 A-1　此表格整理本書第一章實驗 1 至 5 所需的元件數量。列標題標示「如果重複使用」表示假設你願意在第一章重複使用先前實驗的電子零件。列標題標示「如果不重複使用」則假設你不會重新使用任何先前實驗的電子零件。

保險絲

玻璃管保險絲，2AG 尺寸（直徑約 5mm），快速熔斷，1A 和 3A 規格，任何電壓等級。你可以從汽車零件賣場，找到汽車保險絲代替。玻璃管保險絲的例子：Littelfuse 0225001.MXP 或 0225003.MXP。數量：至少每個規格各 1 個。

發光二極體（LED）：通用紅色

任何品牌都可以。本書第一、二章的實驗，建議使用 5mm 直徑的 LED，因為它更容易操作（也有以 T1-3/4 尺寸的包裝銷售）。對於第三、四、五章建議使用 3mm 的 LED，以順利安裝到電路中。紅色是首選，因為這種顏色 LED 比起其他顏色的 LED，消耗功率更低，因它具有可以被數位邏輯晶片直接驅動的便利特性。

如果你在尋找具有高亮度輸出的 LED，並且以毫燭光（縮寫為 *mcd*）為單位評估的話，400 mcd 以上就算是不錯的數值。散射型 *LED* 的光線，可能比封裝在透明塑膠中的 LED 看起來更舒適。例子：Kingbright WP710A10SRD/D 或 /E 或 /F（3mm），Kingbright WP7113SRD/D 或 /E 或 /F（5mm），或 Lite-On LTL-4263（5mm）。

電阻器

四分之一瓦（250mW），5％容差，接角線長度不限，各種不同的值。參見 A-1、A-2、A-4、A-5 和 A-6 圖中列出的元件。品牌不限。

鍍鋅的五金件

尺寸至少為 1/2 英吋 ×1 英吋，必須鍍鋅或鍍鋅合金為材料（不是黃銅，不是不銹鋼）。例如：National Hardware 4-pack 型號 N226-761。數量：4 個板或支架。

鍍銅硬幣

如果你的所在地無法獲得鍍銅硬幣，任何其他銅質物體也可以，只要其表面與銅幣相當即可。在工藝品店中，你可以找到的銅製裝飾物品；在五金店中，你可以買到的一小段銅管，用金屬鋸將銅管切成小節；在汽車材料行中，你可能可以找到鍍銅的鱷魚夾。特別提醒，在這個檸檬電池的實驗中，銅會因為化學反應而變色。

筆記本

至少要有 50 頁空白且沒有格線的筆記本，才足夠記錄圖表和筆記。

第二章各實驗所需工具的規格

迷你螺絲起子組合

如 Stanley 零件號 66-052 的，螺絲起子套裝組合，其中會包含十字起子和一字起子。數量：1 組。

尖嘴鉗

長度不宜超過 5 英吋。品牌不限，買最便宜的產品即可。數量：1 支。

斜口鉗

長度不超過 5 英吋。品牌不限，買最便宜的產品即可。可以考慮購買有尖嘴鉗的套裝組合。數量：1 支。

剪線鉗（選配）

品牌不限，買最便宜的產品即可。數量：1 支。

無牙尖嘴鉗（選配）

通常長 4 英吋。市面上販售的套裝組合中，可能會包含尖嘴鉗、斜口鉗和剪線鉗。通常用於珠寶製作。例如：到 Amazon 搜尋產品號 B07QVPGX7H。數量：1 支。

剝線鉗

我們主要使用 22 號線，所以購買的剝線鉗，也必須能夠剝 22 號線（也稱為 22 AWG 線）。例如：Irwin 剝線工具，製造商產品 ID 2078309。數量：1 支。

麵包板

麵包板在銷售方面，可能有多種品名，好比說無焊麵包板、*PCB* 板、試驗板。選購時必須選擇雙匯流排的產品，每條匯流排旁都必須印上紅色條紋和藍色條紋，好讓你清楚區分它們，至少要有 800 個接孔。

第二章所需的零件	實驗 6	7	8	9	10	11	如果重複使用	如果不重複使用
9V 電池	5	3					5	5
SPDT 滑動開關（接腳間距 0.2英吋）	2						2	3
SPDT 滑動開關（接腳間距 0.1英吋）					1		1	1
通用型 5mm LED	1		2	1	1	2	2	7
DPDT 9VDC 繼電器		2	1		1		2	4
觸控開關		1	2	2	2	2	2	9
電晶體 2N3904					1	6	6	7
微調電位器（微調可變電阻）10K					1		1	1
8Ω 揚聲器						1	1	1
100Ω 電阻			1	2	1	1	2	5
470Ω 電阻	1		1	1	2		2	6
1K 電阻			2	2	1		2	6
4.7K 電阻						4	4	4
10K 電阻			1	2			2	3
33K 電阻					1		1	1
47K 電阻						2	2	2
100K 電阻					1		1	1
330K 電阻					1		1	1
470K 電阻						2	2	2
10nF 電容						3	3	3
1µF 電容		1				2	2	3
47µF 電容						1	1	1
100µF 電容			1	1			1	2
1,000µF 電容			1	1			1	3

圖 A-2　此表格整理本書第二章實驗 6 至 11 所需的元件數量。列標題標示「如果重複使用」表示假設你願意在第二章，重複使用先前實驗的電子零件。列標題標示「如果不重複使用」則假設你不會重新使用，任何先前實驗的電子零件。

例如：在 Amazon 上的 Elegoo MB-102，或在 Sparkfun 上的 PRT-00112，或在 Jameco 上的 2157706。數量：1 張，但如果你想保留已建立的電路而捨不得拆掉的話，額外的麵包板也會很有用。

連接線

有時被稱為散裝線。品牌不限，為了配合麵包板的插孔，建議購買 22 號線（也稱為 22 AWG），採用銅或鍍銅導體，任何本書實驗電線所需的電壓，等級不限（因為實驗最高電壓僅 9VDC）。

需要不同顏色的連接線，紅色、藍色、黃色和綠色，每種顏色至少 10 英呎。如果有其他顏色，可以自行替代，但是會跟與本書中的佈線圖顏色不匹配，自己要稍微註記一下。例如：Adafruit Hook-up Wire Set，產品編號 1311。

絞線（選配）

品牌不限，為了配合麵包板的插孔建議購買 22 號線（也稱為 22 AWG），採用銅或鍍銅導體，任何本書實驗，電線顏色以及所需的電壓等級不限（因為實驗最高電壓僅 9VDC），但至少備 25 英呎。

跳線（選配）

你可以不自己做直接購買現成的跳線，但顏色可能就不會與本書中的佈線圖匹配。如果你購買盒裝的跳線組，品牌不限，推薦可以使用關鍵字「"jumper wire" assorted box」（包括引號）。

滑動開關

用於實驗 6，與鱷魚夾連接線一起使用：單極雙投（SPDT），ON-ON，原則上任何電壓等級，任何電流等級，任何類型的接點，任何類型的接腳均可適用。**理想的接腳間距為 5mm 或 0.2 英吋**。例如：E-Switch EG1201 或 EG1201A。數量：2 個。

除了實驗 6 外，用於其他所有實驗：單極雙投（SPDT），ON-ON，原則上任何電壓等級，任何電流等級，任何類型的接點均可適用；但要配合麵包板使用的話，**理想的接腳間距為 2.5mm 或 0.1 英吋**。數量：3 個。

觸控開關

開關外型為迷你圓形按鈕，兩接腳間距為 0.2 英吋。任何電壓，任何電流，均可適用。例如：Alps SKRGAED-010，或 TE Connectivity FSM2JART，或 Panasonic EVQ-PV205K，或 Eagle/Mountain Switch TS7311T1601-EV。

對於不是很適合麵包板的觸控開關，例如接腳間距為 6mm 或 6.5mm 的長方形（非正方形）觸控開關，如果你願意可以使用鉗子彎曲接腳，使之適合麵包板間距，作為替代使用方式。

例如：Panasonic EVQ-PE605T 或 C&K PTS635SH50LFS。零件編號的一些小變化，可能對應到開關的顏色，或其他不重要的屬性（請見圖 6-22 中的示意圖）。數量：10 個。

繼電器

雙極雙投（DPDT），「2 Form C」類型，配合我們的實驗電源，繼電器線圈額定應為 9VDC；繼電器開關規格不限；非鎖定式，帶有接腳。例如：Omron G5V-2-H1-DC9，或 Omron G5V-2-DC9，或 Fujitsu RY-9W-K，或 Axicom V23105-A5006-A201。

不同的繼電器，可能會有不同的接腳佈局，因此如果你需要使用不同的繼電器替換，務必閱讀繼電器資料手冊，並比較第 68 頁展示的佈局和功能。

微調電位器

有時候，這個元件被暱稱或簡稱為 *Trimpot*，但實際上是 Bourns 公司自家生產的微調電位器的商標。在本書中，這個元件我配合在實驗中的角色不同，

使用另兩個常見的名稱「微調電位器」或「微調可變電阻」。以下是本書中的各個實驗，適合在麵包板有限空間使用的微調電位器主要要求：

物理尺寸：直徑（如果是圓形）或邊長（如果是正方形），必須在 6mm 和 8mm 之間。它也可以被分類為 1/4 英吋。

單圈式，頂部調整（而非側邊調整）。

可接受的接腳佈局如圖 A-3 所示。一些微調電位器，具有直而圓的接腳，但也有扁平，且略微彎曲的接腳類型（如圖 6-23）。前者很適合穩固地在麵包板上使用；後者，如果你用鉗子稍微壓平彎曲的接腳，也可以安裝到麵包板上。

例如：TT Electronics 36F 或 36PR 系列，Amphenol N-6L50 系列，Vishay T7 系列和 Bourns 3306F、K、P、W 系 列， 或 Bourns 3362F、H、P、R 系列。零件編號中的其他數字和字母，可能對應到不同的電阻值或其他特性。

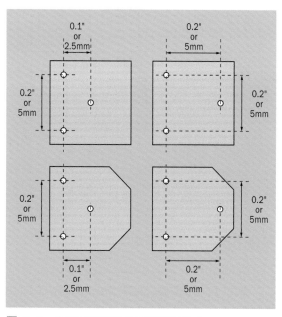

圖 A-3　微調可變電阻的接腳間距要求。

電晶體

2N3904 NPN 雙載子電晶體，是在本書中使用的電晶體型號。零件編號後附的字母，可能依電晶體的封裝模式，而有所差異，不過，只要你買的不是表面黏著使用的版本，就可以忽略這些字母。例如：安森美 2N3904BU。數量：10 顆。

電容器

建議如果電容值在 1μF 以下，請使用陶瓷電容器，而在 1μF 以上則使用電解電容器。當然，你可以用陶瓷電容器替代電解電容器，但一定要避免使用電解電容器替代陶瓷電容器，除非確定電路中，流經電容的電流方向不會改變。

陶瓷電容器的型號並不重要，但請用工作電壓為 25VDC 的電容器。電解電容器的部分，請尋找工作電壓為 12VDC（更高的額定值也可以，但電容本體會更大而且可能更貴）。請參考圖 A-1、A-2、A-4、A-5 和 A-6 以了解電容值和數量。

揚聲器

也被稱為喇叭，如果要指定類型，請選擇電磁式。尺寸應為 40mm 到 50mm 直徑（約 2 英吋），額定功率 250mW（0.25W）或更高，8Ω 阻抗，理想情況下，喇叭應該裝在線路終端。例如：CUI Devices GF0501。數量：1 只。

第三章各實驗所需工具的規格

直流電源供應器

另一個常見名稱為交流 - 直流變壓器，如果你的零件標裝或標示不是這兩個名字，可能要確認一下，是不是具有直流輸出而非交流輸出。避免購買萬用變壓器，因其穩壓性可能遠不如，單一電壓輸出的直流電源供應器。

輸出為 9VDC，最小輸出電流 300mA（0.3A）。輸出的接頭形式不限，因為在實驗中，會需要剪掉。數量：1 組。

低功率烙鐵

功率應為 15W，用於嬌貴的電子零件的焊接工作。請購買你能找到的最小功率版本，最好能附帶一組簡易支架（我是指真的支架，不是隨便一個用來墊高的金屬塊）。烙鐵頭要夠尖又夠小，以便可以在孔距僅為 0.1 英吋的洞洞板上，焊接元件。

例如：Weller SP15NUS。數量：1 支。

烙鐵架

用於安全地固定烙鐵，可能會與輔助工具（見下文）結合在一起。例如：推薦 Weller PH70，但應該有更便宜的廠牌。數量：1 組。

焊錫

當你購買焊錫時，焊錫的包裝說明中應該要出現「電子」這個詞，並且必須含有松香芯成分。焊錫條直徑可以從 0.02 英吋到 0.04 英吋（0.5 毫米到 1 毫米）不等。數量：如果你只打算焊接幾個項目，三英呎的焊錫就足夠了。

第三章所需的零件	實驗			如果重複使用	如果不重複使用
	12	13	14		
通用型 3mm LED		1	2	2	3
電晶體 2N3904			2	2	2
470Ω 電阻		1		1	1
4.7K 電阻			2	2	2
470K 電阻			2	2	2
1μF 電容			2	2	2

圖 A-4　此表格整理本書第三章實驗 12 至 14 所需的元件數量。列標題標示「如果重複使用」表示假設你願意在第三章，重複使用先前實驗的電子零件。列標題標示「如果不重複使用」則假設你不會重新使用，任何先前實驗的電子零件。

中功率烙鐵（選配）

用於焊接吸熱好的元件焊接。例如：Weller Therma-Boost TB100。數量：1 支。

放大鏡

任何手持放大鏡均可，直徑約 1 英吋，以便靠近眼睛觀察。珠寶用的放大鏡也可以接受。

焊接第三手（選配）

有許多不同版本的輔助工具。

為了避免不相關的搜尋結果，請使用帶引號的關鍵字，進行搜尋，例如 "helping hands" electronics，再選擇你喜歡的版本即可。

有些功能多元的焊接第三手工具，會同時包含烙鐵架，非常就手好用。有些可能還包括放大鏡，但卻不太實用，因為通常放大鏡無法手持，且放大倍數不到 2 倍。

保護工作台的木質合板（選配）

在焊接時，用來保護工作表面的木質合板，至少厚度為 1/4 英吋。

銅製鱷魚夾（可選）

將銅製鱷魚夾包在引號內搜尋。銅比鋼有更高的熱傳導能力，如果你從鱷魚夾連接線，剪下一個鱷魚夾代用，也應該有相同的效果。

洞洞板（未有鍍銅接點）

只在實驗 14 中需要使用，在這個實驗中，不需要使用有鍍銅接點的洞洞板。

如果你搜尋不到合適的結果，可以嘗試：未鍍銅的洞洞板洞洞板也可能被稱為酚醛板。未鍍銅的洞洞板，也被稱為無覆銅或無追蹤板。Vector Electronics 的 Vectorboard 是一個例子，但價錢比較昂貴。數量：一塊大約 4 英吋 ×8 英吋的板子，大概足夠用在三個小型實驗上。

穿孔板（鍍銅接點）

這種類型的板子，只在實驗 18 中使用。當時，我們用來進行固定免拆的電路版本製作，但你可以將它用於其他需要製作，固定免拆的電路專題中。為了方便起見，盡量選擇跟麵包板內，連線排列相同的鍍銅接點線路板。

嘗試 BusBoard SB830，GC Electronics 22-508，或者到 Adafruit 網站上尋找 *Perma-Proto*。數量：每個你打算永久保存的專題項目，都需要 1 片。

熱縮套管

價格差異很大，eBay 可能是你購買熱縮套管套裝組合的最佳來源。對於大多數小型專題，使用 1/4 英吋和 3/8 英吋的套管（它會收縮到其冷卻直徑的約 50％）。數量：每種尺寸約 24 英吋（可能以小塊出售）。任何顏色皆可。

熱風槍（選配）

如果你的吹風機有一個錐形的導風噴嘴來引導吹風機的熱風，你可以用吹風機使熱縮套管收縮，但是熱風槍的效果更好。它的功能只是為了使熱縮套收縮，請購買價格最便宜、最小的熱風槍。我不推薦無線熱風槍，因為它們比較重且價格較高。

例如：NTE HG-300D 或 Wagner Furno 300。數量：1 支。

附有彈簧的勾爪型探針（選配）

是一種探針為勾爪型的萬用電表用探棒，可以搜尋關鍵字勾爪型探棒，但要小心，不要買到兩端都是勾爪型的線材。數量：一條黑色，一條紅色，但通常它們都是紅黑一對出售的。

螺絲（螺帽）（選配）

用來將洞洞板固定在專題盒的內部，搭配 #3 或 #4 號尺寸的一字螺絲起子使用，螺絲長度為 3/8 英吋和 1/2 英吋。我推薦的是麥克‧馬斯特—卡爾（McMaster-Carr）的產品。記得購買相等數量的螺帽。

專題盒（選配）

能夠剛剛好方便放置電路板的塑膠盒。為了縮小你的搜尋範圍，我建議可以使用下列包含引號的關鍵字：「專題盒」電子。最便宜且使用最便利的是由 ABS 塑膠製成的。數量：每個已經用洞洞板製作成永久式電路的項目需要 1 個。

排針（選配）

一排小型插頭和插座，可以根據需要的長度，折斷留下所需數量。例如：自大型電子供應商應該都有在賣的 Mill-Max 800-10-064-10001000 和 801-93-050-10-001000，或者 3M 929974-01-36RK 和 929834-01-36-RK。 數量：1 條 64 個插頭，1 條 64 個插座。

第四章各實驗所需工具的規格

積體電路晶片

晶片的相關討論，請參閱第四章的開頭。在本書中的各個實驗，你會用到的晶片數量我都列在 A-5 圖表中，但仍然建議你多準備額外的晶片，因為晶片可能會因為不正確的電壓、極性錯誤、超載輸出或靜電而損壞（晶片的廠牌不拘）。

晶片的封裝是指它實際的物理尺寸，有時也可能被稱為形狀規格。在訂購時，要特別確認這個規格，避免買到表面黏著用的版本。本書各個實驗所使用的晶片，都應該是雙列直插封裝（*DIP*）封裝（指具有兩排平行接腳，且接腳間隔為 0.1 英吋），也可以被稱為 *PDIP*（指塑膠雙列直插封裝）。

第四章所需的零件	實驗									如果重複使用	如果不重複使用
	15	16	17	18	19	20	21	22	23		
555 計時器	1	2	3	3		1	2		1	3	13
SPDT 滑動開關	1		1				1	1		1	4
微調電位器 (微調可變電阻) 500K	1	1								1	2
觸控開關	2		1	3	2	9	2		2	9	21
通用型 3mm LED	1		4	3	1	1	3	2	14	14	29
8Ω 揚聲器		1								1	1
微調電位器 (微調可變電阻) 10K		2		1						2	3
二極體 1N4148		1	1							1	2
計數器 4026B				3						3	3
七段顯示器				3						3	3
穩壓器 LM7805					1	1	1	1	1	1	5
「及閘」晶片 74HC08					1	2			1	2	4
「或閘」晶片 74HC32					1	1			1	1	3
9V 電池						1				1	1
DPDT 9VDC 繼電器						1				1	1
電晶體 2N3904						1				1	1
「反或閘」晶片 74HC02							1			1	1
計數器 74HC393								1		1	1
「反或閘」晶片 74HC27								1		1	1
100Ω 電阻		1								1	1
470Ω 電阻	1		4	2		1	3		6	6	17
1K 電阻		3		3	1			2	4	4	13
4.7K 電阻				1						1	1
10K 電阻	3	1	5	5	9	3	2	2		9	34
47K 電阻			4	1						4	5
100K 電阻					1				1	1	2
470K 電阻		1	2	2						2	5
0.01µF 電容	1	2	2	2		1				2	10
0.047µF 電容		1								1	1
0.1µF 電容					1	1	3	1	2	3	8
0.47µF 電容		1	2	2	1	2	1	1		2	11
10µF 電容	1	1	3	1		1			1	3	8
100µF 電容		1	2	1					1	2	5

圖 A-5　此表格整理本書第四章實驗 15 至 23 所需的元件數量。列標題標示「如果重複使用」表示假設你願意在第四章，重複使用先前實驗的電子零件。列標題標示「如果不重複使用」則假設你不會重新使用，任何先前實驗的電子零件。

DIP 和 PDIP 後面，常常會附加接腳數量的標示，例如 DIP-14 或 PDIP-16。表面黏著型晶片，通常會以 S 開頭的編號，描述其封裝態樣，例如 SOT 或 SSOP，所以，對於本書中各個實驗所需的晶片，應該要避開任何具有「S」型封裝的晶片。

本書會用上兩個系列晶片：分別是 4xxx 系列和 74HCxx 系列。零件編號將由各個製造商，添加附加字母或數字作為前綴或後綴，例如 SN74HC00DBR（德州儀器的晶片）或 MC74HC00ADG（來自安森美半導體），這兩個來自不同廠商的晶片，在功能上會是完全相同的。

仔細觀察，你會看到兩家的產品編號，都將 74HC00 編號嵌入晶片內。在搜尋特定型號 IC 時，應該直接使用不帶前綴和後綴縮寫的晶片編號；例如，使用 74HC08 而不是 SN74HC08N。

而舊的 TTL 邏輯晶片，如 74LSxx 系列，存在相容性問題，我不推薦在本書的各個實驗中，使用這個系列的晶片。

555 計時器

在本書的實驗中，請務必選購 *TTL* 版本（也稱為電晶體—電晶體邏輯電路版本），而不是 *CMOS* 的版本。

以下是一些選購指南：

TTL 版本的資料手冊中，通常會標示有「TTL」或「電晶體—電晶體邏輯」，其適用的電源，通常不少於 4.5V 或 5V，指定閒置電流消耗至少 3mA，並能提供或吸收 200mA 的電流。零件編號通常以 LM555、NA555、NE555、SA555 或 SE555 開頭。如果按價格搜尋，TTL 的 555 計時器，通常只要 CMOS 版本的一半價格。

如果有疑問，請檢查資料手冊。CMOS 版本的資料手冊的第 1 頁，通常會標示「CMOS」，因為技術基礎不同的關係，通常只適用 2V 或更低的電源，大多數情況下為 2V。CMOS 版的 555 功率消耗更低，閒置時的電流消耗為微安（而不是毫安）等級，但也因此無法提供或吸收，超過 100mA 的電流。

零件編號包括 TLC555、ICM7555 和 ALD7555。

七段顯示器

在實驗 19 中使用的顯示器是 LED 的衍生零件，高度為 0.56 英吋，首選為低電流紅色共陰極的版本，並且能夠在 2.2V 正向電壓和 5mA 正向電流下運作。

例如：Broadcom/Avago HDSP-513E，或 Lite-On LTS-547AHR， 或 Inolux INND-TS56RCB，或 Kingbright SC56-21EWA。請參閱圖 18-1，以獲取七段顯示器尺寸和接腳間距的信息。

第五章各實驗所需工具的規格

釹鐵硼磁鐵

我推薦可到 K&J Magnetics 找本書實驗所需的款式，因為該網站提供許多不同款式的鈷磁體，重點是它們還提供內容豐富的磁鐵入門指南。網站連結如下：

www.kjmagnetics.com/neomaginfo.asp

16 號線

這種型號的線材，只會在實驗 31 的天線中用到。如果覺得成本太高，可以考慮使用 50，或 100 英呎的 22 號線取代。如果你住得靠近任一個 AM 無線電台，這樣的線材應該足夠使用。

高阻抗耳機

這個高阻抗型耳機，只會在實驗 28 中需要，你可以從以下供應商訂購：

www.scitoyscatalog.com
www.mikeselectronicparts.com

鍺二極管

可從高阻抗耳機相同的供應商購買，也可在大型電子零件供應商 Digikey、Mouser 或 Newark 的網站上找到。

最理想的關鍵字為「適用於石英收音機接收器」。

Arduino Uno 板或 Arduino Nano 板

在各種供應商（從 Mouser 到 Amazon）均有販售。

第五章所需的零件	實驗							如果重複使用	如果不重複使用
	24	25	26	27	28	29	30		
22 號單心線，25 英呎	1			1				1	1
迴紋針	1							1	1
（選配）圓柱形釹鐵硼強力磁鐵 3/16"×1.5"		1						1	1
22/24/26 號線，100 ft 捲線軸		2		1	1			2	4
通用型 3mm LED			1		2		1	7	7	11
8Ω 揚聲器			1		1			1	2
電阻			1					1	1
電阻			1					1	1
（選配）26 號漆包線 1/4 磅			1					1	1
最便宜的 2 英吋揚聲器				1		1		1	2
47Ω 電阻					2			2	2
470Ω 電阻					1		1	7	7	9
觸控開關					2			2	2
高阻抗耳機						1		1	1
16 號單心線，50 到 100 英呎						1		1	1
尼龍線，10 英呎包裝						1		1	1
鍺二極體						1		1	1
鱷魚夾連接線						4		4	4
（選配）LM386 放大器晶片						1		1	1
（選配）「被動式」壓電揚聲器或警報器						1		1	1
ArduinoUNO 板或 Nano 板							1	1	1	2
ArduinoUNO 板或 Nano 板的 USB 連接線							1	1	1	2

圖 A-6 此表格整理本書第五章實驗 24 至 30 所需的元件數量。列標題標示「如果重複使用」表示假設你願意在第五章，重複使用先前實驗的電子零件。列標題標示「如果不重複使用」則假設你不會重新使用，任何先前實驗的電子零件。

購買管道

實驗套件

目前,在美國有兩家供應商,宣布他們會專門為本書中的各個實驗提供完整的套件組合,分別是:

protechtrader

www.protechtrader.com/Make-
Electronics-Kits-3rd-Edition

Chaney Electronics

www.goldmine-elec-products.com/
make3/

身為作者,我已經確認這些供應商的套件內容正確無誤,但話說在前頭,我與他們並沒有財務或任何關係,如果你發現,從這兩個供應商購買的套件內容有問題,請直接聯繫供應商。

很遺憾,我不知道國外的其他國家,是否有這樣完整套件的供應商。

警告:任何針對本書第一版的套件,一定不會完全相容於本書第三版中的實驗。如果硬要套用第一版的套件組合,你在進行第三版的實驗時,可能不斷發生,好像少了些零件、好像多了些零件的情況。總之,購買套件組合時,請務必檢查包裝上,是否有「第三版」的字樣。

額外零件

Protechtrader 現在提供本書,特定實驗零件個別購買的服務:

https://www.protechtrader.com/
electronic-components-kits

向下捲動頁面到最底部會有一連串數字,可連結到不同頁面查看。

另外,你會發現 Protechtrader 還販售圖 1-1 的簡易萬用電表,雖然還不曾進行長時間測試,不過論功能面而言,我認為那是物超所值的產品,足夠應付本書中所有實驗的需求。

Protechtrader 還推出自有品牌的直流電源供應器,其中就有一款固定輸出 9VDC 的電源供應器。

Chaney Electronics 的特色,是銷售種類非常多元的元件,甚至包括一些價廉物美和特價的商品,還有他們自己的套件組合:

www.goldmine-elec-products.com/
chaney-electronics/

如果還想要找更多的套件組合,或者其他的電子零件,你也可以看下列站台 www.makershed.com/collections/electronics。

實體購物

本書實驗所需的所有零件和用品最好在網路上購買,原因不外乎方便,所有需要的東西一次購得。但在下列情況下,你可能更喜歡在實體店面購買。

我推薦三種類型的實體店鋪:五金店、汽車百貨和手工藝品店。當你不想等待物流

寄送耗費的時間時，跑一趟實體店鋪，可以馬上取得你所需要的工具或零件，有空也可以去逛逛，它們就像一個大寶庫。

我在圖 B-1 中的表格，列出最有可能在實體店面買到的零件或工具。不在這個清單內的東西，我覺得在網路上找到的機率比較高，例如，我在表中列了 22 號花線，因為這種線材很容易可以在五金店找到，但我沒有列出 22 號的單心線，因為在實體店面中，很少見到這種線材。

實體店面的來源以及可以找到的零件及工具	五金行	汽車百貨	手工藝品店
萬用電表	●	●	
護目鏡	●		
1A 或 3A 保險絲		●	
鍍鋅支架	●		
迷你螺絲起子	●	●	●
尖嘴鉗	●	●	●
無牙尖嘴鉗			●
剪線鉗	●	●	●
剝線鉗	●	●	
標準 22 號線	●	●	●
30 瓦的烙鐵	●	●	
烙鐵架	●		
焊錫（含松香芯）	●	●	
配戴式放大鏡	●		●
熱風槍	●	●	
接線帽	●		
吸錫器	●		
絞刀	●		
熱縮套管	●		
木質合板	●		●
螺絲	●	●	
專題盒			●

在美國最受歡迎的連鎖店		
五金行	汽車百貨	手工藝品店
Home Depot Lowe's Ace Hardware True Value Harbor Freight Tools	Autozone O'Reilly NAPA Advanced Carquest	Michael's Hobby Lobby Jo-Ann Spencer Gifts A. C. Moore

圖 B-1　在實體店面，你可能可以找到這些東西。

網路購物

如果你正在網路上購買工具和零件，我建議你對每個產品進行基本搜尋，再決定在哪裡下訂單。因為，目前有數百個網站可供選擇，我個人並沒有特定的偏好，只有一個例外「麥 McMaster-Carr」。這個網路供應商，擁有各種可想像的五金產品，其中包括非常難找到的零件、原材料，還有一堆你可能都沒聽過的工具：www.mcmaster.com。

他們的網站提供大多數產品的 CAD 圖和很棒的教學，還有知識豐富的電話客服。McMaster-Carr 對即時交貨非常重視，只是價格可能略高於競爭對手一些，但對於大部分商品來說，價格差異不大。

主要供應商

在美國，有三家主要供應商提供了大量的元件選擇，而且通常不要求你須購買最低數量。如果你願意，真的可以只買一顆電晶體，它們會放在有個別標記的塑膠袋中寄給你。它們的名稱及官網如下：

Mouser

www.mouser.com

Digikey

www.digikey.com

Newark

www.newark.com

由於網路購物需要額外的運費，所以請盡量一次性購買，並且多買的不同類型的元件。大多數電子零件，都很小且輕巧，所以很多零件可以放入一個最小尺寸的盒子中，一同寄到你的手中。

還有一個好用的電子零件網購平台 eBay，可以直接與亞洲供應商聯繫來幫你節省花費，這點在你需要各種不同元件時，特別有用。

好比說，我可以在 eBay 上購買各種不同的電阻和電容，然後集貨併箱處理。eBay 對於購買電線、焊錫等供應品，對於那些較冷門或已經過時的元件，特別方便。

eBay

www.ebay.com

撰寫本文時，eBay 正遇到許多可能瓜分他們市場的競爭對手。我不知道它們的某些服務，在一兩年後是否還存在，你需要自己查明。你可以嘗試搜尋關鍵字「eBay 的替代選項」。

其他較小的供應商

通常較小的賣家會有一些特色，例如，由於它們的產品較少，所以搜尋庫存會更快更容易。他們會關注愛好者和創客的需求，因此你不必在不適用的項目中，尋找你想要的物品。有一些小型供應商會比大型供應商，以更優惠的價格提供舊款、過剩的零件。以下是我自己經常使用的網站：

Adafruit

http://www.adafruit.com/

Parallax

www.parallax.com/

Sparkfun

www.sparkfun.com/

Robot Shop

www.robotshop.com/

Pololu

www.pololu.com/

Jameco

www.jameco.com/

如果要尋找過剩和特價產品，可以嘗試以下網站：

All Electronics

www.allelectronics.com/

Electronic Goldmine

www.goldmine-elec-products.com/

亞洲供應商

直接向中國或越南的供應商訂購商品，優勢是顯而易見的：價格低廉。唯一的缺點，就是你需要等待 10 至 14 天才能收到包裹，但根據我的經驗，包裹總是會送達不曾遺失。

AliExpress 或 Utsource，都是許多不同亞洲對外的賣家平台：

AliExpress

www.aliexpress.com/category/515/electronics-stocks.html

Utsource

www.utsource.net/category/elec-component-1.html

尋找零件的策略

尋找元件會比日常資訊搜尋，稍微具有挑戰性，我將示範三個搜尋，然後總結出一般性的原則。

為了示範方便，我會貼上在撰寫這篇文章時（2021 年）的金額，因此有可能當你閱讀本文時，這些金額已經不同。

第一次搜尋

我將從一個簡單的例子開始。假設你想買一個 2N3904 電晶體，那麼你至少有兩個選擇：（1）從 Google 搜尋引擎開始搜尋，（2）進入特定供應商的網站進行內部搜尋。

首先，我打算嘗試使用 Google 搜尋，並使用關鍵字「購買 2N3904」。「購買」這個關鍵字是必要的，可以藉此濾掉那些只是提供電晶體介紹或教學的網站。搜尋到的第一個結果是 Utsource 網站的廣告，主打一次買 10 個電晶體，每個才賣我 3 分（美金）。

這個資訊是正確嗎？是的，可是還是要仔細閱讀細節：廣告聽起來非常經濟實惠，但廣告中並沒有提到高昂的運費，事實上，我必須一次購買高達 150 美元的商品，才能享受免運的服務。

好吧，既然都已經來到 Utsource 官網，我就使用他們官網內搜尋功能，尋找更多 2N3904 電晶體的供應商。隨便一找，數量驚人，真的，光比價錢就需要花不少時間。此外，即使我選擇平價的郵政服務而不是聯邦快遞，運送成本也將超過 10 美元。當然，還沒考慮郵政物流速度慢，還需要等候相當長的一段時間。

現在，我返回搜尋結果頁面並把標的轉向 Mouser 官網，在他們官網的搜尋框中，我直接輸入 2N3904。這個網站為我提供了很多，帶有後綴字母的零件編號，例如 2N3904BU、2N3904TA、2N3904TF 等，在搜尋此類元件時，這樣的情況很常見。這裡有一個簡單的規則：

- 如果搜尋的結果中其中一個沒有額外的後綴，你可以點選選擇它。

點擊第一個結果「2N3904」，Mouser 官網為我找到了高達 17 個不同結尾字母的 2N3904。現在，我需要透過一個簡易的手段來縮小搜尋範圍，此時就必須用上，網站內建的搜尋，都應該有的功能「過濾器」，以下是我從左到右選擇的過濾條件。

製造商（Manufacturer）？我不在乎。

安裝方式（Mounting style）？這很重要。現在大多數銷售的電子元件，都是表面黏著的版本，不過，幸運的是，用於表面黏著技術的 IC 封裝，大多數會以字母 S 作為前綴。所以，我們又發現另一個簡單的規則：

- 以本書各個實驗使用為目的選購 IC，不要選擇以 S 開頭編號的產品。

相對於 IC 有表面黏著封裝以及 DIP 的版本，電晶體常見的也有表面黏著封裝以及「貫孔式」兩個版本。

只要選擇貫孔式就可以嗎？是的，這本書中的每個實驗，都需要將元件的接腳，插入某種板子上的小孔中。所以，另一個規則是：

- 如果有選擇的話，選擇貫孔式（through-hole）元件。

或者：貫孔式元件，也可以被描述為具有焊接接腳的原件。這是另一個可以接受的選擇，因為接腳腳對於面包板來說，應該是可以搭配使用的。

點擊「貫孔式（through-hole）」選項，再點擊標有「套用過濾條件（Apply Filters）」的按鈕，現在系統幫我過濾只剩下 10 個結果。你可能會問，我需要在意剩下的過濾細目嗎？不，不，不…應該直到「系列（Series）」為止。

我想要的是 2N3904，而不是 2N39，所以我點擊 2N3904，再次「套用過濾條件（Apply Filters）」。現在我刪減到只剩下 7 個稍微不同的電晶體，需要進行選擇。

我在意接腳是直的，還是彎曲的嗎？不…不太在意，因為可以用尖嘴鉗加工。所以我跳過接腳型的篩選，看了下一個篩選標準為「價格」，點擊旁邊的圖標，按價格從低到高對篩選結果列表進行排序。其中最低價格是 20 分，這比 Utsource 上的價格要高得多，但我會更快的收到這些零件。我輸入所需數量再點擊購買按鈕，電晶體就加到我的購物車中。

當然除了 Utsource 和 Mouser 之外，我還有其他選擇，例如，我可以去 eBay 搜尋 2N3904。第一個搜尋結果是 20 個電晶體，賣我售價 1.88 美元，免運，而且賣家就在美國境內，所以這顯然 Mouser 便宜得多。

如果我想要在 eBay 上購買更多電子零件，透過 eBay 這個平台購物，我實際上可能會從多個賣家那裡，買齊我想要的商品，這時候就有一個重要的問題產生：多久才能到貨？這個簡單的問題，在 eBay 這類的平台上沒辦法回答，而且可能涉及運費。

如果我去 Amazon 搜尋 2N3904 呢？在這裡，我找到一個 200 個電晶體價格僅 5.80 美元，而且還免運，每個電晶體竟然只要 3 分美元！真便宜！但是我必須一次購買 200 個，可是我可能一輩子只會使用其中的 10 個。這樣好像又不是一個好選擇。

那我該怎麼辦呢？

就我個人而言，我會選擇在 Mouser（或 Digikey、Newark）上購買大部分的元件，因為從長遠來看可以節省時間，而且我對他們的網站 UI 非常熟悉，重要的是，我的訂單都可以在三天內一次性送達。不過，這單純是個人喜好的問題。

你可能會想知道：怎麼知道 Utsource、eBay 或 Amazon 提供的電晶體，是否是你需要的那種？在 Mouser 上，我必須過濾掉表面黏貼用的版本。我會冒著折扣的蠅頭小利，承擔商品可能無法使用的風險嗎？當然不可能。

不過，操作到這裡，我又發現另一個簡單的規則：

- 折扣販售的元件，通常不會是表面黏著的版本。

如果是表面黏著版的話，通常會有額外的說明。從折扣販售的來源網站購買通常可以買到，業餘電子愛好者使用最普遍的每種元件版本，通常就是你想要的。

第二次搜尋：更複雜的情況

第一個搜尋的範例操作很容易，是因為我已經知道零件編號，這個零件編號的前綴或後綴的資訊真的很少。然而，現實生活中，並非總是如此順心如意。

以下示範是一個真實案例搜尋：我想要找一個用於實驗 23「電子骰子」電路要用的 3 位元輸出的計數器（如果你不知道計數器是什麼，沒關係，我只是想演示搜尋過程）。

首先，我到 Mouser 並輸入我的搜尋詞彙：「2counter（計數器）」。Mouser 網站介面頗貼心，在我輸入關鍵字時，Mouser 自動提供一個建議：「Counter ICs」。

IC 是積體電路，與俗稱的晶片是同一概念。因此，我點擊網站給我的建議，接著畫面就轉到搜尋結果頁面，Mouser 幫我找到了 821 個相關結果。

為了縮小範圍，我點下過濾器功能，同樣的也有「安裝方式（Mounting Style）」等，與上一個示範搜尋電晶體時，相同的過濾條件，也有：「表面黏貼（SMD/SMT）」和「貫孔（Through Hole）」兩個選擇。

我點下了「貫孔（Through Hole）」，然後點「套用過濾條件（Apply Filters）」進行過濾。這個篩選條件，一次就將我的搜尋結果，減少到剩下 177 個結果。

因為本書中的所有邏輯晶片，都採用 7400 系列中的 HC 類型，所以我點開「邏輯晶片家族（Logic Family）」過濾器，並點選 74HC。還有另一個小規則你應該知道：

- 零件供應商產品目錄，常常發生在不同的名稱下，列出相同的東西。

我認為這是由於供應商雇用太多人，將製造商的資料表轉錄到公司的資料庫中，而這些人，對於電子電路並不太了解所導致。

因此，我繼續往下滾動頁面，在「邏輯晶片家族（Logic Family）」過濾器中，果然找到了不同於 74HC，單獨列出的 HC。那麼，現在該怎麼辦呢？很簡單，兩個都選吧：

按住 Ctrl 鍵，點擊篩選條件中的其他項目，就可以複選多個項目。

當然，如果你使用 Mac，可能需要使用 Command 鍵。

再套用一次過濾條件，現在我把範圍縮小到，只剩下 52 個 HC 晶片了。我再進行進一步的過濾，在「計數器類型（Counter Type）」過濾條件中，我選擇了「二進位（Binary）」，因為我想要一個二進位的輸出。套用過濾條件，目前我只剩下 33 個相匹配項目。

我沒有看到 3 位元的晶片，但我可以使用一個 4 位元的晶片，然後忽略最高位元取代的作法，所以我改變戰略找 4 位元的計數器。前面的過濾條件保持不變，另外在「位元數（Number of Bits）」過濾條件中，我發現了兩個選項：4 和 4 位元。這又是另一個意思相同，但表達相異的例子。我按下 Ctrl，然後複選兩個選項。

由於計數器可以有「正數（Up）」或「雙向計數（Up/Down）」的選擇。我只需要正數計數，所以我點擊了「正數（Up）」的過濾條件。現在只剩下 9 個匹配項目了！再次點擊「套用過濾條件（Apply Filters）」，並檢查結果。

在本書中，我盡量使用最流行的元件，避免它們一下子就過時。一般而言，庫存最大的晶片，是讓我選擇元件的具體參考之一（表示市場需求最大）。此時，套用過濾條件後，

最終結果，我看到德州儀器 SN74HC393N 的庫存超過 7,000 個，所以我選擇這個晶片。

請注意，晶片編號前面的字母，只用來識別製造商，對使用者並不重要，還有一個規則：

- 當你沒使用過某個編號的零件時，一定要查看它的資料手冊。

起初，我沒有看過 SN74HC393N 這個晶片的零件編號，自然也沒有使用過它的經驗，因此我點按頁面上資料手冊的鏈接，確認一下各項規格，以確保它能夠滿足我的需求。

這是一個 14 接腳的晶片，能夠提供最大的連續輸出電流達正負 4mA，使用標準 5 伏特電源…等等！這顆晶片中竟有兩個 4 位元計數器，但實驗中我只需要其中一個。不過沒有關係，如果要擴大電子骰子的功能，可能可以利用到晶片中的第二個計數器。

SN74HC393N 的價格，每個大約是 50 分美元，我打算把六個 SN74HC393N 放進購物車裡，這樣只要花我 3 美元。我心中盤算著，也許要尋找一些比較輕小的東西，看看能不能達到免運的門檻。接著，我把這款晶片的資料手冊列印出來，放入我的資料夾中。

由上面的示範，你可以看到，這個過程雖然需要很多滑鼠點擊，但實際上只花費不到 10 分鐘的時間就找到我想要的東西。

除了這樣的搜尋模式外，有時我也會採另一種方式。如果我需要一個 74xx 系列的晶片，我可以去下列，我所珍藏的網站搜尋：

```
www.wikipedia.org/wiki/List_of_7400_
series_integrated_circuits
```

它有古往今來，所有曾經生產過的 74xx 邏輯晶片。如果你連線到這個頁面後，可以按下 Ctrl+F 進行文字搜尋，然後輸入關鍵字「4 位元二進制計數器」。在網頁中進行的搜尋，關鍵字必須與網頁中的文字「完全匹配」才能找得到。如果你尋找「4 位元計數器」，那

麼網頁中要有「4 位元計數器」一模一樣的文字才能被找到，而不是「4 bit 計數器」。

按下搜尋，總共有 13 個命中，接下來，你就可以依序閱讀維基百科中對這些晶片的特性描述，找到你覺得最合適的一個。複製它的型號，貼到諸如 Mouser 的網站進行搜尋，這樣就可以直接帶你到你所需要那個特定元件的頁面，而且，最後的點擊次數會少得很多。同樣的邏輯，我也可以使用另一種方法，例如，透過 Google 搜尋來尋找論壇中，人們討論和互相建議計數器晶片的型號。

到目前為止，你應該對搜尋已經有初步的概念了。從此不再需要有零件編號，就能找到你想要的東西。

第三次搜尋：太多結果的困擾

假設你想要購買一個用於實驗 6 的滑動開關，也已經詳細閱讀我的說明，因此知道，不用擔心開關可承受的電壓或電流容量，因為我們只用 9V 進行各項實驗。但它必須是一個 SPDT 開關（也許你還不知道這是什麼意思，但必須在搜尋中包含這個），並且必須是 ON-ON 型式，端子之間應該是 0.3 英吋或 7mm，這樣你才能輕鬆地用鱷魚夾連接線夾住它們。

聽起來好像很簡單，不是嗎？

問題是，對於像開關這樣的小零件，三大供應商提供了成千上萬種不同的類型。所以你需要先經由大量的搜尋，過濾出來，對此，我會從 Google 大神開始，首先按下關鍵字「buy "slide switch" spdt」。

第一個搜尋結果，帶我到 Pololu 的一個頁面，那裡有一張產品照片，「看起來」很像我在第二章一開始時所提供的圖片。

但別忘了：

- 當沒有零件編號時，務必要確認並查閱零件的資料手冊。

幸運的是，Pololu 在同一頁面上有另一張圖，呈現那個零件接腳之間的距離，圖上標示為 2.5，但 Pololu 沒有說明這是什麼單位。它可能是 mm，也可能是英吋，但可以確定的是，圖看起來肯定不是 2.5 英吋，所以它應該是 2.5mm，即相當於 0.1 英吋。

元件尺寸有時以 mm 提供，有時以英吋提供，有時兩者都有。如果兩者都提供了，其中一個單位可能會用括號括起來，但你無法確定它是英吋還是 mm。請參考我在本書第 145 和 146 頁提供的換算表，或參考有兩個單位標記的尺規。請記住，0.1 英吋等於 2.54mm。

所以，顯然這個開關比我所需要的還要小，我應該無法輕鬆使用鱷魚夾，夾住中心接腳，卻不碰到其他腳。所以這次搜尋失敗，真令人沮喪。不過，既然我已經在 Pololu 的網站上，那麼不妨再使用他們的搜尋功能，看看是不是有其他合適的 SPDT 滑動開關，但是，噢…. 不，他們家竟然沒有其他選擇。

接下來我在 Google 上找到了 Sparkfun 的網站，但他們提供的，開關接腳間距也是 0.1 英吋（2.5mm），就像 Pololu 的一樣。由此可以推測，應該有很多人想要購買可以與麵包板並用的微小開關，因為麵包板上的孔洞距離是 0.1 英吋。

也許我可以在關鍵字中，指定接腳間距，像這樣「buy "slide switch" SPDT 0.3in」

哎呀，不行。我感覺像陷入了搜尋引擎地獄，這樣的關鍵字，結果被推薦了一堆高度為 0.3 英吋的開關，或者以 3 個為一包進行銷售的廣告，或者 0.3 英吋寬的開關。總之，沒有一個符合我要求的。

到這裡，我突然意識到，我必須回到任何一家大型零件供應商那裡，那裡肯定有我想要的開關——如果我能找到的話。

來到 Mouser 官網中，我在首頁上方的搜尋框中輸入了「slide switch」，獲得了 3,868 個結果。現在該怎麼辦？

我逐個套用過濾條件：不在意製造商。燈光？我點擊了「非照明」。接觸形式？我點擊了「SPDT」。然後是「ON-ON」。忽略其他條件，隨即點擊應用過濾條件，現在，我將選項降到 363 個。

我只需要找到能讓我選擇「接腳間距」的過濾條件，就大功告成。但是…. 並沒有這樣的過濾條件！我覺得接腳間距是基本的過濾條件，但 Mouser 居然沒有這個選項！誇張的是，當我到 Digikey 和 Newark 的網站上搜尋時，他們竟然也沒有這個選項。

現在，我卡住了。

沒錯，資料手冊總是會顯示腳位間距，但是查閱 363 張資料表，只為了一個小小的滑動開關…呃…時間成本也太高。

是時候進行創造性思考了，我需要站起來，走到廚房，吃個小點心，轉換心情。請記得，如果你一心只想著繼續搜尋，就會使視野越來越狹窄，無法進行創造性思考。

沒多久，我帶著一個新點子回到電腦前。Mouser 上的過濾條件中，有一個「連接形式」的條件，其中包括「快速連接」。我碰巧知道，滑動開關的快速連接頭很大，且連接腳位跟我所需求的一致，所以，能夠適用在快速連接頭的滑動開關，就是我要找的啦！

啊哈！迅速點擊「快速連接」這個過濾條件，點擊套用過濾條件。果然，現在只有 1 個開關符合條件，讚！。但是——它沒有現貨！噢…嗚…

我仍然沒有放棄，再次改變戰術。在點開元件的資料手冊時想到，因為製造商，總是提供許多不同型號的開關，而且，通常有個規律，在同系列中的開關，不同型號的開關功能可能不同，但尺寸會是固定的。所以，如果我能找到符合我所需求的腳位間距的開關產品，那麼在同系列產品中，應該有一個型號，在功能上，可以符合我的需求。

果然，我找到了 C&K 公司 1000 系列開關的資料手冊，它們的腳位間距都是 0.185 英吋或 4.7 mm。呃…比我希望的少，但如果我把接腳向外彎曲，應該能行。於是，我再從資料手冊中，找到一個單極雙投開關的版本，並複製產品編號。

回到 Mouser 網站，貼上產品編號，搜尋。BingGO 找到了！單價是 3.70 美元，比我想像的貴一些，但我還是決定購買。

現在你可能會認為，絕對不會想要進行這樣的搜尋。嗯，我也是這麼想！但這是最壞的情況。大多數情況下，搜尋的結果並不會這麼令人沮喪，尤其是當你已經知道特定的零件編號時，搜尋應該非常容易。

在這本書的每個實驗中，除非是完全通用的元件（例如鹼性電池），我總是會附上零件編號。但如果一個零件過時了呢？零件編號就不再有效了！？

還是不需要擔心。首先，很多過時的零件，仍然可以在 eBay 上找到。其次，我通常會提供兩個元件的零件編號，以防其中一個消失。

當真的一切都失敗時：

如果真的找不到零件編號，請寄封電子郵件給我，我會協助解決這個問題。同時，我會把解決的方法，發送給所有註冊的讀者們，並在下一版印刷時提供一個替代零件編號。

你總是可以嘗試打電話詢問

當你打算從大型零件供應商購買零件時，其實還有一個選項：打電話！每個大型供應商，絕對都有銷售業務可以協助你。即使你是個人買家、購買並不多，這些都不重要，業務並不知道這一點也不在意，無論你是誰，他們都會得到同樣的報酬來幫助你。如果你有技術問題（例如：「我想要一個接腳，至少有 0.2 英吋寬的滑動開關」），他們會來電，轉接給可能知道答案而無須查找的人。

還有一個選項是打開大型供應商的客服網頁。使用客服網頁，最大的好處，是允許你把零件編號直接貼給線上執勤的服務人員，由此就快速地得到一個答案。如果那個零件確實已經找不到，通常客服還會提供類似的選項。

通用搜尋引擎

如果使用得當，通用搜尋可以引導你找到特定用途的元件。例如，假設你正在尋找一個切換開關。太過簡短而模糊的搜尋詞，基本上只會讓你陷入搜尋引擎地獄，而無法成功找到你要的東西。

如果你需要一個額定為 1 A 的 DPDT 切換開關，需要更明確描述出來：`"toggle switch" dpdt 1a`。請注意，善用引號來確定特定詞語，避免搜尋引擎顯示不完全符合要求的結果。

同時請注意，通常搜尋引擎不分大小寫；將關鍵字（如 dpdt）改為大寫，並沒有差異。

此外，你還可以透過指定搜尋的對象，進一步縮小搜尋範圍，例如：`"toggle switch" dpdt 1a amazon`。你可能會問，為什麼要加上 Amazon 這個關鍵字？如果要找 Amazon 的產品，直接前往 amazon.com 進行搜尋不就好了，為什麼需要這樣做？答案很簡單，因為我認為 amazon.com 網站內的搜尋功能，不如 Google 或必應（Bing）等搜尋引擎好。

排除搜尋結果

在使用通用搜尋引擎時，善用「減號」來排除你不想要的項目。例如，如果你只對「全尺寸」的切換開關感興趣，可以嘗試這樣：

```
"toggle switch" dpdt 1a amazon
-miniature
```

以圖片追「東西」

如果你不想費心輸入繁瑣的關鍵字，其實還有其他選擇。請點擊搜尋引擎，在每組搜尋結果上方點選「圖片」。搜尋引擎會顯示與你原始關鍵字相關的各種可能開關圖片，由於我們的大腦很擅長快速識別圖像，所以，你可以迅速捲動頁面，查看圖片來找到你想要的開關。這樣的方式，可能比從大量文字說明中找東西，效率高得多。

查閱資料手冊更智慧化

你可以透過使用通用搜尋引擎，來查看特定元件的資料手冊，但有些事項需要特別注意。你不應該以「`datasheet 74HC08`」作為關鍵字來進行搜尋。搜尋結果只會把你引導到一個令人討厭的第三方網站（那些網站，可能也存儲一份你所需的資料手冊，但是卻夾帶大量廣告，你需要的資訊會以一點一點擠牙膏的方式，提供給你）

如果你的關鍵字包含零件製造商的名字，情況會好得多。例如，你想要找由德州儀器（以及其他製造商）製造 74HC08 晶片的資料手冊，那麼，你可以輸入關鍵字「`texas datasheet 74HC08`」。

搜尋結果的第一筆，通常就會引導你到德州儀器的網站，製造商會以非常有序的方式維護他們的資料手冊，重點是沒有廣告。由於每個晶片製造商，通常都生產了數千種晶

片，因此，你可以將此搜尋技巧用於任何零件編號。

更多關於 eBay 的使用技巧

如果你經常在 eBay 上購物，可以跳過本小節；但如果你不常使用 eBay，以下這些使用技巧和提示，應該可以讓你找東西變得更輕鬆。

首先，在 eBay 主頁的搜尋按鈕右側，不要猶豫，點擊小小的「進階」字樣，就可以進到進階搜尋模式。在這個模式下，不但允許你指定各種屬性，例如原產地（如果你想要海外供應商，或者你想要避免商品來源來自海外）；你還可以將搜尋結果限制為「可立即購買」項目；還可以指定最低價格（這個功能，可以有助於排除那些太便宜而有問題的商品。

在開始搜尋之前，我通常會點擊顯示選項「價格＋運費：最低價格優先」。一旦找到所需商品，接著，就該檢查賣家的評價了，對於美國境內的賣家，我希望評價在 99.8% 以上。事實上，我從未與評價為 99.9% 的賣家發生過什麼糾紛，但有幾次，我確實對評價為 99.7% 的賣家的服務感到失望。

如果供應商位於中國、泰國或其他亞洲國家，對評價要求可以不那麼苛刻。事實上，海外賣家通常會提醒你，包裹運送可能需要 10 到 14 天的時間，再者，包裹交付給物流之後，確實就是賣家不可控制的部分了，路途遠，許許多多的環節要通過，因此遭遇各種天災人禍所產生的延遲，機率當然高很多，但是仍有些買家會抱怨，甚至給了不公平評價。

根據我的經驗，從海外購買的每一件商品都能送達，而且品質一直都符合我的需求，你只需要稍微耐心一些。

在 eBay 上找到所需商品後，你可能想點擊「添加到購物車」按鈕，而不是「立即購買」按鈕，因為你還可能想看一下同一個賣家的其他商品，看看是不是有需要的，如果有，就合併在一個包裹，節省時間與運費。點擊賣家信息窗口中的「訪問商店」項，如果賣家沒有 eBay 商店，則點擊「查看其他商品」，你可以在那個賣家的所有產品列表中進行搜尋，將想要的商品添加到購物車後，才進行結算。

重新考慮套件選項

我描述的搜尋過程，可能讓你覺得太麻煩了。你可能會這樣想，為什麼不直接買一個套件，一次付款，只要過幾天就能拿到所需的一切呢？

是的，這是一個有吸引力的選擇。但是如果你決定修改我的某個功能呢？或者如果你想構建一個在本書中沒有介紹的電路呢？

一旦你打算邁出那一步，你就需要上述的搜尋技能了。基於這一點，我建議你一次性盡可能多樣地購買各種零部件。當然，這樣做的目的是讓你在對電子感到興趣時，能盡情地享受樂趣。

索引

數字

Make: Electronics 圖解電子實驗專題製作 第三版

作　　者：Charles Platt
譯　　者：賴義雨
企劃編輯：蔡彤孟
文字編輯：江雅鈴
設計裝幀：陶相騰
發 行 人：廖文良

發 行 所：碁峰資訊股份有限公司
地　　址：台北市南港區三重路 66 號 7 樓之 6
電　　話：(02)2788-2408
傳　　真：(02)8192-4433
網　　站：www.gotop.com.tw
書　　號：A711
版　　次：2023 年 11 月三版
建議售價：NT$780

國家圖書館出版品預行編目資料

Make：Electronics 圖解電子實驗專題製作 / Charles Platt 原著；
　賴義雨譯. -- 三版. -- 臺北市：碁峰資訊, 2023.11
　　面 ； 公分
　譯自：Make : electronics, 3rd ed.
　ISBN 978-626-324-640-9(平裝)
　1.CST：電子工程　2.CST：電路　3.CST：實驗
448.6034　　　　　　　　　　　　　　　　112015858

讀者服務

● 感謝您購買碁峰圖書，如果您對
　本書的內容或表達上有不清楚的
　地方或其他建議，請至碁峰網站：
　「聯絡我們」\「圖書問題」留下您
　所購買之書籍及問題。（請註明購
　買書籍之書號及書名，以及問題
　頁數，以便能儘快為您處理）
　http://www.gotop.com.tw

● 本書是根據寫作當時的資料撰寫
　而成，日後若因資料更新導致與
　書籍內容有所差異，敬請見諒。

● 售後服務僅限書籍本身內容，若
　是軟、硬體問題，請您直接與軟、
　硬體廠商聯絡。

● 若於購買書籍後發現有破損、缺
　頁、裝訂錯誤之問題，請直接將書
　寄回更換，並註明您的姓名、連絡
　電話及地址，將有專人與您連絡
　補寄商品。